"十三五"国家重点出版物出版规划项目——名校名家基础学科系列

概率统计教程

第 2 版

邢家省　马　健　刘明菊　编著

机 械 工 业 出 版 社

本书是关于概率论与数理统计及随机过程初步的教材,内容包括随机事件的概率、随机变量及其分布、二维随机变量、随机变量的函数的分布、随机变量的数字特征、大数定律和中心极限定理、统计总体与样本、参数估计、假设检验、随机过程的基本概念、平稳过程、马尔可夫链引论.

本书结构体系完整,逻辑严谨,设计简明,叙述清楚,既可作为理工科大学本科阶段 32 学时或 48 学时概率统计课程的教材,也可作为考研、考博复习的参考书,还可作为青年教师的教学参考书.

图书在版编目(CIP)数据

概率统计教程/邢家省,马健,刘明菊编著 . —2 版 . —北京:机械工业出版社,2019. 5(2024. 7 重印)
(名校名家基础学科系列)
"十三五"国家重点出版物出版规划项目
ISBN 978-7-111-62345-8

Ⅰ. ①概… Ⅱ. ①邢… ②马… ③刘… Ⅲ. ①概率统计-高等学校-教材 Ⅳ. ①O211

中国版本图书馆 CIP 数据核字(2019)第 055740 号

机械工业出版社(北京市百万庄大街 22 号 邮政编码 100037)
策划编辑:张金奎 责任编辑:张金奎 陈崇昱
责任校对:陈 越 封面设计:鞠 杨
责任印制:单爱军
北京虎彩文化传播有限公司印刷
2024 年 7 月第 2 版第 6 次印刷
169mm×239mm · 22 印张 · 429 千字
标准书号:ISBN 978-7-111-62345-8
定价:49. 80 元

第 2 版前言

随着社会的发展及科技的进步,概率统计理论得到了广泛的应用,其理论知识及应用已经渗透到了国防、科技、经济等各个方面.2018 年 6 月,在新时代全国高等学校本科教育工作会议上,教育部部长陈宝生强调:"高教大计,本科为本,本科不牢,地动山摇."本科教育是高等教育的根本.概率统计课程作为北京航空航天大学的三大公共数学课程之一,在高质量本科生的培养过程中占有重要的地位,一本好的教材非常必要.

《概率统计教程》第 1 版于 2015 年正式出版,作为北京航空航天大学非数学系本科生的通用教材使用至今.在第 1 版的使用过程中,发现了一些错误以及在内容安排、例题选取等方面的问题.本次再版,对这些问题一一进行了修正.

本次修订对全书进行了仔细校对,在内容、例题、行文等方面做了进一步的修改与完善,添加了假设检验部分和马尔可夫链部分的内容,增加了知识的宽度,提高了整本书内容的完整性、系统性与逻辑性.与第 1 版相比,第 2 版更注重内容的理论性和应用性.

本书在编写过程中得到了北京航空航天大学教务处教材科、数学科学学院的领导和同事们,以及相关院系师生的关心、帮助和支持,在此表示衷心的感谢.特别感谢北京航空航天大学数学科学学院对概率统计课程组的资助和支持.

由于编著者水平有限,书中可能仍有不足之处,恳请专家和读者继续批评指正.

编著者
于北京航空航天大学数学科学学院

第 1 版前言

概率统计是大学理工科专业的一门重要公共基础课，也是理工科大学生必备的知识体系．这门课程的研究对象和理论、方法、知识等，对于相关专业课程的学习和开展科学研究都是必不可少的．

概率统计以自然界和社会中的不确定现象和各种随机现象为研究对象，为此而提出了对问题的阐述，产生了研究解决问题的思想方法、理论、工具和手段，得到了大量的结果，揭示了许多科学规律，构建了科学文化知识体系，从而指导人们的科学认识和实践．

概率统计作为学科的知识体系，已非常丰富和完善了，但在现代大学的教学改革实践中，概率统计课程的学时是有限的，减少课程的学时是必然趋势．这样就需要对原有的知识体系进行合理的取舍，一部分内容可以删减，而有些内容需要增强．

为了在教学中贯彻少而精和学以致用的原则，各种教学改革应运而生，我们删除了一些较难且烦琐的内容，在其他书中极易查到的阅读知识只少量提及，同时保留了核心主体知识．在十多年的教学改革实践中，我们获得了许多新的认知，认知了一批新的规律，找到了一些新的处理方法．

本书集中体现了学校教学改革的实践成果，我们本着为教师教学使用和让读者学好概率统计知识的目的编写了本书．本书可作为概率统计课程 32 学时或 48 学时的教材．

本书在编写过程中参考了国内外众多同类图书中的资料，吸收了其中许多好的处理方法和一些知识内容，无法一一列举，在此向有关学者一并致谢．

编著者受到郑志明教授和高宗升教授创新教学改革思想的指导，长期得到郑志明教授和高宗升教授的帮助和支持，在此表示衷心感谢．

在多年的教学实践中，从张福渊老师、付丽华老师的教学经验中学到了很多东西．多次讲授过概率统计课程的王进良、冯仁忠、冯伟、刘明菊、赵俊龙、刘超、夏勇、刘红英、钱临宁、杨义川、韦卫、贺慧霞等老师积累了丰富的教学经验，并将其提供给了我们，在此向他们一并致谢．

本书第 1 章至第 6 章由邢家省编写，第 7 章至第 12 章由马健编写，全书由邢家省进行统编定稿．

由于常用的随机变量的分布函数值表可以从众多的概率统计教材和网站上

查找到，因此本书不再编入．读者若需要查找常用分布函数值表，完全可以通过公用知识渠道获得．

　　由于编著者学识所限，书中的不妥和错误之处在所难免，敬请读者指正，并请反馈至邮箱：xjsh@buaa.edu.cn，我们将不胜感激．

编著者

于　北京航空航天大学数学与系统科学学院
数学、信息与行为教育部重点实验室

目　录

第1章　随机事件的概率

1.1　随机事件与样本空间

1. 随机试验与随机事件

（1）试验

为了叙述方便，我们把各种各样的科学试验或对某一事物的某种特性的观察统称为试验．这里的定义是广泛的，此处试验不仅是具体的观察，还包括各种思维想象．

（2）确定性试验或必然试验

自然现象与社会现象是多种多样的，从结果能否预测的角度来分，可以分为确定性现象、随机现象和其他现象．

如果在一定的条件下一个试验中的某种现象是否发生是事先能断言的，则称为确定性试验．例如，在地球上"抛出一重物必然下落"，在没抛之前就能断言；"同性电荷必互斥，异性电荷必吸引"； "水在一个标准大气压下加热到100℃就沸腾"，这些现象都是确定性试验．

（3）随机试验

如果一个试验在一定的条件下可以重复进行，而且每次试验的结果事前不可预言，那么，称它为随机试验，简称为试验．以后我们所说的试验，都是指随机试验．用字母 E 或 E_1，E_2，…表示一个试验．

所谓随机试验是指具有如下特征的试验：

1）在相同的条件下可以重复进行；

2）每次试验的结果不止一个，但能事先明确所有可能的试验结果范围；

3）每次试验之前不能准确预言哪个试验结果会出现．

例如，投掷一颗匀称的骰子，观察其出现的点数；观察早上 7：00 在食堂吃饭的人数；在一个年级中任选一个同学，测试该同学的身高；观察晚上某时段内在教学楼内上自习的人数，等等，它们都具有 1）～3）这三个特征，都是随机试验，并分别用 E_1，E_2，E_3，E_4 表示．

随机现象是大量客观存在的，只要我们留心观察并思考身边的世界，就会发现很多．认识与发现随机现象，在日常思维决策中也是很重要的．

（4）随机事件

在对随机试验的观察中，将试验的结果称为事件．

在试验中可能发生，也可能不发生的结果，称为随机事件，简称事件．通常用字母 A，B，C，…或 A_1，A_2，A_3，…，B_1，B_2，B_3，…，C_1，C_2，C_3，…表示随机事件．

如在试验 E_1 中，$A=$ "出现偶数点"和 $B=$ "出现的点数大于 4"等都是随机事件；试验 E_2 中，$C=$ "有 500 人在吃早饭"和 $D=$ "吃早饭的人数不超过 300 人"等也是随机事件；在试验 E_3 中，$A_1=$ "身高超过 1.75m"和 $A_2=$ "身高在 1.7～1.8m"等也是随机事件．

（5）基本事件

随机试验的每一个可能的结果都是一个随机事件，这是最简单的随机事件，我们把这种事件称为基本事件．

常用小写字母 e，ω 或 e_1，e_2，…，ω_1，ω_2，…表示基本事件．

例如，在试验 E_1 中，$e_i=$ "出现 i 点"，$i=1$，2，…，6，则 e_i 是基本事件；$A=\{e_2$，e_4，$e_6\}$，$B=\{e_5$，$e_6\}$ 是随机事件，但不是基本事件．

由此可见一般规律性，即随机事件是由若干基本事件组成的．随机事件发生当且仅当组成的基本事件有一个发生．

（6）必然事件和不可能事件

在试验中必然会发生的事件称为必然事件，记为 S 或 Ω．一定条件下必然不发生的事件称为不可能事件，记为 $\varnothing$．

如在试验 E_1 中，"出现的点数大于 0"是必然事件；"出现的点数小于 1"是不可能事件．

必然事件和不可能事件实际上并不是随机事件，但为了讨论方便，也把它们当作一种特殊的随机事件．

2. 样本空间

定义 1 试验 E 的全部基本事件组成的集合，称为试验 E 的样本空间或基本事件空间，记为 S 或 Ω．就是说，试验 E 的基本事件是 E 的样本空间中的元素．基本事件又称为样本点．

如前面的试验 E_1，E_2，E_3 的样本空间分别为

$$S_1=\{e_1，e_2，\cdots，e_6\}，\ S_2=\{0，1，2，\cdots\}，\ S_3=\{h\,|\,1.5m<h<2m\}.$$

又如"投掷一枚硬币"，这个试验的样本空间 $S=\{$反面向上，正面向上$\}$．若以 0，1 分别表示"反面向上"和"正面向上"这两个基本事件，则样本空间

可简单地表示为 $S=\{0,1\}$.

实际中，只有两种可能结果的试验是很多的. 如检查一件产品是正品或是次品；射击目标是击中或是不中；人的身体健康与否，等等. 这些试验的样本空间都可以用 $S=\{0,1\}$ 来表示.

引入样本空间的概念之后，随机事件便是样本空间的子集. 特别地，不可能事件 $\varnothing$ 表示空集，而必然事件 S 表示样本空间.

这样，我们就可以引用集合论的有关知识来讨论事件间的关系和运算了.

3. 随机事件的关系和运算

设 E 的样本空间为 S，而 A，B，C，$A_i(i=1,2,\cdots)$ 为 E 的事件，它们是 S 的子集.

1）若事件 A 发生必然导致事件 B 发生，则称事件 A 包含于事件 B，或称事件 B 包含事件 A，记为 $A\subset B$ 或 $B\supset A$. 若 $A\subset B$ 且 $B\subset A$，则称 A 与 B 相等或称 A 与 B 等价，记为 $A=B$.

例如，在掷骰子的试验中，令 $A=\{$出现 2 点$\}$，$B=\{$出现点数小于 $4\}$，$C=\{$出现点数不大于 $3\}$，则有 $A\subset B$，$B=C$.

特别地，对任意事件 A 有 $\varnothing\subset A\subset S$.（$A\subset B\Leftrightarrow$ 事件 B 不发生必然导致事件 A 不发生.）

2）事件 A 与事件 B 至少有一个发生，这一事件称为事件 A 与事件 B 之和，记为 $A+B$ 或 $A\cup B$. 例如，试验 E_1 中，令 $A=\{2,4,6\}$，$B=\{4,5,6\}$，则 $A+B=\{2,4,5,6\}$.

显然，若 $B\subset A$，则 $A+B=A$. 对任意事件 A 有 $A+A=A$，$\varnothing+A=A$，$A+S=S$.

3）事件 A 与事件 B 同时发生，这一事件称为事件 A 与事件 B 之积，记为 AB 或 $A\cap B$. 如试验 E_1 中，$A=\{2,3,4,5\}$，$B=\{1,3,5\}$，则 $AB=\{3,5\}$.

特别地，若 $B\subset A$，则 $AB=B$. 对任意事件 A 有 $AA=A$，$AS=A$，$\varnothing A=\varnothing$.

4）若事件 A 与事件 B 不能同时发生，即 $AB=\varnothing$，则称事件 A 与事件 B 互不相容或称事件 A 与事件 B 互斥. 如试验 E_1 中，$A=\{2,4\}$，$B=\{5,6\}$，则 $AB=\varnothing$. 显然，不可能事件 $\varnothing$ 与任何事件 A 互不相容.

5）如果事件 A_1，A_2，$\cdots$，A_n，$\cdots$ 中的任意两个事件都互不相容，即 $A_iA_j=\varnothing$（$i\neq j$），则称事件 A_1，A_2，$\cdots$，A_n，$\cdots$ 互不相容.

6）若 $AB=\varnothing$ 且 $A+B=S$，则称事件 A 与事件 B 互逆，或称事件 A 与事件 B 对立. 即事件 A 是事件 B 的逆事件（对立事件），记为 $A=\overline{B}$；即事件 B 是事件 A 的逆事件（对立事件），记为 $B=\overline{A}$. 如在试验 E_1 中，$A=\{1,2,3\}$，$B=\{4,5,6\}$，则事件 A 与事件 B 互逆. 显然 $\overline{\overline{A}}=A$，$\overline{\varnothing}=S$，$\overline{S}=\varnothing$.

7）事件 A 发生而事件 B 不发生，这一事件称为事件 A 与事件 B 之差，记为 $A-B$. 如在试验 E_1 中，$A=\{1,2,3\}$，$B=\{2,3,5\}$，则 $A-B=\{1\}$.

特别地，$A-A=\varnothing$，$A-\varnothing=A$，$S-A=\overline{A}$. 不难验证，对任意事件 A 和事件 B，$A-B=A-AB=A\overline{B}$ 成立.

8）事件的和与积的概念可以推广到有限多个的情况. 即 $A=\sum\limits_{i=1}^{n}A_i=A_1+A_2+\cdots+A_n$ 表示事件 A_1，A_2，$\cdots$，A_n 中至少有一个发生的事件. 或可列无穷多个事件，即 $A=\sum\limits_{i=1}^{\infty}A_i=A_1+A_2+\cdots+A_n+\cdots$ 表示事件 A_1，A_2，$\cdots$，A_n，$\cdots$ 中至少有一个发生的事件. $B=\prod\limits_{i=1}^{\infty}A_i=A_1A_2\cdots A_n\cdots$ 表示事件 A_1，A_2，$\cdots$，A_n，$\cdots$ 同时发生的事件.

事件间的关系和运算可以用几何图形直观地表示（见图 1.1a～d）.

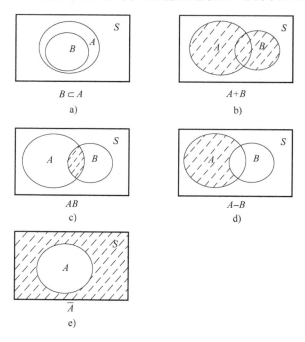

图 1.1

9）由于事件是样本空间的子集，不难验证事件之间的运算满足下列规则：

（ⅰ）交换律 $A+B=B+A$，$AB=BA$；

（ⅱ）结合律 $(A+B)+C=A+(B+C)$，$(AB)C=A(BC)$；

（ⅲ）分配律 $(A+B)C=AC+BC$，$(AB)+C=(A+C)(B+C)$；

（iv）德摩根公式，对有限个或可列无穷多个事件 A_i，恒有

$$\overline{\sum_i A_i} = \prod_i \overline{A_i}, \quad \overline{\prod_i A_i} = \sum_i \overline{A_i},$$

特别地，$\overline{A+B} = \overline{A}\,\overline{B}$，$\overline{AB} = \overline{A} + \overline{B}$.

例 1　事件 A 和事件 B 中恰有一个发生，这个事件可表示为

$$A + B - AB = (A - B) + (B - A).$$

例 2　试将事件 $A + B + C$ 表示为互不相容的事件之和.

解　利用 $A - B = A - AB = A\overline{B}$，$A + B = A + (B - A) = A + (B - AB) = A + B\overline{A}$ 或 $A + B = (A - AB) + AB + (B - AB)$，得到

$$A + B + C = A + (B + C) = A + (B + C)\overline{A}$$
$$= A + (B + C\overline{B})\overline{A} = A + B\overline{A} + C\overline{B}\,\overline{A}.$$

还有其他分解表示法，不唯一.

例 3　重复投掷一枚匀称的硬币三次，记录投掷结果. 设 $A_i =$ "第 i 次投掷出现正面"，$i = 1, 2, 3$. 试用 A_1, A_2, A_3 描述样本空间 S 和下列各个事件：

（1）只第一次出现正面（B_1）；

（2）只出现一次正面（B_2）；

（3）至少出现一次正面（B_3）；

（4）出现正面不多于一次（B_4）.

解　易知样本空间 S 共有 8 个基本事件. 即

$$S = \{A_1 A_2 A_3,\ A_1 A_2 \overline{A_3},\ A_1 \overline{A_2} A_3,\ \overline{A_1} A_2 A_3,\ A_1 \overline{A_2}\,\overline{A_3},\ \overline{A_1} A_2 \overline{A_3},\ \overline{A_1}\,\overline{A_2} A_3,\ \overline{A_1}\,\overline{A_2}\,\overline{A_3}\}.$$

（1）"只第一次出现正面"是指第一次出现正面，而第二次和第三次均出现反面，所以，$B_1 = A_1 \overline{A_2}\,\overline{A_3}$；

（2）"只出现一次正面"是指或者仅第一次出现正面，或者仅第二次出现正面，或者仅第三次出现正面，所以，

$$B_2 = A_1 \overline{A_2}\,\overline{A_3} + \overline{A_1} A_2 \overline{A_3} + \overline{A_1}\,\overline{A_2} A_3;$$

（3）"至少出现一次正面"是指可能只出现一次正面，也可能出现两次正面，也可能三次都出现正面，所以，

$$B_3 = A_1 A_2 A_3 + A_1 A_2 \overline{A_3} + A_1 \overline{A_2} A_3 + \overline{A_1} A_2 A_3 + A_1 \overline{A_2}\,\overline{A_3} + \overline{A_1} A_2 \overline{A_3} + \overline{A_1}\,\overline{A_2} A_3,$$

或表示为 $B_3 = A_1 + A_2 + A_3 = \overline{\overline{A_1}\,\overline{A_2}\,\overline{A_3}}$；

（4）"出现正面不多于一次"是指或者仅出现一次正面，或者三次都出现反面，所以，

$$B_4 = A_1 \overline{A_2}\,\overline{A_3} + \overline{A_1} A_2 \overline{A_3} + \overline{A_1}\,\overline{A_2} A_3 + \overline{A_1}\,\overline{A_2}\,\overline{A_3}.$$

由于 B_4 的对立事件是"至少两次出现正面". 所以 B_4 又可表示为

$$B_4 = \overline{A_1 A_2 + A_1 A_3 + A_2 A_3}.$$

习题 1.1

1. 写出下列随机试验的样本空间：

(1) 对同一目标射击三次，记录射击结果；

(2) 投掷两颗匀称的骰子，记录点数之和；

(3) 射击一目标，直至击中目标为止，记录射击次数；

(4) 袋中装有 4 个白球、6 个黑球，逐个取出，直至白球全部取出为止，记录取球次数；

(5) 往数轴上任意投掷两个质点，观察它们之间的距离；

(6) 将一尺之棰截成三段，观察各段之长.

2. 设袋内有 10 个编号分别为 1～10 的球，从中任取一个，观察其号码，

(1) 写出这个试验的样本空间；

(2) 若 A 表示"取得的球的号码是奇数"，B 表示"取得的球的号码是偶数"，试表示 A 和 B.

3. 某人投篮两次，设事件 $A_1 =$ "第 1 次投中"，事件 $A_2 =$ "第 2 次投中"，试用 A_1 和 A_2 表示下列各事件：

(1) "两次都投中"；　　　　　　(2) "两次都未投中"；

(3) "恰有一次投中"；　　　　　　(4) "至少有一次投中"；

4. 设 A，B，C 为三个随机事件，试用 A，B，C 表示下列各事件：

(1) A，B，C 中恰好 A 发生；　　(2) A，B，C 恰有一个发生；

(3) A，B，C 恰有两个发生；　　(4) A，B，C 至少有一个发生；

(5) A，B，C 至少有两个发生；　　(6) A，B，C 不多于一个发生；

(7) A，B，C 不多于两个发生；　　(8) A，B，C 同时发生；

(9) A，B，C 都不发生.

5. 盒中装有 10 只晶体管. 令 $A_i =$ "10 只晶体管中恰有 i 只次品"（$i = 0$，1，2，3），$B =$ "10 只晶体管中不多于 3 只次品"，$C =$ "10 只晶体管中次品不少于 4 只". 问：事件 A_i、事件 B 和事件 C 之间哪些有包含关系？哪些互不相容？哪些互逆？

6. 化简下列各式：

(1) $(A+B)(A+\overline{B})$；　　　　　　(2) $(A+B)(A+\overline{B})(\overline{A}+B)$.

1.2　古典概率　几何概率　统计概率

所谓随机事件的概率，概括地说就是用来描述随机事件出现（或发生）的

可能性大小的数量指标. 其实概率的术语在我们日常生活中经常出现. 对未来的不确定事件, 我们经常说有多大把握、有多大希望、机会有多大, 等等.

概率论与数理统计是研究随机现象及其规律性的一门学科. 到目前为止, 尽管人们已发现了许多规律, 但是数学上仍只能对简单的随机现象进行概率定义, 而复杂的随机现象还有待于研究.

随机事件在一次试验中既可能发生, 也可能不发生, 这似乎没有什么规律. 但是在相同的条件下, 如果把一个试验重复做许多次, 我们一定会发现, 某些事件发生的次数多一些, 而另一些事件发生的次数少一些, 其表现出了一定的规律性.

例如, 将一颗骰子重复投掷 100 次, 毫无疑问, 事件 "出现奇数点" 比事件 "出现 1 点" 发生的次数会多得多. 所以, 发生次数多的事件在每次试验中发生的可能性大一些, 而发生次数少的事件在每次试验中发生的可能性小一些.

问题: 如何度量事件发生的可能性大小?

对于事件 A, 如果实数 $P(A)$ 满足: 1) 实数 $P(A)$ 的大小表示事件 A 发生的可能性大小; 2) 实数 $P(A)$ 是事件 A 所固有的, 是不随人们主观意志而改变的一种度量. 那么实数 $P(A)$ 称为事件 A 的概率. 它是事件 A 发生的可能性的度量.

在本节中, 我们首先介绍一类最简单的概率模型, 然后逐步引出概率的一般定义.

1. 古典概型与概率的古典定义

定义 1 (古典型随机试验) 如果试验 E 的样本空间 S 只包含有限个基本事件, 设 $S=\{e_1, e_2, \cdots, e_n\}$, 并且每个基本事件发生的可能性相等, 则称这种试验为古典型随机试验, 简称古典概型.

下面我们来讨论古典概型中事件 A 的概率 $P(A)$.

考虑一个具体的例子: 投掷一颗匀称的骰子, 观察其出现的点数. 易知, $S=\{e_1, e_2, \cdots, e_6\}$, 其中 e_i 表示 "出现 i 点", $i=1, 2, \cdots, 6$. 由于骰子是匀称的, 所以每个基本事件 e_i 发生的可能性相同, 所以这是一个古典概型.

考虑事件 $A=\{e_2, e_4, e_6\}$. 因为事件 A 包含的基本事件的个数等于基本事件总数的一半, 并且每个基本事件发生的可能性都相等, 因此, 事件 A 发生的可能性, 即概率为 $P(A)=\dfrac{1}{2}$ 是合理的. $\dfrac{3}{6}=\dfrac{1}{2}$, 它恰好是用 A 包含的基本事件的个数除以基本事件总数所得的结果.

定义 2 (古典概率) 设试验 E 的样本空间 $S=\{e_1, e_2, \cdots, e_n\}$, 并且每个基本事件发生的可能性相等, 若 E 中事件 A 包含 k 个基本事件, 则称

$$P(A)=\frac{k}{n}=\frac{\text{事件 } A \text{ 所包含基本事件的个数}}{\text{基本事件总数}}$$

为事件 A 的概率. 即事件 A 的概率等于事件 A 所包含的基本事件的个数（它们的出现对 A 的出现有利，因此习惯上称为 A 的有利事件，或有利场合）与基本事件总数之比值. 概率的这种定义称为概率的古典定义. 这样定义的概率称为古典概率.

由概率的古典定义，容易证明古典概率具有下列性质：

1）对任意事件 A，$0 \leqslant P(A) \leqslant 1$ 成立；

2）$P(S)=1$；

3）若事件 A_1，A_2，$\cdots$，A_m 互不相容，则有

$$P\left(\sum_{i=1}^{m} A_i\right) = \sum_{i=1}^{m} P(A_i) ;$$

4）$P(\overline{A})=1-P(A)$，$P(A)=1-P(\overline{A})$.

证明 1）因为任一事件 A 所包含的基本事件数 k 恒满足 $0 \leqslant k \leqslant n$，故

$$0 \leqslant P(A)=\frac{k}{n} \leqslant 1 ;$$

2）由于必然事件 S 包含了全部 n 个基本事件，所以

$$P(S)=\frac{n}{n}=1 ;$$

3）设事件 A_i 含有 k_i（$0 \leqslant k_i \leqslant n$）个基本事件，由定义得

$$P(A_i)=\frac{k_i}{n} , i=1, 2, \cdots, m,$$

由于事件 A_1，A_2，$\cdots$，A_m 互不相容，故事件 $\sum\limits_{i=1}^{m} A_i$ 含有 $\sum\limits_{i=1}^{m} k_i$ 个不同的基本事件，因此 $P\left(\sum\limits_{i=1}^{m} A_i\right)=\dfrac{\sum\limits_{i=1}^{m} k_i}{n}=\sum\limits_{i=1}^{m} \dfrac{k_i}{n}=\sum\limits_{i=1}^{m} P(A_i)$，性质 3）称为概率的有限可加性；

4）因为 A 与 $\overline{A}$ 互不相容，且 $A+\overline{A}=S, 1=P(S)=P(A+\overline{A})=P(A)+P(\overline{A})$，所以

$$P(\overline{A})=1-P(A), P(A)=1-P(\overline{A}).$$

几个记号的规定：

1）排列数记号　$\mathrm{A}_n^k=\mathrm{P}_n^k=n \cdot (n-1) \cdot \cdots \cdot (n-k+1)$；

2）全排列数记号　$P_n=\mathrm{A}_n^n=n! =n \cdot (n-1) \cdot \cdots \cdot 2 \cdot 1$；

3）组合数记号　$\mathrm{C}_n^k=\dfrac{\mathrm{A}_n^k}{\mathrm{A}_k^k}=\dfrac{\mathrm{A}_n^n}{\mathrm{A}_k^k \cdot \mathrm{A}_{n-k}^{n-k}}=\dfrac{n \cdot (n-1) \cdot \cdots \cdot (n-k+1)}{k!}$.

求解古典概型问题的关键是弄清楚样本空间中的基本事件的总数和对所求概率事件有利的基本事件个数. 在弄清楚基本事件个数的时候，必须分清楚所

研究的问题是组合问题还是排列问题.

古典概率计算举例如下.

例 1 盒内装有 5 个红球, 3 个白球. 从中任取两个, 试求: (1) 取到两个红球的概率; (2) 取到两个相同颜色球的概率.

解 设 $A=$ "取到两个红球", $B=$ "取到两个同颜色的球".

从 8 个球中任取两个, 每种取法为一基本事件, 所有不同取法的总数就是基本事件总数. 于是基本事件总数为 C_8^2. 由于两个红球只能在 5 个红球中任取, 所以事件 A 包含的基本事件数为 C_5^2. 故由定义 2 得

$$P(A)=\frac{C_5^2}{C_8^2}=\frac{\frac{5\times 4}{2!}}{\frac{8\times 7}{2!}}=\frac{5}{14}.$$

令 $C=$ "取到两个白球", 由于 "取到两个同颜色的球" 意味着 "取到两个红球" 或者 "取到两个白球". 因此, 有 $B=A+C$, 且 $AC=\varnothing$, 又由于两个白球只能在 3 个白球中任取, 所以, 事件 C 所含基本事件数为 C_3^2. 故由概率的有限可加性及定义得

$$P(B)=P(A+C)=P(A)+P(C)$$
$$=\frac{5}{14}+\frac{C_3^2}{C_8^2}=\frac{5}{14}+\frac{3}{28}=\frac{13}{28}.$$

例 2 一批产品中有 M 件正品, N 件次品. 从中任取 n 件, 求: 恰好取到 k 件次品的概率.

解 设 $A_k=$ "抽取的 n 件产品中恰有 k 件次品", 从 $M+N$ 件产品中任意抽取 n 件, 每一种抽取方法为一基本事件, 全部不同的抽取方法的总数即为基本事件总数, 所以基本事件总数为 C_{M+N}^n. 由于所抽取的 k 件次品必须在 N 件次品中任意抽取, 而 $n-k$ 件正品只能从 M 件正品中任意抽取, 所以, 事件 A_k 含基本事件数为 $C_N^k \cdot C_M^{n-k}$. 故由概率的古典定义得

$$P(A_k)=\frac{C_N^k \cdot C_M^{n-k}}{C_{M+N}^n}, \quad k=0,1,2,\cdots,l, \quad l=\min\{n,N\}.$$

例 3 设一袋中有 n 个白球和 m 个黑球, 现在从中无放回地接连抽取 N 个球, 求: 第 i 次抽取时得黑球的概率 $(1\leqslant i\leqslant N\leqslant n+m)$.

解 设 $A_i=$ "第 i 次抽取时得黑球", 显然

$$P(A_1)=\frac{m}{n+m}.$$

把 n 个白球和 m 个黑球看作是各不相同, 样本空间中考虑前 N 次摸球. 那么, 样本点总数就是从 $n+m$ 个球中任取 N 个球的排列数, 即 A_{n+m}^N, 而其中第 i 个位置上排黑球的排法是从 m 个黑球中任取一个, 排在第 i 个位置上, 再从余

下的 $n+m-1$ 个球中任取 $N-1$ 个排在其余 $N-1$ 个位置上，这种排法一共有 $C_m^1 A_{n+m-1}^{N-1}$ 个，于是

$$P(A_i)=\frac{C_m^1 A_{n+m-1}^{N-1}}{A_{n+m}^N}=\frac{m}{n+m},\ 1\leqslant i\leqslant N\leqslant n+m.$$

本题表明：摸得黑球的概率与摸球的先后顺序无关. 这个结论与我们日常的生活经验是一致的. 例如，体育比赛中进行抽签来确定出场顺序，对各队机会均等，其与抽签的先后顺序无关，所以，没有出现争先恐后的抽签现象.

例 4　将 5 本不同的数学书，3 本不同的物理书和 2 本不同的英语书随意地摆放在书架的同一层. 试求：（1）5 本数学书没有两本放在一起的概率；（2）恰有 3 本数学书放在一起的概率.

解　设 $A=$ "5 本数学书没有两本放在一起"，$B=$ "恰有 3 本数学书放在一起".

10 本书的每一种放法为一基本事件，由于 10 本书的所有不同放法共有 $P_{10}=A_{10}^{10}=10!$ 种，故基本事件总数为 $P_{10}=A_{10}^{10}=10!$.

（1）要使 5 本数学书没有两本放在一起，可分两步来实现. 首先，将 5 本非数学书随意摆放在书架上，共有 $P_5=A_5^5=5!$ 种不同的放法. 然后，将 5 本数学书逐一放在相邻两本非数学书之间和两端的 6 个位置中的任意 5 个位置上，共有 A_6^5 种不同放法. 故由乘法原理（后面章节详细介绍）知，5 本数学书没有两本放在一起的所有不同放法有 $P_5 \cdot A_6^5$ 种. 即事件 A 含有 $P_5 \cdot A_6^5$ 个基本事件. 由概率定义得

$$P(A)=\frac{P_5 \cdot A_6^5}{P_{10}}=\frac{5\times4\times3\times2\times1\times6\times5\times4\times3\times2}{10\times9\times8\times7\times6!}=\frac{1}{42}.$$

（2）"恰有 3 本数学书放在一起"有两种不同的情况. 其一，3 本数学书放在一起，另两本不放在一起；其二，3 本数学书放一起，另两本也放在一起. 对于第一种情况，可以分两步来实现. 首先，将 5 本非数学书任意摆放在书架上，共有 P_5 种不同放法. 然后，从 5 本数学书中任意选出 3 本，共有 C_5^3 种选法. 再把这 3 本数学书固定一种排列方式并将它们当作一本书和余下的 2 本数学书逐一放在相邻的两本非数学书之间和两端的 6 个位置中的任意 3 个位置上，共有 A_6^3 种不同放法. 因为放一起的 3 本数学书有 P_3 种不同的排列方式，所以由乘法原理和加法原理知，3 本数学书放一起，而另两本不放一起的放法共有 $(P_5 C_5^3 A_6^3) \cdot P_3$ 种.

类似地，三本数学书放一起，另两本也放一起的放法共有 $(P_5 C_5^3 A_6^2) \cdot P_3 P_2$ 种. 故由加法原理知，恰有 3 本数学书放一起的所有不同放法共有 $(P_5 C_5^3 A_6^3) \cdot P_3 + (P_5 C_5^3 A_6^2) \cdot P_3 P_2$ 种. 即事件 B 含有 $P_5 C_5^3 (A_6^3 + A_6^2 P_2)P_3$ 个基本事件. 再由古典概率定义得

$$P(B)=\frac{P_5 C_5^3 (A_6^3 + A_6^2 P_2)P_3}{P_{10}}=\frac{\frac{5\times4\times3}{3\times2\times1}(6\times5\times4+6\times5\times2\times1)\times6}{10\times9\times8\times7\times6}=\frac{5}{14}.$$

2. 几何概型与概率的几何定义

古典概率的局限性：基本事件总数有限，各个基本事件发生的可能性相同．对于基本事件总数无限的情况，古典概率就不再适用了．

概率的古典定义是以试验的基本事件总数有限和基本事件等可能发生为基础的．对于试验的基本事件有无穷多个的情况，概率的古典定义显然不再适用了．为了研究一类基本事件有无穷多个而又具有某种等可能性的随机试验，需要用几何方法来引进概率的几何定义．

（1）几何概型

设 S 是一个可度量的有界区域（如线段、平面有界区域以及空间有界区域等）．做随机试验：向区域 S 内投掷一质点 M，观察质点 M 的位置．若质点 M 落在 S 内的任意子区域 A 内的可能性大小与 A 的度量［记作 $L(A)$］成正比，而与 A 的位置和形状无关，则称此试验为几何型随机试验，简称几何概型．

在几何型随机试验中，质点 M 落在 S 内的任意子区域 A 内的可能性大小与 A 的度量成正比，而与 A 的位置和形状无关，这就是"等可能性"的含义．

考虑到等可能性，并仿照古典概率的定义，便得到几何概型中事件 A 发生的概率的定义方法．

（2）几何概率的定义

定义 3　设几何概型的样本空间为 S，A 是含于 S 内的任一随机事件，即 $A \subset S$，则称

$$P(A) = \frac{L(A)}{L(S)}$$

为事件 A 的概率．其中，$L(A)$ 是事件 A 的度量，$L(S)$ 是样本空间 S 的度量．即事件 A 的概率等于事件 A 的几何度量与样本空间 S 的几何度量的比值．这样定义的概率称为几何概率．

（3）几何概率的性质

根据几何概率的定义和几何图形的度量具有可加性，可以得出几何概率具有下列性质：

1）对任意事件 A，$0 \leqslant P(A) \leqslant 1$；

2）$P(S) = 1$；

3）若事件 A_1，A_2，$\cdots$，A_m 互不相容，则

$$P\left(\sum_{i=1}^{m} A_i\right) = \sum_{i=1}^{m} P(A_i);$$

4）若事件 A_1，A_2，$\cdots$，A_n，$\cdots$互不相容，则

$$P\left(\sum_{n=1}^{+\infty} A_n\right) = \sum_{n=1}^{+\infty} P(A_n),$$

性质4）称为概率的可列可加性（完全可加性）.

例5 某公共汽车站每隔 5min 有某一路的汽车到达，乘客到达汽车站的时刻是任意的. 求：一个乘客候车时间不超过 3min 的概率.

解 设 x 为乘客候车时间，根据题意知 $S=\{x\mid 0\leqslant x\leqslant 5\}$，令 $A=$ "一个乘客候车时间不超过 3min"，则

$$A=\{x\mid 0\leqslant x\leqslant 3\},$$
$$P(A)=\frac{L(A)}{L(S)}=\frac{3}{5}.$$

例6 在半径为 a 的圆内，取定一直径. 过直径上任一点作垂直于此直径的弦，求：弦长小于 $\sqrt{2}a$ 的概率（见图1.2）.

解 设 $S=\{x\mid -a\leqslant x\leqslant a\}$，于是

$A=$ "弦长小于 $\sqrt{2}a$"

$$=\left\{x\mid -a\leqslant x<-\frac{\sqrt{2}}{2}a\right\}\cup\left\{x\mid \frac{\sqrt{2}}{2}a<x\leqslant a\right\},$$

$$P(A)=\frac{L(A)}{L(S)}=\frac{2\left(a-\frac{\sqrt{2}}{2}a\right)}{2a}=1-\frac{\sqrt{2}}{2}=0.2929.$$

例7（约会问题） 两人约定于 8：00～9：00 在某地会面. 先到者等候 20min，过时就离去. 试求：两人能见面的概率（见图1.3）.

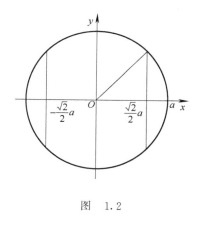

图 1.2　　　　　　　　图 1.3

解 设两人在 1h 内到达的时间分别为 x min 和 y min. 则 $0\leqslant x\leqslant 60$，$0\leqslant y\leqslant 60$. 可得

$$S=\{(x,y)\mid 0\leqslant x\leqslant 60,0\leqslant y\leqslant 60\}.$$

设 $A=$ "两人能见面"，$0\leqslant x-y\leqslant 20$ 或 $0\leqslant y-x\leqslant 20$，则

$$A = \left\{ (x,y) \in S \mid |x-y| \leqslant 20 \right\}.$$

由题意知，问题等价于向区域 S 内任意投掷质点，求质点落入区域 A 的概率. 故两人能见面的概率为

$$P(A) = \frac{L(A)}{L(S)} = \frac{60^2 - 2\left(\frac{1}{2} \times 40^2\right)}{60^2} = \frac{5}{9}.$$

3. 概率的统计定义

（1）古典概率和几何概率的适用范围及局限性

概率的古典定义和几何定义都要求试验的基本事件等可能发生. 但在实际中，许多随机试验并不具有这种性质. 如观察早上 7：00～7：10 这段时间内在食堂吃早饭的人数，此试验的样本空间 $S = \{0，1，2，\cdots\}$. 显然，这种试验的每一个基本事件的发生不会是等可能的. 因此，为了研究这样一类随机试验，就需要引进概率的新的定义方法. 为此，先引进随机事件的频率的概念.

下面我们要解决这种不具有等可能性的随机试验的概率计算问题. 我们知道随机试验具有可重复性.

（2）频率的定义

定义 4 设某试验重复做了 n 次，其中事件 A 共发生了 n_A 次，则称比值 $\dfrac{n_A}{n}$ 为 n 次试验中事件 A 发生的频率，记作 $f_n(A)$. 即

$$f_n(A) = \frac{n_A}{n}.$$

频率在我们日常工作中经常用到，如某中学的高考升学率，某门课程考试的及格率，某大学的毕业生的就业率、考研率，某城市的失业率、购车率、发病率，某种子的发芽率，某植物或动物的成活率等都是频率的具体体现.

频率具有下列性质：

1）对任意事件 A，$0 \leqslant f_n(A) \leqslant 1$；

2）$f_n(S) = 1$；

3）若事件 A_1，A_2，$\cdots$，A_m 互不相容，则

$$f_n\left(\sum_{i=1}^{m} A_i\right) = \sum_{i=1}^{m} f_n(A_i).$$

读者可从频率的定义出发加以验证.

（3）频率稳定性的观察发现与首创验证

事件 A 的频率 $f_n(A)$ 是随着试验次数 n 变化的不确定的数. 但是，当试验次数 n 逐渐增大时，频率 $f_n(A)$ 总是在某确定的常数 p 附近摆动，并且逐渐稳

定于该常数 p.

历史上不少先驱学者曾对投掷硬币做过许多次相同的试验，并用实验结果来证实出现正面的频率的稳定性. 试验结果如表 1.1 所示.

表 1.1

试 验 者	n	n_A	$f_n(A)$
蒲丰	4040	2048	0.5080
K. 皮尔逊	12000	6019	0.5016
K. 皮尔逊	24000	12012	0.5005

注：其中 $A=$ "正面向上".

从表中可以看出，当试验次数 n 越来越大时，$f_n(A)$ 就逐渐稳定于常数 $p\left(=\dfrac{1}{2}\right)$. 另一方面，由古典概率定义知 $P(A)=\dfrac{1}{2}$，因此，把这个客观存在的常数 p 作为事件 A 的概率是合理的.

定义 5 若随着试验次数的增大，事件 A 发生的频率 $f_n(A)$ 在某个常数 $p(0\leqslant p\leqslant 1)$ 附近摆动，并且逐渐稳定于 p，则称该常数 p 为事件 A 的概率，即 $P(A)=p$. 把这样定义的概率称为统计概率（经验概率）.

（4）概率的近似求法

在实际应用中，当事件 A 的概率不容易求时，常用 A 的频率 $f_n(A)$ 来近似代替［第 6 章的伯努利（Bernoulli）大数定律给出了其理论依据］，即

$$P(A)\approx f_n(A)=\frac{n_A}{n}.$$

由频率的定义和性质可以推知统计概率同样具有古典概率的三条基本性质.

考察现实中一些随机事件的频率，可以推断这些事件的概率.

习题 1.2

1. 盒中有 12 只晶体管，其中 8 只正品，4 只次品. 从中任取两次，每次取一只（不放回）. 求：（1）取出两只正品晶体管的概率；（2）恰取出一只正品晶体管的概率.

2. 设袋中有 10 个相同的球，上面依次编号为 1，2，…，10，每次从袋中任取一球，取后不放回，求：第 5 次取到 1 号球的概率.

3. 设有 n 个球，每个球都能以同样的概率 $\dfrac{1}{N}$ 落到 N 个格子（$N\geqslant n$）的每一个格子中，试求：（1）某指定的 n 个格子中各有一个球的概率；（2）恰有 n 个格子中各有一个球的概率.

4. 10 个考签中有 4 支难签，3 人参加抽签考试，不重复地抽取考签，每人一次，甲先抽取，乙第二个抽取，丙最后抽取，证明：3 人抽到难签的概率相等.

5. 两封信任意地投向标号为 1，2，3，4 的 4 个邮筒，求：（1）第 3 个邮筒恰好投入 1 封信的概率；（2）有两个邮筒各有 1 封信的概率.

6. 设有 r 个人，$r \leqslant 365$，并设每人的生日在一年 365 天中的每一天的可能性是均等的，问：此 r 个人生日都不相同的概率是多少？

7. 设有 k 个袋子，每个袋子中装有 n 个球，分别编有自 1 到 n 的号码，今从每一个袋子中取出一个球，求：所取得的 k 个球中最大号码为 m 的概率.

8. 有 $n(n \geqslant 3)$ 个人排队，求：（1）排成一行，其中甲、乙两人相邻的概率；（2）排成一圈，甲、乙两人相邻的概率.

9. 某公共汽车站每隔 10min 有一辆汽车到达，乘客到达汽车站的时刻是任意的. 求：一个乘客候车时间不超过 6min 的概率.

10. 在区间 （0，1）内任取两个实数，求：它们的乘积不大于 $\frac{1}{4}$ 的概率.

11. 甲、乙两艘轮船驶向一个不能同时停泊两艘轮船的码头，它们在 24h 内到达的时刻是等可能的. 如果甲船停泊的时间是 3h，乙船停泊的时间为 2h，求：它们中任何一艘都不需等待码头空出的概率.

12. 从区间 （0，1）中随机取出两个数，求：两数之和小于 $\frac{6}{5}$ 的概率.

1.3　概率的公理化定义

统计概率克服了古典概率和几何概率的局限性. 然而统计概率在理论上却是不严密的. 因此，有必要建立概率的公理化定义.

从概率的古典定义、几何定义和统计定义可以看出，尽管它们的定义内容不相同，但是概率 $P(A)$ 都是随机事件 A 的实值函数，而且还具有共同的三条属性. 因此，概率的公理化定义应以这些共同的属性为依据，它既要能概括前面叙述的三种概率定义，又要具有更广泛的一般性. 据此我们得到概率的公理化定义如下.

随机试验 E，样本空间 S，设 $F = \{A \mid$ 事件 $A \subset S\}$，并满足下列条件：

1）$\varnothing \in F$，$S \in F$；

2）若 $A \in F$，则有 $\overline{A} \in F$；

3）对任意有限个或可列个 $A_i \in F$，都有 $\sum\limits_i A_i \in F$.

就是说，F 是一些随机事件组成的集合（且具有一定构造关系），称 F 为事件域.

定义 设 $P = P(A)$ 是定义在 F 上的一个实值函数，$A \in F$，并且 $P = P(A)$ 满足下列三个条件：

1）对每一个 $A \in F$，$0 \leqslant P(A) \leqslant 1$；

2）$P(S) = 1$；

3）对任意可列个互不相容的事件 A_1，A_2，$\cdots$，A_n，$\cdots$，有

$$P\left(\sum_{i=1}^{+\infty} A_i\right) = \sum_{i=1}^{+\infty} P(A_i),$$

则称 P 为 F 上的概率测度函数，称 $P(A)$ 为事件 A 的概率.

这个定义称为概率的公理化定义.

苏联数学家柯尔莫戈洛夫于 1933 年提出了概率的公理化结构，这个结构综合了前人的研究结果，明确定义了概率的相关基本概念，使概率论成为严谨的数学分支，其对近几十年来概率论的迅速发展起到了积极的推动作用. 柯尔莫戈洛夫的这个理论已被普遍接受.

不难验证，古典概率、几何概率和统计概率都是公理化定义范围内的特殊情况.（S，F，P）称为概率空间.

理论上在（S，F）上可以定义许多种不同的概率测度. 但是，验证给定的集合函数是否是概率测度也是很困难的，所以，人们通常在某一实用的概率空间中讨论.

由定义可以推导出概率还具有下列几个性质：

4）不可能事件的概率为 0，即 $P(\varnothing) = 0$.

证明 因为 $S = S + \varnothing + \varnothing + \cdots$，且 $S\varnothing = \varnothing$，$\varnothing\varnothing = \varnothing$，故由性质 3）得

$$P(S) = P(S) + P(\varnothing) + P(\varnothing) + \cdots,$$

于是得 $P(\varnothing) = 0$；

5）概率具有有限可加性，即若 A_1，A_2，$\cdots$，A_n 互不相容，则有

$$P\left(\sum_{i=1}^{n} A_i\right) = \sum_{i=1}^{n} P(A_i).$$

证明 令 $A_{n+1} = A_{n+2} = \cdots = \varnothing$，由性质 3）得

$$P\left(\sum_{i=1}^{n} A_i\right) = P\left(\sum_{i=1}^{+\infty} A_i\right) = \sum_{i=1}^{+\infty} P(A_i) = \sum_{i=1}^{n} P(A_i);$$

6）对任意事件 A，有

$$P(\overline{A}) = 1 - P(A), P(A) = 1 - P(\overline{A}).$$

证明 因为 $S = A + \overline{A}$，且 $A\overline{A} = \varnothing$，故

$$1 = P(S) = P(A) + P(\overline{A}),$$

即 $P(\overline{A}) = 1 - P(A)$；

7）若 $B \subset A$，则 $P(A - B) = P(A) - P(B)$，且 $P(B) \leqslant P(A)$.

证明　因为 $B{\subset}A$，所以 $A=B+(A-B)$，且$(A-B)$与 B 互不相容，故由有限可加性得 $P(A)=P(B)+P(A-B)$，即 $P(A-B)=P(A)-P(B)$，又因为 $0{\leqslant}P(A-B)=P(A)-P(B)$，故 $P(B){\leqslant}P(A)$；

8）对任意事件 A 和事件 B 有

$$P(A+B)=P(A)+P(B)-P(AB),$$
$$P(A+B){\leqslant}P(A)+P(B).$$

证明　因 $A+B=A+(B-AB)$，$A(B-AB)=\varnothing$，故由性质 5）得

$$P(A+B)=P(A)+P(B-AB),$$

又由于 $AB{\subset}B$，故由性质 7）得

$$P(B-AB)=P(B)-P(AB),$$

于是得

$$P(A+B)=P(A)+P(B)-P(AB).$$

因为 $P(AB){\geqslant}0$，所以

$$P(A+B)=P(A)+P(B)-P(AB){\leqslant}P(A)+P(B);$$

9）对任意 n 个事件 A_1，A_2，$\cdots$，A_n，有

$$P\left(\sum_{i=1}^{n}A_i\right)=\sum_{i=1}^{n}P(A_i)-\sum_{1{\leqslant}i<j{\leqslant}n}P(A_iA_j)+$$
$$\sum_{1{\leqslant}i<j<k{\leqslant}n}P(A_iA_jA_k)+\cdots+(-1)^{n-1}P(A_1A_2\cdots A_n),$$
$$P\left(\sum_{i=1}^{n}A_i\right){\leqslant}\sum_{i=1}^{n}P(A_i).$$

当 $n=3$ 时，有

$$P(A_1+A_2+A_3)=P(A_1)+P(A_2)+P(A_3)-$$
$$P(A_1A_2)-P(A_1A_3)-P(A_2A_3)+P(A_1A_2A_3).$$

定理 1　设 $A_1{\subset}A_2{\subset}\cdots{\subset}A_n{\subset}A_{n+1}{\subset}\cdots$，$B=\sum_{i=1}^{+\infty}A_i$，则有

$$\lim_{n\to+\infty}P(A_n)=P(B).$$

证明　设 $B_1=A_1$，$B_i=A_i-A_{i-1}$，$i=2$，3，$\cdots$，则有 B_1，B_2，$\cdots$，B_n，$\cdots$ 互不相容，且 $B=\sum_{i=1}^{+\infty}B_i$，于是

$$P(B)=P\left(\sum_{i=1}^{+\infty}B_i\right)=\sum_{i=1}^{+\infty}P(B_i)=\lim_{n\to+\infty}\sum_{i=1}^{n}P(B_i)=\lim_{n\to+\infty}P(A_n).$$

定理 2　　设 $A_1{\supset}A_2{\supset}\cdots{\supset}A_n{\supset}A_{n+1}{\supset}\cdots$，$B=\prod_{i=1}^{+\infty}A_i$，

则有 $\lim_{n\to+\infty}P(A_n)=P(B)$.

计算复杂事件的概率或理论推导时要用到概率的性质.

例 1 从佩戴号码为 1 至 10 的 10 名乒乓球运动员中任意选出 4 人参加比赛. 求：比赛的 4 人中 (1) 最大号码为 6 的概率；(2) 偶数号码不少于 3 个的概率；(3) 至少有一个号码为奇数的概率.

解 设 $A=$ "比赛的 4 人中最大号码为 6"，$B=$ "比赛的 4 人中偶数号码不少于 3 个"，$C=$ "比赛的 4 人中至少有一个号码为奇数".

从 10 人中任选 4 人，每种不同的选法即为一基本事件，故基本事件总数为 C_{10}^4.

(1) 事件 A 发生意味着 6 号运动员被选出，而另外 3 名只能从 1~5 号这 5 名运动员中任意选出. 于是事件 A 所含基本事件数为 C_5^3. 故

$$P(A)=\frac{C_5^3}{C_{10}^4}=\frac{\dfrac{5\times4\times3}{3!}}{\dfrac{10\times9\times8\times7}{4!}}=\frac{1}{21};$$

(2) 令 $B_i=$ "比赛的 4 人中恰有 i 个偶数号码"，$i=3$，4. 由于事件 B_i 发生意味着比赛的 4 人中有 i 个是从佩戴偶数号码的 5 名运动员中选出，而其余 $4-i$ 个只能从佩戴奇数号码的 5 名运动员中任意选出. 故事件 B_i 所含基本事件数为 $C_5^i \cdot C_5^{4-i}$，$i=3$，4. 则

$$P(B_i)=\frac{C_5^i \cdot C_5^{4-i}}{C_{10}^4},i=3,4.$$

又因为 $B=B_3+B_4$，且 $B_3B_4=\varnothing$，故有

$$P(B)=P(B_3)+P(B_4)=\frac{C_5^3C_5^1}{C_{10}^4}+\frac{C_5^4}{C_{10}^4}=\frac{11}{42};$$

(3) 因 $\overline{C}=B_4$，于是，

$$P(C)=1-P(\overline{C})=1-P(B_4)=1-\frac{C_5^4}{C_{10}^4}=\frac{41}{42}.$$

求 $P(C)$ 时，也可将 $P(C)$ 表示成互不相容的事件之和 $(C_1+C_2+C_3+C_4)$. 其中，$C_i=$ "比赛的 4 人中恰有 i 个奇数号码"，$i=1$，2，3，4. 分别求出 $P(C_i)$ 后再利用概率的有限可加性便得到 $P(C)$. 即 $P(C_i)=\dfrac{C_5^i \cdot C_5^{4-i}}{C_{10}^4}$，$i=1$，2，3，4，$C=C_1+C_2+C_3+C_4$，$C_1$，$C_2$，$C_3$，$C_4$ 互不相容，所以，

$$P(C)=P(C_1)+P(C_2)+P(C_3)+P(C_4)=\frac{41}{42}.$$

例 2 将 r 个有区别的球随机地放入 n 个不同的盒中（每个盒子容纳球的个数不限），$r \leqslant n$，试求：

(1) 某盒（指定的一个盒）不多于两个球的概率；

（2）至少有一盒多于一个球的概率；

（3）恰有一盒多于一个球的概率.

解　设 $A=$ "某盒不多于两个球"，$A_i=$ "某盒恰有 i 个球"，$i=0，1，2$，$B=$ "至少有一盒多于一个球"，$C=$ "恰有一盒多于一个球"，每个球有 n 种放法，由乘法原理知，r 个球有 n^r 种不同放法，则基本事件总数为 n^r.

（1）A_i 含基本事件数为 $C_r^i(n-1)^{r-i}$，则

$$P(A_i)=\frac{C_r^i(n-1)^{r-i}}{n^r}，i=0,1,2.$$

由于 $A=A_0+A_1+A_2$，且 A_0，A_1，A_2 互不相容. 故根据概率的有限可加性得

$$P(A)=P(A_0)+P(A_1)+P(A_2)=\frac{(n-1)^r+C_r^1(n-1)^{r-1}+C_r^2(n-1)^{r-2}}{n^r};$$

（2）$\overline{B}=$ "每盒最多有一个球"，$\overline{B}$ 所含基本事件数为 A_n^r，

$$P(\overline{B})=\frac{A_n^r}{n^r}.$$

所以，由概率性质得

$$P(B)=1-P(\overline{B})=1-\frac{A_n^r}{n^r};$$

（3）设 $C_i=$ "恰好第 i 盒多于一个球"（另外的 $n-1$ 个盒每盒最多有一个球），则

$$P(C_i)=\frac{\sum_{j=2}^{r}C_r^jA_{n-1}^{r-j}}{n^r}，i=1,2,\cdots,n.$$

由于 $C=C_1+C_2+\cdots+C_n$，且 C_1，C_2，$\cdots$，C_n 互不相容，故根据概率的有限可加性得

$$P(C)=P(C_1)+P(C_2)+\cdots+P(C_n)=\frac{n\cdot\sum_{j=2}^{r}C_r^jA_{n-1}^{r-j}}{n^r}.$$

习题 1.3

1. 袋中装有编号为 1～8 的 8 个球，从中任取 3 个，求：（1）最小号码为偶数的概率；（2）至少有一奇数号码的概率.

2. 投掷 4 颗匀称的骰子，求：（1）不出现相同点数的概率；（2）奇数点与

偶数点均出现的概率.

3. 500 件产品中有 50 件次品，从中任取 20 件. 求：（1）恰取到 10 件次品的概率；（2）至少取到两件次品的概率.

4.（1）某校一年级新生共 1000 人，设每人的生日是一年中的任何一天的可能性相同，问：至少有一人的生日是元旦这一天的概率是多少？（一年以 365 天计）.（2）某小组学生有 5 人是同一年出生的，设每人在一年中任何一个月出生是等可能的，求：此 5 人的出生月份各不相同的概率.

1.4 条件概率与乘法公式

1. 条件概率的概念

在随机事件的概率问题中，不仅需要在一般的样本空间条件下考察事件 A 发生的概率 $P(A)$，有时需要在已获取一定信息的情况下再考察事件 A 发生的概率，即需要在另一个事件 B 已经发生的条件下，考察事件 A 发生的概率. 一般地，这两种概率未必相同. 为了区别起见，我们把后者叫作条件概率，记为 $P(A \mid B)$，读作在条件 B 下事件 A 的概率. 条件概率是概率论中一个既重要又实用的概念.

为了合理地给出条件概率的定义，首先考察两个具体例子.

例 1 考察有两个小孩的家庭，其样本空间为 $S=\{bb, bg, gb, gg\}$，其中 b 代表男孩；g 代表女孩；bg 表示大的是男孩，小的是女孩. 其他样本点可类似说明.

在 S 中的 4 个样本点等可能的情况下，我们来讨论如下一些事件的概率.

1）设 $A=$ "家中至少有一个男孩"，显然 $P(A)=\frac{3}{4}$；

2）若已知事件 $B=$ "家中至少有一个女孩"发生，再求事件 A 发生的概率，由 $P(B)=\frac{3}{4}$，$P(AB)=\frac{2}{4}$，得

$$P(A \mid B)=\frac{P(AB)}{P(B)}=\frac{2/4}{3/4}=\frac{2}{3}.$$

例 2 设有某种产品 50 件，其中有 40 件合格品，而 40 件合格品中有 30 件是一级品，10 件是二级品. 在 50 件产品中任意取 1 件（设每件产品以同等可能被取到）. 试求：

（1）取得的是一级品的概率；

（2）已知取得的是合格品，它又是一级品的概率.

解 令 $A=$ "取得的产品是一级品"，$B=$ "取得的产品是合格品".

（1）由于 50 件产品中有 30 件是一级品，因此，按古典概率定义得

$$P(A)=\frac{30}{50}=\frac{3}{5};$$

（2）因为 40 件合格品中一级品恰好有 30 件，故

$$P(A\mid B)=\frac{30}{40}=\frac{3}{4},$$

可见 $P(A\mid B)\neq P(A)$.

一般地，条件概率应该怎样定义呢？我们从分析上面的例 2 着手，先计算 $P(B)$ 与 $P(AB)$. 由于 50 件产品中有 40 件是合格品，故

$$P(B)=\frac{40}{50}=\frac{4}{5}.$$

因 AB 表示"取得的产品是合格品并且是一级品"，而 50 件产品中只有 30 件既是合格品又是一级品，故

$$P(AB)=\frac{30}{50}=\frac{3}{5},$$

通过运算可得

$$P(A\mid B)=\frac{P(AB)}{P(B)}=\frac{3/5}{4/5}=\frac{3}{4}.$$

由上式的启发，我们定义条件概率如下.

定义 1　设 A，B 为试验 E 的两个事件，且 $P(B)>0$，则称

$$P(A\mid B)=\frac{P(AB)}{P(B)} \tag{1.1}$$

为在事件 B 发生的条件下事件 A 发生的条件概率.

我们可利用古典概型下的条件概率和几何概型下的条件概率来验证式（1.1）.

条件概率也具有一般概率的性质. 当 $P(B)>0$ 时，有

1）对任意事件 A，

$$0\leqslant P(A\mid B)=\frac{P(AB)}{P(B)}\leqslant 1,$$

$$P(S\mid B)=\frac{P(SB)}{P(B)}=1.$$

2）若事件 A_1，A_2，$\cdots$，A_i，$\cdots$互不相容，则

$$P\left(\sum_{i=1}^{n}A_i\mid B\right)=\sum_{i=1}^{n}P(A_i\mid B),$$

$$P\left(\sum_{i=1}^{+\infty}A_i\mid B\right)=\sum_{i=1}^{+\infty}P(A_i\mid B).$$

3）对任意事件 A 有，

$$P(\overline{A}\mid B)=1-P(A\mid B).$$

事实上，$P(\overline{A}\,|\,B)=\dfrac{P(\overline{A}B)}{P(B)}=\dfrac{P(B-AB)}{P(B)}=\dfrac{P(B)-P(AB)}{P(B)}=1-\dfrac{P(AB)}{P(B)}=1-P(A\,|\,B).$

记 $P_B(A)=P(A\,|\,B)$，$A\in F$，则 P_B 也是定义在 (S,F) 上的一个概率测度函数（与 B 有关）．(S,F,P_B) 也是一个概率空间．

例 3 10 件产品中有 6 件正品，4 件次品．从中任取 4 件，求：至少取到 1 件次品时，取到的次品不多于 2 件的概率．

解 设 $A=$ "取到的次品不多于 2 件"，$B=$ "至少取到 1 件次品"，$B_i=$ "恰好取到 i 件次品"，$i=0,1,2$．则所求概率为

$$P(A\,|\,B)=\frac{P(AB)}{P(B)},$$

而 $P(B)=P(\overline{B_0})=1-P(B_0)=1-\dfrac{C_6^4}{C_{10}^4}=\dfrac{13}{14}$，$P(B_i)=\dfrac{C_4^i C_6^{4-i}}{C_{10}^4}.$

事件 AB 表示所取 4 件产品中恰好有 1 件次品或恰好有 2 件次品，即有

$$AB=B_1+B_2,\text{且 } B_1B_2=\varnothing,$$

故由概率的有限可加性及概率的古典定义得

$$P(AB)=P(B_1)+P(B_2)=\frac{C_4^1 C_6^3}{C_{10}^4}+\frac{C_4^2 C_6^2}{C_{10}^4}=\frac{8}{21}+\frac{9}{21}=\frac{17}{21},$$

于是，所求概率为

$$P(A\,|\,B)=\frac{P(AB)}{P(B)}=\frac{17/21}{13/14}=\frac{34}{39}.$$

2. 乘法公式

由条件概率的定义可知，若 $P(B)>0$，由 $P(A\,|\,B)=\dfrac{P(AB)}{P(B)}$ 得

$$P(AB)=P(B)P(A\,|\,B)\quad(P(B)>0);\tag{1.2}$$

若 $P(A)>0$，由 $P(B\,|\,A)=\dfrac{P(AB)}{P(A)}$ 得

$$P(AB)=P(A)P(B\,|\,A)\quad(P(A)>0).\tag{1.3}$$

式（1.2）和式（1.3）均称为乘法公式．它们在概率的计算中有重要作用．

乘法公式可推广到任意有限多个事件的情况，即当 $P(A_1A_2\cdots A_{n-1})>0$ 时，有

$$P(A_1A_2\cdots A_n)=P(A_1)\cdot P(A_2\,|\,A_1)\cdot P(A_3\,|\,A_1A_2)\cdot$$
$$\cdots\cdot P(A_n\,|\,A_1A_2\cdots A_{n-1}).\tag{1.4}$$

事实上，

$$P(A_1)\cdot P(A_2\,|\,A_1)\cdot P(A_3\,|\,A_1A_2)\cdot\cdots\cdot P(A_n\,|\,A_1A_2\cdots A_{n-1})$$

$$= P(A_1) \cdot \frac{P(A_1A_2)}{P(A_1)} \cdot \frac{P(A_1A_2A_3)}{P(A_1A_2)} \cdot \cdots \cdot \frac{P(A_1A_2\cdots A_n)}{P(A_1A_2\cdots A_{n-1})}$$

$$= P(A_1A_2\cdots A_n),\ 证毕.$$

类似地，还有如下形式的乘法公式.

$$P(A_1A_2A_3) = P(A_1) \cdot P(A_2|A_1) \cdot P(A_3|A_1A_2),$$
$$P(A_1A_2|B) = P(A_1|B) \cdot P(A_2|A_1B),$$
$$P(A_1A_2A_3|B) = P(A_1|B) \cdot P(A_2|A_1B) \cdot P(A_3|A_1A_2B).$$

例 4　袋中有 5 个白球和 4 个红球. 从中不放回地抽取两次，每次任取一个球. 试求：

(1) 取到两个白球的概率；

(2) 取到两种颜色球的概率.

解　令 $A=$ "取到两个白球"，$B=$ "取到两种颜色球"，$A_i=$ "第 i 次取到白球".

(1) 因为 $A=A_1A_2$，故由乘法公式得

$$P(A) = P(A_1A_2) = P(A_1) \cdot P(A_2|A_1)$$
$$= \frac{5}{9} \times \frac{4}{8} = \frac{5}{18},$$

或直接求 $P(A) = \frac{5\times4}{9\times8} = \frac{5}{18}$；

(2) 由于 $B = A_1\overline{A_2} + \overline{A_1}A_2$，且 $A_1\overline{A_2}$ 与 $\overline{A_1}A_2$ 互不相容，故由概率性质及乘法公式得

$$P(B) = P(A_1\overline{A_2}) + P(\overline{A_1}A_2)$$
$$= P(A_1)P(\overline{A_2}|A_1) + P(\overline{A_1})P(A_2|\overline{A_1})$$
$$= \frac{5}{9} \times \frac{4}{8} + \frac{4}{9} \times \frac{5}{8} = \frac{5}{9}.$$

还可以直接求 $P(B) = \frac{C_5^1 C_4^1}{C_9^2} = \frac{5}{9}$ 或 $P(B) = \frac{5\times4+4\times5}{9\times8} = \frac{5}{9}$.

例 5　已知 $P(A)=0.6$，$P(B)=0.8$，$P(\overline{A}|B)=0.35$，试求：$P(\overline{B}-A)$ 和 $P(A|\overline{B})$.

解　由 $P(\overline{A}|B)=0.35$，得

$$P(A|B) = 1 - P(\overline{A}|B) = 0.65,$$
$$P(AB) = P(B)P(A|B) = 0.8 \times 0.65 = 0.52,$$
$$P(\overline{B}-A) = P(\overline{B}\,\overline{A}) = P(\overline{B+A})$$
$$= 1 - P(A+B) = 1 - [P(A)+P(B)-P(AB)]$$
$$= 1 - P(A) - P(B)[1-P(A|B)]$$
$$= 1 - P(A) - P(B)P(\overline{A}|B)$$

23

$$=1-0.6-0.8\times0.35=0.4-0.28=0.12,$$

或 $P(\overline{B}-A)=P(\overline{B}\,\overline{A})=P(\overline{A}-B)=P(\overline{A}-\overline{A}B)$

$$=P(\overline{A})-P(\overline{A}B)=1-P(A)-P(B)P(\overline{A}\mid B)$$

$$=1-0.6-0.8\times0.35=0.4-0.28=0.12,$$

$$P(A\mid\overline{B})=\frac{P(A\overline{B})}{P(\overline{B})}=\frac{P(A-AB)}{P(\overline{B})}$$

$$=\frac{P(A)-P(AB)}{1-P(B)}=\frac{0.6-0.52}{0.2}=0.4.$$

例 6 设 $P(A)=a$，$P(B)=b,b>0$，试证：$P(A\mid B)\geqslant\dfrac{a+b-1}{b}$.

证明 由 $1\geqslant P(A+B)=P(A)+P(B)-P(AB)=a+b-P(AB)$ 得 $P(AB)\geqslant a+b-1$，于是

$$P(A\mid B)=\frac{P(AB)}{P(B)}\geqslant\frac{a+b-1}{b}.$$

习题 1.4

1. 从 52 张扑克牌中不放回地抽取 3 次，每次取 1 张．求：第三次才取到"黑桃"的概率．

2. 袋中有 5 只红球和 3 只白球．从中任取 3 只球，已知取出有红球时，求：至多取到 1 只白球的概率．

3. 已知 $P(A)=\dfrac{1}{4}$，$P(B\mid A)=\dfrac{1}{3}$，$P(A\mid B)=\dfrac{1}{2}$，求：$P(B)$，$P(A\cup B)$ 和 $P(A\overline{B})$.

4. 掷一颗骰子两次，以 x 和 y 分别表示先后掷出的点数，记 $A=\{x+y<10\}$，$B=\{x>y\}$，求：$P(B\mid A)$ 和 $P(A\mid B)$.

5. 设某种动物能活过 10 岁的概率是 0.8，而能活过 15 岁的概率为 0.5，求：现为活过 10 岁的这种动物能活过 15 岁的概率．

1.5 全概率公式与贝叶斯公式

全概率公式和贝叶斯公式是概率论中的两个基本公式，在概率计算和理论推导中都有着重要的作用．

1. 全概率公式

定理 1 设事件组 B_1，B_2，$\cdots$，B_n 满足下列条件：

1) $\displaystyle\sum_{i=1}^{n}B_i=S$；

2）B_1，B_2，$\cdots$，B_n 互不相容；

3）$P(B_i) > 0$，$i = 1$，2，$\cdots$，n.

则对任意事件 A，恒有

$$P(A) = \sum_{i=1}^{n} P(B_i) P(A \mid B_i)，\tag{1.5}$$

式（1.5）称为全概率公式.

证明　$A = AS = A \sum_{i=1}^{n} B_i = \sum_{i=1}^{n} (AB_i)$，由 B_1，B_2，$\cdots$，B_n 互不相容知 AB_1，AB_2，$\cdots$，AB_n 亦互不相容，故由概率的有限可加性及乘法公式得

$$P(A) = \sum_{i=1}^{n} P(AB_i) = \sum_{i=1}^{n} P(B_i) P(A \mid B_i).$$

从形式上看，全概率公式似乎把问题复杂化了，其实不然. 在实际中，当事件 A 比较复杂，不容易计算其概率 $P(A)$ 时，如果 $P(B_i)$ 和 $P(A \mid B_i)$ 都比较容易计算，那么，应用全概率公式就容易把 $P(A)$ 计算出来. 运用全概率公式的关键往往在于找到满足定理中条件的事件组 B_1，B_2，$\cdots$，B_n. 一般地，事件组 B_1，B_2，$\cdots$，B_n 是可能导致事件 A 发生的全部"原因".

注意：1）定理 1 中的条件 $\sum_{i=1}^{n} B_i = S$ 可减弱为 $\sum_{i=1}^{n} B_i \supset A$；

2）事件组可以是可列无穷多个事件 B_1，B_2，$\cdots$，B_n，$\cdots$.

定理 1′　设事件组 B_1，B_2，$\cdots$，B_n，$\cdots$ 满足下列条件：

1）$\sum_{i=1}^{+\infty} B_i = S$；

2）B_1，B_2，$\cdots$，B_n，$\cdots$ 互不相容；

3）$P(B_i) > 0$，$i = 1$，2，$\cdots$，n，$\cdots$.

则对任意事件 A，恒有

$$P(A) = \sum_{i=1}^{+\infty} P(B_i) P(A \mid B_i)，\tag{1.6}$$

式（1.6）称为全概率公式.

例 1　某厂用三台机床生产了同样规格的一批产品，各台机床的产量分别占总产量的 60%、30%、10%，次品率依次为 4%、3%、7%. 现从这批产品中随机地取一件，试求：取到次品的概率.

解　令 $A =$"取得次品"，$B_i =$"取到第 i 台机床生产的产品"，$i = 1$，2，3. 显然，事件组 B_1，B_2，B_3 是可能导致事件 A 发生的全部"原因".

已知 $B_1 + B_2 + B_3 = S$，且 B_1，B_2，B_3 互不相容. 并且，$P(B_1) = \dfrac{60}{100}$，

$P(B_2) = \dfrac{30}{100}$，$P(B_3) = \dfrac{10}{100}$，又已知 $P(A \mid B_1) = \dfrac{4}{100}$，$P(A \mid B_2) = \dfrac{3}{100}$，$P(A \mid B_3) =$

$\dfrac{7}{100}$，故由全概率公式得

$$P(A) = \sum_{i=1}^{3} P(B_i)P(A \mid B_i)$$

$$= \frac{60}{100} \times \frac{4}{100} + \frac{30}{100} \times \frac{3}{100} + \frac{10}{100} \times \frac{7}{100} = 0.04.$$

例 2　设某昆虫产 k 个卵的概率为 $\dfrac{e^{-\lambda}\lambda^k}{k!}$，$\lambda > 0$ 为常数，$k = 0, 1, 2, \cdots$. 每个卵能孵化成幼虫的概率为 $p(0 < p < 1)$，且各个卵能否孵化成幼虫是相互独立的，求：该昆虫有后代的概率.

解　设 $A =$ "该昆虫有后代"，$B_k =$ "该昆虫产 k 个卵"，$k = 0, 1, 2, \cdots$，易知，事件组 $B_0, B_1, B_2, \cdots, B_n, \cdots$ 满足定理 $1'$ 的条件，即

$$P(B_k) = \frac{e^{-\lambda}\lambda^k}{k!}, \ k = 0, 1, 2, \cdots.$$

设 $\overline{A} =$ "该昆虫没有后代"，即每个卵都没孵化成幼虫，则

$$P(\overline{A} \mid B_k) = (1-p)^k, \ k = 0, 1, 2, \cdots.$$

由全概率公式得

$$P(\overline{A}) = \sum_{k=0}^{+\infty} P(B_k)P(\overline{A} \mid B_k)$$

$$= \sum_{k=0}^{+\infty} \frac{e^{-\lambda}\lambda^k}{k!}(1-p)^k = e^{-\lambda}\sum_{k=0}^{+\infty} \frac{[\lambda(1-p)]^k}{k!}$$

$$= e^{-\lambda} \cdot e^{\lambda(1-p)} = e^{-\lambda p}.$$

从而 $P(A) = 1 - P(\overline{A}) = 1 - e^{-\lambda p}$. 这里用到了公式 $e^x = \sum_{k=0}^{+\infty} \dfrac{x^k}{k!}$.

2. 贝叶斯公式

上面例 1 中的另一方面的问题是：假设 "取得一件产品是次品" 这一事件 A 已经发生了，那么，这件次品是第 i 台机床生产的概率多大？即求 $P(B_i \mid A)$，$i = 1, 2, 3$.

由例 1 知 $P(A) > 0$，故由条件概率定义、乘法公式及全概率公式，得

$$P(B_i \mid A) = \frac{P(AB_i)}{P(A)} = \frac{P(B_i)P(A \mid B_i)}{\sum_{j=1}^{3} P(B_j)P(A \mid B_j)}, \ i = 1, 2, 3.$$

由于上式右端各项概率都是已知的，因此概率 $P(B_i \mid A)$ 也就可求得. 把上述计算条件概率的方法一般化便得到所谓的贝叶斯公式.

定理 2　设事件组 $B_1, B_2, \cdots, B_n$ 满足下列条件：

1) $\sum_{i=1}^{n} B_i = S$；

2) B_1，B_2，$\cdots$，B_n 互不相容；

3) $P(B_i)>0$，$i=1$，2，$\cdots$，n，

则对任意事件 $A(P(A)>0)$，有

$$P(B_i \mid A) = \frac{P(AB_i)}{P(A)} = \frac{P(B_i)P(A \mid B_i)}{\sum\limits_{j=1}^{n} P(B_j)P(A \mid B_j)}, i = 1,2,\cdots,n, \qquad (1.7)$$

式（1.7）称为贝叶斯公式.

例 3　在无线电通信中，由于随机干扰，当发出信号为 0 时，收到信号为 0、不清和 1 的概率分别为 0.7、0.2、0.1；当发出信号为 1 时，收到信号为 1、不清和 0 的概率分别为 0.9、0.1 和 0. 如果在发报过程中 0 和 1 出现的概率分别是 0.6 和 0.4，当收到信号不清时，原发信号是什么？试加以推测.

解　设 $B_1=$ "原发信号为 0"，$B_2=$ "原发信号为 1"，$A=$ "收到信号为不清".

由贝叶斯公式得

$$P(B_1 \mid A) = \frac{P(B_1)P(A \mid B_1)}{P(B_1)P(A \mid B_1)+P(B_2)P(A \mid B_2)}$$

$$= \frac{0.6 \times 0.2}{0.6 \times 0.2 + 0.4 \times 0.1} = 0.75,$$

$$P(B_2 \mid A) = \frac{P(B_2)P(A \mid B_2)}{P(B_1)P(A \mid B_1)+P(B_2)P(A \mid B_2)}$$

$$= \frac{0.4 \times 0.1}{0.6 \times 0.2 + 0.4 \times 0.1} = 0.25.$$

由于收到信号不清时，原发信号为 0 的概率较之原发信号为 1 的概率大，因此，通常应推断原发信号为 0.

例 4　甲袋中装有 3 只红球、2 只白球，乙袋中装有红、白球各 2 只. 从甲袋中任取 2 只球放入乙袋，然后再从乙袋中任取出 3 只球. 求：

（1）从乙袋中至多取出 1 只红球的概率；

（2）若从乙袋中取出的红球不多于 1 只，从甲袋中取出的 2 只球全是白球的概率.

解　令 $A=$ "从乙袋中至多取出 1 只红球"，$B_i=$ "从甲袋中恰好取出 i 只红球，$2-i$ 只白球"，$i=0$，1，2.

（1）易知 B_0，B_1，B_2 互不相容，$B_0+B_1+B_2=S$，且

$$P(B_i) = \frac{C_3^i C_2^{2-i}}{C_5^2} = \begin{cases} \dfrac{1}{10} & i=0 \\[2mm] \dfrac{6}{10} & i=1 \\[2mm] \dfrac{3}{10} & i=2 \end{cases}.$$

又

$$P(A \mid B_i) = \frac{C_{2+i}^0 C_{4-i}^3 + C_{2+i}^1 C_{4-i}^2}{C_6^3} = \begin{cases} \dfrac{4}{5} & i = 0 \\ \dfrac{1}{2} & i = 1 \\ \dfrac{1}{5} & i = 2 \end{cases}.$$

故由全概率公式得

$$P(A) = \sum_{i=0}^{2} P(B_i)(A \mid B_i)$$

$$= \frac{1}{10} \times \frac{4}{5} + \frac{6}{10} \times \frac{1}{2} + \frac{3}{10} \times \frac{1}{5} = \frac{11}{25}.$$

（2）由贝叶斯公式得

$$P(B_0 \mid A) = \frac{P(B_0)P(A \mid B_0)}{P(A)} = \frac{\dfrac{1}{10} \times \dfrac{4}{5}}{\dfrac{11}{25}} = \frac{2}{11}.$$

习题 1.5

1. 甲袋中装有 4 只红球、2 只白球，乙袋中装有 2 只红球、3 只白球. 从甲袋中任取 2 只球放入乙袋中，然后再从乙袋中任取出一只是红球. 试求：甲袋中取出的 2 只全是红球的概率.

2. 设工厂 A 和工厂 B 的产品次品率分别为 1% 和 2%，现从由 A 和 B 的产品分别占 60% 和 40% 的一批产品中随机抽取一件，发现是次品，则该次品属于工厂 A 生产的概率是多少？

3. 有三个袋子，第一个袋子中有 4 个黑球、1 个白球，第二个袋子中有 3 个黑球、3 个白球，第三个袋子中有 3 个黑球、5 个白球，现随机地取一个袋子，再从中取出一个球，则此球是白球的概率是多少？已知取出的球是白球，则此球是从第二个袋子中取出的概率是多少？

4. 某工厂生产的产品合格率是 0.96. 为确保出厂产品质量，需要进行检查，由于直接检查带有破坏性，因此使用一种非破坏性的但不完全准确的简化检查法. 经试验知一个合格品用简化检查法检查而获准出厂的概率是 0.98，而一个废品用简化检查法检查而获准出厂的概率是 0.05. 求：使用这种简化检查法时，获得出厂许可的产品是合格品的概率及未获得出厂许可的产品是废品的概率.

5. （摸彩模型）设在 n 张彩票中有一张奖券，求：第 2 个人摸到奖券的概率，第 $m(m \leqslant n)$ 个人摸到奖券的概率.

6. 有朋友自远方来访，他乘火车、轮船、汽车、飞机来的概率分别是 0.3、0.2、0.1、0.4，如果他乘火车、轮船、汽车来的话，迟到的概率分别是 $\frac{1}{4}$、$\frac{1}{3}$、$\frac{1}{12}$，而乘飞机不会迟到，结果是他迟到了，试问：他乘火车来的概率是多大？

1.6　事件的独立性

一般情况下，条件概率

$$P(A\mid B)=\frac{P(AB)}{P(B)}\neq P(A),$$

这说明事件 B 的发生对于事件 A 发生的概率有影响.

如果事件 B 的发生不影响事件 A 发生的概率，即

$$P(A\mid B)=\frac{P(AB)}{P(B)}=P(A),$$

则 $P(AB)=P(A)P(B)$.

我们把具有这种性质的两个事件 A 与 B 称为是相互独立的.

定义 1　对任意两个事件 A 与 B，若 $P(AB)=P(A)P(B)$ 成立，则称事件 A 与事件 B 相互独立，简称独立.

例 1　把一颗匀称的骰子连续掷两次，观察出现的点数. $A=$ "第一次掷出 5 点"，$B=$ "第二次掷出 5 点"，则显然有 $P(A)=\frac{1}{6}$，$P(B)=\frac{1}{6}$，$P(AB)=\frac{1}{36}$，$P(AB)=P(A)P(B)$ 成立，即事件 A 与事件 B 相互独立.

特殊事件 C 的性质：

1) 若 $P(C)=0$，则对任意事件 B，有 C 与 B 相互独立.

事实上，$CB\subset C$，$0\leqslant P(CB)\leqslant P(C)=0$，$P(CB)=0=P(C)P(B)$ 成立，于是 C 与 B 相互独立.

特别地，$\varnothing$ 与 B 相互独立.

2) 若 $P(C)=1$，则对任意事件 B，有 C 与 B 相互独立.

事实上，由 $C+\overline{C}=S$ 且 $C\overline{C}=\varnothing$，知

$$P(\overline{C})=0,\ P(B\overline{C})=0,$$

且 $P(B)=P(B(C+\overline{C}))=P(BC)+P(B\overline{C})=P(BC)$.

故 $P(CB)=P(C)P(B)=P(B)$ 成立，于是 C 与 B 相互独立. 特别地，样本空间 S 与 B 相互独立.

3) 设 A 为事件，若对任意事件 B，都有 A 与 B 相互独立，则有 $P(A)=0$

或 $P(A)=1$.

事实上，对任意事件 B，$P(AB)=P(A)P(B)$ 成立.

特别地，取 $B=A$，则 $P(BA)=P(AA)=P(A)P(A)$，于是有 $P(A)=0$ 或 $P(A)=1$，得证.

（1）事件相互独立判别法

定理 1 对任意事件 A 和 B，且 $P(B)>0$，则 A 与 B 独立的充分必要条件是
$$P(A|B)=P(A)$$

证明 必要性 已知 A 与 B 独立，即有 $P(AB)=P(A)P(B)$，于是
$$P(A|B)=\frac{P(AB)}{P(B)}=\frac{P(A)P(B)}{P(B)}=P(A).$$

充分性 已知 $P(A|B)=P(A)$，即得
$$P(A)=P(A|B)=\frac{P(AB)}{P(B)},$$
从而 $P(AB)=P(A)P(B)$，即得 A 与 B 独立.

定理 2 对任意事件 A 和 B，且 $P(B)>0$，$P(\overline{B})>0$，则 A 与 B 独立的充分必要条件是
$$P(A|B)=P(A|\overline{B}).$$

证明 必要性 已知 A 与 B 独立，即有
$$P(AB)=P(A)P(B),$$
从而
$$P(A|B)=\frac{P(AB)}{P(B)}=\frac{P(A)P(B)}{P(B)}=P(A),$$
$$P(A|\overline{B})=\frac{P(A\overline{B})}{P(\overline{B})}=\frac{P(A-AB)}{P(\overline{B})}$$
$$=\frac{P(A)-P(AB)}{P(\overline{B})}=\frac{P(A)-P(A)P(B)}{P(\overline{B})}$$
$$=\frac{P(A)[1-P(B)]}{P(\overline{B})}=P(A),$$
于是 $P(A|B)=P(A|\overline{B})$.

充分性 已知 $P(A|B)=P(A|\overline{B})$，由
$$P(A|B)=\frac{P(AB)}{P(B)},\ P(A|\overline{B})=\frac{P(A\overline{B})}{P(\overline{B})}=\frac{P(A-AB)}{P(\overline{B})}=\frac{P(A)-P(AB)}{1-P(B)},$$
从而
$$\frac{P(AB)}{P(B)}=\frac{P(A)-P(AB)}{1-P(B)},\ P(AB)[1-P(B)]=P(B)[P(A)-P(AB)],$$
于是
$$P(AB)=P(A)P(B),$$
即得 A 与 B 独立.

（2）独立事件的性质

定理 3　若事件 A 与事件 B 独立，则

1) $\overline{A}$ 与 B 独立；

2) A 与 $\overline{B}$ 独立；

3) $\overline{A}$ 与 $\overline{B}$ 独立.

证明　1) 因　　$\overline{A}B = B\overline{A} = B - A = B - AB$，$AB \subset B$，

故
$$P(\overline{A}B) = P(B) - P(AB) = P(B) - P(A)P(B)$$
$$= [1 - P(A)]P(B) = P(\overline{A})P(B),$$

由定义知，$\overline{A}$ 与 B 独立；

2) 同理可证（或由 A 与 B 的地位对称性得）A 与 $\overline{B}$ 独立；

3) A 与 B 独立，推得 A 与 $\overline{B}$ 独立，利用 1)，得 $\overline{A}$ 与 $\overline{B}$ 独立.

或
$$P(\overline{A}\,\overline{B}) = P(\overline{A+B})$$
$$= 1 - P(A+B)$$
$$= 1 - [P(A) + P(B) - P(AB)]$$
$$= 1 - P(A) - P(B) + P(A)P(B)$$
$$= [1 - P(A)][1 - P(B)]$$
$$= P(\overline{A})P(\overline{B}),$$

即得 $\overline{A}$ 与 $\overline{B}$ 独立.

（3）有限多个事件的独立性和无穷多个事件的独立性

定义 2　1) 若事件 A_1，A_2，$\cdots$，A_n 满足
$$P(A_i A_j) = P(A_i)P(A_j)，1 \leqslant i < j \leqslant n，$$
则称 n 个事件 A_1，A_2，$\cdots$，A_n 是两两独立的.

2) 若事件 A_1，A_2，$\cdots$，A_n 对任意整数 k（$2 \leqslant k \leqslant n$）和 $1 \leqslant i_1 < i_2 < \cdots < i_k \leqslant n$，恒有
$$P(A_{i_1} A_{i_2} \cdots A_{i_k}) = P(A_{i_1})P(A_{i_2}) \cdots P(A_{i_k})，$$
则称 n 个事件 A_1，A_2，$\cdots$，A_n 相互独立.

3) 对于可列无穷多个事件 A_1，A_2，$\cdots$，A_n，$\cdots$，若其中任意有限多个事件都相互独立，则称可列无穷多个事件 A_1，A_2，$\cdots$，A_n，$\cdots$相互独立.

显然，若事件 A_1，A_2，$\cdots$，A_n 相互独立，则事件 A_1，A_2，$\cdots$，A_n 是两两独立的；反之则不然，若事件 A_1，A_2，$\cdots$，A_n 是两两独立的，则事件 A_1，A_2，$\cdots$，A_n 未必相互独立.

例 2　设 $S = \{1, 2, 3, 4\}$，$A_1 = \{1, 2\}$，$A_2 = \{2, 3\}$，$A_3 = \{1, 3\}$.

显然 $P(A_1) = P(A_2) = P(A_3) = \dfrac{1}{2}$，$P(A_1 A_2) = P(A_1)P(A_2) = \dfrac{1}{4}$，

$P(A_1 A_3) = P(A_1)P(A_3) = \dfrac{1}{4}$，$P(A_2 A_3) = P(A_2)P(A_3) = \dfrac{1}{4}$，即 A_1，A_2，A_3 是两

两两独立的. 但 $P(A_1 A_2 A_3)=0 \neq P(A_1)P(A_2)P(A_3)$, 从而 A_1, A_2, A_3 不相互独立.

定理 4 若事件 $A_1, A_2, \cdots, A_n$ 相互独立, 则事件 $B_1, B_2, \cdots, B_n$ 也相互独立. 其中 B_i 为 A_i 或 $\overline{A_i}$, $i=1, 2, \cdots, n$.

利用事件的独立性可以化繁为简, 有了独立性, 计算概率和理论推导就容易很多了. 判断独立性靠定义和性质. 实际中, 事件的独立性常常根据经验来判断或通过已知条件得到. 一般地, 若 n 个事件 $A_1, A_2, \cdots, A_n$ 中的每一个事件发生的概率都不受其他事件发生与否的影响, 那么就可以认为这 n 个事件是相互独立的.

（4）独立条件下一些概率的计算公式

设事件 $A_1, A_2, \cdots, A_n$ 相互独立, 则有

1) $P(A_1 A_2 \cdots A_n)=P(A_1)P(A_2)\cdots P(A_n)$;

$$
\begin{aligned}
2)\ P(A_1+A_2+\cdots+A_n) &= 1-P(\overline{A_1+A_2+\cdots+A_n}) \\
&= 1-P(\overline{A_1}\,\overline{A_2}\cdots\overline{A_n}) \\
&= 1-P(\overline{A_1})P(\overline{A_2})\cdots P(\overline{A_n});
\end{aligned}
$$

$$
\begin{aligned}
3)\ P(\overline{A_1}+\overline{A_2}+\cdots+\overline{A_n}) &= P(\overline{A_1 A_2 \cdots A_n}) \\
&= 1-P(A_1 A_2 \cdots A_n) \\
&= 1-P(A_1)P(A_2)\cdots P(A_n).
\end{aligned}
$$

例 3 设甲、乙两人独立地射击同一目标, 他们击中目标的概率分别为 0.8 和 0.6. 每人射击一次, 求: 目标被击中的概率.

解 令 $A=$ "目标被击中", $B=$ "甲击中目标", $C=$ "乙击中目标", 由题意知, $A=B+C$, B 与 C 独立, $P(B)=0.8$, $P(C)=0.6$. 于是

$$
\begin{aligned}
P(A) &= P(B+C)=P(B)+P(C)-P(BC) \\
&= P(B)+P(C)-P(B)P(C) \\
&= 0.8+0.6-0.8\times0.6=0.92,
\end{aligned}
$$

或

$$
\begin{aligned}
P(A) &= 1-P(\overline{A}) \\
&= 1-P(\overline{B+C}) \\
&= 1-P(\overline{B}\,\overline{C}) \\
&= 1-0.2\times0.4=0.92.
\end{aligned}
$$

例 4 袋中装有 r 个红球, w 个白球, 从中有放回地抽取, 每次抽取一球, 直到取得红球为止. 求: 恰好 n 次取得白球的概率.

解 设 $A=$ "恰好 n 次取得白球", $W_i=$ "第 i 次取得白球", $R_i=$ "第 i 次取得红球", 则 $P(W_i)=\dfrac{w}{r+w}$, $P(R_i)=\dfrac{r}{r+w}$, $i=1, 2, \cdots$.

根据题意知 $A=W_1 W_2 \cdots W_n R_{n+1}$, 且 $W_1, W_2, \cdots, W_n, R_{n+1}$ 相互独立, 从而

$$
P(A)=P(W_1)P(W_2)\cdots P(W_n)P(R_{n+1})
$$

$$= \left(\frac{w}{r+w}\right)^n \frac{r}{r+w}.$$

例5 甲、乙两人的射击水平相当,于是约定比赛规则为双方对同一目标轮流射击,若一方失利,另一方可以继续射击,直到有人命中目标为止.命中一方为该轮比赛的优胜者.问:先射击者是否有优势?为什么?

解 设甲、乙两人每次命中的概率均为 p,失利的概率为 q,$0<p<1$,$p+q=1$.

令 $A_i=$"第 i 次射击命中目标",$i=1,2,\cdots$.

假设甲先发第一枪,则

$$
\begin{aligned}
P(\text{甲胜}) &= P(A_1+\overline{A_1}\,\overline{A_2}A_3+\overline{A_1}\,\overline{A_2}\,\overline{A_3}\,\overline{A_4}A_5+\cdots)\\
&= P(A_1)+P(\overline{A_1}\,\overline{A_2}A_3)+P(\overline{A_1}\,\overline{A_2}\,\overline{A_3}\,\overline{A_4}A_5)+\cdots\\
&= P(A_1)+P(\overline{A_1})P(\overline{A_2})P(A_3)+P(\overline{A_1})P(\overline{A_2})P(\overline{A_3})P(\overline{A_4})P(A_5)+\cdots\\
&= p+q^2p+q^4p+\cdots\\
&= p(1+q^2+q^4+\cdots)\\
&= p\,\frac{1}{1-q^2}=p\,\frac{1}{(1-q)(1+q)}=\frac{1}{1+q}.
\end{aligned}
$$

又可得

$$
\begin{aligned}
P(\text{乙胜}) &= 1-P(\text{甲胜})\\
&= 1-\frac{1}{1+q}=\frac{q}{1+q}.
\end{aligned}
$$

因为 $0<q<1$,所以 $P(\text{甲胜})>P(\text{乙胜})$.于是得出,先射击者获胜的概率大于后射击者获胜的概率,从而先射击者是有优势的.

例6 已知事件 A,B,C 相互独立,$P(A)=0.3$,$P(B)=0.4$,$P(C)=0.8$,求:$P(C-(A-B))$.

解
$$
\begin{aligned}
P(C-(A-B)) &= P(C-A\overline{B})=P(C\,\overline{A\overline{B}})\\
&= P(C(\overline{A}+B))=P(C\overline{A}+CB)\\
&= P(C\overline{A})+P(CB)-P(C\overline{A}CB)\\
&= P(C)P(\overline{A})+P(C)P(B)-P(\overline{A})P(B)P(C)\\
&= P(C)P(\overline{A})+P(C)P(B)P(A)\\
&= P(C)[1-P(A)+P(B)P(A)]\\
&= 0.8\times0.7+0.8\times0.4\times0.3=0.656.
\end{aligned}
$$

或
$$
\begin{aligned}
P(C-(A-B)) &= P(C-C(A-B))=P(C-CA\overline{B})\\
&= P(C)-P(CA\overline{B})\\
&= P(C)-P(C)P(A)P(\overline{B})\\
&= P(C)[1-P(A)P(\overline{B})]
\end{aligned}
$$

$$=0.8(1-0.3\times0.6)=0.8\times0.82=0.656.$$

注意：$C-(A-B)\neq(C-A)+B.$

例7 设某型号的高射炮，每一门炮发射一发炮弹而击中飞机的概率是0.5. 问：至少需要多少门高射炮同时射击（每炮只射一发）才能以99%的把握击中来犯的一架敌机.

解 设需要n门高射炮同时射击才能以99%的把握击中来犯的一架敌机，令$A_i=$"第i门炮击中敌机"，$A=$"敌机被击中"，则

$$A=A_1+A_2+\cdots+A_n=\sum_{i=1}^{n}A_i,$$

$$P(A)=P\left(\sum_{i=1}^{n}A_i\right)=1-P\left(\overline{\sum_{i=1}^{n}A_i}\right)$$

$$=1-P(\overline{A_1}\,\overline{A_2}\cdots\overline{A_n})$$

$$=1-P(\overline{A_1})P(\overline{A_2})\cdots P(\overline{A_n})$$

$$=1-(0.5)^n\geqslant0.99.$$

于是得$0.01\geqslant(0.5)^n$，$\lg0.01\geqslant\lg0.5\cdot n$，$n\geqslant\dfrac{\lg0.01}{\lg0.5}\approx6.644$，取$n=7.$

故至少需要7门高射炮同时射击.

例8 甲、乙、丙三人向同一飞机射击，设击中的概率分别是0.4，0.5，0.7，若只有一人击中，则飞机被击落的概率是0.2；若有两人击中，则飞机被击落的概率是0.6；若有三人击中，则飞机一定被击落. 求：飞机被击落的概率.

解 设$A=$"飞机被击落"，$B_i=$"飞机被i个人击中"，$A_i=$"第i个人射击击中飞机"，$i=1,2,3.$

由题设条件知$P(A_1)=0.4,P(A_2)=0.5,P(A_3)=0.7,A_1,A_2,A_3$相互独立，$P(A|B_1)=0.2,P(A|B_2)=0.6,P(A|B_3)=1,B_1=A_1\overline{A_2}\,\overline{A_3}+\overline{A_1}A_2\overline{A_3}+\overline{A_1}\,\overline{A_2}A_3,B_2=A_1A_2\overline{A_3}+A_1\overline{A_2}A_3+\overline{A_1}A_2A_3,B_3=A_1A_2A_3.$

由概率的可加性和事件的独立性得

$$P(B_1)=P(A_1\overline{A_2}\,\overline{A_3})+P(\overline{A_1}A_2\overline{A_3})+P(\overline{A_1}\,\overline{A_2}A_3)$$

$$=P(A_1)P(\overline{A_2})P(\overline{A_3})+P(\overline{A_1})P(A_2)P(\overline{A_3})+P(\overline{A_1})P(\overline{A_2})P(A_3)$$

$$=0.36,$$

$$P(B_2)=P(A_1A_2\overline{A_3})+P(A_1\overline{A_2}A_3)+P(\overline{A_1}A_2A_3)$$

$$=P(A_1)P(A_2)P(\overline{A_3})+P(A_1)P(\overline{A_2})P(A_3)+P(\overline{A_1})P(A_2)P(A_3)$$

$$=0.41,$$

$$P(B_3)=P(A_1A_2A_3)=P(A_1)P(A_2)P(A_3)$$

$$=0.4\times0.5\times0.7=0.14.$$

由全概率公式得

$$P(A) = \sum_{i=1}^{3} P(B_i)P(A \mid B_i)$$
$$= 0.36 \times 0.2 + 0.41 \times 0.6 + 0.14 \times 1$$
$$= 0.458.$$

例 9　一个元件能正常工作的概率叫作该元件的可靠度．由元件组成的系统能正常工作的概率叫作该系统的可靠度．设组成系统的每个元件的可靠度均为 $r(0 < r < 1)$，且各元件能否正常工作是相互独立的．现以 $2n$ 个元件按图 1.4 所示的方式组成两个系统，试求：各个系统的可靠度，并比较两个系统可靠度的大小．

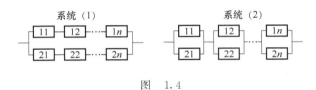

图　1.4

解　令 $A_{ij} = $ "元件 ij 能正常工作"，$i = 1$，2；$j = 1$，2，$\cdots$，n.

对于系统（1），它有两条通路．每条通路能正常工作，当且仅当该通路上各元件都正常工作．而系统能正常工作，当且仅当至少有一条通路能正常工作．故系统（1）的可靠度为

$$R_1 = P(A_{11}A_{12} \cdots A_{1n} + A_{21}A_{22} \cdots A_{2n})$$
$$= P(A_{11}A_{12} \cdots A_{1n}) + P(A_{21}A_{22} \cdots A_{2n}) - P(A_{11}A_{12} \cdots A_{1n}A_{21}A_{22} \cdots A_{2n})$$
$$= P(A_{11})P(A_{12}) \cdots P(A_{1n}) + P(A_{21})P(A_{22}) \cdots P(A_{2n}) -$$
$$\quad P(A_{11})P(A_{12}) \cdots P(A_{1n})P(A_{21})P(A_{22}) \cdots P(A_{2n})$$
$$= r^n + r^n - r^{2n}$$
$$= r^n(2 - r^n).$$

因 $0 < r < 1$，故 $R_1 = r^n(2 - r^n) > r^n$.

对于系统（2），它是由 n 对并联元件串联而成．令 $B_j = $ "第 j 对元件能正常工作"，则 $P(B_j) = P(A_{1j} + A_{2j}) = r(2 - r)$ [系统（1）中 $n = 1$ 的情况]，$j = 1$，2，$\cdots$，n. 系统（2）能正常工作，当且仅当每对并联元件都能正常工作．由题设知，各对元件能否正常工作也是独立的．故系统（2）的可靠度

$$R_2 = P(B_1B_2 \cdots B_n) = P(B_1)P(B_2) \cdots P(B_n) = r^n(2 - r)^n.$$

利用数学归纳法可以推得当 $n > 1$ 时，有 $(2 - r)^n > 2 - r^n$. 于是 $R_2 > R_1 > r^n$.

上述结果表明，虽然用增加通路 [系统（1）] 或附加元件 [系统（2）] 的办法都可以提高系统的可靠度，但是采用附加元件的方法效果更佳．

习题 1.6

1. 设事件 A 与 B 相互独立，且 $P(A) = \dfrac{1}{3}$，$P(B) = \dfrac{1}{2}$. 求：$P(\overline{AB})$ 与 $P(\overline{A+B})$.

2. 四人同时射击一目标，他们击中目标的概率分别是 0.5，0.3，0.4，0.2，试求：目标被击中的概率.

3. 某单位招工需经过四项考核，设能通过第一、第二、第三、第四项考核的概率分别为 0.6，0.8，0.91，0.95，且各项考核是独立的，只要有一项不通过就会被淘汰，试求：(1) 这项招工的淘汰率；(2) 虽通过第一、第三项考核，但仍被淘汰的概率.

4. 一个袋子中有 4 只白球和 2 只黑球，另一个袋子中有 3 只白球和 5 只黑球，如果从两袋子中各摸一只球，求：(1) 两只球都是白球的概率；(2) 两只球都是黑球的概率；(3) 一只是白球一只是黑球的概率.

5. 在 1h 内甲、乙、丙三台机床需维修的概率分别是 0.9，0.8 和 0.85，求：1h 内 (1) 没有一台机床需要维修的概率；(2) 至少有一台机床不需要维修的概率；(3) 至多只有一台机床需要维修的概率.

6. 三人独立地破译一个密码，他们各自能破译的概率分别为 0.5，0.6，0.8，求：至少有两人能将密码译出的概率.

7. 已知事件 A，B，C，D 相互独立，且 $P(A) = P(B) = \dfrac{1}{2} P(C) = \dfrac{1}{2} P(D)$，$P(A+B+C+D) = \dfrac{481}{625}$，求：$P(A)$.

第 2 章　随机变量及其分布

2.1　随机变量

为了更深入地研究随机事件及其概率，我们引进概率论中另一个重要的基本概念——随机变量．即将随机试验的结果数量化（或数值化和数字化）．

为此，先考察几个随机试验的例子．

E_1：投掷一枚匀称的硬币，观察它哪一面向上？试验 E_1 的样本空间是 $S_1 =$ {正面，反面} $=\{e\}$.

若用

$$X_1 = \begin{cases} 1, & \text{当 } e = \text{正面} \\ 0, & \text{当 } e = \text{反面} \end{cases},$$

则 X_1 是定义在 S_1 上的函数，对函数 X_1 取值就能描述随机试验 E_1 的结果，由于正面或反面的出现是随机的，所以 $X_1 = 1$ 或 $X_1 = 0$ 也是随机取到的，因而称 X_1 为随机变量．

E_2：甲和乙两人下一盘棋，观察比赛结果．试验 E_2 的样本空间是 $S_2 =$ {甲负，和局，甲胜} $=\{e\}$.

定义函数

$$X_2 = \begin{cases} -1, & \text{当 } e = \text{甲负} \\ 0, & \text{当 } e = \text{和局} \\ 1, & \text{当 } e = \text{甲胜} \end{cases},$$

则 X_2 是定义在 S_2 上的函数，对函数 X_2 取值就能描述随机试验 E_2 的结果．

E_3：记录某电话交换台在一天内接到的呼叫次数，试验 E_3 的样本空间是 $S_3 = \{0, 1, 2, 3, \cdots\} = \{e\}$.

定义 $X_3 = k$，当 $e = k$，$k = 0, 1, 2, \cdots$.

E_4：从一批灯泡中任取一只，测试其寿命，试验 E_4 的样本空间是 $S_4 = \{t \mid t \geq 0\} = \{e\}$，定义 $X_4 = t$，当 $e = t$，$t \geq 0$.

我们从上面几个例子看到，用数量来描述试验的全部结果，这对我们研究随机试验是方便的．因此，有必要把随机试验结果都转化成数量来表示．这就有必要引入一个重要概念——随机变量.

定义 设随机试验 E 的样本空间为 $S=\{e\}$，(S,F,P) 为概率空间. 如果对于每一个样本点 $e\in S$，都有确定的实数值 $X(e)$ 与之对应，并且对于任意实数 x，都满足 $\{X\leqslant x\}=\{e\in S\mid X(e)\leqslant x\}\in F$，则称这样的实值变量 $X=X(e)$ 为随机变量（Random Variable），简记为 r. v. X.

有的书上也称为随机变数. 通常用大写英文字母 X，Y，Z，X_1，X_2，…或希腊字母 ξ，η，ζ 等表示随机变量.

例如，上述分别定义于样本空间 E_1，E_2，E_3，E_4 上的函数 X_1，X_2，X_3，X_4 都是随机变量.

由于 e 在试验 E 中出现是随机的，所以实数 $X(e)$ 的取值相对于试验 E 来说也是随机的，这就是称它为随机变量的原因.

数学本质上，随机变量 X 就是定义在样本空间 $S=\{e\}$ 上的一个可测函数.

注意：定义在样本空间 $S=\{e\}$ 上的任意一个函数，未必就是随机变量.

引入随机变量以后，随机事件就可以用随机变量的取值范围来表示了. 如在试验 E_3 中，令 $A=$ "呼叫次数不超过 20"，$B=$ "呼叫次数大于 8"，$C=$ "呼叫次数为 50～200"，则随机事件 A，B，C 可分别表示为 $A=\{X_3\leqslant 20\}$，$B=\{X_3>8\}$，$C=\{50\leqslant X_3\leqslant 200\}$.

这样一来，我们所关心的随机事件的概率问题就转化为随机变量取值范围的概率问题. 因此，随机变量及其取值范围的概率问题是我们今后学习和研究的主要对象.

习题 2.1

1. 射击一目标，直到击中目标为止. 记 X 为射击的次数，试用随机变量 X 的取值表示下列随机事件：（1）至少射击 20 次才击中目标；（2）击中目标时至多射击了 10 次；（3）恰在奇数次射击时击中目标.

2. 记 X 为某微博公共账号 1min 内网民的访问次数，试用 X 表示下列事件：（1）1min 内访问 6 次；（2）1min 内访问次数不多于 6 次；（3）1min 内访问次数多于 6 次.

3. 一颗骰子被投掷两次，以 X 表示两次所得点数之和，试确定 X 的可能取值.

2.2 随机变量的分布函数

研究随机变量 X，不但要知道它取哪些值，更重要的是要掌握它在各个范围内取值的概率规律. 为此，引进分布函数的概念. 对一般的随机变量，如何描述它取值范围的概率规律就成为我们下面要研究的内容.

设 X 为随机变量，则 $\{X\leqslant x\}=\{e\in S\,|-\infty<X(e)\leqslant x\}$ 为随机事件，如果对一切实数 x，$P\{X\leqslant x\}$ 都已知，那么对 X 取值于一定范围的概率也能用概率的性质计算出来．

定义　设 X 为随机变量，对于任意实数 x，令

$$F(x)=P\{X\leqslant x\},\quad -\infty<x<+\infty, \tag{2.1}$$

则称 $F(x)$ 为随机变量 X 的概率分布函数，简称分布函数，记为 $X\sim F(x)$．

也就是说，随机变量 X 的分布函数 $F(x)$ 在任意实数 x 处的值等于 X 在区间 $(-\infty,x]$ 内取值的概率．分布函数 $F(x)$ 是定义于实数轴 $(-\infty,+\infty)$ 上的实函数．

如何确定随机变量的分布函数是概率论的主要问题，为此先研究分布函数的性质．

分布函数 $F(x)=P\{X\leqslant x\}=P\{e\in S\,|-\infty<X(e)\leqslant x\}$ 具有以下基本性质：

1）取值范围 $0\leqslant F(x)\leqslant 1$；

2）单调不减，对于 $x_1<x_2$，有

$$F(x_1)\leqslant F(x_2),$$

由 $\{X\leqslant x_1\}\subset\{X\leqslant x_2\}$ 得 $F(x_1)=P\{X\leqslant x_1\}\leqslant P\{X\leqslant x_2\}=F(x_2)$；

3）$F(+\infty)=\lim\limits_{x\to+\infty}F(x)=1$，$F(-\infty)=\lim\limits_{x\to-\infty}F(x)=0$；

事实上，显然 $\lim\limits_{x\to+\infty}F(x)$ 存在，记 $A_n=\{X\leqslant n\}$，则有 $A_n\subset A_{n+1}$，$\sum\limits_{i=1}^{+\infty}A_i=S$，

$$\lim_{x\to+\infty}F(x)=\lim_{n\to+\infty}F(n)$$

$$=\lim_{n\to+\infty}P(A_n)=P\Big(\sum_{i=1}^{+\infty}A_i\Big)=1,$$

显然 $\lim\limits_{x\to-\infty}F(x)$ 存在，记 $B_n=\{X\leqslant -n\}$，则有 $B_n\supset B_{n+1}$，$\prod\limits_{i=1}^{+\infty}B_i=\varnothing$，

$$\lim_{x\to-\infty}F(x)=\lim_{n\to+\infty}F(-n)$$

$$=\lim_{n\to+\infty}P(B_n)=P\Big(\prod_{i=1}^{+\infty}B_i\Big)=0;$$

4）右连续，对一切实数 x_0，$F(x_0^+)=\lim\limits_{x\to x_0^+}F(x)=F(x_0)$．〔记号：右极限 $f(x_0^+)=\lim\limits_{x\to x_0^+}f(x)$〕．

事实上，显然 $\lim\limits_{x\to x_0^+}F(x)$ 存在，记 $A_n=\Big\{X\leqslant x_0+\dfrac{1}{n}\Big\}$，则有 $A_n\supset A_{n+1}$，$\prod\limits_{i=1}^{+\infty}A_i=\{X\leqslant x_0\}$，于是

$$\lim_{x \to x_0^+} F(x) = \lim_{n \to +\infty} F\left(x_0 + \frac{1}{n}\right)$$
$$= \lim_{n \to +\infty} P(A_n) = P\left(\prod_{i=1}^{+\infty} A_i\right)$$
$$= P\{X \leqslant x_0\} = F(x_0).$$

反之，若定义在（$-\infty$，$+\infty$）上的实函数 $F(x)$ 满足以上条件 1）～4），则 $F(x)$ 一定是某随机变量的分布函数.

5）对任意实数 a，b，且 $a < b$，下式成立.

$$P\{a < X \leqslant b\} = F(b) - F(a). \tag{2.2}$$

事实上，

$$P\{a < X \leqslant b\} = P(\{X \leqslant b\} - \{X \leqslant a\})$$
$$= P\{X \leqslant b\} - P\{X \leqslant a\}$$
$$= F(b) - F(a);$$

6）$P\{X > a\} = 1 - P\{X \leqslant a\} = 1 - F(a)$，$P\{X = b\} = F(b) - F(b^-)$，$P\{a < X < b\} = F(b^-) - F(a)$，$P\{a \leqslant X \leqslant b\} = F(b) - F(a^-)$，$P\{a \leqslant X < b\} = F(b^-) - F(a^-)$，其中左极限 $\lim_{x \to x_0^-} F(x) = F(x_0^-)$.

分布函数举例如下.

例 1 投掷一颗匀称的骰子，记录其出现的点数. 令

$$X = \begin{cases} 0, & \text{当出现奇数点} \\ 1, & \text{当出现偶数点} \end{cases},$$

则 X 是一个随机变量. 求：X 的分布函数.

解 X 只可能取 0 和 1 两个值，且根据题意，$P\{X = 0\} = \frac{1}{2}$，$P\{X = 1\} = \frac{1}{2}$，$F(x) = P\{X \leqslant x\}$.

当 $x < 0$ 时，$\{X \leqslant x\} = \varnothing$，则

$$F(x) = P\{X \leqslant x\} = 0;$$

当 $0 \leqslant x < 1$ 时，$\{X \leqslant x\} = \{X = 0\}$，则

$$F(x) = P\{X \leqslant x\} = P\{X = 0\} = \frac{1}{2};$$

当 $x \geqslant 1$ 时，$\{X \leqslant x\} = \{X = 0\} + \{X = 1\} = S$，则

$$F(x) = P\{X \leqslant x\} = 1,$$

于是得到随机变量 X 的分布函数（见图 2.1）为

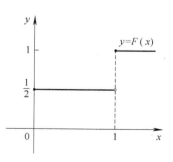

图 2.1

$$F(x)=\begin{cases}0, & x<0\\ \dfrac{1}{2}, & 0\leqslant x<1.\\ 1, & x\geqslant1\end{cases}$$

例 2 已知随机变量 X 的分布函数为

$$F(x)=\begin{cases}a+be^{-x}, & x>0\\ 0, & x\leqslant0\end{cases},$$

(1) 确定常数 a，b；

(2) 求：$P\{X\leqslant\ln2\}$ 和 $P\{X>1\}$.

解 (1) 由分布函数的性质得

$$1=\lim_{x\to+\infty}F(x)=\lim_{x\to+\infty}(a+be^{-x})=a,$$
$$0=F(0)=\lim_{x\to0^+}F(x)=\lim_{x\to0^+}(a+be^{-x})=a+b,$$

所以 $a=1$，$b=-1$，$F(x)=\begin{cases}1-e^{-x}, & x>0\\ 0, & x\leqslant0\end{cases}$；

(2) $P\{X\leqslant\ln2\}=F(\ln2)=1-e^{-\ln2}$

$$=1-\frac{1}{2}=\frac{1}{2}\ ,$$

$$P\{X>1\}=1-P\{X\leqslant1\}=1-F(1)$$
$$=1-(1-e^{-1})=e^{-1}.$$

例 3 某人打靶，圆靶半径为 1m. 设射击一定中靶，且击中靶上任一与圆靶同心的圆盘的概率与该圆盘的面积成正比. 以 X 表示击中点至靶心的距离，试求：随机变量 X 的分布函数.

解 根据题意，X 可能取区间 $[0，1]$ 上的任何实数. $F(x)=P\{X\leqslant x\}$.

当 $x<0$ 时，$\{X\leqslant x\}=\varnothing$，则

$$F(x)=P\{X\leqslant x\}=0；$$

当 $0\leqslant x\leqslant1$ 时，

$$F(x)=P\{X\leqslant x\}=P\{X<0\}+P\{0\leqslant X\leqslant x\}$$
$$=P\{0\leqslant X\leqslant x\}=kx^2.$$

为了确定常数 k，在 $F(x)=kx^2$ 中令 $x=1$，得 $F(1)=k$，又由题设知 $\{X\leqslant1\}$ 是必然事件，故 $k=F(1)=P\{X\leqslant1\}=1$；

当 $x\geqslant1$ 时，$\{X\leqslant x\}=S$ 是必然事件，故

$$F(x)=P\{X\leqslant x\}=1.$$

综上所述，可以得到 X 的分布函数（见图 2.2）为

$$F(x)=\begin{cases}0, & x<0\\ x^2, & 0\leqslant x<1.\\ 1, & x\geqslant1\end{cases}$$

显然，$F(x)$ 是一个连续函数.

当分布函数在点 $x=a$ 处连续时，有 $\lim\limits_{x \to a^+} F(x) = \lim\limits_{x \to a^-} F(x) = F(a)$，即 $F(a^+) = F(a^-) = F(a)$，从而有
$$P\{X=a\} = F(a) - F(a^-) = 0.$$

由上面例题的实际情况可知 $\{X=a\}$ 是有可能发生的 $(0 \leqslant a \leqslant 1)$. 这一事实告诉我们，$P(A) = 0$ 未必有 $A = \varnothing$.

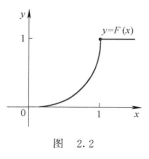

图 2.2

随机变量按其取值不同可分为离散型随机变量、连续型随机变量及其他类型随机变量. 我们只讨论离散型随机变量与连续型随机变量.

习题 2.2

1. 将 3 个有区别的球随机地放入木制和纸制的两个盒子中，以 X 表示木盒中的球数，试求：随机变量 X 的分布函数.

2. 已知随机变量 X 的分布函数为 $F(x) = a + b\arctan x$，$-\infty < x < +\infty$，

(1) 确定常数 a，b；(2) 求：$P\{-1 < X \leqslant \sqrt{3}\}$；(3) 求 c，使得 $P\{X > c\} = \dfrac{1}{4}$.

3. 设 $F_1(x)$ 和 $F_2(x)$ 分别为随机变量 X_1 和 X_2 的分布函数，又 $a > 0$，$b > 0$，a、b 是两个常数，且 $a + b = 1$，证明：$F(x) = aF_1(x) + bF_2(x)$ 也是某一随机变量的分布函数.

2.3 离散型随机变量及其概率分布

离散随机变量的定义如下.

定义 1 若随机变量 X 只可能取有限个或可数个实数值：x_1，x_2，$\cdots$，x_k，$\cdots$，$x_i \neq x_j$，$(i \neq j)$，则称 X 为离散型随机变量. X 取各个可能值的概率
$$p_k = P\{X = x_k\}, k = 1, 2, \cdots$$
称为离散型随机变量 X 的概率分布（或分布律，或分布列）.

例如，从一批产品中抽取 n 件，抽到的次品数 X 只能取有限个可能值 0，1，$\cdots$，n；对目标进行射击，直到击中目标为止，记 X 为所需射击次数，X 只能取可列个可能值 1，2，$\cdots$，k，$\cdots$，若每次击中目标的概率为 $p(0 < p < 1)$，则
$$P\{X = k\} = (1-p)^{k-1}p, k = 1, 2, \cdots$$
是离散型随机变量 X 的分布律.

离散型随机变量 X 的分布律的表示方法包括公式法、列表法和矩阵法. 例如 $p_k = P\{X = x_k\}$，$k = 1$，2，$\cdots$，如表 2.1 所示.

表　2.1

X	x_1	x_2	⋯	x_k	⋯
P	p_1	p_2	⋯	p_k	⋯

或用矩阵表示.

离散型随机变量 X 的分布律具有下列基本性质:

1) $p_k = P\{X = x_k\} \geqslant 0$,$k = 1,2,\cdots$;

2) $\sum\limits_k p_k = 1$.

事实上,因为 x_1,x_2,$\cdots$,x_k,$\cdots$是随机变量 X 的全部可能取值,X 是定义在 S 上的随机变量,所以 $\sum\limits_k \{X = x_k\} = S$,且$\{X = x_1\}$,$\{X = x_2\}$,$\cdots$,$\{X = x_k\}$,$\cdots$是互不相容的.

利用概率的可加性知

$$1 = P\{S\} = P\Big(\sum_k \{X = x_k\}\Big) = \sum_k P\{X = x_k\} = \sum_k p_k.$$

上式中,当 X 取得有限个可能值时,$\sum$ 表示有限项的和;当 X 取可列无穷多个可能值时,$\sum$ 表示收敛级数的和.

反之,可以证明,任意一个具有 1) 和 2) 这两条性质的一串数 p_1,p_2,$\cdots$,p_k,$\cdots$一定是某一个随机变量 X 的分布律.

分布律和分布函数可互相确定的方法如下.

定理 1　设 X 为离散型随机变量,若 X 具有分布律 $P\{X = x_k\} = p_k$,$k = 1,2,\cdots$,则

1) X 的分布函数为

$$F(x) = P\{X \leqslant x\} = \sum_{x_k \leqslant x} p_k,\ -\infty < x < +\infty.$$

事实上,$F(x) = P\{X \leqslant x\} = P\Big(\sum_{x_k \leqslant x} \{X = x_k\}\Big) = \sum_{x_k \leqslant x} P\{X = x_k\} = \sum_{x_k \leqslant x} p_k$;

2) 对任意区间 I,有

$$P\{X \in I\} = \sum_{x_k \in I} P\{X = x_k\} = \sum_{x_k \in I} p_k;$$

若 X 的分布函数为

$$F(x) = P\{X \leqslant x\},\ -\infty < x < +\infty,$$

则可以确定分布律为

$$p_k = P\{X = x_k\} = F(x_k) - F(x_k^-),\ k = 1,2\cdots,$$

其中 $F(x_k^-) = \lim\limits_{x \to x_k^-} F(x)$.

由此可见，离散型随机变量 X 的分布律不但具有分布函数的作用，而且它比分布函数更能直接且简便地描述随机变量的取值规律．所以，今后我们用分布律来描述离散型随机变量的取值规律．

例1 袋中有 1 个白球和 4 个黑球，每次从其中任意取出一个球，观察其颜色后放回，再从中任意取一球，直至取得白球为止，求：取球次数 X 的概率分布.

解 随机变量 X 可能取的值为 1，2，$\cdots$，设 A_i＝"第 i 次取球时得白球"，则

$$P(A_i)=\frac{1}{5},\ P(\overline{A_i})=\frac{4}{5}.$$

根据题意，事件 $\{X=k\}$ 表示"前 $k-1$ 次取出的球都是黑球，第 k 次才取出白球"＝$\overline{A_1}\cdots\overline{A_{k-1}}A_k$. 如果每次取出的球总是黑球，那么将无限次地取球，所以 X 的可能值是一切正整数，即 $k=1$，2，3，$\cdots$，n，$\cdots$，各次取球试验相互独立，所以 X 的分布律为

$$\begin{aligned}
P\{X=k\}&=P(\overline{A_1}\cdots\overline{A_{k-1}}A_k)\\
&=P(\overline{A_1})\cdots P(\overline{A_{k-1}})P(A_k)\\
&=\left(\frac{4}{5}\right)^{k-1}\frac{1}{5},\ k=1,\ 2,\ 3,\ \cdots.
\end{aligned}$$

例2 将 3 个有区别的球随机地逐个放入编号为 1、2、3、4 的 4 只盒中（每盒容纳球的个数不限）．设 X 表示有球的盒子的最大号码，试求：（1）随机变量 X 的分布律与分布函数；（2）$P\{|X|\leqslant 2\}$.

解 （1）根据题意知，随机变量 X 可能取的值为 1，2，3，4，且 $P\{X=1\}$ ＝$\frac{1^3}{4^3}=\frac{1}{64}$，$P\{X=2\}=\frac{2^3-1^3}{4^3}=\frac{7}{64}$，$P\{X=3\}=\frac{3^3-2^3}{4^3}=\frac{19}{64}$，$P\{X=4\}=\frac{4^3-3^3}{4^3}$ ＝$\frac{37}{64}$，即随机变量 X 的分布律为

X	1	2	3	4
P	$\frac{1}{64}$	$\frac{7}{64}$	$\frac{19}{64}$	$\frac{37}{64}$

X 的分布函数为

$$F(x)=\sum_{x_k\leqslant x}P\{X=x_k\}=\begin{cases}0, & x<1\\[2mm]\dfrac{1}{64}, & 1\leqslant x<2\\[2mm]\dfrac{8}{64}, & 2\leqslant x<3\ ;\\[2mm]\dfrac{27}{64}, & 3\leqslant x<4\\[2mm]1, & x\geqslant 4\end{cases}$$

(2) $P\{|X|\leqslant 2\}=P\{-2\leqslant X\leqslant 2\}$

$=P\{X=1\}+P\{X=2\}$

$=\dfrac{1}{64}+\dfrac{7}{64}=\dfrac{8}{64}=\dfrac{1}{8}$.

例 3　将红、白、黑三只球随机地逐个放入编号为 1，2，3 的 3 个盒内（每盒容纳球的个数不限），以 X 表示有球盒子的最小号码，求：随机变量 X 的分布律与分布函数．

解　根据题意知，随机变量 X 可能取的值为 1，2，3，$P\{X=3\}=\dfrac{1^3}{3^3}=\dfrac{1}{27}$，

$P\{X=2\}=\dfrac{2^3-1^3}{3^3}=\dfrac{7}{27}$，$P\{X=1\}=\dfrac{3^3-2^3}{3^3}=\dfrac{19}{27}$，即随机变量 X 的分布律为

X	1	2	3
P	$\dfrac{19}{27}$	$\dfrac{7}{27}$	$\dfrac{1}{27}$

X 的分布函数为

$$F(x)=\sum_{x_k\leqslant x}P\{X=x_k\}=\begin{cases}0，& x<1\\[2mm]\dfrac{19}{27}，& 1\leqslant x<2\\[2mm]\dfrac{26}{27}，& 2\leqslant x<3\\[2mm]1，& x\geqslant 3\end{cases}.$$

习题 2.3

1. 同时掷两颗匀称的骰子，观察它们出现的点数，求：两颗骰子出现的最大点数 X 的分布律．

2. 设随机变量 X 的分布函数为 $F(x)=P(X\leqslant x)=\begin{cases}0，& x<0\\0.4，& 0\leqslant x<1\\0.8，& 1\leqslant x<2\\1，& x\geqslant 2\end{cases}$，求：随机变量 X 的概率分布律．

3. 已知离散型随机变量 X 的分布函数为 $F(x)=\begin{cases}0，& x<1\\0.2，& 1\leqslant x<3\\0.7，& 3\leqslant x<4\\1，& x\geqslant 4\end{cases}$，求：$X$ 的分布律，并计算 $P\{X<4|X\neq 3\}$．

4. 甲、乙两名篮球队员独立地轮流投篮，直至某人投中篮筐为止．现让甲

先投，如果甲投中的概率为 0.4，乙投中的概率为 0.6. 求：各队员投篮次数的概率分布.

5. 盒中有 5 个红球，3 个白球，无放回地每次取一个球，直到取得红球为止. 用 X 表示抽取次数，求：X 的分布律，并计算 $P\{1<X\leqslant3\}$.

6. 盒中有 8 个晶体管，其中 6 个正品，2 个次品（看上去无任何差别），现逐个进行测试，直到把 2 个次品测出来为止. 以 X 表示需要测试的次数，求：X 的分布律.

2.4 常用离散型随机变量的分布律

1. 两点分布

定义 1　若随机变量 X 的分布律为 $P\{X=1\}=p, P\{X=0\}=q, 0<p<1, p+q=1$，则称 X 服从参数为 p 的两点分布［或称（0—1）分布］.

一般来说，凡是只有两个可能结果的随机试验都可用服从两点分布的随机变量来描述. 例如，博彩中的输和赢、抽签中的中和不中、设备质量的好和坏、舆论调查的赞成和反对等都可以看作（0—1）分布. 服从（0—1）分布的试验叫作伯努利（Bernoulli）试验.

2. 泊松分布

定义 2　若随机变量 X 的分布律为

$$P\{X=k\}=e^{-\lambda}\frac{\lambda^k}{k!}, \ k=0, \ 1, \ 2, \ \cdots,$$

其中 $\lambda>0$，则称 X 服从参数为 λ 的泊松（Poisson）分布，记作 $X\sim\Pi(\lambda)$. 这里用到 $e^x=\sum\limits_{k=0}^{+\infty}\dfrac{x^k}{k!}$.

泊松分布也是一种很有用的数学模型，在实际中有着广泛的应用. 例如，在时间段 $[0,t]$ 内，某电话交换台接到的呼叫次数；到达某机场的飞机数；纺织厂生产的布匹上的疵点个数；一批牧草种子中杂草种子的个数；晴朗的夜晚，观察某片天空出现的流星个数，等等，这些随机变量都可以被认为是服从泊松分布的.

3. 超几何分布

设一批产品中有 M 件正品，N 件次品. 从中任意取 n 件，则取到的次品数 X 是一个离散型随机变量，它的概率分布为

$$P\{X=k\}=\frac{C_N^k C_M^{n-k}}{C_{M+N}^n}, \quad k=0, 1, 2, \cdots, l, l=\min\{n, N\},$$

这个分布称为超几何分布.

超几何分布在产品的质量检查与控制中有广泛的应用.

4. 二项分布

二项分布来源于 n 重伯努利试验,为此,先介绍 n 重伯努利试验.

(1) n 次相互独立的试验

把某种试验重复做 n 次. 如果每次试验结果出现的概率都不依赖于其他各次试验的结果,则称这 n 次试验是相互独立的. 例如,有放回地抽样 n 次;一枚匀称的硬币连续投掷 n 次;一颗匀称的骰子连续投掷 n 次,等等,这些都可以作为 n 次相互独立的重复试验.

(2) n 重伯努利试验

设试验 E 只有两个可能的结果:A 和 $\overline{A}$. 出现 A 的概率记为 $P(A)=p$ $(0<p<1)$,出现 $\overline{A}$ 的概率记为 $P(\overline{A})=q$ $(q=1-p)$. 将试验 E 独立地重复做 n 次,则称这一串独立的重复试验为 n 重伯努利试验.

伯努利试验是一种非常重要的数学模型,其不但在理论上有重要意义,而且在实际中也有广泛应用. 如产品的质量检查,"有放回"抽样是伯努利试验. 对无放回抽样,当整批产品的数量相对于抽样个数很大时,也可以近似当作伯努利试验. 又如一射手射击目标 n 次;观察某单位的 n 个同型号设备在同一时刻是否正常工作等,这些都可近似看作是 n 重伯努利试验.

(3) 分布律

设 n 重伯努利试验中事件 A 发生的次数为 X. 易知 X 为随机变量,它的所有可能取值为 $0, 1, 2, \cdots, n$. 事件 $\{X=k\}$ 表示"事件 A 在 n 重伯努利试验中恰好发生了 k 次". 也就是事件 A 发生了 k 次,而事件 $\overline{A}$ 发生了 $n-k$ 次.

令 $A_i =$ "第 i 次试验时事件 A 发生",$i=1, 2, \cdots, n$. 则事件 A_1,事件 A_2,$\cdots$,事件 A_n 相互独立. $\{X=0\}=\overline{A_1}\,\overline{A_2}\cdots\overline{A_n}$,$P\{X=0\}=P(\overline{A_1})P(\overline{A_2})\cdots P(\overline{A_n})=q^n=C_n^0 p^0 q^{n-0}$.

$$\{X=1\}=A_1\overline{A_2}\cdots\overline{A_n}+\overline{A_1}A_2\cdots\overline{A_n}+\cdots+\overline{A_1}\,\overline{A_2}\cdots\overline{A_{n-1}}A_n,$$
$$P\{X=1\}=npq^{n-1}=C_n^1 pq^{n-1}.$$

一般地,对任意正整数 k $(2\leqslant k\leqslant n)$ 和 $1\leqslant i_1<i_2<\cdots<i_k\leqslant n$,记
$$\{1, 2, \cdots, n\}-\{i_1, i_2, \cdots, i_k\}=\{j_1, j_2, \cdots, j_{n-k}\},$$
$$\{X=k\}=\sum_{1\leqslant i_1<i_2<\cdots<i_k\leqslant n} A_{i_1}A_{i_2}\cdots A_{i_k}\overline{A_{j_1}}\,\overline{A_{j_2}}\cdots\overline{A_{j_{n-k}}},$$

于是

$$P\{X=k\}=C_n^k p^k q^{n-k}, \quad k=0, 1, 2, \cdots, n. \tag{2.3}$$

显然

$$P\{X=k\}=C_n^k p^k q^{n-k}\geqslant 0, \quad k=0, 1, 2, \cdots, n,$$

$$\sum_{k=0}^{n} P\{X=k\} = \sum_{k=0}^{n} C_n^k p^k q^{n-k} = (p+q)^n = 1,$$

即式（2.3）满足概率分布的基本性质．所以式（2.3）是随机变量 X 的概率分布．

随机变量 X 的分布律为

$$P\{X=k\}=C_n^k p^k q^{n-k}, \quad k=0, 1, 2, \cdots, n.$$

名称来源：由于 $P\{X=k\}=C_n^k p^k q^{n-k}$ 恰好是二项式 $(p+q)^n$ 的展开式中的一般项，所以称概率分布 $P\{X=k\}=C_n^k p^k q^{n-k}$，$k=0, 1, 2, \cdots, n$ 为二项分布．

（4）二项分布的定义

定义 3 如果随机变量 X 的概率分布律为

$$P\{X=k\}=C_n^k p^k q^{n-k}, \quad k=0, 1, 2, \cdots, n, \quad 0<p<1, \quad q=1-p,$$

则称 X 服从参数为 n，p 的二项分布，记作 $X\sim B(n, p)$．

（5）二项分布应用举例

例 1 设一批产品中有 M 件正品，N 件次品．现进行 n 次有放回抽样检查，则取到的次品数 X 是一个离散型随机变量，它的概率分布为

$$P\{X=k\}=C_n^k \left(\frac{N}{M+N}\right)^k \left(\frac{M}{M+N}\right)^{n-k}, \quad k=0, 1, 2, \cdots, n.$$

例 2 某射手射击一目标，设他每次命中目标的概率均为 0.6．现对该目标连续射击 5 次，求：（1）目标恰好被击中 3 次的概率；（2）目标被击中的概率．

解 把射击目标一次看作是一次试验，令 $A=$ "击中目标"，由题设知 $P(A)=0.6$，对目标连续射击 5 次可以看作是 5 重伯努利试验．

记 X 为 5 次射击中击中目标的次数，则 $X\sim B(5, 0.6)$．于是

（1）$B=$ "目标恰好被击中 3 次"，

$$P(B)=P\{X=3\}=C_5^3 (0.6)^3 (0.4)^2=0.3456;$$

（2）$C=$ "目标被击中"，

$$P(C) = P\{X\geqslant 1\} = \sum_{k=1}^{5} P\{X=k\}$$

$$= \sum_{k=1}^{5} C_5^k (0.6)^k (0.4)^{5-k}$$

$$= 1-P\{X=0\} = 1-(0.4)^5 = 0.98976.$$

例 3 袋中有 10 件产品，其中 6 件一级品，4 件二级次品，做有放回抽取 5 次，每次抽取一件，求：（1）恰取到 2 件一级品的概率；（2）至少取到 4 件一级品的概率．

解　设 $A=$ "取到一级品"，$P(A)=0.6$，记 X 为 5 次抽取中取到一级品的次数，则 $X\sim B(5,0.6)$. 于是

（1）$B=$ "恰取到 2 件一级品"，
$$P(B)=P\{X=2\}=\mathrm{C}_5^2(0.6)^2(0.4)^3=0.2304;$$

（2）$C=$ "至少取到 4 件一级品"，
$$\begin{aligned}P(C)=P\{X\geqslant4\}&=P\{X=4\}+P\{X=5\}\\&=\mathrm{C}_5^4(0.6)^4(0.4)^1+\mathrm{C}_5^5(0.6)^5=0.3370.\end{aligned}$$

例 4　设一次试验中事件 A 发生的概率 $P(A)=\varepsilon$（如果 ε 是很小的正数，则称 A 为小概率事件），把试验独立地重复做 n 次，求：事件 A 至少发生一次的概率.

解　记 X 为 n 次试验中事件 A 发生的次数，由题设知 $X\sim B(n,\varepsilon)$.

令 $B_n=$ "前 n 次试验中事件 A 至少发生一次"，
$$\begin{aligned}P(B_n)=1-P(\overline{B_n})&=1-P\{X=0\}\\&=1-\mathrm{C}_n^0\varepsilon^0(1-\varepsilon)^n=1-(1-\varepsilon)^n.\end{aligned}$$

易知，当 $n\to+\infty$ 时，$P(B_n)=1-(1-\varepsilon)^n\to1$，即 $\lim\limits_{n\to+\infty}P(B_n)=1$.

显然有 $B_n\subset B_{n+1}$，记 $B=\sum\limits_{i=1}^{+\infty}B_i$，于是 $P(B)=P\left(\sum\limits_{i=1}^{+\infty}B_i\right)=\lim\limits_{n\to+\infty}P(B_n)=1$.

这个结论说明，当 n 充分大时，事件 A 迟早要发生. 从而得出一个重要结论：小概率事件在大量重复试验中是迟早要发生的. 因此，在试验次数很大的情况下，小概率事件是不容忽视的. 这个结论对人们的实践认识有指导作用.

5. 二项分布的近似计算和查泊松分布表

（1）二项分布的近似计算

当二项分布 $B(n,p)$ 中的 n 很大、p 很小的时候，概率分布 $P\{X=k\}=\mathrm{C}_n^kp^kq^{n-k}$ 非常接近泊松分布的概率分布，下面将说明这一点.

设 $\lambda=np_n$，将 $p_n=\dfrac{\lambda}{n}$ 代入二项分布的 $P\{X=k\}=\mathrm{C}_n^kp_n^kq_n^{n-k}$ 中，那么有
$$\begin{aligned}P\{X=k\}&=\mathrm{C}_n^kp_n^kq_n^{n-k}\\&=\frac{n(n-1)\cdots(n-k+1)}{k!}\left(\frac{\lambda}{n}\right)^k\left(1-\frac{\lambda}{n}\right)^{n-k}\\&=\frac{\lambda^k}{k!}\left[\left(1-\frac{1}{n}\right)\left(1-\frac{2}{n}\right)\cdots\left(1-\frac{k-1}{n}\right)\left(1-\frac{\lambda}{n}\right)^{-k}\right]\left(1-\frac{\lambda}{n}\right)^n.\end{aligned}$$

这里在保持 λ 和 k 不变的情况下，令 $n\to+\infty$，则有
$$\left(1-\frac{1}{n}\right)\left(1-\frac{2}{n}\right)\cdots\left(1-\frac{k-1}{n}\right)\left(1-\frac{\lambda}{n}\right)^{-k}\to1,$$

$$\left(1-\frac{\lambda}{n}\right)^n \rightarrow e^{-\lambda},$$

所以

$$C_n^k p_n^k q_n^{n-k} \rightarrow \frac{e^{-\lambda}\lambda^k}{k!}, \quad p_n = \frac{\lambda}{n}, \quad n \rightarrow +\infty.$$

特别地，当 n 很大、p_n 比较小（一般 $n \geq 10$，$p_n \leq 0.1$）时，有近似公式

$$C_n^k p_n^k q_n^{n-k} \approx \frac{e^{-\lambda}\lambda^k}{k!},$$

其中 $\lambda = np_n$，$k = 0, 1, 2, \cdots, n$.

（2）查泊松分布表

设 $P\{Y=k\} = \frac{e^{-\lambda}\lambda^k}{k!}$，$k = 0, 1, 2, \cdots$，$F(x) = P\{Y \leq x\}$，则

$$P\{Y \geq x\} = 1 - P\{Y \leq x-1\} = 1 - F(x-1) = \sum_{k=x}^{+\infty} \frac{e^{-\lambda}\lambda^k}{k!},$$

这里算的是余项和，其中 x 为正整数.

例5 某保险公司有5000个同年龄的人参加人寿保险. 公司规定参加保险者在每年的第一天交付100元保险金. 若在一年内被保险者死亡，其家属可从保险公司领取3万元赔偿费. 设在一年里被保险者的死亡率为0.12%. 试求：该保险公司在这一年中至少盈利20万元的概率.

解 记 X 为5000个被保险者在一年内死亡的人数，则 $X \sim B(n, p)$，$n = 5000$，$p = 0.0012$，$\lambda = np = 6$.

保险公司一年共收入 $0.01 \times 5000 = 50$（万元），支付赔偿费共 $3X$（万元）. 设 $B =$ "保险公司至少盈利20万元"，

$$P(B) = P\{50 - 3X \geq 20\} = P\{0 \leq X \leq 10\}$$

$$= \sum_{k=0}^{10} C_n^k p^k q^{n-k} \approx \sum_{k=0}^{10} \frac{e^{-6}6^k}{k!} = 1 - \sum_{k=11}^{+\infty} \frac{e^{-6}6^k}{k!}$$

$$\underset{\text{查表}}{=\!=\!=} 1 - 0.042621 \approx 0.9574.$$

可见，该保险公司在这一年中有近96%的把握至少可以盈利20万元.

例6 将次品率为0.016的一批集成电路进行包装，要求一盒中至少有100只正品的概率不小于0.9，问：一盒至少应装多少只集成电路？

解 设至少应装 $100+N$ 只集成电路.

记 X 为次品个数，根据题意可知 $X \sim B(100+N, p)$，$p = 0.016$，$\lambda = (100+N)p \approx 1.6$.

设 $B =$ "至少有100只正品"，则

$$0.9 \leq P(B) = P\{0 \leq X \leq N\}$$

$$= \sum_{k=0}^{N} C_{100+N}^{k} p^{k} q^{100+N-k}$$

$$\approx \sum_{k=0}^{N} \frac{e^{-1.6}(1.6)^{k}}{k!} = 1 - \sum_{k=N+1}^{+\infty} \frac{e^{-1.6}(1.6)^{k}}{k!}.$$

由题设知 $\sum_{k=N+1}^{+\infty} \dfrac{e^{-1.6}(1.6)^{k}}{k!} \leqslant 0.1$，查泊松分布表得 $N+1 \geqslant 4$，$N \geqslant 3$，故至少应装 103 只集成电路.

6. 小概率事件和实际推断原理

设一次试验中事件 A 发生的概率 $P(A)=\varepsilon$，其中 ε 是很小的正数，称事件 A 为小概率事件.

"小概率事件在一次试验中实际上是不可能发生的"（概率论中称它为实际推断原理）是指人们根据长期的经验坚持这样一个信念：概率很小的事件在一次实际试验中是不可能发生的. 如果发生了，人们仍然坚持上述信念，并且认为该事件的前提条件发生了变化. 例如，认为所给有关数据（资料）不够准确，或认为该事件的发生并非随机的，而是人为安排的，或认为该事件的发生属一种反常现象，等等.

小概率原理又称实际推断原理，它是概率论中一个基本而且又有实际价值的原理，在日常生活中也有广泛应用. 人们出差、旅行可以放心大胆地乘坐火车，原因是｛火车出事故｝这一事件发生的概率很小，在一次试验（乘坐一次火车）中，这个小概率事件实际上不会发生.

习题 2.4

1. 某厂有同类机床 60 台. 假设每台相互独立工作，故障率为 0.02. 要求机床发生故障时不能及时修理的概率小于 0.01，问：至少要配备几名工人共同维修？

2. 为了保证设备正常工作，需配备适量的维修工. 现有同类型设备 90 台，各台设备工作是相互独立的，发生故障的概率为 0.01，如果一台设备的故障可由一个维修工来处理，现配备 3 个维修工，试求：每人包修 30 台与 3 人共同负责 90 台这两种方案下设备发生故障而不能及时维修的概率.

3. 设一女工照管 800 个纱锭，若每一纱锭单位时间内纱线被扯断的概率为 0.005，试求：单位时间内纱线的扯断次数不大于 10 的概率及最可能的被扯断次数.

4. 某电话交换台有 300 个用户，在任何时刻用户是否需要通话是相互独立的，且每个用户需要通话的概率为 $\dfrac{1}{60}$，设该交换台只有 8 条线路供用户同时使用. 试求：在任一给定时刻用户打不通电话的概率.

5. 某车间有 5 台车床，调查表明，在任一时刻每台车床处于停车状态的概率为 0.1，试求：在同一时刻，

（1）恰有两台车床处于停车状态的概率；

（2）至少有 3 台车床处于停车状态的概率；

（3）至多有 3 台车床处于停车状态的概率；

（4）至少有 1 台车床处于停车状态的概率．

6. 假设某段时间内来百货公司的顾客数服从参数为 λ 的泊松分布，而在百货公司里每个顾客购买电视机的概率为 p，且顾客之间是否购买电视机的事件相互独立，试求：这段时间内百货公司出售 k 台电视机的概率．

2.5 连续型随机变量及其概率密度函数

随机变量 X，简记为 r.v. X，其分布函数 $F(x)=P\{X\leqslant x\}$．

定义 1 设随机变量 X 的分布函数为 $F(x)$，如果存在一个定义在 $(-\infty,+\infty)$ 上的非负可积函数 $f(x)$，使得对任何实数 x，恒有

$$F(x)=\int_{-\infty}^{x}f(t)\mathrm{d}t,$$

则称 X 为连续型随机变量，称函数 $f(x)$ 为随机变量 X 的概率密度函数（或分布密度函数），简称概率密度．

例 1 设随机变量 X 的分布函数为

$$F(x)=\begin{cases}0, & x<0\\ x^3, & 0\leqslant x<1\\ 1, & x\geqslant 1\end{cases},$$

取函数 $f(x)=\begin{cases}0, & x<0\\ 3x^2, & 0\leqslant x<1\\ 0, & x\geqslant 1\end{cases}$，显然下式成立

$$F(x)=\int_{-\infty}^{x}f(t)\mathrm{d}t, \quad x\in(-\infty,+\infty),$$

所以这个 X 是连续型随机变量．

例 2 设随机变量 X 的分布函数为

$$F(x)=\frac{1}{2}+\frac{1}{\pi}\arctan x, \quad -\infty<x<+\infty.$$

取函数 $f(x)=\frac{1}{\pi}\frac{1}{1+x^2}$，$x\in(-\infty,+\infty)$，显然下式成立

$$F(x)=\int_{-\infty}^{x}f(t)\mathrm{d}t, \quad x\in(-\infty,+\infty),$$

所以这个 X 是连续型随机变量.

概率密度函数的性质如下.

由定义可以知道,概率密度函数 $f(x)$ 具有下列基本性质:

1) 对一切 $x \in (-\infty, +\infty)$, $f(x) \geqslant 0$;

2) $\int_{-\infty}^{+\infty} f(x)\mathrm{d}x = F(+\infty) = 1$.

反之,可以证明,任何一个具有上述性质 1) 和性质 2) 的实直线上的可积函数 $f(x)$ 都可以成为某个连续型随机变量的概率密度函数.

连续型随机变量 X 取区间值的概率计算如下.

定理 1 设 X 为连续型随机变量,分布函数为 $F(x)$,概率密度函数为 $f(x)$,则有

1) $F(x) = \int_{-\infty}^{x} f(t)\mathrm{d}t$ 是连续函数;

2) 对一切 $x \in (-\infty, +\infty)$, $P\{X=x\} = F(x) - F(x^-) = 0$;

3) 对任意 $a < b$,有

$$P\{a < X \leqslant b\} = F(b) - F(a) = \int_a^b f(x)\mathrm{d}x;$$

4) 设 $I = (a, b]$ 或 $[a, b]$,或 $[a, b)$,或 (a, b),或 $a = -\infty$,或 $b = +\infty$,则(见图 2.3)

$$P\{X \in I\} = F(b) - F(a) = \int_a^b f(x)\mathrm{d}x;$$

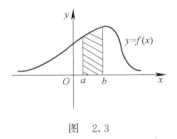

图 2.3

5) 若 $f(x)$ 在点 x_0 连续,则 $F(x)$ 在点 x_0 可导,且 $F'(x_0) = f(x_0)$.

如果 $f(x)$ 是分段连续函数,且只有有限个不连续点,则 $f(x) = F'(x)$ [在这些不连续点上可任意给 $f(x)$ 以非负值]. 例如,

$$f(x) = \begin{cases} F'(x), & F(x)\text{的可导点上} \\ 0, & F(x)\text{的不可导点上} \end{cases}.$$

例 3 设随机变量 X 的概率密度函数为

$$f(x) = \begin{cases} 1+x, & -1 \leqslant x < 0 \\ 1-x, & 0 \leqslant x \leqslant 1 \\ 0, & \text{其他} \end{cases},$$

求:(1) $P\left\{|X| \leqslant \dfrac{1}{2}\right\}$;

(2) X 的分布函数.

解 (1) $P\left\{|X| \leqslant \dfrac{1}{2}\right\} = P\left\{-\dfrac{1}{2} \leqslant X \leqslant \dfrac{1}{2}\right\}$

$$= \int_{-\frac{1}{2}}^{\frac{1}{2}} f(x)\mathrm{d}x$$

$$= \int_{-\frac{1}{2}}^{0} f(x)\mathrm{d}x + \int_{0}^{\frac{1}{2}} f(x)\mathrm{d}x$$

$$= \int_{-\frac{1}{2}}^{0} (1+x)\mathrm{d}x + \int_{0}^{\frac{1}{2}} (1-x)\mathrm{d}x$$

$$= \left(x + \frac{1}{2}x^2\right)\Big|_{-\frac{1}{2}}^{0} + \left(x - \frac{1}{2}x^2\right)\Big|_{0}^{\frac{1}{2}}$$

$$= \frac{3}{8} + \frac{3}{8} = \frac{3}{4} = 0.75.$$

(2) $F(x) = \int_{-\infty}^{x} f(t)\mathrm{d}t$.

当 $x < -1$ 时，

$$f(t) = 0, \quad -\infty < t \leqslant x, \quad F(x) = 0;$$

当 $-1 \leqslant x < 0$ 时，

$$F(x) = \int_{-\infty}^{-1} f(t)\mathrm{d}t + \int_{-1}^{x} f(t)\mathrm{d}t$$

$$= 0 + \int_{-1}^{x} (1+t)\mathrm{d}t = \left(t + \frac{1}{2}t^2\right)\Big|_{-1}^{x}$$

$$= \frac{1}{2}x^2 + x + \frac{1}{2} ;$$

当 $0 \leqslant x < 1$ 时，

$$F(x) = \int_{-\infty}^{-1} f(t)\mathrm{d}t + \int_{-1}^{0} f(t)\mathrm{d}t + \int_{0}^{x} f(t)\mathrm{d}t$$

$$= 0 + \int_{-1}^{0} (1+t)\mathrm{d}t + \int_{0}^{x} (1-t)\mathrm{d}t$$

$$= \left(t + \frac{1}{2}t^2\right)\Big|_{-1}^{0} + \left(t - \frac{1}{2}t^2\right)\Big|_{0}^{x}$$

$$= -\frac{1}{2}x^2 + x + \frac{1}{2};$$

当 $x \geqslant 1$ 时，

$$F(x) = \int_{-\infty}^{-1} f(t)\mathrm{d}t + \int_{-1}^{0} f(t)\mathrm{d}t + \int_{0}^{1} f(t)\mathrm{d}t + \int_{1}^{x} f(t)\mathrm{d}t$$

$$= 0 + \int_{-1}^{0} (1+t)\mathrm{d}t + \int_{0}^{1} (1-t)\mathrm{d}t + 0 = 1.$$

于是，X 的分布函数为

$$F(x) = \begin{cases} 0, & x < -1 \\ \frac{1}{2}x^2 + x + \frac{1}{2}, & -1 \leqslant x < 0 \\ -\frac{1}{2}x^2 + x + \frac{1}{2}, & 0 \leqslant x < 1 \\ 1, & x \geqslant 1 \end{cases}.$$

习题 2.5

1. 已知随机变量 X 的概率密度函数为 $f(x) = \begin{cases} a+bx, & 0 \leqslant x \leqslant 2 \\ 0, & \text{其他} \end{cases}$，且 $P\{X \geqslant 1\} = \dfrac{1}{4}$.
(1) 确定常数 a，b；(2) 求：X 的分布函数.

2. 设随机变量 X 的概率密度函数为 $f(x) = \begin{cases} a\sin x, & 0 \leqslant x \leqslant \pi \\ 0, & \text{其他} \end{cases}$，(1) 确定常数 a；
(2) 求：X 的分布函数.

3. 设随机变量 X 的概率密度函数为 $f(x) = \dfrac{a}{e^x + e^{-x}}$，$-\infty < x < +\infty$，
(1) 确定常数 a；(2) 求：X 的分布函数 $F(x)$；(3) 求：$P\{0 < X < \ln\sqrt{3}\}$.

4. 已知随机变量 X 的概率密度函数为 $f(x) = \dfrac{1}{2} e^{-|x|}$，$-\infty < x < +\infty$，
求：X 的概率分布函数.

5. 设随机变量 X 的分布函数为 $F(x) = \begin{cases} 0, & x \leqslant 0 \\ A + Be^{-\frac{x^2}{2}}, & x > 0 \end{cases}$，求：(1) A 和 B
的值；(2) 随机变量 X 的概率密度函数；(3) $P\{\sqrt{\ln 4} < X < \sqrt{\ln 9}\}$.

6. 设随机变量 X 的概率密度函数为
$$f(x) = \begin{cases} 2x, & 0 < x < 1 \\ 0, & \text{其他} \end{cases},$$
以 Y 表示对 X 的三次独立重复观察中事件 $\left\{ X \leqslant \dfrac{1}{2} \right\}$ 出现的次数，求：$P\{Y=2\}$.

2.6　常用的连续型随机变量分布

具有代表性的连续型随机变量分布有以下几种.

1. 均匀分布

设 $[a, b]$ 为有限区间. 如果 ζ 是连续型随机变量，并且有概率密度函数
$$f(x) = \begin{cases} \dfrac{1}{b-a}, & a \leqslant x \leqslant b \\ 0, & \text{其他} \end{cases},$$

则称 ζ 为区间 $[a, b]$ 上均匀分布的随机变量，记作 $\zeta \sim U[a, b]$，它的分布函数为

$$F(x) = \begin{cases} 0, & x < a \\ \dfrac{x-a}{b-a}, & a \leqslant x < b. \\ 1, & x \geqslant b \end{cases}$$

服从均匀分布的实例：某公共汽车站每隔 10min 会有某一路公交汽车到达，乘客到达汽车站的时刻是任意的．设乘客候车时间为 X，则 $X \sim U[0, 10]$．

例 1 设随机变量 $\zeta \sim U[-4, 4]$，试求：方程 $4t^2 + 4\zeta t + \zeta + 6 = 0$ 有实根的概率．

解 ζ 的概率密度函数为

$$f(x) = \begin{cases} \dfrac{1}{8}, & -4 \leqslant x \leqslant 4. \\ 0, & \text{其他} \end{cases}$$

设 $A=$ "方程 $4t^2 + 4\zeta t + \zeta + 6 = 0$ 有实根"，即

$$\begin{aligned} A &= \{(4\zeta)^2 - 4 \times 4 \times (\zeta+6) \geqslant 0\} \\ &= \{\zeta^2 - \zeta - 6 \geqslant 0\} \\ &= \{\zeta \geqslant 3\} + \{\zeta \leqslant -2\}. \end{aligned}$$

$$\begin{aligned} P(A) &= P\{\zeta \geqslant 3\} + P\{\zeta \leqslant -2\} \\ &= \int_3^{+\infty} f(x)\mathrm{d}x + \int_{-\infty}^{-2} f(x)\mathrm{d}x \\ &= \int_3^4 \frac{1}{8}\mathrm{d}x + \int_{-4}^{-2} \frac{1}{8}\mathrm{d}x \\ &= \frac{1}{8} + \frac{2}{8} = \frac{3}{8} = 0.375. \end{aligned}$$

2. 指数分布

若随机变量 ζ 的概率密度函数为

$$f(x) = \begin{cases} \lambda e^{-\lambda x}, & x \geqslant 0, \\ 0, & x < 0, \end{cases}$$

其中 $\lambda > 0$ 为常数，则称 ζ 服从参数为 λ 的指数分布．

它的分布函数为

$$F(x) = \begin{cases} 0, & x < 0 \\ \int_{-\infty}^x f(t)\mathrm{d}t = 1 - e^{-\lambda x}, & x \geqslant 0 \end{cases}.$$

服从指数分布的实际例子：指数分布在实际中有重要应用，它可以作为各种"寿命" ζ 的近似分布．例如，无线电元件的寿命、动物的寿命、电话的通话

时间、随机服务系统中的服务时间等都可以近似地用指数分布来描述．它在可靠性理论与工程中占有特别重要的地位．

例 2　设某电子元件的寿命 ξ（单位：h）服从参数 $\lambda = 0.001$ 的指数分布．试求：该元件至少能使用 1000h 的概率．

解　根据题意，ξ 的概率密度函数为

$$f(x) = \begin{cases} 0.001\mathrm{e}^{-0.001x}, & x > 0 \\ 0, & x \leqslant 0 \end{cases},$$

设 $A =$ "该元件至少能使用 1000h"，则

$$\begin{aligned} P(A) &= P\{\xi \geqslant 1000\} \\ &= \int_{1000}^{+\infty} f(x)\mathrm{d}x = \int_{1000}^{+\infty} 0.001\mathrm{e}^{-0.001x}\mathrm{d}x \\ &= (-\mathrm{e}^{-0.001x}) \Big|_{1000}^{+\infty} = \mathrm{e}^{-1} \approx 0.3679. \end{aligned}$$

例 3　设某人打一次电话所用的时间 ζ 服从参数为 $1/10$（单位：min）的指数分布，当你走进电话室需要打电话时，某人恰好在你前面打电话．求以下几个事件的概率：

（1）你需要等待 10min 以上；

（2）你需要等待 10～20min.

解　用 ζ 表示某人的通话时间，也就是你的等待时间，则 ζ 的分布密度函数

$$f(x) = \begin{cases} \dfrac{1}{10}\mathrm{e}^{-\frac{x}{10}}, & x \geqslant 0 \\ 0, & x < 0 \end{cases},$$

所以要求的概率分别为

（1）$P(\zeta > 10) = \int_{10}^{+\infty} \dfrac{1}{10}\mathrm{e}^{-\frac{x}{10}}\mathrm{d}x = \mathrm{e}^{-1} \approx 0.368$；

（2）$P(10 < \zeta < 20) = \int_{10}^{20} \dfrac{1}{10}\mathrm{e}^{-\frac{x}{10}}\mathrm{d}x$

$$= \mathrm{e}^{-1} - \mathrm{e}^{-2} \approx 0.233.$$

3. 韦布尔（Weibull）分布

若随机变量 ζ 的概率密度函数为

$$f(x) = \begin{cases} \dfrac{\beta}{\eta}\left(\dfrac{x - x_0}{\eta}\right)^{\beta-1} \mathrm{e}^{-\left(\frac{x-x_0}{\eta}\right)^{\beta}}, & x > x_0 \\ 0, & x \leqslant x_0 \end{cases}$$

其中 η，β 均为正常数，则称 ζ 服从参数为 η，β，x_0 的韦布尔分布，记作 $\zeta \sim W(\eta, \beta, x_0)$. η 称为尺度参数（又叫量纲参数或特征寿命），β 称为形状参数，x_0 称为位置参数．

不难看出, 当 $\beta=1$ 时, 韦布尔分布即为指数分布.

大量的经验表明, 许多产品的寿命, 如滚动轴承的疲劳寿命, 电子元器件的使用寿命等都服从韦布尔分布. 它在可靠性问题中有着广泛的应用.

4. Γ 分布

若随机变量 ζ 的概率密度函数为

$$f(x)=\begin{cases} \dfrac{\beta^{\alpha}}{\Gamma(\alpha)}x^{\alpha-1}\mathrm{e}^{-\beta x}, & x>0, \\ 0, & x\leqslant 0 \end{cases}$$

其中 $\alpha>0$, $\beta>0$ 均为常数, $\Gamma(\alpha)=\displaystyle\int_{0}^{+\infty}t^{\alpha-1}\mathrm{e}^{-t}\mathrm{d}t$, 则称 ζ 服从参数为 α, β 的 Γ 分布, 记作 $\zeta\sim\Gamma(\alpha, \beta)$.

Γ 分布在水文统计、最大风速或最大风压的概率计算中经常被用到. 概率论中不少常见的重要分布只是 Γ 分布的特殊情况. 当 $\alpha=1$ 时, Γ 分布即是参数为 β 的指数分布; 当 $\alpha=\dfrac{n}{2}$, $\beta=\dfrac{1}{2}$ 时, Γ 分布则是统计学中十分重要的 $\chi^{2}(n)$ 分布, 其概率密度函数为

$$f(y)=\begin{cases} \dfrac{1}{2^{\frac{n}{2}}\Gamma\left(\dfrac{n}{2}\right)}y^{\frac{n}{2}-1}\mathrm{e}^{-\frac{y}{2}}, & y>0 \\ 0, & y\leqslant 0 \end{cases}.$$

Γ 函数的定义为 $\Gamma(\alpha)=\displaystyle\int_{0}^{+\infty}t^{\alpha-1}\mathrm{e}^{-t}\mathrm{d}t$, $\alpha>0$, 是含参变量的广义积分.

Γ 函数具有以下性质:

1) $\Gamma(1)=1$, $\Gamma\left(\dfrac{1}{2}\right)=\sqrt{\pi}$;

2) 对任意 $s>0$, 有 $\Gamma(s+1)=s\Gamma(s)$ [由 $\Gamma(s+1)=\displaystyle\int_{0}^{+\infty}t^{s}\mathrm{e}^{-t}\mathrm{d}t=\displaystyle\int_{0}^{+\infty}t^{s}(-\mathrm{e}^{-t})'\mathrm{d}t$, 通过分部积分来计算证明];

3) 对自然数 n, $\Gamma(n+1)=n!$ [由迭代 $\Gamma(n+1)=n\Gamma(n)$ 给出].

习题 2.6

1. 在数值计算中由于处理小数位数而四舍五入引起的舍入误差 X 一般可认为是一个服从均匀分布的随机变量, 如果小数点后面第 5 位按四舍五入处理, 求: (1) X 的概率密度; (2) 误差在 0.00003 与 0.00006 之间的概率.

2. 设随机变量 X 服从区间 $(2, 5)$ 上的均匀分布, 求: 在对 X 所进行的 3

次独立观测中，至少有 2 次的观测值大于 3 的概率.

3. 某仪器装有三只独立工作的同型号电子元件，其寿命（单位：h）都服从同一指数分布，概率密度函数为 $f(x) = \begin{cases} \dfrac{1}{600} e^{-\frac{x}{600}}, & x \geqslant 0 \\ 0, & x < 0 \end{cases}$，试求：在仪器使用的最初 200h 以内，至少有一只电子元件损坏的概率.

4. 某仪器装有三只相同型号的晶体管，且假定它们的工作是相互独立的. 已知晶体管的寿命 X（单位：h）的概率密度函数为 $f(x) = \begin{cases} \dfrac{200}{x^2}, & x > 200 \\ 0, & x \leqslant 200 \end{cases}$，求：该仪器在开始使用的 400h 中，这三只晶体管至少有一只不需要更换的概率.

5. 设顾客在某银行的窗口等待服务的时间 X（单位：min）服从指数分布，其密度函数为 $f(x) = \begin{cases} \dfrac{1}{5} e^{-\frac{x}{5}}, & x > 0 \\ 0, & x \leqslant 0 \end{cases}$，某顾客在窗口等待服务，若超过 10min 他就离开，他一个月要到银行 5 次，以 Y 表示一个月内他未等到服务而离开窗口的次数，试求：$P\{Y \geqslant 1\}$.

2.7 正态分布

1. 欧拉-泊松积分

$\displaystyle\int_{-\infty}^{+\infty} e^{-x^2} dx = \sqrt{\pi}$ 被称为是欧拉-泊松积分.

事实上，令 $I = \displaystyle\int_{-\infty}^{+\infty} e^{-x^2} dx$，$I = \displaystyle\int_{-\infty}^{+\infty} e^{-y^2} dy$，则

$$I^2 = \int_{-\infty}^{+\infty} e^{-x^2} dx \cdot \int_{-\infty}^{+\infty} e^{-y^2} dy$$

$$= \int_{-\infty}^{+\infty} \int_{-\infty}^{+\infty} e^{-x^2} \cdot e^{-y^2} dx dy = \int_{-\infty}^{+\infty} \int_{-\infty}^{+\infty} e^{-(x^2+y^2)} dx dy$$

$$\xeft[\begin{subarray}{l} x = r\cos\theta \\ y = r\sin\theta \end{subarray}\right] \int_0^{2\pi} \int_0^{+\infty} e^{-r^2} r dr d\theta$$

$$= 2\pi \int_0^{+\infty} \left(-\frac{1}{2} e^{-r^2} \right)' dr$$

$$= 2\pi \left(-\frac{1}{2} e^{-r^2} \right) \Big|_0^{+\infty} = 2\pi \cdot \frac{1}{2} = \pi.$$

于是，
$$I = \int_{-\infty}^{+\infty} e^{-x^2} dx = \sqrt{\pi},$$

$$\Gamma\left(\frac{1}{2}\right) = \int_0^{+\infty} t^{-\frac{1}{2}} e^{-t} dt$$

$$= 2\int_0^{+\infty} e^{-t} dt^{\frac{1}{2}} = 2\int_0^{+\infty} e^{-x^2} dx = \sqrt{\pi}.$$

记号：
$$\exp(y) = e^y.$$

则
$$\int_{-\infty}^{+\infty} \exp(-x^2) dx = \sqrt{\pi}.$$

$$\int_{-\infty}^{+\infty} \exp\left[-\frac{(x-\mu)^2}{2\sigma^2}\right] dx$$

$$\overset{\frac{x-\mu}{\sqrt{2}\sigma}=y}{=\!=\!=\!=} \int_{-\infty}^{+\infty} \exp(-y^2) \sqrt{2}\sigma dy$$

$$= \sqrt{2}\sigma \cdot \sqrt{\pi} = \sigma\sqrt{2\pi}.$$

于是有

$$\int_{-\infty}^{+\infty} \frac{1}{\sigma\sqrt{2\pi}} \exp\left[-\frac{(x-\mu)^2}{2\sigma^2}\right] dx = 1,$$

从而函数 $f(x) = \dfrac{1}{\sigma\sqrt{2\pi}} \exp\left[-\dfrac{(x-\mu)^2}{2\sigma^2}\right]$ 是某连续型随机变量的概率密度函数.

2. 正态分布

定义 1 若 ζ 为连续型随机变量，且其概率密度函数（见图 2.4）为

$$f(x) = \frac{1}{\sigma\sqrt{2\pi}} \exp\left[-\frac{(x-\mu)^2}{2\sigma^2}\right], -\infty < x < +\infty,$$

其中 $-\infty < \mu < +\infty$，$\sigma > 0$ 均为常数，那么称 ζ 为正态随机变量，或称 ζ 服从参数为 μ，σ 的正态分布. 记作 $\zeta \sim N(\mu, \sigma^2)$.

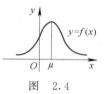

图 2.4

正态分布在概率论和数理统计理论及应用中都占有特别重要的地位.

大量的实践经验与理论分析表明，测量误差、在相同生产条件下生产的一批产品的质量指标（如灯泡的寿命、钢筋的断裂强度、青砖的抗压强度、棉花的纤维长度等）、半导体中的热噪声电流、电压等，都可以看作或近似看作是服从正态分布的.

正态分布密度曲线具有如下性质：

1）曲线关于直线 $x = \mu$ 对称，当 $x = \mu$ 时，$f(x)$ 达到最大值 $f(\mu) = \dfrac{1}{\sigma\sqrt{2\pi}}$；

2）当 $x \to \pm\infty$ 时，$f(x) \to 0$，即曲线以 x 轴为渐近线；

3）曲线在 $x = \mu + \sigma$ 或 $x = \mu - \sigma$ 处有拐点.

3. 标准正态分布

参数 $\mu=0$，$\sigma=1$ 的正态分布即 $N(0，1)$，被称为标准正态分布，其概率密度函数和分布函数分别用 $\varphi(x)$ 和 $\Phi(x)$ 表示（专用记号），即有

$$\varphi(x)=\frac{1}{\sqrt{2\pi}}\exp\left(-\frac{x^2}{2}\right)，-\infty<x<+\infty，$$

其中 $\varphi(x)$ 是偶函数，而

$$\Phi(x)=\int_{-\infty}^{x}\varphi(t)\mathrm{d}t=\frac{1}{\sqrt{2\pi}}\int_{-\infty}^{x}\exp\left(-\frac{t^2}{2}\right)\mathrm{d}t.$$

标准正态分布的分布函数 $\Phi(x)$ 的性质：

1）$\Phi(0)=\displaystyle\int_{-\infty}^{0}\varphi(t)\mathrm{d}t$

$$=\frac{1}{\sqrt{2\pi}}\int_{-\infty}^{0}\exp\left(-\frac{t^2}{2}\right)\mathrm{d}t=\frac{1}{2}.$$

2）$\Phi(x)+\Phi(-x)=1$，$-\infty<x<+\infty$.

其中，性质 2）的证明方法有以下三种.

证法一

$$\Phi(-x)=\int_{-\infty}^{-x}\varphi(t)\mathrm{d}t\xlongequal{t=-u}\int_{+\infty}^{x}\varphi(-u)(-\mathrm{d}u)$$

$$=-\int_{+\infty}^{x}\varphi(u)\mathrm{d}u=\int_{x}^{+\infty}\varphi(u)\mathrm{d}u=\int_{x}^{+\infty}\varphi(t)\mathrm{d}t，$$

故　　　　$$\Phi(x)+\Phi(-x)=\int_{-\infty}^{x}\varphi(t)\mathrm{d}t+\int_{x}^{+\infty}\varphi(t)\mathrm{d}t$$

$$=\int_{-\infty}^{+\infty}\varphi(t)\mathrm{d}t=1.$$

证法二

由 $[\Phi(x)+\Phi(-x)]'=\Phi'(x)+\Phi'(-x)(-1)$

$$=\varphi(x)+\varphi(-x)(-1)=\varphi(x)-\varphi(x)=0，$$

又 $\Phi(0)+\Phi(0)=1$，$\lim\limits_{x\to+\infty}[\Phi(x)+\Phi(-x)]=1$，得 $\Phi(x)+\Phi(-x)=1$.

证法三

可从图形的对称性上看出证明结果.

3）$\Phi'(x)=\varphi(x)>0$，$\Phi(x)$ 在区间 $(-\infty，+\infty)$ 上严格单调递增，x 与 $\Phi(x)$ 是一一对应的.

人们已列出了 $\Phi(x)$ 的函数值表，$\Phi(x)$ 的函数值可从表中查到，也可由 $\Phi(x)$ 的函数值查到 x 的值.

4. 正态分布与标准正态分布的关系

一般正态分布 $N(\mu, \sigma^2)$ 的分布函数 $F(x)$ 与标准正态分布 $N(0, 1)$ 的分布函数 $\Phi(x)$ 之间有下列关系.

$$F(x) = \Phi\left(\frac{x-\mu}{\sigma}\right), -\infty < x < +\infty.$$

事实上,

$$F(x) = \int_{-\infty}^{x} f(t)\mathrm{d}t = \frac{1}{\sigma\sqrt{2\pi}} \int_{-\infty}^{x} \exp\left[-\frac{(t-\mu)^2}{2\sigma^2}\right]\mathrm{d}t$$

$$\xlongequal{\frac{t-\mu}{\sigma}=y} \frac{1}{\sigma\sqrt{2\pi}} \int_{-\infty}^{\frac{x-\mu}{\sigma}} \exp\left(-\frac{y^2}{2}\right)\sigma\mathrm{d}y$$

$$= \frac{1}{\sqrt{2\pi}} \int_{-\infty}^{\frac{x-\mu}{\sigma}} \exp\left(-\frac{y^2}{2}\right)\mathrm{d}y$$

$$= \int_{-\infty}^{\frac{x-\mu}{\sigma}} \varphi(y)\mathrm{d}y = \Phi\left(\frac{x-\mu}{\sigma}\right).$$

特别地,

$$F(\mu) = \Phi\left(\frac{\mu-\mu}{\sigma}\right) = \Phi(0) = \frac{1}{2}.$$

设 $\xi \sim N(\mu, \sigma^2)$, $\lambda > 0$, 则有

$$P\{\xi \leqslant \mu\} = F(\mu) = \frac{1}{2},$$

$$P\{\xi > \mu\} = 1 - P\{\xi \leqslant \mu\}$$

$$= 1 - F(\mu) = 1 - \frac{1}{2} = \frac{1}{2},$$

$$P\{|\xi-\mu| < \lambda\sigma\} = P\{\mu-\lambda\sigma < \xi < \mu+\lambda\sigma\}$$

$$= F(\mu+\lambda\sigma) - F(\mu-\lambda\sigma)$$

$$= \Phi\left(\frac{\mu+\lambda\sigma-\mu}{\sigma}\right) - \Phi\left(\frac{\mu-\lambda\sigma-\mu}{\sigma}\right)$$

$$= \Phi(\lambda) - \Phi(-\lambda)$$

$$= \Phi(\lambda) - [1-\Phi(\lambda)] = 2\Phi(\lambda) - 1,$$

$$P\{|\xi-\mu| \geqslant \lambda\sigma\} = 1 - P\{|\xi-\mu| < \lambda\sigma\}$$

$$= 1 - [2\Phi(\lambda)-1] = 2[1-\Phi(\lambda)].$$

5. 标准正态分布 $N(0, 1)$ 的 α 分位点

定义 2 设 X 是一个标准正态随机变量, $X \sim N(0, 1)$, $\Phi(x) = P\{X \leqslant x\}$, 给定 α, $0 < \alpha < 1$, 存在唯一 z_α, 使得 $\Phi(z_\alpha) = \alpha$, 即由函数值 $\Phi(x) = \alpha$, 可以找

到自变量 z_α，满足 $\Phi(z_\alpha)=\alpha$，即 $z_\alpha=\Phi^{-1}(\alpha)$.

称 z_α 为标准正态分布 $N(0,1)$ 的（下侧）α 分位点（或 α 分位数），简称分位点（见图 2.5）. 即

$$P\{X\leqslant z_\alpha\}=\Phi(z_\alpha)=\alpha,$$

$$\Phi(z_\alpha)=\frac{1}{\sqrt{2\pi}}\int_{-\infty}^{z_\alpha}\exp\left(-\frac{t^2}{2}\right)\mathrm{d}t=\alpha.$$

从图 2.5 上看，分位点是分割位置点的简称.

显然 $z_0=-\infty$，$z_{0.5}=0$，$z_1=+\infty$.

当 $0<\alpha<1$ 时，分位点的性质：

1）$z_\alpha=-z_{1-\alpha}$；

2）$P\{X>z_{1-\alpha}\}=\alpha$；

3）$P\{|X|>z_{1-\frac{\alpha}{2}}\}=\alpha$ 或 $P\{|X|\leqslant z_{1-\frac{\alpha}{2}}\}=1-\alpha$.

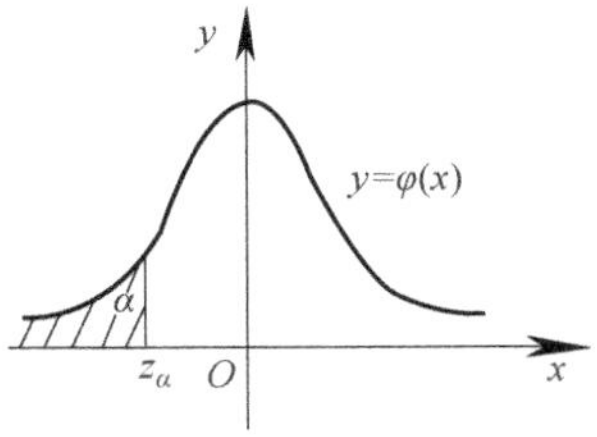

图　2.5

事实上，$\Phi(z_\alpha)=P\{X\leqslant z_\alpha\}=\alpha$，

$$\Phi(z_{1-\alpha})=P\{X\leqslant z_{1-\alpha}\}=1-\alpha,$$

$$\Phi\left(z_{1-\frac{\alpha}{2}}\right)=P\left\{X\leqslant z_{1-\frac{\alpha}{2}}\right\}=1-\frac{\alpha}{2}.$$

证明　1）由 $\Phi(z_\alpha)+\Phi(-z_\alpha)=1$，$\Phi(z_\alpha)+\Phi(z_{1-\alpha})=\alpha+(1-\alpha)=1$，得 $\Phi(-z_\alpha)=\Phi(z_{1-\alpha})$，于是 $-z_\alpha=z_{1-\alpha}$，$z_\alpha=-z_{1-\alpha}$.

2）
$$\begin{aligned}P\{X>z_{1-\alpha}\}&=1-P\{X\leqslant z_{1-\alpha}\}\\&=1-\Phi(z_{1-\alpha})=1-(1-\alpha)=\alpha.\end{aligned}$$

3）
$$\begin{aligned}P\left\{|X|\leqslant z_{1-\frac{\alpha}{2}}\right\}&=P\left\{-z_{1-\frac{\alpha}{2}}\leqslant X\leqslant z_{1-\frac{\alpha}{2}}\right\}\\&=\Phi\left(z_{1-\frac{\alpha}{2}}\right)-\Phi\left(-z_{1-\frac{\alpha}{2}}\right)=\Phi\left(z_{1-\frac{\alpha}{2}}\right)-\Phi\left(z_{\frac{\alpha}{2}}\right)\\&=1-\frac{\alpha}{2}-\frac{\alpha}{2}=1-\alpha.\end{aligned}$$

$$\begin{aligned}P\left\{|X|>z_{1-\frac{\alpha}{2}}\right\}&=1-P\left\{|X|\leqslant z_{1-\frac{\alpha}{2}}\right\}\\&=1-(1-\alpha)=\alpha.\end{aligned}$$

例 1　设随机变量 $X\sim N(2,4^2)$，(1) 求：$P\{-3\leqslant X\leqslant 5\}$；(2) 求 a，使 $P\{|X-a|>a\}=0.7583$.

解　(1)
$$\begin{aligned}P\{-3\leqslant X\leqslant 5\}&=F(5)-F(-3)\\&=\Phi\left(\frac{5-2}{4}\right)-\Phi\left(\frac{-3-2}{4}\right)\\&=\Phi(0.75)-\Phi(-1.25)\\&=0.7734-0.1056=0.6678;\end{aligned}$$

(2) $P\{|X-a|>a\}=1-P\{|X-a|\leqslant a\}$

$$=1-P\{-a\leqslant X-a\leqslant a\}$$
$$=1-P\{0\leqslant X\leqslant 2a\}$$
$$=1-[F(2a)-F(0)]$$
$$=1-\left[\Phi\left(\frac{2a-2}{4}\right)-\Phi\left(\frac{0-2}{4}\right)\right]$$
$$=1-\Phi\left(\frac{a}{2}-0.5\right)+\Phi(-0.5)$$
$$=1-\Phi\left(\frac{a}{2}-0.5\right)+0.3085$$
$$=1.3085-\Phi\left(\frac{a}{2}-0.5\right),$$

令 $1.3085-\Phi\left(\frac{a}{2}-0.5\right)=0.7583$，得 $\Phi\left(\frac{a}{2}-0.5\right)=0.5502$，查表得 $\frac{a}{2}-0.5=0.125$，$a=1.25$.

例 2 设随机变量 $X\sim N(\mu,\sigma^2)$，试用分位点表示下列常数 a，b：

(1) $\mu=0$，$\sigma=1$，$P\{-X<a\}=0.025$；

(2) $\mu=1$，$\sigma=2$，$P\{|X-1|\leqslant b\}=0.75$.

解 (1) $X\sim N(0,1)$，

$$P\{-X<a\}=P\{X>-a\}$$
$$=1-P\{X\leqslant -a\}=0.025,$$
$$P\{X\leqslant -a\}=1-0.025=0.975$$
$$=P\{X\leqslant z_{0.975}\},$$

因此，$-a=z_{0.975}$，$a=-z_{0.975}=z_{0.025}$；

(2) $X\sim N(1,2^2)$，

$$P\{|X-1|\leqslant b\}=P\{1-b\leqslant X\leqslant 1+b\}$$
$$=F(1+b)-F(1-b)$$
$$=\Phi\left(\frac{1+b-1}{2}\right)-\Phi\left(\frac{1-b-1}{2}\right)$$
$$=\Phi\left(\frac{b}{2}\right)-\Phi\left(-\frac{b}{2}\right)$$
$$=\Phi\left(\frac{b}{2}\right)-\left[1-\Phi\left(\frac{b}{2}\right)\right]$$
$$=2\Phi\left(\frac{b}{2}\right)-1=0.75, \text{ 推得}$$
$$2\Phi\left(\frac{b}{2}\right)=1.75, \Phi\left(\frac{b}{2}\right)=0.875=\Phi(z_{0.875}),$$
$$\frac{b}{2}=z_{0.875}, \text{故 } b=2z_{0.875}.$$

例 3 某仪器上装有 4 只独立工作的同类元件. 已知每只元件的寿命（单位：h） $X \sim N(5000, \sigma^2)$，当工作的元件不少于 2 只时，该仪器能正常工作. 求：该仪器能正常工作 5000h 以上的概率.

解 设 $A_i =$ "第 i 只元件能工作 5000h 以上"，$i = 1, 2, 3, 4$，

$$P(A_i) = P\{X > 5000\} = 1 - P\{X \leqslant 5000\}$$
$$= 1 - F(5000) = 1 - \Phi(0) = 1 - \frac{1}{2} = \frac{1}{2},$$

A_1, A_2, A_3, A_4 相互独立. 若设能工作 5000h 以上的元件数为 Y，则 $Y \sim B\left(4, \frac{1}{2}\right)$.

根据题意，"仪器能正常工作 5000h 以上" $= \{Y \geqslant 2\}$，于是，所求概率为

$$P\{Y \geqslant 2\} = 1 - P\{Y < 2\}$$
$$= 1 - P\{Y = 0\} - P\{Y = 1\}$$
$$= 1 - C_4^0 \left(\frac{1}{2}\right)^0 \left(\frac{1}{2}\right)^4 - C_4^1 \left(\frac{1}{2}\right)^1 \left(\frac{1}{2}\right)^3$$
$$= 1 - \frac{1}{16} - \frac{4}{16} = \frac{11}{16}.$$

例 4 已知随机变量 $X \sim N(2, \sigma^2)$，且 $P\{|X-3| \leqslant 1\} = 0.44$，求：$P\{|X-2| \geqslant 2\}$.

解 $P\{|X-3| \leqslant 1\} = P\{-1 \leqslant X-3 \leqslant 1\}$
$$= P\{2 \leqslant X \leqslant 4\}$$
$$= F(4) - F(2)$$
$$= \Phi\left(\frac{4-2}{\sigma}\right) - \Phi\left(\frac{2-2}{\sigma}\right)$$
$$= \Phi\left(\frac{2}{\sigma}\right) - \Phi(0)$$
$$= \Phi\left(\frac{2}{\sigma}\right) - 0.5 = 0.44,$$

从而，$\Phi\left(\frac{2}{\sigma}\right) = 0.94$，

$$P\{|X-2| \geqslant 2\} = 1 - P\{|X-2| < 2\}$$
$$= 1 - P\{0 < X < 4\}$$
$$= 1 - [F(4) - F(0)]$$
$$= 1 - \left[\Phi\left(\frac{4-2}{\sigma}\right) - \Phi\left(\frac{-2}{\sigma}\right)\right]$$
$$= 1 - \left[\Phi\left(\frac{2}{\sigma}\right) - \Phi\left(-\frac{2}{\sigma}\right)\right]$$
$$= 1 - \Phi\left(\frac{2}{\sigma}\right) + \left[1 - \Phi\left(\frac{2}{\sigma}\right)\right]$$

$$=2\left[1-\Phi\left(\frac{2}{\sigma}\right)\right]=2(1-0.94)$$
$$=2\times0.06=0.12.$$

例 5 某汽车设计手册中指出,人的身高服从正态分布 $N(\mu,\sigma^2)$,根据各个国家的统计资料,可得各个国家、各个民族的 μ 和 σ. 对于中国人,$\mu=1.75$,$\sigma=0.05$. 试问:公共汽车的车门至少需要多高才能使上下车时需要低头的人不超过 0.5%?(单位:m)

解 设公共汽车的车门高为 h(单位:m),X 表示乘客的身高,则 $X\sim N(1.75,0.05^2)$.

设 $A=$"乘客上下车时需要低头"$=\{X>h\}$,则
$$P(A)=P\{X>h\}\leqslant0.005,$$
$$P\{X\leqslant h\}=1-P\{X>h\}\geqslant1-0.005=0.995,$$
$$P\{X\leqslant h\}=F(h)=\Phi\left(\frac{h-1.75}{0.05}\right)\geqslant0.995,$$

查标准正态分布表得
$$\frac{h-1.75}{0.05}\geqslant z_{0.995}=2.58,$$

故 $h\geqslant1.8790m$,所以车门高度取 1.9m 即可.

例 6 设测量到某一目标的距离时产生的随机误差 X(单位:m)具有概率密度函数
$$f(x)=\frac{1}{40\sqrt{2\pi}}\exp\left[-\frac{(x-20)^2}{3200}\right],\quad-\infty<x<+\infty,$$

求:在四次独立测量中至少有一次误差的绝对值不超过 20m 的概率.

解 **方法一** $X\sim N(20,40^2)$,设 $X_i=$"第 i 次测量产生的误差",$B_i=$"第 i 次测量中误差的绝对值不超过 20m",
$$P(B_i)=P\{|X_i|\leqslant20\}=P\{-20\leqslant X_i\leqslant20\}$$
$$=F(20)-F(-20)=\Phi(0)-\Phi(-1)$$
$$=0.5-0.1587=0.3413,$$

$B=$"四次独立测量中至少有一次误差的绝对值不超过 20m",则 $\overline{B}=\overline{B_1}\,\overline{B_2}\,\overline{B_3}\,\overline{B_4}$,
$$P(\overline{B})=P(\overline{B_1})P(\overline{B_2})P(\overline{B_3})P(\overline{B_4})$$
$$=(1-0.3413)^4=(0.6587)^4,$$
$$P(B)=1-P(\overline{B})=1-(0.6587)^4$$
$$=0.8117.$$

方法二 $X\sim N(20,40^2)$,设 $A=$"测量中误差的绝对值不超过 20m"$=\{|X|\leqslant20\}$,
$$P(A)=P\{|X|\leqslant20\}$$
$$=P\{-20\leqslant X\leqslant20\}$$

$$= F(20) - F(-20) = \Phi(0) - \Phi(-1)$$
$$= 0.5 - 0.1587 = 0.3413.$$

令

$Y =$ "四次独立测量中误差的绝对值不超过 20m 的次数"，则有

$Y \sim B(4, 0.3413)$，

$B =$ "四次独立测量中至少有一次误差的绝对值不超过 20m" $= \{Y \geqslant 1\}$，

$$P(B) = P\{Y \geqslant 1\} = 1 - P\{Y < 1\} = 1 - P\{Y = 0\} = 1 - C_4^0 p^0 (1 - 0.3413)^4$$
$$= 1 - (0.6587)^4 = 0.8117.$$

习题 2.7

1. 计算积分 $\displaystyle\int_{-\infty}^{+\infty} \exp\left(-2x^2 + 2x - \frac{1}{3}\right) dx$．

2. 设 $X \sim N(1, 4^2)$，（1）求：$P\{|X| > 2\}$；（2）确定常数 a，使 $P\{X > a+1\} = 0.1056$．

3. 已知随机变量 $X \sim N(\mu, \sigma^2)$，且 $P\{X < -1\} = P\{X \geqslant 3\} = \Phi(-1)$，其中 $\Phi(x)$ 是标准正态分布函数．求：μ，σ．

4. 设某种产品的质量指标 $X \sim N(200, \sigma^2)$．若要求 $P\{180 < X < 220\} \geqslant 0.95$，问：允许 σ 最大为多少？

5. 设电源电压 $U \sim N(220, 25^2)$（单位：V），通常考虑 3 种状态：（ⅰ）不超过 200V；（ⅱ）在 200～240V 之间；（ⅲ）超过 240V．在上述 3 种状态下，某电子元件损坏的概率分别为 0.1、0.001 和 0.2．（1）求：电子元件损坏的概率；（2）在电子元件已损坏的情况下，试求：电压分别处于上述 3 种状态的概率．

6. 设一种竞赛的考试成绩服从正态分布 $N(76, 15^2)$．竞赛委员会决定其中 15% 的成绩优异者获一等奖，问：分数线应划在什么地方？如果规定较差的 10% 没有任何奖励，问：这个分数线又该划在什么地方？

第3章 二维随机变量

在第 2 章中，我们讨论了用一个随机变量描述试验结果以及随机变量的概率分布问题．但在实际和理论研究中，有许多随机试验仅用一个随机变量来描述是不够的，需要引入二维、三维以及 n 维随机变量来描述其规律性．

例如，对平面上的点目标进行射击时，弹着点 A 的位置需要用横坐标 X 和纵坐标 Y 才能确定．由于 X 和 Y 的取值都是随着试验结果而变化的，因此 X 和 Y 都是随机变量，弹着点 A 的位置是 (X, Y)．又如空中飞行的飞机（其重心）需要用三个随机变量 X, Y, Z 才能确定它的位置，等等．因此需要考虑多个随机变量及其取值规律问题．

3.1 随机向量与联合分布

1. 二维随机变量的定义和分布函数的基本性质

定义 1 设试验 E 的样本空间为 $S=\{e\}$，而 $X=X(e)$，$Y=Y(e)$ 是定义在 $S=\{e\}$ 上的两个随机变量．称由这两个随机变量组成的向量 $(X(e), Y(e))$ 为二维随机变量或二维随机向量．

例如，掷两颗骰子，观察出现的点数．设 X 为第一颗骰子出现的点数，Y 为第二颗骰子出现的点数，样本空间为

$$S=\{(e_i, e_j) \mid i, j=1, 2, \cdots, 6\},$$
$$X(e_i, e_j)=i, Y(e_i, e_j)=j, i, j=1, 2, \cdots, 6.$$

X, Y 为定义在 S 上的两个随机变量．

(X, Y) 为二维随机变量，它描述了掷两颗骰子出现的点数情况．在理论和实际问题中，多维随机变量是经常会遇到的．对任意实数 x, y，随机事件 $\{X \leqslant x, Y \leqslant y\}=\{e \in S \mid X(e) \leqslant x, Y(e) \leqslant y\}$ 有概率．

定义 2 设 (X, Y) 为二维随机变量，对任意实数 x, y，二元函数

$$F(x, y)=P\{X \leqslant x, Y \leqslant y\}$$
$$=P\{e \in S \mid X(e) \leqslant x, Y(e) \leqslant y\}$$

称为二维随机变量 (X, Y) 的分布函数，或称为随机变量 X 和 Y 的联合分布函数．

　　记 $D=\{(u,v)\,|\,u\leqslant x,\;v\leqslant y\}$，如图 3.1 所示. 则 $F(x,y)=P\{X\leqslant x,Y\leqslant y\}=P\{(X,Y)\in D\}$.

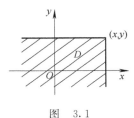

图　3.1

　　分布函数 $F(x,y)=P\{X\leqslant x,Y\leqslant y\}$ 的定义域为 $-\infty<x<+\infty$，$-\infty<y<+\infty$，其所具有的性质如下.

　　1) $0\leqslant F(x,y)\leqslant 1$；

　　2) $F(x,y)$ 对 x 或对 y 单调不减，即

$$x_1<x_2\Rightarrow F(x_1,y)\leqslant F(x_2,y),$$

$[$由$\{X\leqslant x_1,Y\leqslant y\}\subset\{X\leqslant x_2,Y\leqslant y\}$ 及概率的单调性$]$，

$$y_1<y_2\Rightarrow F(x,y_1)\leqslant F(x,y_2)；$$

　　3)　　$F(x,-\infty)=\lim\limits_{y\to-\infty}F(x,y)=\lim\limits_{y\to-\infty}P\{X\leqslant x,Y\leqslant y\}$

$$=P(\varnothing)=0,$$

$$F(-\infty,y)=\lim\limits_{x\to-\infty}F(x,y)=\lim\limits_{x\to-\infty}P\{X\leqslant x,Y\leqslant y\}=0,$$

$$F(-\infty,-\infty)=\lim\limits_{\substack{x\to-\infty\\y\to-\infty}}F(x,y)=\lim\limits_{\substack{x\to-\infty\\y\to-\infty}}P\{X\leqslant x,Y\leqslant y\}=0,$$

$$F(+\infty,+\infty)=\lim\limits_{\substack{x\to+\infty\\y\to+\infty}}F(x,y)=\lim\limits_{\substack{x\to+\infty\\y\to+\infty}}P\{X\leqslant x,Y\leqslant y\}$$

$$=P(S)=1.$$

　　事实上，对 $x_1<x_2$，$y_1<y_2$，有 $F(x_1,y_1)\leqslant F(x_2,y_2)$，记 $A_n=\{X\leqslant n,Y\leqslant n\}$，则有 $A_n\subset A_{n+1}$，$\sum\limits_{i=1}^{+\infty}A_i=S$，$\lim\limits_{n\to+\infty}F(n,n)=\lim\limits_{n\to+\infty}P(A_n)=P\left(\sum\limits_{i=1}^{+\infty}A_i\right)=1$，从而可得 $\lim\limits_{\substack{x\to+\infty\\y\to+\infty}}F(x,y)=1$；

　　4) $F(x,y)$ 对 x 或对 y 右连续，即有

$$F(x^+,y)=\lim\limits_{\Delta x\to0^+}F(x+\Delta x,y)=F(x,y),$$

$$F(x,y^+)=\lim\limits_{\Delta y\to0^+}F(x,y+\Delta y)=F(x,y)；$$

　　5) 对任意实数 $x_1<x_2$，$y_1<y_2$ 有

$$0 \leqslant P\{x_1 < X \leqslant x_2, \ y_1 < Y \leqslant y_2\}$$
$$= F(x_2, y_2) + F(x_1, y_1) - F(x_1, y_2) - F(x_2, y_1).$$

事实上（见图 3.2），记 $A_{ij} = \{X \leqslant x_i, Y \leqslant y_j\}$，$i, j = 1, 2$.

$$P\{x_1 < X \leqslant x_2, \ y_1 < Y \leqslant y_2\}$$
$$= P(A_{22} - (A_{12} + A_{21}))$$
$$= P(A_{22}) - P(A_{12} + A_{21})$$
$$= P(A_{22}) - [P(A_{12}) + P(A_{21}) - P(A_{12}A_{21})]$$
$$= P(A_{22}) - [P(A_{12}) + P(A_{21}) - P(A_{11})]$$
$$= F(x_2, y_2) + F(x_1, y_1) - F(x_1, y_2) - F(x_2, y_1).$$

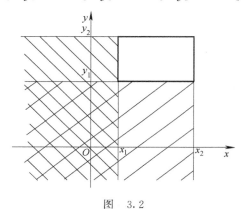

图 3.2

可以证明，凡满足上述性质 1）～5）的二元函数 $F(x, y)$ 必定是某个二维随机变量的分布函数.

例 1 设二维随机变量 (X, Y) 的分布函数为

$$F(x, y) = a\left(b + \arctan x\right)\left(c + \arctan \frac{y}{2}\right),$$

（1）确定常数 a, b, c；（2）求：$P\{X > 0, Y > 0\}$.

解 （1）利用分布函数的性质

$$1 = F(+\infty, +\infty) = a\left(b + \frac{\pi}{2}\right)\left(c + \frac{\pi}{2}\right),$$

$$0 = F(x, -\infty) = a(b + \arctan x)\left(c - \frac{\pi}{2}\right),$$

$$0 = F(-\infty, y) = a\left(b - \frac{\pi}{2}\right)\left(c + \arctan \frac{y}{2}\right),$$

以及 x 和 y 的任意性得 $\left(c - \dfrac{\pi}{2}\right) = 0$，$c = \dfrac{\pi}{2}$，$\left(b - \dfrac{\pi}{2}\right) = 0$，$b = \dfrac{\pi}{2}$，从而 $a = \dfrac{1}{\pi^2}$，

$b = c = \dfrac{\pi}{2}$；

(2) $P\{X>0,Y>0\}=P\{0<X<+\infty,0<Y<+\infty\}$
$$=F(+\infty,+\infty)+F(0,0)-F(0,+\infty)-F(+\infty,0)$$
$$=1+\frac{1}{\pi^2}\cdot\frac{\pi}{2}\cdot\frac{\pi}{2}-\frac{1}{\pi^2}\cdot\frac{\pi}{2}\cdot\pi-\frac{1}{\pi^2}\cdot\pi\cdot\frac{\pi}{2}=\frac{1}{4}.$$

例 2　设二维随机变量(X,Y)的分布函数为

$$F(x,y)=\begin{cases}(a-e^{-2x})(b-e^{-y}),&x>0,y>0\\0,&\text{其他}\end{cases},$$

(1) 确定常数 a，b；(2) 求：$P\{X>0,Y\leqslant2\}$.

解　(1) 利用分布函数的性质

$$1=F(+\infty,+\infty)=a\cdot b,$$
$$0=F(0,y)=\lim_{x\to0^+}F(x,y)=(a-1)(b-e^{-y}),$$

以及 $y>0$ 的任意性，得 $a-1=0$，$a=1$，所以 $a=1$，$b=1$；

(2) $P\{X>0,Y\leqslant2\}=P\{0<X<+\infty,-\infty<Y\leqslant2\}$
$$=F(+\infty,2)+F(0,-\infty)-F(0,2)-F(+\infty,-\infty)$$
$$=1\cdot(1-e^{-2})+0-0-0=1-e^{-2}.$$

2. 二维离散型随机变量

定义 3　若二维随机变量(X,Y)的所有取值为有限对或可列对(x_i,y_j)，$i,j=1,2,\cdots$，则称(X,Y)是离散型随机变量.

记 $P\{X=x_i,Y=y_j\}=p_{ij}$，$i,j=1,2,\cdots$，称它为二维离散型随机变量(X,Y)的（概率）分布律，或称为 X 和 Y 的联合（概率）分布律.

分布律的表示法：(1) 公式法；(2) 列表法.

例如，随机变量(X,Y)的分布律列表为

(X,Y)	$(-1,1)$	$(-1,2)$	$(1,1)$	$(1,2)$
P	$\frac{1}{4}$	$\frac{1}{2}$	0	$\frac{1}{4}$

X＼Y	1	2
-1	$\frac{1}{4}$	$\frac{1}{2}$
1	0	$\frac{1}{4}$

二维离散型随机变量(X,Y)的（概率）分布律具有下列基本性质：

1) $p_{ij}=P\{X=x_i,Y=y_j\}\geqslant 0,\ i,j=1,2,\cdots;$

2) $\sum\limits_{i,j}p_{ij}=1.$

利用分布律可计算概率.

定理 1 设(X,Y)的分布律为

$$P\{X=x_i,Y=y_j\}=p_{ij},\ i,j=1,2,\cdots,$$

则随机点(X,Y)落在平面上任一区域 D 内的概率为

$$P\{(X,Y)\in D\}=\sum_{(x_i,y_j)\in D}p_{ij},$$

其中，和式是对所有使$(x_i,y_j)\in D$ 的 i,j 求和.

特别地，有

$$
\begin{aligned}
F(x,y)&=P\{X\leqslant x,Y\leqslant y\}\\
&=P\{(X,Y)\in D\}=\sum_{(x_i,y_j)\in D}p_{ij}\\
&=\sum_{\substack{x_i\leqslant x\\ y_j\leqslant y}}p_{ij}.
\end{aligned}
$$

例 3 甲、乙两盒内均有 3 只晶体管，其中甲盒内有 1 只正品、2 只次品，乙盒内有 2 只正品、1 只次品. 第一次从甲盒内随机取出 2 只晶体管放入乙盒内，第二次从乙盒内随机取出 2 只晶体管. 以 X、Y 分别表示第一、第二次取出的正品晶体管的数目. 试求：(X,Y)的分布律以及 $P\{(X,Y)\in D\}$，其中 $D:\{(x,y)\mid x^2+y^2\geqslant 2\}.$

解 根据题意知，X 的可能取值为 0 和 1；Y 的可能取值为 0、1 和 2. 因此，(X,Y)的可能取值为$(0,0),(0,1),(0,2),(1,0),(1,1),(1,2).$

(X,Y)是离散型随机变量.

$\{X=0\}$ 表示从甲盒内取出 2 只次品晶体管放入乙盒内，此时乙盒内有 2 只正品，3 只次品，利用乘法公式可得

$$
\begin{aligned}
P\{X=0,Y=0\}&=P\{X=0\}\cdot P\{Y=0\mid X=0\}\\
&=\frac{C_2^2}{C_3^2}\cdot\frac{C_3^2}{C_5^2}=\frac{3}{30},
\end{aligned}
$$

$$
\begin{aligned}
P\{X=0,Y=1\}&=P\{X=0\}\cdot P\{Y=1\mid X=0\}\\
&=\frac{C_2^2}{C_3^2}\cdot\frac{C_2^1 C_3^1}{C_5^2}=\frac{6}{30},
\end{aligned}
$$

$$P\{X=0,Y=2\}=P\{X=0\}\cdot P\{Y=2\mid X=0\}=\frac{C_2^2}{C_3^2}\cdot\frac{C_2^2}{C_5^2}=\frac{1}{30}.$$

$\{X=1\}$ 表示从甲盒内取出 1 只正品和 1 只次品晶体管放入乙盒内，此时乙盒内有 3 只正品，2 只次品，利用乘法公式可得

$$P\{X=1,Y=0\}=P\{X=1\}\cdot P\{Y=0\,|\,X=1\}=\frac{C_1^1 C_2^1}{C_3^2}\cdot\frac{C_2^2}{C_5^2}=\frac{2}{30},$$

$$P\{X=1,Y=1\}=P\{X=1\}\cdot P\{Y=1\,|\,X=1\}$$
$$=\frac{C_1^1 C_2^1}{C_3^2}\cdot\frac{C_2^1 C_3^1}{C_5^2}=\frac{12}{30},$$

$$P\{X=1,Y=2\}=P\{X=1\}\cdot P\{Y=2\,|\,X=1\}=\frac{C_1^1 C_2^1}{C_3^2}\cdot\frac{C_3^2}{C_5^2}=\frac{6}{30},$$

于是得 (X,Y) 的分布律为

X ＼ Y	0	1	2
0	$\frac{3}{30}$	$\frac{6}{30}$	$\frac{1}{30}$
1	$\frac{2}{30}$	$\frac{12}{30}$	$\frac{6}{30}$

$$P\{(X,Y)\in D\}=P\{X=0,Y=2\}+P\{X=1,Y=1\}+P\{X=1,Y=2\}$$
$$=\frac{1}{30}+\frac{12}{30}+\frac{6}{30}=\frac{19}{30}.$$

例 4　某射手在射击中每次击中目标的概率为 $p(0<p<1)$，射击进行到第二次击中目标为止，X 表示第一次击中目标时所进行的射击次数，Y 表示第二次击中目标时所进行的射击次数，试求：二维随机变量 (X,Y) 的分布律．

解　设 $A_k=$ "第 k 次射击时击中目标".

根据题意，$P(A_k)=p$，$k=1,2,\cdots$，且 $A_1,A_2,\cdots,A_k,\cdots$ 相互独立，

$$\{X=i,Y=j\}=\overline{A_1}\cdots\overline{A_{i-1}}A_i\,\overline{A_{i+1}}\cdots\overline{A_{j-1}}A_j,$$

所以 (X,Y) 的分布律为

$$P\{X=i,Y=j\}$$
$$=P(\overline{A_1})\cdots P(\overline{A_{i-1}})P(A_i)P(\overline{A_{i+1}})\cdots P(\overline{A_{j-1}})P(A_j)=p^2(1-p)^{j-2},$$

$i=1,2,\cdots,j-1;\ j=2,3,\cdots$.

3. 二维连续型随机变量

定义 4　设二维随机变量 (X,Y) 的分布函数为 $F(x,y)$，若有非负可积函数 $f(x,y)$，使得对任意实数 x,y，恒有

73

$$F(x, y) = \int_{-\infty}^{y} \int_{-\infty}^{x} f(u,v)\mathrm{d}u\mathrm{d}v = \iint_{\substack{u \leqslant x \\ v \leqslant y}} f(u, v)\mathrm{d}u\mathrm{d}v,$$

则称 (X, Y) 是二维连续型随机变量,称函数 $f(x, y)$ 为连续型随机变量 (X, Y) 的概率密度,或称为随机变量 X 和 Y 的联合概率密度.

(X, Y) 的概率密度 $f(x, y)$ 具有下列基本性质:

1) $f(x, y) \geqslant 0$, $-\infty < x$, $y < +\infty$;

2) $\int_{-\infty}^{+\infty} \int_{-\infty}^{+\infty} f(x, y)\mathrm{d}x\mathrm{d}y = F(+\infty, +\infty) = 1$.

反之,可以证明,若二元函数 $f(x, y)$ 满足上面两条基本性质,那么它一定是某个二维随机变量 (X, Y) 的概率密度.

显然,如果概率密度 $f(x, y)$ 在点 (x_0, y_0) 的某个邻域内连续,则有

$$\frac{\partial^2 F}{\partial x \partial y}(x_0, y_0) = f(x_0, y_0).$$

证明
$$F''_{xy}(x_0, y_0) = \lim_{\Delta y \to 0} \frac{F'_x(x_0, y_0 + \Delta y) - F'_x(x_0, y_0)}{\Delta y}$$

$$= \lim_{\Delta y \to 0} \frac{1}{\Delta y}\left[\lim_{\Delta x \to 0} \frac{F(x_0 + \Delta x, y_0 + \Delta y) - F(x_0, y_0 + \Delta y)}{\Delta x} - \right.$$

$$\left. \lim_{\Delta x \to 0} \frac{F(x_0 + \Delta x, y_0) - F(x_0, y_0)}{\Delta x}\right]$$

$$= \lim_{\Delta y \to 0} \lim_{\Delta x \to 0} \frac{1}{\Delta x \Delta y} W,$$

其中,

$$W = F(x_0 + \Delta x, y_0 + \Delta y) - F(x_0, y_0 + \Delta y) - F(x_0 + \Delta x, y_0) + F(x_0, y_0)$$

$$= \int_{x_0}^{x_0 + \Delta x} \int_{y_0}^{y_0 + \Delta y} f(u, v)\mathrm{d}u\mathrm{d}v,$$

故
$$\lim_{\Delta y \to 0} \lim_{\Delta x \to 0} \frac{1}{\Delta x \Delta y} \int_{x_0}^{x_0 + \Delta x} \int_{y_0}^{y_0 + \Delta y} f(u, v)\mathrm{d}u\mathrm{d}v = f(x_0, y_0),$$

即
$$F''_{xy}(x_0, y_0) = f(x_0, y_0).$$

利用概率密度可以计算概率.

定理 2 设 (X, Y) 的概率密度为 $f(x, y)$,则有

1) $F(x, y) = \iint_{\substack{u \leqslant x \\ v \leqslant y}} f(u,v)\mathrm{d}u\mathrm{d}v$ 是连续函数;

2) $P\{a<X\leqslant b,\ c<Y\leqslant d\}=\displaystyle\int_a^b\int_c^d f(x,\ y)\mathrm{d}y\mathrm{d}x$;

3) 设 D 为平面上任一区域，则

$$P\{(X,\ Y)\in D\}=\iint\limits_D f(x,\ y)\mathrm{d}x\mathrm{d}y\ .$$

例 5　设二维随机变量 $(X,\ Y)$ 具有概率密度（见图 3.3）

$$f(x,\ y)=\begin{cases}a\mathrm{e}^{-2y}, & 0\leqslant x\leqslant 2,\ y>0,\\ 0, & \text{其他}\end{cases},$$

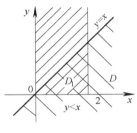

图　3.3

（1）确定常数 a；

（2）求：分布函数 $F(x,\ y)$；

（3）求：$P\{Y\leqslant X\}$。

解　（1）由概率密度的性质

$$1=\int_{-\infty}^{+\infty}\int_{-\infty}^{+\infty}f(x,\ y)\mathrm{d}x\mathrm{d}y=\int_0^2\mathrm{d}x\int_0^{+\infty}a\mathrm{e}^{-2y}\mathrm{d}y$$

$$=2a\left(-\frac{1}{2}\mathrm{e}^{-2y}\right)\Big|_0^{+\infty}=2a\cdot\frac{1}{2}=a\ ,$$

即得 $a=1$；

（2）$F(x,\ y)=\displaystyle\int_{-\infty}^y\int_{-\infty}^x f(u,\ v)\mathrm{d}u\mathrm{d}v$。

ⅰ）当 $0\leqslant x\leqslant 2,\ y>0$ 时，

$$F(x,\ y)=\int_0^x\mathrm{d}u\int_0^y\mathrm{e}^{-2v}\mathrm{d}v$$

$$=x\left(-\frac{1}{2}\mathrm{e}^{-2v}\right)\Big|_0^y=\frac{x}{2}(1-\mathrm{e}^{-2y})\ .$$

ⅱ）当 $x>2,\ y>0$ 时，

$$F(x,\ y)=\int_0^2\mathrm{d}u\int_0^y\mathrm{e}^{-2v}\mathrm{d}v$$

$$=2\left(-\frac{1}{2}\mathrm{e}^{-2v}\right)\Big|_0^y=(1-\mathrm{e}^{-2y})\ .$$

ⅲ）当 $x<0$ 或 $y\leqslant 0$ 时，对于 $u\leqslant x,\ v\leqslant y$ 的情况，有

$$f(u,\ v)=0,\ F(x,y)=\int_{-\infty}^y\int_{-\infty}^x f(u,v)\mathrm{d}u\mathrm{d}v=0\ .$$

于是得所求分布函数为

$$F(x,\ y)=\begin{cases}\dfrac{x}{2}(1-\mathrm{e}^{-2y}), & 0\leqslant x\leqslant 2,y>0\\[2mm] (1-\mathrm{e}^{-2y}), & x>2,y>0\\[2mm] 0, & \text{其他}\end{cases};$$

(3) 设 $D=\{(x, y)\,|\,y\leqslant x\}$, $D_1=\{(x, y)\,|\,0\leqslant x\leqslant 2, 0\leqslant y\leqslant x\}$,

$$P\{Y\leqslant X\} = P\{(X, Y)\in D\}$$

$$= \iint\limits_{D} f(x, y)\mathrm{d}x\mathrm{d}y = \iint\limits_{D_1} f(x, y)\mathrm{d}x\mathrm{d}y$$

$$= \int_0^2 \mathrm{d}x\int_0^x \mathrm{e}^{-2y}\mathrm{d}y = \int_0^2 \frac{1}{2}(1-\mathrm{e}^{-2x})\mathrm{d}x$$

$$= \frac{1}{2}\left(x+\frac{1}{2}\mathrm{e}^{-2x}\right)\Big|_0^2 = \frac{1}{2}\left(2+\frac{1}{2}\mathrm{e}^{-4}-\frac{1}{2}\right) = \frac{1}{4}(3+\mathrm{e}^{-4}).$$

4. 常用的二维连续型随机变量

(1) 均匀分布

若随机变量 (X, Y) 的概率密度为

$$f(x, y) = \begin{cases} \dfrac{1}{A}, & (x, y)\in D, \\ 0, & \text{其他} \end{cases},$$

其中 A 为有界区域 D 的面积. 则称 (X, Y) 在区域 D 上服从均匀分布. 记为 $(X, Y)\sim U(D)$.

(2) 二维正态分布

若随机变量 (X, Y) 的概率密度为

$$f(x, y) = \frac{1}{2\pi\sigma_1\sigma_2\sqrt{1-\rho^2}}\cdot\exp\left\{-\frac{1}{2(1-\rho^2)}\left[\left(\frac{x-\mu_1}{\sigma_1}\right)^2-2\rho\cdot\frac{x-\mu_1}{\sigma_1}\cdot\frac{y-\mu_2}{\sigma_2}+\left(\frac{y-\mu_2}{\sigma_2}\right)^2\right]\right\},$$

其中 μ_1, μ_2, σ_1, σ_2, ρ 均为常数, 且

$$-\infty<\mu_1<+\infty, \ -\infty<\mu_2<+\infty, \ \sigma_1>0, \sigma_2>0, \ |\rho|<1,$$

则称随机变量 (X, Y) 服从参数为 μ_1, μ_2, σ_1, σ_2, ρ 的二维正态分布, 记作 $(X, Y)\sim N(\mu_1, \sigma_1^2; \mu_2, \sigma_2^2; \rho)$.

上述 5 个参数的意义将在第 5 章中说明.

习题 3.1

1. 设二维随机变量 (X, Y) 的分布函数为

$$F(x, y) = \begin{cases} (a-\mathrm{e}^{-2x})(b-\mathrm{e}^{-y}), & x>0, y>0 \\ 0, & \text{其他} \end{cases},$$

(1) 确定常数 a, b; (2) 求: $P\{X>0, Y\leqslant 2\}$.

2. 设 X 为随机地取 $1\sim 5$ 之间的一个整数值, Y 为随机地取 $1\sim X$ 之间的一

个整数值，试求：随机变量 X 与 Y 的联合分布律.

3. 已知二维随机变量 $(X，Y)$ 的概率密度为

$$f(x，y)=\begin{cases}a(x+y)，& 0\leqslant x\leqslant 1，0\leqslant y\leqslant x\\ 0，& 其他\end{cases}，$$

试确定常数 a.

4. 设二维随机变量 $(X，Y)$ 的概率密度为

$$f(x，y)=\begin{cases}6\mathrm{e}^{-(3x+2y)}，& x>0，y>0\\ 0，& 其他\end{cases}，$$

(1) 求：$(X，Y)$ 的分布函数 $F(x,y)$；(2) 求：$P\{2Y-X\leqslant 0\}$.

5. 已知二维随机变量 $(X，Y)$ 的概率密度为

$$f(x，y)=\begin{cases}a(x+y)，& 0\leqslant x\leqslant 1，0\leqslant y\leqslant 2\\ 0，& 其他\end{cases}，$$

(1) 确定常数 a；(2) 求：$P\left\{X\leqslant\dfrac{1}{2}，Y\geqslant 1\right\}$ 和 $P\{X\geqslant Y\}$.

3.2　边缘分布函数

设随机变量 $(X，Y)$ 的分布函数为 $F(x，y)$，分量 X 的分布函数记为 $F_X(x)$，称 $F_X(x)$ 为 $(X，Y)$ 关于 X 的边缘分布函数；分量 Y 的分布函数记为 $F_Y(y)$，称 $F_Y(y)$ 为 $(X，Y)$ 关于 Y 的边缘分布函数. 现考虑它们之间的关系.

由 $(X，Y)$ 的分布函数 $F(x,y)$，可以确定 $X，Y$ 的分布函数. 并且有

$$F_X(x)=\lim_{y\to+\infty}F(x，y)=F(x，+\infty)，$$
$$F_Y(y)=\lim_{x\to+\infty}F(x，y)=F(+\infty，y).$$

事实上，显然，$\lim\limits_{y\to+\infty}F(x，y)$ 存在，且 $F(x，+\infty)=\lim\limits_{y\to+\infty}F(x，y)=$

$\lim\limits_{n\to+\infty}F(x，n)$，记 $A=\{X\leqslant x\}$，$B_n=\{Y\leqslant n\}$，则有 $AB_n\subset AB_{n+1}$，$\sum\limits_{i=1}^{+\infty}AB_i=A$.

于是
$$\lim_{n\to+\infty}P(AB_n)=P\Big(\sum_{i=1}^{+\infty}AB_i\Big)=P(A)，$$
$$F_X(x)=P\{X\leqslant x\}=P(A)$$
$$=\lim_{n\to+\infty}P(AB_n)$$
$$=\lim_{n\to+\infty}P\{X\leqslant x，Y\leqslant n\}$$
$$=\lim_{n\to+\infty}F(x，n)=F(x，+\infty).$$

同理
$$F_Y(y)=P\{Y\leqslant y\}=P\{X<+\infty，Y\leqslant y\}$$

$$= \lim_{x \to +\infty} P\{X \leqslant x, Y \leqslant y\} = \lim_{x \to +\infty} F(x, y)$$
$$= F(+\infty, y).$$

已知联合分布函数 $F(x, y)$，可以计算出边缘分布函数 $F_X(x)$ 和 $F_Y(y)$，但由 X 和 Y 的分布函数 $F_X(x)$ 和 $F_Y(y)$，一般无法确定联合分布函数 $F(x, y)$。

例题 设二维随机变量 (X, Y) 的分布函数为

$$F(x, y) = \begin{cases} \dfrac{x}{2}(1-e^{-2y}), & 0 \leqslant x \leqslant 2, y > 0 \\ 1-e^{-2y}, & x > 2, y > 0 \\ 0, & \text{其他} \end{cases},$$

求：(X, Y) 关于 X 和关于 Y 的边缘分布函数。

解 (X, Y) 关于 X 的边缘分布函数为

$$F_X(x) = F(x, +\infty) = \lim_{y \to +\infty} F(x, y)$$

$$= \begin{cases} \lim_{y \to +\infty} 0 = 0, & x < 0 \\ \lim_{y \to +\infty} \dfrac{x}{2}(1-e^{-2y}) = \dfrac{x}{2}, & 0 \leqslant x \leqslant 2 \\ \lim_{y \to +\infty} (1-e^{-2y}) = 1, & x > 2 \end{cases}$$

$$= \begin{cases} 0, & x < 0 \\ \dfrac{x}{2}, & 0 \leqslant x \leqslant 2 \\ 1, & x > 2 \end{cases}.$$

(X, Y) 关于 Y 的边缘分布函数为

$$F_Y(y) = F(+\infty, y) = \lim_{x \to +\infty} F(x, y)$$

$$= \begin{cases} \lim_{x \to +\infty} 0 = 0, & y \leqslant 0 \\ \lim_{x \to +\infty} (1-e^{-2y}) = 1-e^{-2y}, & y > 0 \end{cases},$$

$$= \begin{cases} 0, & y \leqslant 0 \\ 1-e^{-2y}, & y > 0 \end{cases}.$$

习题 3.2

1. 已知 (X, Y) 的分布函数为

$$F(x, y) = \begin{cases} 0, & x < -1 \text{ 或 } y < 0 \\ 0.25(x+1)y, & -1 \leqslant x < 1, 0 \leqslant y < 2 \\ 0.5y, & x \geqslant 1, 0 \leqslant y < 2 \\ 0.5(x+1), & -1 \leqslant x < 1, y \geqslant 2 \\ 1, & x \geqslant 1, y \geqslant 2 \end{cases},$$

(1) 求：(X,Y)关于X和关于Y的边缘分布函数；

(2) 求：$P\{-1.5\leqslant X<2.5,-0.5\leqslant Y<1.5\}$；

(3) 求：$P\{X<0.5,Y<1.5\}$.

2. 如果二维随机变量(X,Y)的联合分布函数为

$$F(x,y)=\begin{cases}1-\mathrm{e}^{-\lambda_1 x}-\mathrm{e}^{-\lambda_2 y}+\mathrm{e}^{-\lambda_1 x-\lambda_2 y-\lambda_{12}\max(x,y)}, & x>0,\ y>0\\ 0, & \text{其他}\end{cases},$$

λ_1，λ_2，λ_{12}为正的常数，试求：(X,Y)关于X和关于Y的边缘分布函数.

3.3　边缘分布律与条件分布律

在二维离散型随机变量(X,Y)中，分量X和分量Y都是离散型随机变量，X的分布律称为(X,Y)关于X的边缘分布律；Y的分布律称为(X,Y)关于Y的边缘分布律.

在已知一个分量取某一定值的条件下，另一个分量的分布称为条件分布.

1. 边缘分布律的计算公式

定理　设二维离散型随机变量(X,Y)的分布律为

$$P\{X=x_i,Y=y_j\}=p_{ij},\ i,j=1,2,\cdots,$$

则(X,Y)关于X的边缘分布律为

$$P\{X=x_i\}=\sum_j P\{X=x_i,Y=y_j\}=\sum_j p_{ij},\ i=1,2,\cdots;$$

(X,Y)关于Y的边缘分布律为

$$P\{Y=y_j\}=\sum_i P\{X=x_i,Y=y_j\}=\sum_i p_{ij},\ j=1,2,\cdots.$$

证明　由于$\sum_j\{Y=y_j\}=S$，且$\{Y=y_1\}$，$\{Y=y_2\}$，$\cdots$，$\{Y=y_j\}$，$\cdots$互不相容，故由概率的可加性得(X,Y)关于X的边缘分布律为

$$\begin{aligned}P\{X=x_i\}&=P\left\{(X=x_i)\left[\sum_j(Y=y_j)\right]\right\}\\&=P\left\{\sum_j(X=x_i,Y=y_j)\right\}\\&=\sum_j P\{X=x_i,Y=y_j\}=\sum_j p_{ij},\ i=1,2,\cdots;\end{aligned}$$

同理，(X,Y)关于Y的边缘分布律为

$$P\{Y=y_j\}=\sum_i P\{X=x_i,Y=y_j\}=\sum_i p_{ij},\ j=1,2,\cdots.$$

注意：(X,Y)关于X的边缘分布律正好是联合分布律表中各行概率相加；(X,Y)关于Y的边缘分布律正好是联合分布律表中各列概率相加.

例 1 设随机变量(X,Y)的分布律为

X \ Y	0	1	2
0	$\frac{3}{30}$	$\frac{6}{30}$	$\frac{1}{30}$
1	$\frac{2}{30}$	$\frac{12}{30}$	$\frac{6}{30}$

求：(X,Y)关于X和关于Y的边缘分布律.

解

X \ Y	0	1	2	
0	$\frac{3}{30}$	$\frac{6}{30}$	$\frac{1}{30}$	$\frac{3}{30}+\frac{6}{30}+\frac{1}{30}=\frac{1}{3}$
1	$\frac{2}{30}$	$\frac{12}{30}$	$\frac{6}{30}$	$\frac{2}{30}+\frac{12}{30}+\frac{6}{30}=\frac{2}{3}$
	$\frac{5}{30}$	$\frac{18}{30}$	$\frac{7}{30}$	

(X,Y)关于X的边缘分布律为

X	0	1
P	$\frac{1}{3}$	$\frac{2}{3}$

(X,Y)关于Y的边缘分布律为

Y	0	1	2
P	$\frac{5}{30}$	$\frac{18}{30}$	$\frac{7}{30}$

例 2 某射手在射击中，每次击中目标的概率为$p(0<p<1)$，射击进行到第二次击中目标为止，X表示第一次击中目标时所进行的射击次数，Y表示第二次击中目标时所进行的射击次数，试求：二维随机变量(X,Y)的分布律和边缘分布律.

解 设$A_k=$"第k次射击时击中目标"，A_1，A_2，$\cdots$，A_k，$\cdots$相互独立.
根据题意知，

$$\{X=i,Y=j\}=\overline{A_1}\cdots\overline{A_{i-1}}A_i\,\overline{A_{i+1}}\cdots\overline{A_{j-1}}A_j.$$

(X,Y)的分布律为

$$P\{X=i,Y=j\}=P(\overline{A_1})\cdots P(\overline{A_{i-1}})P(A_i)P(\overline{A_{i+1}})\cdots P(\overline{A_{j-1}})P(A_j)$$
$$=p^2(1-p)^{j-2},\ i=1,2,\cdots,j-1;\ j=2,3,\cdots.$$

(X,Y)关于X的边缘分布律

$$P\{X=i\}=\sum_{j=2}^{+\infty}P\{X=i,Y=j\}=\sum_{j=i+1}^{+\infty}p^2(1-p)^{j-2}$$

$$= p^2 (1-p)^{i-1} \sum_{j=i+1}^{+\infty} (1-p)^{j-(i+1)}$$

$$= p^2 (1-p)^{i-1} \frac{1}{1-(1-p)} = p (1-p)^{i-1}, \; i = 1, 2, \cdots.$$

(X, Y)关于 Y 的边缘分布律

$$P\{Y=j\} = \sum_{i=1}^{+\infty} P\{X=i, Y=j\} = \sum_{i=1}^{j-1} p^2 (1-p)^{j-2}$$

$$= (j-1)p^2 (1-p)^{j-2}, \; j = 2, 3, \cdots.$$

对此题也可以直接求出 X 的分布律和 Y 的分布律.

2. 条件分布律及计算公式

定义 1 设二维离散型随机变量(X, Y)的分布律为

$$P\{X=x_i, Y=y_j\} = p_{ij}, \; i, j = 1, 2, \cdots.$$

当 $P\{X=x_i\}>0$ 时，称

$$P\{Y=y_j \mid X=x_i\} = \frac{P\{X=x_i, Y=y_j\}}{P\{X=x_i\}}, \; j = 1, 2, \cdots$$

为在 $X=x_i$ 的条件下 Y 的条件分布律.

当 $P\{Y=y_j\}>0$ 时，称

$$P\{X=x_i \mid Y=y_j\} = \frac{P\{X=x_i, Y=y_j\}}{P\{Y=y_j\}}, \; i = 1, 2, \cdots$$

为在 $Y=y_j$ 的条件下 X 的条件分布律.

例 3 设随机变量(X, Y)的分布律为

X \ Y	1	2
-1	$\frac{1}{4}$	$\frac{1}{2}$
1	0	$\frac{1}{4}$

求：在 $Y=2$ 的条件下 X 的条件分布律.

解 $P\{Y=2\} = \frac{1}{2} + \frac{1}{4} = \frac{3}{4}$，

在 $Y=2$ 的条件下 X 的条件分布律为

$$P\{X=-1 \mid Y=2\} = \frac{P\{X=-1, Y=2\}}{P\{Y=2\}} = \frac{1/2}{3/4} = \frac{2}{3},$$

$$P\{X=1 \mid Y=2\} = \frac{P\{X=1, Y=2\}}{P\{Y=2\}} = \frac{1/4}{3/4} = \frac{1}{3}.$$

习题 3.3

1. 如果 $(X，Y)$ 的分布律为 $p_{ij} = \dfrac{1}{21}(i+j)$，$i=1，2$，$j=1，2，3$，

试求：$(X，Y)$ 关于 X 与 Y 的边缘分布律.

2. 已知随机变量 X 服从参数为 0.4 的两点分布，

X	0	1
$P\{X=x_i\}$	0.6	0.4

在 $X=0$ 和 $X=1$ 的条件下，Y 的条件分布律分别为

Y	0	1	2
$P\{Y\mid X=0\}$	0.4	0.4	0.2

Y	0	1	2
$P\{Y\mid X=1\}$	0.3	0.3	0.4

求：（1）$(X，Y)$ 的分布律；（2）在 $Y=1$ 的条件下 X 的条件分布律.

3.4 边缘概率密度与条件概率密度

1. 边缘概率密度

定义 1 对于二维连续型随机变量 $(X，Y)$，可以证明，分量 X 和 Y 都是连续型随机变量. 分量 X 的概率密度记为 $f_X(x)$，称 $f_X(x)$ 为 $(X，Y)$ 关于 X 的边缘概率密度；分量 Y 的概率密度记为 $f_Y(y)$，称 $f_Y(y)$ 为 $(X，Y)$ 关于 Y 的边缘概率密度.

边缘概率密度的计算公式如下所述.

设二维连续型随机变量 $(X，Y)$ 的概率密度为 $f(x，y)$，分布函数为 $F(x，y)$，则

$$F(x，y) = \int_{-\infty}^{x} \int_{-\infty}^{y} f(u，v)\mathrm{d}v\mathrm{d}u，$$

$$F_X(x) = F(x，+\infty) = \int_{-\infty}^{x} \left[\int_{-\infty}^{+\infty} f(u，v)\mathrm{d}v\right]\mathrm{d}u，$$

这表明，分量 X 是连续型随机变量，并且 X 的概率密度为

$$f_X(x) = \int_{-\infty}^{+\infty} f(x，v)\mathrm{d}v = \int_{-\infty}^{+\infty} f(x，y)\mathrm{d}y.$$

另外，有

$$F(x,\ y) = \int_{-\infty}^{y} \int_{-\infty}^{x} f(u,\ v) \mathrm{d}u \mathrm{d}v,$$

$$F_Y(y) = F(+\infty,\ y) = \int_{-\infty}^{y} \left[\int_{-\infty}^{+\infty} f(u,\ v) \mathrm{d}u \right] \mathrm{d}v,$$

这表明，分量 Y 是连续型随机变量，并且 Y 的概率密度为

$$f_Y(y) = \int_{-\infty}^{+\infty} f(u,\ y) \mathrm{d}u = \int_{-\infty}^{+\infty} f(x,\ y) \mathrm{d}x.$$

于是 $(X,\ Y)$ 关于 X 和 Y 的边缘概率密度分别为

$$f_X(x) = \int_{-\infty}^{+\infty} f(x,\ y) \mathrm{d}y \ \text{和} \ f_Y(y) = \int_{-\infty}^{+\infty} f(x,\ y) \mathrm{d}x.$$

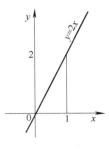

图　3.4

例 1 设二维随机变量 $(X,\ Y)$ 的概率密度为

$$f(x,\ y) = \begin{cases} 2xy, & 0 \leqslant x \leqslant 1,\ 0 \leqslant y \leqslant 2x \\ 0, & \text{其他} \end{cases},$$

求：关于 X 和 Y 的边缘概率密度.

解 如图 3.4 所示. $f_X(x) = \int_{-\infty}^{+\infty} f(x,\ y) \mathrm{d}y.$

当 $0 \leqslant x \leqslant 1$ 时，$f_X(x) = \int_{-\infty}^{+\infty} f(x,\ y) \mathrm{d}y$

$$= \int_{-\infty}^{0} f(x,\ y) \mathrm{d}y + \int_{0}^{2x} f(x,y) \mathrm{d}y + \int_{2x}^{+\infty} f(x,\ y) \mathrm{d}y$$

$$= \int_{0}^{2x} 2xy \mathrm{d}y = x \cdot y^2 \Big|_{0}^{2x} = 4x^3.$$

当 $x < 0$ 或 $x > 1$ 时，因为 $f(x,\ y) = 0$，所以 $f_X(x) = 0$，于是得 $(X,\ Y)$ 关于 X 的边缘概率密度为

$$f_X(x) = \begin{cases} 4x^3, & 0 \leqslant x \leqslant 1 \\ 0, & \text{其他} \end{cases}.$$

当 $0 \leqslant y \leqslant 2$ 时，

$$f_Y(y) = \int_{-\infty}^{+\infty} f(x,\ y) \mathrm{d}x$$

$$= \int_{-\infty}^{\frac{y}{2}} f(x,\ y) \mathrm{d}x + \int_{\frac{y}{2}}^{1} f(x,\ y) \mathrm{d}x + \int_{1}^{+\infty} f(x,\ y) \mathrm{d}x$$

$$= \int_{\frac{y}{2}}^{1} 2xy \mathrm{d}x = y \cdot x^2 \Big|_{\frac{y}{2}}^{1} = y \left(1 - \frac{1}{4} y^2 \right).$$

当 $y < 0$ 或 $y > 2$ 时，因为

$$f(x,\ y) = 0,\ f_Y(y) = 0,$$

于是得 $(X,\ Y)$ 关于 Y 的边缘概率密度为

$$f_Y(y) = \begin{cases} y \left(1 - \frac{1}{4} y^2 \right), & 0 \leqslant y \leqslant 2 \\ 0, & \text{其他} \end{cases}.$$

2. 条件概率密度

定义 2   对于二维连续型随机变量$(X，Y)$，如果存在极限

$$\lim_{\varepsilon \to 0^+} P\{X \leqslant x \mid y-\varepsilon < Y \leqslant y+\varepsilon\}，$$

则称此极限为在条件 $Y=y$ 下 X 的条件分布函数，记为 $F_{X|Y}(x \mid y)$ 或记为 $P\{X \leqslant x \mid Y=y\}$（它仅是一个记号，不能直接理解为条件概率），即

$$F_{X|Y}(x \mid y) = P\{X \leqslant x \mid Y=y\} = \lim_{\varepsilon \to 0^+} P\{X \leqslant x \mid y-\varepsilon < Y \leqslant y+\varepsilon\}，$$

相应地，在条件 $X=x$ 下 Y 的条件分布函数可定义为

$$F_{Y|X}(y \mid x) = P\{Y \leqslant y \mid X=x\}$$
$$= \lim_{\varepsilon \to 0^+} P\{Y \leqslant y \mid x-\varepsilon < X \leqslant x+\varepsilon\}（如果此极限存在）.$$

条件概率密度的计算公式为

$$\begin{aligned}
F_{X|Y}(x \mid y) &= \lim_{\varepsilon \to 0^+} P\{X \leqslant x \mid y-\varepsilon < Y \leqslant y+\varepsilon\} \\
&= \lim_{\varepsilon \to 0^+} \frac{P\{X \leqslant x，\ y-\varepsilon < Y \leqslant y+\varepsilon\}}{P\{y-\varepsilon < Y \leqslant y+\varepsilon\}} \\
&= \lim_{\varepsilon \to 0^+} \frac{[F(x，y+\varepsilon) - F(x，y-\varepsilon)]/(2\varepsilon)}{[F_Y(y+\varepsilon) - F_Y(y-\varepsilon)]/(2\varepsilon)} \\
&= \frac{\dfrac{\partial}{\partial y}F(x，y)}{\dfrac{\mathrm{d}}{\mathrm{d}y}F_Y(y)}，
\end{aligned}$$

即

$$F_{X|Y}(x \mid y) = \frac{\dfrac{\partial}{\partial y}F(x，y)}{\dfrac{\mathrm{d}}{\mathrm{d}y}F_Y(y)}.$$

同理有

$$F_{Y|X}(y \mid x) = \frac{\dfrac{\partial}{\partial x}F(x，y)}{\dfrac{\mathrm{d}}{\mathrm{d}x}F_X(x)}.$$

设二维连续型随机变量$(X，Y)$的概率密度为 $f(x，y)$，分布函数为 $F(x，y)$，

$$F(x，y) = \int_{-\infty}^{y} \int_{-\infty}^{x} f(u，v)\mathrm{d}u\mathrm{d}v，$$

$$\frac{\partial}{\partial y}F(x，y) = \int_{-\infty}^{x} f(u，y)\mathrm{d}u.$$

$f_X(x)$ 和 $f_Y(y)$ 分别是$(X，Y)$关于 X 和关于 Y 的边缘概率密度，

$$F_Y(y) = \int_{-\infty}^{y} f_Y(v)\mathrm{d}v，$$

$$\frac{\mathrm{d}}{\mathrm{d}y}F_Y(y)=f_Y(y).$$

$$F_{X|Y}(x\mid y)=\frac{\dfrac{\partial}{\partial y}F(x,y)}{\dfrac{\mathrm{d}}{\mathrm{d}y}F_Y(y)}=\frac{\displaystyle\int_{-\infty}^{x}f(u,y)\mathrm{d}u}{f_Y(y)}=\int_{-\infty}^{x}\frac{f(u,y)}{f_Y(y)}\mathrm{d}u.$$

上式表明，当 $f_Y(y)\neq0$ 时，在条件 $Y=y$ 下，X 的条件分布是连续型分布，且积分号下的非负函数 $\dfrac{f(x,y)}{f_Y(y)}$ 正是相应于分布函数 $F_{X|Y}(x\mid y)$ 的概率密度函数，称它为在条件 $Y=y$ 下 X 的条件概率密度，记作 $f_{X|Y}(x\mid y)$，即有

$$f_{X|Y}(x|y)=\frac{f(x,y)}{f_Y(y)},\ f_Y(y)\neq0.$$

同理，在条件 $X=x$ 下 Y 的条件概率密度为

$$f_{Y|X}(y|x)=\frac{f(x,y)}{f_X(x)},\ f_X(x)\neq0.$$

$$P\{X\leqslant x\mid Y=y\}$$

$$=F_{X|Y}(x\mid y)=\frac{\displaystyle\int_{-\infty}^{x}f(u,y)\mathrm{d}u}{f_Y(y)}=\int_{-\infty}^{x}\frac{f(u,y)}{f_Y(y)}\mathrm{d}u$$

$$=\int_{-\infty}^{x}f_{X|Y}(u\mid y)\mathrm{d}u.$$

同理　　$$P\{Y\leqslant y\mid X=x\}=F_{Y|X}(y\mid x)=\frac{\displaystyle\int_{-\infty}^{y}f(x,v)\mathrm{d}v}{f_X(x)}$$

$$=\int_{-\infty}^{y}\frac{f(x,v)}{f_X(x)}\mathrm{d}v=\int_{-\infty}^{y}f_{Y|X}(v\mid x)\mathrm{d}v.$$

例 2　设 $(X,Y)\sim N(\mu_1,\sigma_1^2;\mu_2,\sigma_2^2;\rho)$，（1）求：$f_X(x)$，$f_Y(y)$；（2）求：$f_{X|Y}(x\mid y)$ 和 $f_{Y|X}(y\mid x)$.

解　（1）由题设条件知 (X,Y) 的概率密度为

$$f(x,y)=\frac{1}{2\pi\sigma_1\sigma_2\sqrt{1-\rho^2}}\cdot$$

$$\exp\left\{-\frac{1}{2(1-\rho^2)}\left[\left(\frac{x-\mu_1}{\sigma_1}\right)^2-2\rho\frac{x-\mu_1}{\sigma_1}\cdot\frac{y-\mu_2}{\sigma_2}+\left(\frac{y-\mu_2}{\sigma_2}\right)^2\right]\right\}$$

$$=\frac{1}{2\pi\sigma_1\sigma_2\sqrt{1-\rho^2}}\cdot\exp\left\{-\frac{1}{2(1-\rho^2)}\left[\left(\frac{y-\mu_2}{\sigma_2}-\rho\frac{x-\mu_1}{\sigma_1}\right)^2+\right.\right.$$

$$\left.\left.(1-\rho^2)\left(\frac{x-\mu_1}{\sigma_1}\right)^2\right]\right\}$$

$$=\frac{1}{\sigma_1\sqrt{2\pi}}\exp\left[-\frac{(x-\mu_1)^2}{2\sigma_1^2}\right]\cdot\frac{1}{\sigma_2\sqrt{1-\rho^2}\cdot\sqrt{2\pi}}\cdot$$

$$\exp\left\{-\frac{\left[(y-\mu_2)-\rho\sigma_2\cdot\dfrac{x-\mu_1}{\sigma_1}\right]^2}{2\sigma_2^2(1-\rho^2)}\right\}.$$

于是

$$f_X(x)=\int_{-\infty}^{+\infty}f(x,y)\mathrm{d}y$$

$$=\frac{1}{\sigma_1\sqrt{2\pi}}\exp\left[-\frac{(x-\mu_1)^2}{2\sigma_1^2}\right],$$

即得 $X\sim N(\mu_1,\sigma_1^2)$.

同理，$Y\sim N(\mu_2,\sigma_2^2)$,

$$f_Y(y)=\int_{-\infty}^{+\infty}f(x,y)\mathrm{d}x$$

$$=\frac{1}{\sigma_2\sqrt{2\pi}}\exp\left[-\frac{(y-\mu_2)^2}{2\sigma_2^2}\right];$$

(2) $\quad f_{Y|X}(y|x)=\dfrac{f(x,y)}{f_X(x)}$

$$=\frac{1}{\sigma_2\sqrt{1-\rho^2}\cdot\sqrt{2\pi}}\exp\left\{-\frac{\left[(y-\mu_2)-\rho\sigma_2\cdot\dfrac{x-\mu_1}{\sigma_1}\right]^2}{2\sigma_2^2(1-\rho^2)}\right\},$$

$$f_{X|Y}(x|y)=\frac{f(x,y)}{f_Y(y)}$$

$$=\frac{1}{\sigma_1\sqrt{1-\rho^2}\cdot\sqrt{2\pi}}\exp\left\{-\frac{\left[(x-\mu_1)-\rho\sigma_1\cdot\dfrac{y-\mu_2}{\sigma_2}\right]^2}{2\sigma_1^2(1-\rho^2)}\right\}.$$

例 3　设二维随机变量 (X,Y) 的概率密度为

$$f(x,y)=\begin{cases}2xy,&0\leqslant x\leqslant 1,\ 0\leqslant y\leqslant 2x,\\0,&\text{其他}\end{cases},$$

(1) 求：关于 X 和 Y 的边缘概率密度；

(2) 求：条件概率密度 $f_{X|Y}(x|y)$ 和 $f_{Y|X}(y|x)$；

(3) 求：$P\left\{X\geqslant\dfrac{3}{4}\bigg|Y=1\right\}$ 和 $P\left\{Y\leqslant\dfrac{1}{2}\bigg|X=\dfrac{1}{2}\right\}$.

解　(1) $f_X(x)=\displaystyle\int_{-\infty}^{+\infty}f(x,y)\mathrm{d}y$

$$=\begin{cases}\displaystyle\int_0^{2x}2xy\,\mathrm{d}y=4x^3,&0\leqslant x\leqslant 1,\\0,&\text{其他}\end{cases},$$

$$f_Y(y)=\int_{-\infty}^{+\infty}f(x,y)\mathrm{d}x$$

$$= \begin{cases} \int_{\frac{y}{2}}^{1} 2xy\,\mathrm{d}x = y\left(1-\frac{1}{4}y^2\right), & 0 \leqslant y \leqslant 2 \\ 0, & \text{其他} \end{cases}.$$

（2）当 $0<y<2$ 时，$f_Y(y) \neq 0$，

$$f_{X|Y}(x|y)=\frac{f(x,y)}{f_Y(y)}=\begin{cases} \dfrac{8x}{4-y^2}, & \dfrac{y}{2}\leqslant x\leqslant 1 \\ 0, & \text{其他 } x \end{cases};$$

当 $0<x\leqslant 1$ 时，$f_X(x) \neq 0$，

$$f_{Y|X}(y|x)=\frac{f(x,y)}{f_X(x)}=\begin{cases} \dfrac{y}{2x^2}, & 0\leqslant y\leqslant 2x \\ 0, & \text{其他 } y \end{cases};$$

（3）当 $Y=1$ 时，

$$f_{X|Y}(x|1)=\begin{cases} \dfrac{8x}{3}, & \dfrac{1}{2}\leqslant x\leqslant 1 \\ 0, & \text{其他 } x \end{cases};$$

当 $X=\dfrac{1}{2}$ 时，

$$f_{Y|X}\left(y\left|\dfrac{1}{2}\right.\right)=\begin{cases} 2y, & 0\leqslant y\leqslant 1 \\ 0, & \text{其他 } y \end{cases}.$$

故

$$P\left\{X\geqslant \frac{3}{4}\,\middle|\,Y=1\right\}=\int_{\frac{3}{4}}^{+\infty} f_{X|Y}(x\mid 1)\mathrm{d}x=\int_{\frac{3}{4}}^{1}\frac{8}{3}x\mathrm{d}x$$
$$=\frac{4}{3}x^2\,\bigg|_{\frac{3}{4}}^{1}=\frac{7}{12}.$$
$$P\left\{Y\leqslant \frac{1}{2}\,\middle|\,X=\frac{1}{2}\right\}=\int_{-\infty}^{\frac{1}{2}} f_{Y|X}\left(y\,\middle|\,\frac{1}{2}\right)\mathrm{d}y$$
$$=\int_{0}^{\frac{1}{2}} 2y\mathrm{d}y=y^2\,\bigg|_{0}^{\frac{1}{2}}=\frac{1}{4}.$$

习题 3.4

1. 设二维随机变量 (X,Y) 在区域 D：$\{(x,y)\mid x^2\leqslant y\leqslant \sqrt{x}\}$ 内服从均匀分布，试求：(X,Y) 的概率密度与边缘概率密度．

2. 设二维随机变量 (X,Y) 的概率密度为

$$f(x,y)=\begin{cases} x^2+\dfrac{1}{3}xy, & 0\leqslant x\leqslant 1,0\leqslant y\leqslant 2 \\ 0, & \text{其他} \end{cases},$$

(1) 求：(X,Y)关于 X 和关于 Y 的边缘概率密度；

(2) 求：$P\{X+Y\leqslant 1\}$．

3．设二维随机变量(X,Y)的概率密度为

$$f(x,y)=\begin{cases}a\mathrm{e}^{-(x+y)}, & 0<2x<y<+\infty \\ 0, & \text{其他}\end{cases},$$

(1) 确定常数 a；

(2) 求：(X,Y)关于 X 和关于 Y 的边缘概率密度；

(3) 求：$P\{X\geqslant 1,Y\geqslant 2\}$．

4．设二维随机变量(X,Y)在区域 $D:\{(x,y)\,|\,0\leqslant x\leqslant 1,0\leqslant y\leqslant 2x\}$内服从均匀分布，求：(1) 条件概率密度 $f_{X|Y}(x|y)$ 和 $f_{Y|X}(y|x)$；(2) $P\left\{Y\geqslant 1\,\Big|\,X=\dfrac{3}{4}\right\}$．

5．设二维随机变量(X,Y)的概率密度为

$$f(x,y)=\begin{cases}1, & |y|<x,0<x<1 \\ 0, & \text{其他}\end{cases}.$$

试求：条件概率密度 $f_{X|Y}(x\,|\,y)$ 和 $f_{Y|X}(y\,|\,x)$．

6．设随机变量 X 在区间$[0,1]$上服从均匀分布，在 $X=x(0<x\leqslant 1)$的条件下，随机变量 Y 在区间$(0,x)$上服从均匀分布，求：(1) 随机变量 X 和 Y 的联合概率密度；(2) Y 的概率密度；(3) 概率 $P\{X+Y>1\}$．

7．设(X,Y)服从区域 $D:\{(x,y)\,|\,0\leqslant y\leqslant 1-x^2\}$上的均匀分布，设区域 $B:\{(x,y)\,|\,y\geqslant x^2\}$．

(1) 写出(X,Y)的联合密度函数；

(2) 求：X 和 Y 的边缘密度函数；

(3) 求：$X=-\dfrac{1}{2}$时 Y 的条件密度函数和 $Y=\dfrac{1}{2}$时 X 的条件密度函数；

(4) 求：概率 $P\{(x,y)\in B\}$．

3.5　相互独立的随机变量

1．随机变量相互独立的定义

定义 1　设 X,Y 为两个随机变量，若对任意实数 x,y 有
$$P\{X\leqslant x,Y\leqslant y\}=P\{X\leqslant x\}\cdot P\{Y\leqslant y\},$$
则称 X 与 Y 相互独立，简称独立．

定理 1（独立判别定理）　设 $F(x,y)$，$F_X(x)$，$F_Y(y)$分别是(X,Y)，X，Y 的分布函数，则

$$X 与 Y 相互独立$$
$$\Leftrightarrow P\{X \leqslant x,\ Y \leqslant y\} = P\{X \leqslant x\} \cdot P\{Y \leqslant y\},\ -\infty < x,\ y < +\infty$$
$$\Leftrightarrow F(x,\ y) = F_X(x) \cdot F_Y(y),\ -\infty < x,\ y < +\infty.$$

2. 离散型随机变量相互独立判别定理

定理 2　设二维离散型随机变量$(X,\ Y)$的分布律为
$$P\{X = x_i,\ Y = y_j\} = p_{ij},\ i,\ j = 1,\ 2,\ \cdots,$$
则 X 与 Y 相互独立的充要条件是
$$P\{X = x_i,\ Y = y_j\} = P\{X = x_i\} \cdot P\{Y = y_j\},\ i,\ j = 1,\ 2,\ \cdots.$$

3. 连续型随机变量相互独立判别定理

定理 3　设二维连续型随机变量$(X,\ Y)$的概率密度为 $f(x,\ y)$. 若 $f_X(x)$，$f_Y(y)$分别是$(X,\ Y)$关于 X 和 Y 的边缘概率密度，则 X 与 Y 相互独立的充要条件是
$$f(x,\ y) = f_X(x) \cdot f_Y(y),\ （几乎处处）.$$

证明　$F(x,\ y) = \displaystyle\int_{-\infty}^{y} \int_{-\infty}^{x} f(u,\ v)\mathrm{d}u\mathrm{d}v,$

$$F_X(x) = \int_{-\infty}^{x} f_X(u)\mathrm{d}u,$$

$$F_Y(y) = \int_{-\infty}^{y} f_Y(v)\mathrm{d}v,$$

$$F_X(x) \cdot F_Y(y) = \int_{-\infty}^{x} f_X(u)\mathrm{d}u \cdot \int_{-\infty}^{y} f_Y(v)\mathrm{d}v$$
$$= \int_{-\infty}^{y} \int_{-\infty}^{x} f_X(u) \cdot f_Y(v)\mathrm{d}u\mathrm{d}v,$$

X 与 Y 相互独立

$$\Leftrightarrow 0 = F(x,\ y) - F_X(x) \cdot F_Y(y)$$
$$= \int_{-\infty}^{x} \int_{-\infty}^{y} f(u,\ v)\mathrm{d}u\mathrm{d}v - \int_{-\infty}^{x} f_X(u)\mathrm{d}u \cdot \int_{-\infty}^{y} f_Y(v)\mathrm{d}v$$
$$= \int_{-\infty}^{x} \int_{-\infty}^{y} [f(u,\ v) - f_X(u) \cdot f_Y(v)]\mathrm{d}u\mathrm{d}v$$
$$\Leftrightarrow f(u,\ v) - f_X(u) \cdot f_Y(v) = 0$$
$$\Leftrightarrow f(x,\ y) = f_X(x) \cdot f_Y(y) \quad （几乎处处）.$$

4. 有限多个或可列个随机变量的相互独立性

定义 2　设试验 E 的样本空间为 $S = \{e\}$，而 $X_i = X_i(e)$是定义在 $S = \{e\}$上的随机变量，$i = 1,\ 2,\ \cdots,\ n$，把 n 个随机变量 X_1，X_2，$\cdots$，X_n 构成的有序组

$(X_1(e), X_2(e), \cdots, X_n(e))$ 称为 n 维随机变量(或 n 维随机向量);对任意实数 $x_1, x_2, \cdots, x_n$,函数

$$F(x_1, x_2, \cdots, x_n) = P\{X_1(e) \leqslant x_1, X_2(e) \leqslant x_2, \cdots, X_n(e) \leqslant x_n\}$$

称为 n 维随机变量 $(X_1, X_2, \cdots, X_n)$ 的分布函数或称为 n 个随机变量 $X_1, X_2, \cdots, X_n$ 的联合分布函数.记 $F_{X_i}(x_i) = P\{X_i \leqslant x_i\}$.

定义 3 设 $X_1, X_2, \cdots, X_n$ 为 n 个随机变量,对任意实数 $x_1, x_2, \cdots, x_n$,若

$$P\{X_1 \leqslant x_1, X_2 \leqslant x_2, \cdots, X_n \leqslant x_n\} = P\{X_1 \leqslant x_1\} \cdot P\{X_2 \leqslant x_2\} \cdot \cdots \cdot P\{X_n \leqslant x_n\},$$

则称 n 个随机变量 $X_1, X_2, \cdots, X_n$ 相互独立.

定理 4 n 个随机变量 $X_1, X_2, \cdots, X_n$ 相互独立 $\Leftrightarrow$ 对任意实数 $x_1, x_2, \cdots, x_n$,有

$$F(x_1, x_2, \cdots, x_n) = F_{X_1}(x_1) \cdot F_{X_2}(x_2) \cdot \cdots \cdot F_{X_n}(x_n).$$

定理 5 设 $(X_1, X_2, \cdots, X_n)$ 是 n 维连续型随机变量,概率密度为 $f(x_1, x_2, \cdots, x_n)$,X_i 的概率密度为 $f_{X_i}(x_i)$,则

$X_1, X_2, \cdots, X_n$ 相互独立 $\Leftrightarrow f(x_1, x_2, \cdots, x_n) = f_{X_1}(x_1) \cdot f_{X_2}(x_2) \cdot \cdots \cdot f_{X_n}(x_n)$.

定义 4 设 $X_1, X_2, \cdots, X_n, \cdots$ 为可列无穷多个随机变量,若对任意的正整数 $k(k \geqslant 2)$ 及任意互不相同的正整数 $i_1 < i_2 < \cdots < i_k$,$X_{i_1}, X_{i_2}, \cdots, X_{i_k}$ 都相互独立,则称可列无穷多个随机变量 $X_1, X_2, \cdots, X_n, \cdots$ 相互独立.

例 1 设二维随机变量 (X, Y) 的分布函数为

$$F(x, y) = \begin{cases} 1 - e^{-2x} - e^{-3y} + e^{-(2x+3y)}, & x > 0, y > 0 \\ 0, & \text{其他} \end{cases},$$

(1) 求:边缘分布函数 $F_X(x)$ 和 $F_Y(y)$;

(2) 求:(X, Y) 的概率密度 $f(x, y)$、边缘概率密度 $f_X(x)$ 和 $f_Y(y)$;

(3) 验证随机变量 X 与 Y 是否相互独立.

解 (1) $F_X(x) = F(x, +\infty) = \lim\limits_{y \to +\infty} F(x, y)$

$$= \begin{cases} 1 - e^{-2x}, & x > 0 \\ 0, & x \leqslant 0 \end{cases};$$

$F_Y(y) = F(+\infty, y) = \lim\limits_{x \to +\infty} F(x, y)$

$$= \begin{cases} 1 - e^{-3y}, & y > 0 \\ 0, & y \leqslant 0 \end{cases};$$

(2) $f(x, y) = \dfrac{\partial^2 F(x, y)}{\partial x \partial y}$

$$= \begin{cases} 6e^{-2x} \cdot e^{-3y}, & x > 0, y > 0 \\ 0, & \text{其他} \end{cases};$$

$$f_X(x) = \frac{\mathrm{d}F_X(x)}{\mathrm{d}x} = \begin{cases} 2\mathrm{e}^{-2x}, & x > 0 \\ 0, & x \leqslant 0 \end{cases};$$

$$f_Y(y) = \frac{\mathrm{d}F_Y(y)}{\mathrm{d}y} = \begin{cases} 3\mathrm{e}^{-3y}, & y > 0 \\ 0, & y \leqslant 0 \end{cases};$$

（3）显然，对任意实数 x，y，恒有
$$F(x, y) = F_X(x) \cdot F_Y(y),$$
所以 X 与 Y 相互独立．

或显然，对任意实数 x，y，下式成立
$$f(x, y) = f_X(x) \cdot f_Y(y),$$
所以 X 与 Y 相互独立．

例 2　设二维离散型随机变量 (X, Y) 的分布律为

X \ Y	0	1	2
−1	0.1	0.2	0.1
2	0.2	0.1	0.3

（1）求：(X, Y) 关于 X 和关于 Y 的边缘分布律；

（2）验证 X 与 Y 是否独立．

解　（1）(X, Y) 关于 X 和关于 Y 的边缘分布律如下表所示．

X \ Y	0	1	2	
−1	0.1	0.2	0.1	0.4
2	0.2	0.1	0.3	0.6
	0.3	0.3	0.4	

（2）$P\{X = -1, Y = 0\} = 0.1$，$P\{X = -1\} = 0.4$，$P\{Y = 0\} = 0.3$，
显然 $P\{X = -1, Y = 0\} \neq P\{X = -1\} \cdot P\{Y = 0\}$，由定理 2 知，$X$ 与 Y 不独立．

例 3　设 $(X, Y) \sim N(\mu_1, \sigma_1^2; \mu_2, \sigma_2^2; \rho)$，

（1）求：$f_X(x)$，$f_Y(y)$；

（2）试证：X 与 Y 相互独立的充要条件是 $\rho = 0$．

解　由题设条件知，(X, Y) 的概率密度为
$$f(x, y) = \frac{1}{2\pi\sigma_1\sigma_2\sqrt{1-\rho^2}} \cdot$$
$$\exp\left\{-\frac{1}{2(1-\rho^2)}\left[\left(\frac{x-\mu_1}{\sigma_1}\right)^2 - 2\rho\frac{x-\mu_1}{\sigma_1} \cdot \frac{y-\mu_2}{\sigma_2} + \left(\frac{y-\mu_2}{\sigma_2}\right)^2\right]\right\},$$
$$-\infty < x, y < +\infty.$$

91

(1) 由第 3.4 节的例 2 知

$$f_X(x) = \int_{-\infty}^{+\infty} f(x, y)\mathrm{d}y = \frac{1}{\sigma_1 \sqrt{2\pi}}\exp\left[-\frac{(x-\mu_1)^2}{2\sigma_1^2}\right],$$

$$f_Y(y) = \int_{-\infty}^{+\infty} f(x, y)\mathrm{d}x = \frac{1}{\sigma_2 \sqrt{2\pi}}\exp\left[-\frac{(y-\mu_2)^2}{2\sigma_2^2}\right];$$

(2) 充分性（即由 $\rho=0 \Rightarrow X$ 与 Y 独立）　若 $\rho=0$，则

$$f(x, y) = \frac{1}{2\pi\sigma_1\sigma_2} \cdot \exp\left\{-\frac{1}{2}\left[\left(\frac{x-\mu_1}{\sigma_1}\right)^2 + \left(\frac{y-\mu_2}{\sigma_2}\right)^2\right]\right\}$$

$$= \frac{1}{\sigma_1 \sqrt{2\pi}} \cdot \exp\left[-\frac{(x-\mu_1)^2}{2\sigma_1^2}\right] \cdot \frac{1}{\sigma_2 \sqrt{2\pi}} \cdot \exp\left[-\frac{(y-\mu_2)^2}{2\sigma_2^2}\right]$$

$$= f_X(x) \cdot f_Y(y), \quad -\infty < x, y < +\infty,$$

因此，X 与 Y 独立.

必要性　若 X 与 Y 独立，则对任意实数 x, y，

$$f(x, y) = f_X(x) \cdot f_Y(y).$$

特别地，对 $x=\mu_1, y=\mu_2$ 有

$$f(\mu_1, \mu_2) = f_X(\mu_1) \cdot f_Y(\mu_2),$$

即

$$\frac{1}{2\pi\sigma_1\sigma_2 \sqrt{1-\rho^2}} = \frac{1}{\sigma_1 \sqrt{2\pi}} \cdot \frac{1}{\sigma_2 \sqrt{2\pi}},$$

从而 $\rho=0$. 证毕.

例 4　某型号钻头的寿命（以钻进深度 m 为单位）服从参数 $\lambda=0.002$ 的指数分布. 欲打一口深为 500m 的井，求：恰好需用两只钻头的概率.

解　设第一只钻头的寿命为 X，第二只钻头的寿命为 Y，则 X 与 Y 独立且有相同的指数分布，如图 3.5 所示. 由题意知

$$f_X(x) = \begin{cases} 0.002\mathrm{e}^{-0.002x}, & x>0 \\ 0, & x\leqslant 0 \end{cases},$$

$$f_Y(y) = \begin{cases} 0.002\mathrm{e}^{-0.002y}, & y>0 \\ 0, & y\leqslant 0 \end{cases},$$

故 (X, Y) 的概率密度为

$$f(x, y) = f_X(x) \cdot f_Y(y)$$

$$= \begin{cases} (0.002)^2\mathrm{e}^{-0.002(x+y)}, & x>0, y>0 \\ 0, & 其他 \end{cases},$$

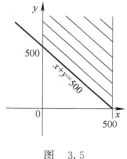

图　3.5

由题意知 $A =$ "恰好需用两只钻头"

$$= \{X<500, X+Y\geqslant 500\},$$

$$P(A) = P\{X < 500, X + Y \geqslant 500\}$$

$$= \iint\limits_{\substack{x < 500 \\ x+y \geqslant 500}} f(x,y)\mathrm{d}x\mathrm{d}y$$

$$= \int_0^{500} \lambda \mathrm{e}^{-\lambda x}\left(\int_{500-x}^{+\infty} \lambda \mathrm{e}^{-\lambda y}\mathrm{d}y\right)\mathrm{d}x$$

$$= \int_0^{500} \lambda \mathrm{e}^{-\lambda x} \cdot \mathrm{e}^{-\lambda(500-x)}\mathrm{d}x$$

$$= \int_0^{500} \lambda \mathrm{e}^{-500\lambda}\mathrm{d}x = 500\lambda \mathrm{e}^{-500\lambda} = \mathrm{e}^{-1} \approx 0.3679.$$

例 5 设随机变量 X 与 Y 独立且同服从 $N(0,1)$ 分布.

求:(1) (X, Y) 的概率密度 $f(x, y)$;

(2) t 的二次方程 $t^2 + 2Xt + Y^2 = 0$ 有实根的概率;

(3) 随机变量 $Z = X^2 + Y^2$ 的分布函数和概率密度.

解 由题设条件知

$$f_X(x) = \frac{1}{\sqrt{2\pi}}\exp\left(-\frac{x^2}{2}\right), \quad -\infty < x < +\infty,$$

$$f_Y(y) = \frac{1}{\sqrt{2\pi}}\exp\left(-\frac{y^2}{2}\right), \quad -\infty < y < +\infty.$$

(1) 因为 X 与 Y 独立,由定理 3 得 (X, Y) 的概率密度为

$$f(x, y) = f_X(x) \cdot f_Y(y)$$

$$= \frac{1}{\sqrt{2\pi}}\exp\left(-\frac{x^2}{2}\right)\frac{1}{\sqrt{2\pi}}\exp\left(-\frac{y^2}{2}\right)$$

$$= \frac{1}{2\pi}\exp\left(-\frac{x^2+y^2}{2}\right), \quad -\infty < x < +\infty, -\infty < y < +\infty.$$

显然,$f(x, y)$ 满足对称性,即 $f(x, y) = f(y, x)$.

(2) 令 $A =$ "t 的二次方程 $t^2 + 2Xt + Y^2 = 0$ 有实根"

$$= \{(2X)^2 - 4 \cdot 1 \cdot Y^2 \geqslant 0\}$$

$$= \{X^2 - Y^2 \geqslant 0\},$$

$$P(A) = P\{X^2 - Y^2 \geqslant 0\}$$

$$= \iint\limits_{x^2-y^2 \geqslant 0} f(x, y)\mathrm{d}x\mathrm{d}y$$

$$\xlongequal[y=v]{x=u} \iint\limits_{u^2-v^2 \geqslant 0} f(u, v)\mathrm{d}u\mathrm{d}v = \iint\limits_{u^2-v^2 \geqslant 0} f(v, u)\mathrm{d}u\mathrm{d}v$$

$$\xlongequal[u=y]{v=x} \iint\limits_{y^2-x^2 \geqslant 0} f(x, y)\mathrm{d}x\mathrm{d}y,$$

又
$$\iint\limits_{x^2-y^2\geqslant 0} f(x,\ y)\mathrm{d}x\mathrm{d}y + \iint\limits_{y^2-x^2\geqslant 0} f(x,\ y)\mathrm{d}x\mathrm{d}y$$
$$= \int_{-\infty}^{+\infty}\int_{-\infty}^{+\infty} f(x,\ y)\mathrm{d}x\mathrm{d}y = 1,$$

所以 $P(A) = \dfrac{1}{2}$.

(3) $F_Z(z) = P\{Z \leqslant z\} = P\{X^2 + Y^2 \leqslant z\}$.

当 $z < 0$ 时，
$$F_Z(z) = P\{\varnothing\} = 0;$$

当 $z = 0$ 时，
$$F_Z(0) = P\{X=0,\ Y=0\} = 0;$$

当 $z > 0$ 时，
$$F_Z(z) = P\{Z \leqslant z\} = P\{X^2 + Y^2 \leqslant z\}$$
$$= \iint\limits_{x^2+y^2\leqslant z} f(x,\ y)\mathrm{d}x\mathrm{d}y$$
$$= \int_0^{\sqrt{z}} \int_0^{2\pi} \frac{1}{2\pi}\mathrm{e}^{-\frac{r^2}{2}} \cdot r\mathrm{d}\theta\mathrm{d}r$$
$$= \int_0^{\sqrt{z}} r\mathrm{e}^{-\frac{r^2}{2}}\mathrm{d}r$$
$$= \int_0^{\sqrt{z}} \left(-\mathrm{e}^{-\frac{r^2}{2}}\right)'\mathrm{d}r$$
$$= -\mathrm{e}^{-\frac{r^2}{2}}\Big|_0^{\sqrt{z}} = 1 - \mathrm{e}^{-\frac{z}{2}},$$

于是
$$F_Z(z) = \begin{cases} 1-\mathrm{e}^{-\frac{z}{2}}, & z > 0 \\ 0, & z \leqslant 0 \end{cases},$$
$$f_Z(z) = \begin{cases} \dfrac{1}{2}\mathrm{e}^{-\frac{z}{2}}, & z > 0 \\ 0, & z \leqslant 0 \end{cases}.$$

例 6 接连不断地掷一颗匀称的骰子，直到出现点数大于 2 为止，以 X 表示掷骰子的次数，以 Y 表示最后一次掷出的点数.

(1) 求：二维随机变量 $(X,\ Y)$ 的分布律；

(2) 求：$(X,\ Y)$ 关于 X 和 Y 的边缘分布律；

(3) 证明：X 与 Y 相互独立.

解 (1) 依题意知，X 的可能取值为 1，2，3，…；Y 的可能取值为 3，4，

5，6.

设 $B_k=$ "第 k 次掷时掷出 1 点或 2 点"，$A_{kj}=$ "第 k 次掷时掷出 j 点"，则

$$P(B_k)=\frac{2}{6}，P(A_{kj})=\frac{1}{6}，B_k+A_{k3}+A_{k4}+A_{k5}+A_{k6}=S.$$

$\{X=i，Y=j\}=$ "掷骰子 i 次，最后一次掷出 j 点，前 $(i-1)$ 次掷出 1 点或 2 点" $=B_1\cdots B_{i-1}A_{ij}$　（各次掷骰子出现的点数相互独立）.

于是 $(X，Y)$ 的分布律为

$$P\{X=i，Y=j\}=\left(\frac{2}{6}\right)^{i-1}\cdot\frac{1}{6}=\frac{1}{6}\cdot\left(\frac{1}{3}\right)^{i-1}，i=1，2，\cdots；j=3，4，5，6.$$

例如，$P\{X=i，Y=3\}=\left(\frac{2}{6}\right)^{i-1}\cdot\frac{1}{6}=\frac{1}{6}\cdot\left(\frac{1}{3}\right)^{i-1}.$

(2) $P\{X=i\}=\sum_{j=3}^{6}P\{X=i，Y=j\}$

$$=\sum_{j=3}^{6}\frac{1}{6}\cdot\left(\frac{1}{3}\right)^{i-1}=4\cdot\frac{1}{6}\cdot\left(\frac{1}{3}\right)^{i-1}$$

$$=\frac{2}{3}\cdot\left(\frac{1}{3}\right)^{i-1}，i=1，2，\cdots；$$

$$P\{Y=j\}=\sum_{i=1}^{+\infty}P\{X=i，Y=j\}$$

$$=\sum_{i=1}^{+\infty}\frac{1}{6}\cdot\left(\frac{1}{3}\right)^{i-1}=\frac{1}{6}\cdot\frac{1}{1-\frac{1}{3}}=\frac{1}{4}，j=3，4，5，6；$$

或由题意知，$\{X=i\}=$ "掷骰子 i 次，最后一次掷出的点数大于 2，前 $(i-1)$ 次掷出 1 点或 2 点"，于是

$$P\{X=i\}=\left(\frac{2}{6}\right)^{i-1}\cdot\frac{4}{6}=\frac{2}{3}\cdot\left(\frac{1}{3}\right)^{i-1}，i=1，2，\cdots；$$

$\{Y=j\}=$ "在掷出点数大于 2 的条件下，掷出的是 j 点"，于是

$$P\{Y=j\}=\frac{1}{4}，j=3，4，5，6.$$

(3) 由 $P\{X=i\}\cdot P\{Y=j\}=\frac{2}{3}\cdot\left(\frac{1}{3}\right)^{i-1}\cdot\frac{1}{4}=\frac{1}{6}\cdot\left(\frac{1}{3}\right)^{i-1}$，可知

$$P\{X=i，Y=j\}=P\{X=i\}\cdot P\{Y=j\}，i=1，2，\cdots；j=3，4，5，6.$$

所以 X 与 Y 相互独立.

例 7　设二维随机变量 $(X，Y)$ 的概率密度为

$$f(x，y)=\frac{1}{2\pi}e^{-\frac{x^2+y^2}{2}}(1+\sin x\sin y)，-\infty<x，y<+\infty.$$

(1) 求：(X, Y) 关于 X 的边缘概率密度 $f_X(x)$；

(2) 求：(X, Y) 关于 Y 的边缘概率密度 $f_Y(y)$；

(3) 验证 X 与 Y 是否相互独立.

解 (1) $f_X(x) = \int_{-\infty}^{+\infty} f(x, y)\mathrm{d}y = \int_{-\infty}^{+\infty} \dfrac{1}{2\pi} \mathrm{e}^{-\frac{x^2+y^2}{2}} (1 + \sin x \sin y)\mathrm{d}y$

$\qquad = \dfrac{1}{2\pi} \mathrm{e}^{-\frac{x^2}{2}} \int_{-\infty}^{+\infty} \left(\mathrm{e}^{-\frac{y^2}{2}} + \sin x \mathrm{e}^{-\frac{y^2}{2}} \sin y \right) \mathrm{d}y$

$\qquad = \dfrac{1}{2\pi} \mathrm{e}^{-\frac{x^2}{2}} \int_{-\infty}^{+\infty} \mathrm{e}^{-\frac{y^2}{2}} \mathrm{d}y + \dfrac{1}{2\pi} \mathrm{e}^{-\frac{x^2}{2}} \sin x \int_{-\infty}^{+\infty} \mathrm{e}^{-\frac{y^2}{2}} \sin y \, \mathrm{d}y$

$\qquad = \dfrac{1}{2\pi} \mathrm{e}^{-\frac{x^2}{2}} \int_{-\infty}^{+\infty} \mathrm{e}^{-\frac{y^2}{2}} \mathrm{d}y = \dfrac{1}{2\pi} \mathrm{e}^{-\frac{x^2}{2}} \sqrt{2\pi} = \dfrac{1}{\sqrt{2\pi}} \mathrm{e}^{-\frac{x^2}{2}}$,

$\qquad -\infty < x < +\infty$;

(2) $f_Y(y) = \int_{-\infty}^{+\infty} f(x, y)\mathrm{d}x = \dfrac{1}{\sqrt{2\pi}} \mathrm{e}^{-\frac{y^2}{2}}$, $-\infty < y < +\infty$;

(3) 因为 $f(x, y) \neq f_X(x) \cdot f_Y(y)$，所以 X 与 Y 是不相互独立的；

本题提供的例子说明，仅有 X 与 Y 的分布，不能确定 (X, Y) 的分布，或由 X 与 Y 都服从一维正态分布，不能推出 (X, Y) 服从二维正态分布.

习题 3.5

1. 设二维随机变量 (X, Y) 服从区域 $D = \{(x, y) \mid a \leqslant x \leqslant b, c \leqslant y \leqslant d\}$ 上的均匀分布，试证：X 与 Y 相互独立.

2. 设二维随机变量 (X, Y) 的概率密度为

$$f(x, y) = \begin{cases} 1, & |x| < y, 0 < y < 1 \\ 0, & 其他 \end{cases},$$

试求：(1) 边缘概率密度 $f_X(x)$ 和 $f_Y(y)$；(2) 验证 X 与 Y 是否相互独立.

3. 设二维随机变量 (X, Y) 的分布函数为

$$F(x, y) = \begin{cases} \dfrac{[1-(x+1)\mathrm{e}^{-x}]y}{1+y}, & x > 0, y > 0 \\ 0, & 其他 \end{cases},$$

(1) 求：边缘分布函数 $F_X(x)$ 和 $F_Y(y)$；

(2) 求：(X, Y) 的概率密度 $f(x, y)$、边缘概率密度 $f_X(x)$ 和 $f_Y(y)$；

(3) 验证随机变量 X 与 Y 是否相互独立.

4. 设随机变量 X 和 Y 相互独立，下表列出了二维随机变量 (X, Y) 的联合分布律及关于 X 和 Y 的边缘分布律中的部分数值，试将其余数值填入表中的空白处.

X \ Y	y_1	y_2	y_3	$P\{X=x_i\}$
x_1		$\dfrac{1}{8}$		
x_2	$\dfrac{1}{8}$			
$P\{Y=y_j\}$	$\dfrac{1}{6}$			1

5. 已知二维随机变量(X,Y)的概率密度为

$$f(x,y)=\begin{cases} a(x+y), & 0\leqslant x\leqslant 2,0\leqslant y\leqslant \dfrac{x}{2} \\ 0, & 其他 \end{cases},$$

(1) 确定常数 a；(2) 验证 X 与 Y 是否相互独立；(3) 求：$P\left\{Y\geqslant\dfrac{3}{4}\,\middle|\,X\geqslant 1\right\}$.

6. 设三维随机变量 (X,Y,Z) 的概率密度函数为

$$f(x,y,z)=\begin{cases} \dfrac{1}{8\pi^3}(1-\sin x\sin y\sin z), & 0\leqslant x,y,z\leqslant 2\pi \\ 0, & 其他 \end{cases},$$

证明：X,Y,Z 两两独立，但不相互独立.

第4章 随机变量的函数的分布

设 X 为随机变量，它的概率分布（分布函数，分布律或概率密度）已知，$g(x)$ 为连续函数或分段连续函数，则 $Y=g(X)$ 为随机变量；设 (X,Y) 为二维随机变量，它的概率分布已知，$g(x,y)$ 为连续函数或分段连续函数，则 $Z=g(X,Y)$ 为随机变量，如何确定 $Y=g(X)$ 以及 $Z=g(X,Y)$ 的概率分布是在实际和理论中既普遍又重要的一类问题.

例如，在无线电接收中，某时刻接收到的信号是一个随机变量 X，那么把这个信号通过平方检波器输出的信号为 X^2，这时就需要根据 X 的分布来求 X^2 的分布. 又如在统计物理中，已知分子运动速率的绝对值 X 的分布，要求其动能 $\frac{1}{2}mX^2$ 的分布. 再如火炮射击平面上的目标$(0,0)$时，已知弹着点(X,Y)的分布，要求弹着点到目标$(0,0)$的距离 $R=\sqrt{X^2+Y^2}$ 的分布等.

本章只讨论一维与二维的离散型和连续型随机变量的函数的分布.

4.1 离散型随机变量的函数的分布

1. 一维离散型随机变量的函数的分布律

例 1 测量一个正方形的边长，其结果是一个随机变量 X（为简单起见，把它看成是离散型的）. X 的分布律为

X	9	10	11	12
P	0.2	0.3	0.4	0.1

求：周长 Y 和面积 Z 的分布律.

解 根据题意，$Y=4X$，$Z=X^2$，Y 的分布律为

Y	36	40	44	48
P	0.2	0.3	0.4	0.1

Z 的分布律为

Z	81	100	121	144
P	0.2	0.3	0.4	0.1

例 2　已知随机变量 X 的分布律为

X	-1	0	1	2
P	$\dfrac{1}{5}$	$\dfrac{1}{5}$	$\dfrac{2}{5}$	$\dfrac{1}{5}$

试求：(1) $2X+1$；(2) X^2-1 的分布律.

解　方法步骤：列表代入计算复合函数值.

X	-1	0	1	2
$2X+1$	-1	1	3	5
X^2-1	0	-1	0	3
P	$\dfrac{1}{5}$	$\dfrac{1}{5}$	$\dfrac{2}{5}$	$\dfrac{1}{5}$

(1) $2X+1$ 的分布律为

$2X+1$	-1	1	3	5
P	$\dfrac{1}{5}$	$\dfrac{1}{5}$	$\dfrac{2}{5}$	$\dfrac{1}{5}$

(2) X^2-1 的分布律为

X^2-1	-1	0	3
P	$\dfrac{1}{5}$	$\dfrac{1}{5}+\dfrac{2}{5}=\dfrac{3}{5}$	$\dfrac{1}{5}$

一般地，有如下定理.

定理 1　设离散型随机变量 X 的分布律为
$$P\{X=x_i\}=p_i,\ i=1,\ 2,\ \cdots.$$

1) 若对于 X 的不同取值 x_i，$Y=g(X)$ 的取值 $g(x_i)=y_i$ 也不同，则随机变量 $Y=g(X)$ 的分布律为
$$\begin{aligned}
P\{Y=g(x_i)=y_i\}&=P\{g(X)=g(x_i)\}\\
&=P\{X=x_i\}=p_i,\ i=1,\ 2,\ \cdots;
\end{aligned}$$

2) 如果对于 X 的有限个或可列无穷多个不同的取值 x_{i_1}，x_{i_2}，$\cdots$，x_{i_k}，$\cdots$，有
$$g(x_{i_1})=g(x_{i_2})=\cdots=g(x_{i_k})=\cdots=y^*,$$

则有

$$P\{Y = y^*\} = P\{g(X) = y^*\} = P\{X \in g^{-1}(y^*)\}$$
$$= P\Big\{\sum_k (X = x_{i_k})\Big\} = \sum_k P\{X = x_{i_k}\}.$$

2. 二维离散型随机变量的函数的分布律

例 3 一个仪器由两个主要部件组成，其总长度为这两个部件长度的和，这两个部件的长度 X 和 Y 为两个相互独立的随机变量，其分布律如下表所示，

X	9	10	11
P	0.3	0.5	0.2

Y	6	7
P	0.4	0.6

求：此仪器长度 Z 的分布律.

解 根据题意，$Z = X + Y$，

$P\{X=i, Y=j\} = P\{X=i\} \cdot P\{Y=j\}$，$i=9, 10, 11$；$j=6, 7$.

$Z=X+Y$	15	16	16	17	17	18
(X, Y)	(9, 6)	(9, 7)	(10, 6)	(10, 7)	(11, 6)	(11, 7)
P	0.12	0.18	0.2	0.3	0.08	0.12

列表计算得 Z 的分布律为

Z	15	16	17	18
P	0.12	0.38	0.38	0.12

定理 2 设二维离散型随机变量 (X, Y) 的分布律为

$$P\{X=x_i, Y=y_j\} = p_{ij}, \quad i, j = 1, 2, \cdots.$$

1) 若对于 (X, Y) 的不同取值 (x_i, y_j)，$Z = g(X, Y)$ 的取值 $g(x_i, y_j) = z_{ij}$ 也不相同，则随机变量 $Z = g(X, Y)$ 的分布律为

$$P\{Z = g(x_i, y_j) = z_{ij}\} = P\{g(X, Y) = g(x_i, y_j) = z_{ij}\}$$
$$= P\{X = x_i, Y = y_j\} = p_{ij}, \quad i, j = 1, 2, \cdots.$$

2) 如果对于 (X, Y) 的有限对或可列无穷对不同的取值 (x_{i_k}, y_{j_k})，$k=1, 2, \cdots$，

$Z=g(X，Y)$ 取相同的值 z^* ，即

$$g(x_{i_k}，y_{j_k})=z^*，k=1，2，\cdots，$$

则 $P\{Z=z^*\}=P\{g(X，Y)=z^*\}=P\{(X，Y)\in g^{-1}(z^*)\}$

$$=P\Big\{\sum_k\{X=x_{i_k}，Y=y_{j_k}\}\Big\}=\sum_k P\{X=x_{i_k}，Y=y_{j_k}\}.$$

例 4　已知二维随机变量 $(X，Y)$ 的分布律为

X \ Y	0	1	2
−1	0.1	0.2	0.1
2	0.2	0.1	0.3

试求：(1) $2X+Y$；(2) $XY+1$；(3) $\max\{X，Y\}$ 的分布律.

解　将 $(X，Y)$ 的取值对列出，计算函数值，合并相同的值，列表

$\max\{X，Y\}$	0	1	2	2	2	2
$XY+1$	1	0	−1	1	3	5
$2X+Y$	−2	−1	0	4	5	6
$(X，Y)$	(−1，0)	(−1，1)	(−1，2)	(2，0)	(2，1)	(2，2)
P	0.1	0.2	0.1	0.2	0.1	0.3

从而得到所求分布律为

(1)

$2X+Y$	−2	−1	0	4	5	6
P	0.1	0.2	0.1	0.2	0.1	0.3

(2)

$XY+1$	−1	0	1	3	5
P	0.1	0.2	0.1+0.2=0.3	0.1	0.3

(3)

$\max\{X，Y\}$	0	1	2
P	0.1	0.2	0.7

例 5 设 $X \sim \Pi(\lambda_1)$，$Y \sim \Pi(\lambda_2)$，且 X 和 Y 相互独立，试证：$Z = X + Y \sim \Pi(\lambda_1 + \lambda_2)$.

证明 由已知条件知

$$P\{X=i\} = \frac{\mathrm{e}^{-\lambda_1} \lambda_1^i}{i!}, \quad i=0,1,2,\cdots,$$

$$P\{Y=j\} = \frac{\mathrm{e}^{-\lambda_2} \lambda_2^j}{j!}, \quad j=0,1,2,\cdots,$$

$$P\{X=i,\ Y=j\} = P\{X=i\} \cdot P\{Y=j\}, \quad i,j=0,1,2,\cdots.$$

由

$$\{Z=k\} = \{X+Y=k\} = \sum_{i=0}^{k} \{X=i,\ Y=k-i\},$$

以及互不相容事件概率的可加性和随机变量的独立性得

$$
\begin{aligned}
P\{Z=k\} &= \sum_{i=0}^{k} P\{X=i,\ Y=k-i\} \\
&= \sum_{i=0}^{k} P\{X=i\} \cdot P\{Y=k-i\} \\
&= \sum_{i=0}^{k} \frac{\mathrm{e}^{-\lambda_1} \lambda_1^i}{i!} \cdot \frac{\mathrm{e}^{-\lambda_2} \lambda_2^{k-i}}{(k-i)!} \\
&= \frac{\mathrm{e}^{-(\lambda_1+\lambda_2)}}{k!} \sum_{i=0}^{k} \frac{k!}{i!(k-i)!} \lambda_1^i \lambda_2^{k-i} \\
&= \frac{\mathrm{e}^{-(\lambda_1+\lambda_2)}}{k!} (\lambda_1+\lambda_2)^k, \quad k=0,1,2,\cdots.
\end{aligned}
$$

故由泊松分布定义知

$$Z = X + Y \sim \Pi(\lambda_1 + \lambda_2).$$

例 6 设随机变量 X_1，X_2，X_3 相互独立且服从相同的（0—1）分布，即 $P\{X_i=1\} = p$，$0 < p < 1$，$P\{X_i=0\} = q$，$q = 1 - p$，$i = 1,2,3$.

令
$$Y_1 = \begin{cases} 1, & \text{当 } X_1+X_2 \text{ 为奇数} \\ 0, & \text{当 } X_1+X_2 \text{ 为偶数} \end{cases},$$

$$Y_2 = \begin{cases} 1, & \text{当 } X_2+X_3 \text{ 为奇数} \\ 0, & \text{当 } X_2+X_3 \text{ 为偶数} \end{cases},$$

试求：$Z_1 = 2Y_1 - Y_2$ 和 $Z_2 = \min\{Y_1,\ Y_2\}$ 的分布律.

解 根据题意和题设条件知 $(Y_1,\ Y_2)$ 的值为 $(1,\ 0)$，$(1,\ 1)$，$(0,\ 0)$，$(0,\ 1)$；Z_1 的可能取值为 2，1，0，-1. 则

$$\{Z_1=2\} = \{Y_1=1,\ Y_2=0\}$$

$$= \{X_1+X_2 \text{ 为奇数},\ X_2+X_3 \text{ 为偶数}\}$$

$$= \{\{X_1=1,\ X_2=0\} + \{X_1=0,\ X_2=1\},\ \{X_2=1,\ X_3=1\} +$$

$$\{X_2=0,\ X_3=0\}\}$$
$$=\{X_1=1,\ X_2=0,\ X_3=0\}+\{X_1=0,\ X_2=1,\ X_3=1\},$$
$$P\{Z_1=2\}=P\{Y_1=1,\ Y_2=0\}=pq^2+qp^2=pq;$$
$$\{Z_1=1\}=\{Y_1=1,\ Y_2=1\}$$
$$=\{X_1+X_2\ \text{为奇数},\ X_2+X_3\ \text{为奇数}\}$$
$$=\{\{X_1=1,\ X_2=0\}+\{X_1=0,\ X_2=1\},\ \{X_2=0,\ X_3=1\}+$$
$$\{X_2=1,\ X_3=0\}\}$$
$$=\{X_1=1,\ X_2=0,\ X_3=1\}+\{X_1=0,\ X_2=1,\ X_3=0\},$$
$$P\{Z_1=1\}=P\{Y_1=1,\ Y_2=1\}=p^2q+q^2p=pq;$$
$$\{Z_1=0\}=\{Y_1=0,\ Y_2=0\}$$
$$=\{X_1+X_2\ \text{为偶数},\ X_2+X_3\ \text{为偶数}\}$$
$$=\{\{X_1=1,\ X_2=1\}+\{X_1=0,\ X_2=0\},\ \{X_2=1,\ X_3=1\}+$$
$$\{X_2=0,\ X_3=0\}\}$$
$$=\{X_1=1,\ X_2=1,\ X_3=1\}+\{X_1=0,\ X_2=0,\ X_3=0\},$$
$$P\{Z_1=0\}=P\{Y_1=0,\ Y_2=0\}$$
$$=p^3+q^3=(p+q)^3-(3p^2q+3pq^2)=1-3pq;$$
$$\{Z_1=-1\}=\{Y_1=0,\ Y_2=1\}$$
$$=\{X_1+X_2\ \text{为偶数},\ X_2+X_3\ \text{为奇数}\}$$
$$=\{\{X_1=1,\ X_2=1\}+\{X_1=0,\ X_2=0\},\ \{X_2=1,\ X_3=0\}+$$
$$\{X_2=0,\ X_3=1\}\}$$
$$=\{X_1=1,\ X_2=1,X_3=0\}+\{X_1=0,\ X_2=0,\ X_3=1\},$$
$$P\{Z_1=-1\}=P\{Y_1=0,\ Y_2=1\}=p^2q+q^2p=pq.$$

于是，$Z_1=2Y_1-Y_2$ 的分布律为

Z_1	-1	0	1	2
P	pq	$1-3pq$	pq	pq

$$P\{Z_2=1\}=P\{Y_1=1,\ Y_2=1\}=pq,$$
$$P\{Z_2=0\}=P(\{Y_1=0,\ Y_2=0\}+\{Y_1=0,Y_2=1\}+\{Y_1=1,\ Y_2=0\})$$
$$=1-pq.$$

于是，$Z_2=\min\{Y_1,\ Y_2\}$ 的分布律为

Z_2	0	1
P	$1-pq$	pq

习题 4.1

1. 已知二维随机变量 $(X_1,\ X_2)$ 的分布律为

X_1 \ X_2	-2	0	1	2
-1	0.1	0.2	0.1	0.2
1	0.1	0.1	0.1	0.1

试求：（1）$X = X_1 X_2$；（2）$Y = \max\{X_1, X_2\}$ 的分布律.

2. 设相互独立的两个随机变量 X 和 Y 具有同一分布律，且 X 的分布律为

X	0	1
P	$\frac{1}{2}$	$\frac{1}{2}$

求：随机变量 $Z = \max\{X, Y\}$ 的分布律.

3. 设随机变量 X_1，X_2 相互独立，且 $X_i \sim B(n_i, p)$，$i = 1, 2$，试证：$X = X_1 + X_2 \sim B(n_1 + n_2, p)$.

4. 设随机变量 X 和 Y 的分布律分别为

X	-1	0	1
P	1/4	1/2	1/4

Y	0	1
P	1/2	1/2

已知 $P(XY=0) = 1$，试求：$Z = \max\{X, Y\}$ 的分布律.

4.2 一维连续型随机变量的函数的分布

问题 设连续型随机变量 X 的概率密度为 $f(x)$，对给定连续函数 $y = g(x)$，则有 $Y = g(X)$ 是随机变量，试求：$Y = g(X)$ 的分布函数 $F_Y(y)$ 和概率密度 $f_Y(y)$.

一般方法如下. 记

$$D_y = \{x \mid g(x) \leqslant y\} = \{x \mid g(x) \in (-\infty, y]\}$$
$$= g^{-1}\{(-\infty, y]\},$$

则随机变量 $Y = g(X)$ 的分布函数为

$$F_Y(y) = P\{Y \leqslant y\} = P\{g(X) \leqslant y\}$$
$$= P\{X \in D_y\} = \int_{D_y} f(x)\mathrm{d}x.$$

对分布函数求导数得到概率密度

$$f_Y(y) = \frac{\mathrm{d}}{\mathrm{d}y} F_Y(y).$$

求随机变量函数概率密度的一般方法：先求 $Y = g(X)$ 的分布函数 $F_Y(y)$，然后对 $F_Y(y)$ 求导数得到概率密度 $f_Y(y)$. 这种方法不仅适用于求一维随机变量的函数的概率密度，而且也适用于求二维或更多维的随机变量的函数的概率密度.

定理 1　设连续型随机变量 X 的概率密度为 $f(x)$，函数 $y = g(x)$ 在区间 (a, b) 上严格单调，其反函数 $x = h(y)$ 有连续导数，则 $Y = g(X)$ 是一个连续型随机变量，其概率密度为

$$f_Y(y) = \begin{cases} f(h(y)) \cdot |h'(y)|, & y \in (c, d) \\ 0, & \text{其他} \end{cases},$$

其中 (a, b) 和 (c, d) 分别为 $y = g(x)$ 的定义域和值域（见图 4.1）.

证明　若 $y = g(x)$ 在区间 (a, b) 上严格单调递增，当 $y \in (c, d)$ 时，有

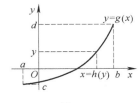

$$\begin{aligned} F_Y(y) &= P\{Y \leqslant y\} = P\{g(X) \leqslant y\} \\ &= P\{c < g(X) \leqslant y\} \\ &= P\{a < X \leqslant h(y)\} \\ &= F_X(h(y)) - F_X(a); \end{aligned}$$

图　4.1

当 $y \leqslant c$ 时，$\{Y \leqslant y\} = \{g(X) \leqslant y\} = \varnothing$，此时

$$F_Y(y) = P\{Y \leqslant y\} = P\{g(X) \leqslant y\} = 0;$$

当 $y \geqslant d$ 时，$\{Y \leqslant y\} = \{g(X) \leqslant y\} = S$，

$$F_Y(y) = P\{Y \leqslant y\} = P\{g(X) \leqslant y\} = 1,$$

于是

$$f_Y(y) = \frac{\mathrm{d}}{\mathrm{d}y} F_Y(y) = \begin{cases} f(h(y)) \cdot |h'(y)|, & y \in (c, d) \\ 0, & \text{其他} \end{cases}.$$

由于 $h'(y) > 0$，所以 $|h'(y)| = h'(y)$.

若 $y = g(x)$ 在区间 (a, b) 上严格单调递减，当 $y \in (c, d)$ 时（见图 4.2），有

$$\begin{aligned} F_Y(y) &= P\{Y \leqslant y\} = P\{g(X) \leqslant y\} \\ &= P\{c < g(X) \leqslant y\} \\ &= P\{h(y) \leqslant X < b\} \\ &= F_X(b) - F_X(h(y)); \end{aligned}$$

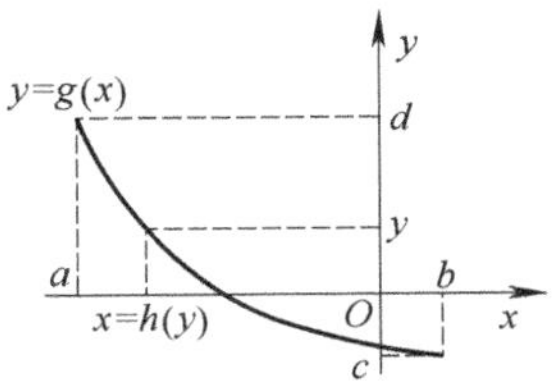

当 $y \leqslant c$ 时，$\{Y \leqslant y\} = \{g(X) \leqslant y\} = \varnothing$，此时

$$F_Y(y) = P\{Y \leqslant y\} = P\{g(X) \leqslant y\} = 0;$$

图　4.2

当 $y \geqslant d$ 时，$\{Y \leqslant y\} = \{g(X) \leqslant y\} = S$，

$$F_Y(y) = P\{Y \leqslant y\} = P\{g(X) \leqslant y\} = 1,$$

于是

$$f_Y(y) = \frac{\mathrm{d}}{\mathrm{d}y} F_Y(y) = \begin{cases} f(h(y)) \cdot [-h'(y)], & y \in (c, d) \\ 0, & \text{其他} \end{cases}.$$

由于 $h'(y) < 0$，所以 $-h'(y) = |h'(y)|$.

综合上述两种情况的论述即得定理的结论.

该定理从理论上对问题进行了彻底解决，实际做题时可套用，也可以按其证明的方法进行做题，而不必记此公式.

例 1　设 $X \sim N(\mu, \sigma^2)$，试求：$Y = k_1 X + b$（k_1，b 为常数，且 $k_1 \neq 0$）的概率密度.

解　由题设条件可知，X 的概率密度为

$$f(x) = \frac{1}{\sigma \sqrt{2\pi}} \mathrm{e}^{-\frac{(x-\mu)^2}{2\sigma^2}}, \quad -\infty < x < +\infty.$$

先求分布函数

$$F_Y(y) = P\{Y \leqslant y\} = P\{k_1 X + b \leqslant y\}.$$

(1) 若 $k_1 > 0$，则

$$F_Y(y) = P\left\{X \leqslant \frac{y-b}{k_1}\right\} = F_X\left(\frac{y-b}{k_1}\right),$$

于是

$$f_Y(y) = \frac{\mathrm{d}}{\mathrm{d}y} F_Y(y) = F_X'\left(\frac{y-b}{k_1}\right) \cdot \frac{1}{k_1}$$

$$= f\left(\frac{y-b}{k_1}\right) \cdot \frac{1}{k_1} = \frac{1}{k_1 \sigma \sqrt{2\pi}} \mathrm{e}^{-\frac{[y-(k_1\mu+b)]^2}{2(k_1\sigma)^2}}, \quad -\infty < y < +\infty;$$

(2) 若 $k_1 < 0$，则

$$F_Y(y) = P\left\{X \geqslant \frac{y-b}{k_1}\right\} = 1 - F_X\left(\frac{y-b}{k_1}\right),$$

于是

$$f_Y(y) = \frac{\mathrm{d}}{\mathrm{d}y} F_Y(y) = -F_X'\left(\frac{y-b}{k_1}\right) \cdot \frac{1}{k_1}$$

$$= f\left(\frac{y-b}{k_1}\right) \cdot \frac{1}{-k_1} = \frac{1}{-k_1 \sigma \sqrt{2\pi}} \mathrm{e}^{-\frac{[y-(k_1\mu+b)]^2}{2(-k_1\sigma)^2}}, \quad -\infty < y < +\infty,$$

从而得 $Y = k_1 X + b$ 的概率密度

$$f_Y(y) = \frac{1}{|k_1| \sigma \sqrt{2\pi}} \mathrm{e}^{-\frac{[y-(k_1\mu+b)]^2}{2(|k_1|\sigma)^2}}, \quad -\infty < y < +\infty.$$

由正态分布的定义可知

$$Y = k_1 X + b \sim N(k_1 \mu + b, \ k_1^2 \sigma^2).$$

特别地，当 $k_1 = \dfrac{1}{\sigma}$，$b = -\dfrac{\mu}{\sigma}$ 时，

$$k_1 \mu + b = 0, \ k_1^2 \sigma^2 = 1,$$

$$Y = k_1 X + b = \frac{X - \mu}{\sigma} \sim N(0, \ 1),$$

即服从标准正态分布. 有

$$F_X(x) = P\{X \leqslant x\} = \Phi\left(\frac{x - \mu}{\sigma}\right).$$

这个结论很有用.

例 2　已知 $X \sim N(0, \ \sigma^2)$，求：$Y = |X|$ 的概率密度.

解　由题设条件，X 的概率密度为

$$f_X(x) = \frac{1}{\sigma \sqrt{2\pi}} \exp\left(-\frac{x^2}{2\sigma^2}\right), \quad -\infty < x < +\infty,$$

$$F_Y(y) = P\{Y \leqslant y\} = P\{|X| \leqslant y\}.$$

当 $y \leqslant 0$ 时，

$$F_Y(y) = P\{Y \leqslant y\} = P\{|X| \leqslant y\} = 0;$$

当 $y > 0$ 时，

$$\begin{aligned} F_Y(y) &= P\{Y \leqslant y\} = P\{|X| \leqslant y\} \\ &= P\{-y \leqslant X \leqslant y\} = F_X(y) - F_X(-y), \end{aligned}$$

$$\begin{aligned} f_Y(y) &= \frac{\mathrm{d}}{\mathrm{d}y} F_Y(y) = F'_X(y) + F'_X(-y) \\ &= f_X(y) + f_X(-y) = 2 f_X(y), \end{aligned}$$

故 $Y = |X|$ 的概率密度为

$$f_Y(y) = \begin{cases} \dfrac{2}{\sigma \sqrt{2\pi}} \exp\left(-\dfrac{y^2}{2\sigma^2}\right), & y > 0 \\ 0, & y \leqslant 0 \end{cases}.$$

例 3　由统计物理学知道，气体分子运动速率的绝对值 $|X|$ 服从麦克斯韦 (Maxwell) 分布，即其概率密度为

$$f(x) = \begin{cases} \dfrac{4x^2}{a^3 \sqrt{\pi}} \exp\left(-\dfrac{x^2}{a^2}\right), & x > 0 \\ 0, & x \leqslant 0 \end{cases},$$

其中参数 $a > 0$，试求：分子运动动能 $Y = \dfrac{1}{2} m X^2$ 的概率密度.

解　Y 的分布函数

$$F_Y(y) = P\{Y \leqslant y\} = P\left\{\frac{1}{2} m X^2 \leqslant y\right\}.$$

当 $y \leqslant 0$ 时，$F_Y(y) = 0$；

当 $y > 0$ 时，

$$F_Y(y) = P\{Y \leqslant y\} = P\left\{\frac{1}{2}mX^2 \leqslant y\right\}$$

$$= P\left\{-\sqrt{\frac{2y}{m}} \leqslant X \leqslant \sqrt{\frac{2y}{m}}\right\}$$

$$= F_X\left(\sqrt{\frac{2y}{m}}\right) - F_X\left(-\sqrt{\frac{2y}{m}}\right),$$

$$[F_Y(y)]' = f\left(\sqrt{\frac{2y}{m}}\right) \cdot \frac{1}{2}\left(\frac{2y}{m}\right)^{-\frac{1}{2}}\frac{2}{m}$$

$$= \frac{4\sqrt{2y}}{a^3 m\sqrt{m} \cdot \sqrt{\pi}}\exp\left(-\frac{2y}{ma^2}\right),$$

于是 Y 的概率密度为

$$f_Y(y) = \begin{cases} \dfrac{4\sqrt{2y}}{a^3 m\sqrt{m} \cdot \sqrt{\pi}}\exp\left(-\dfrac{2y}{ma^2}\right), & y > 0 \\ 0, & y \leqslant 0 \end{cases}.$$

例 4　设随机变量 X 在 $\left(-\dfrac{\pi}{2}, \dfrac{\pi}{2}\right)$ 上服从均匀分布，试求：$Y = \tan X$ 的概率密度.

解　由题设条件可知，X 的概率密度为

$$f(x) = \begin{cases} \dfrac{1}{\pi}, & -\dfrac{\pi}{2} < x < \dfrac{\pi}{2} \\ 0, & \text{其他} \end{cases}.$$

记 $D_y = \{x \mid \tan x \leqslant y\}$，则

$$F_Y(y) = P\{Y \leqslant y\} = P\{\tan X \leqslant y\}$$

$$= P\{X \in D_y\} = \int_{D_y} f(x)\mathrm{d}x$$

$$= \int_{-\frac{\pi}{2}}^{\arctan y} \frac{1}{\pi}\mathrm{d}x = \frac{1}{\pi}\left(\arctan y + \frac{\pi}{2}\right),$$

所以　　　　$$f_Y(y) = \frac{\mathrm{d}}{\mathrm{d}y}F_Y(y) = \frac{1}{\pi} \cdot \frac{1}{1+y^2}, \quad -\infty < y < +\infty.$$

例 5　设随机变量 X 在 $\left[-\dfrac{\pi}{2}, \dfrac{\pi}{2}\right]$ 上服从均匀分布，试求：$Y = \cos X$ 的概率密度.

解　由题设条件可知，X 的概率密度为

$$f(x) = \begin{cases} \dfrac{1}{\pi}, & -\dfrac{\pi}{2} \leqslant x \leqslant \dfrac{\pi}{2} \\ 0, & \text{其他} \end{cases}.$$

$$F_Y(y) = P\{Y \leqslant y\} = P\{\cos X \leqslant y\}.$$

（1）当 $y \geqslant 1$ 时，

$$F_Y(y) = P\{Y \leqslant y\} = P\{\cos X \leqslant y\}$$
$$= P\{S\} = 1.$$

（2）当 $y < -1$ 时，

$$F_Y(y) = P\{Y \leqslant y\} = P\{\cos X \leqslant y\}$$
$$= P(\varnothing) = 0.$$

（3）当 $-1 \leqslant y < 0$ 时，

$$F_Y(y) = P\{Y \leqslant y\} = P\{\cos X \leqslant y\}$$
$$= \int_{\cos x \leqslant y} f(x)\mathrm{d}x = 0.$$

（4）当 $0 \leqslant y < 1$ 时，

$$F_Y(y) = P\{Y \leqslant y\} = P\{\cos X \leqslant y\}$$
$$= \int_{\cos x \leqslant y} f(x)\mathrm{d}x$$
$$= \int_{\arccos y}^{\frac{\pi}{2}} \frac{1}{\pi}\mathrm{d}x + \int_{-\frac{\pi}{2}}^{-\arccos y} \frac{1}{\pi}\mathrm{d}x$$
$$= \frac{2}{\pi}\left(\frac{\pi}{2} - \arccos y\right),$$

此时

$$f_Y(y) = [F_Y(y)]' = \frac{2}{\pi}\frac{1}{\sqrt{1-y^2}},\ 0 \leqslant y < 1,$$

所以

$$f_Y(y) = [F_Y(y)]' = \begin{cases} \dfrac{2}{\pi}\dfrac{1}{\sqrt{1-y^2}}, & 0 \leqslant y < 1 \\ 0, & 其他 \end{cases}.$$

例 6 已知随机变量 X 的分布函数

$$F(x) = \begin{cases} 0, & x < -1 \\ \dfrac{1}{2}(1+x^3), & -1 \leqslant x \leqslant 1, \\ 1, & x > 1 \end{cases}$$

求：$Y = 2X^2 + 1$ 的分布函数.

解　$F_Y(y) = P\{Y \leqslant y\} = P\{2X^2 + 1 \leqslant y\} = P\left\{X^2 \leqslant \dfrac{y-1}{2}\right\}.$

当 $y < 1$ 时，$F_Y(y) = 0$；

当 $1 \leqslant y \leqslant 3$ 时，

$$F_Y(y) = P\left\{-\sqrt{\frac{y-1}{2}} \leqslant X \leqslant \sqrt{\frac{y-1}{2}}\right\}$$

$$= F\left(\sqrt{\frac{y-1}{2}}\right) - F\left(-\sqrt{\frac{y-1}{2}}\right) = \left(\frac{y-1}{2}\right)^{\frac{3}{2}};$$

当 $y > 3$ 时，

$$F_Y(y) = P\left\{-\sqrt{\frac{y-1}{2}} \leqslant X \leqslant \sqrt{\frac{y-1}{2}}\right\}$$

$$= F\left(\sqrt{\frac{y-1}{2}}\right) - F\left(-\sqrt{\frac{y-1}{2}}\right) = 1 - 0 = 1.$$

故 $F_Y(y) = \begin{cases} 0, & y < 1 \\ \left(\dfrac{y-1}{2}\right)^{\frac{3}{2}}, & 1 \leqslant y \leqslant 3. \\ 1, & y > 3 \end{cases}$

习题 4.2

1. 已知随机变量 X 的概率密度 $f(x) = \begin{cases} x, & 0 < x < 1 \\ 2-x, & 1 \leqslant x < 2 \\ 0, & \text{其他} \end{cases}$，求：$Y = \ln(X+1)$ 的概率密度.

2. 设对球的直径进行测量，测量值 R 在区间 $[x_0 - \delta, x_0 + \delta]$ 上服从均匀分布，试求：球体体积 $V = \frac{4}{3}\pi \left(\frac{R}{2}\right)^3 = \frac{1}{6}\pi R^3$ 的概率密度.

3. 设随机变量 X 在区间 $\left(-\frac{\pi}{2}, \frac{\pi}{2}\right)$ 上服从均匀分布，试求：$Y = \sin X$ 的概率密度.

4. 已知随机变量 X 的概率密度为 $f(x) = \begin{cases} \dfrac{2}{\pi(1+x^2)}, & x > 0 \\ 0, & x \leqslant 0 \end{cases}$，试求：$Y = \ln X$ 的概率密度.

5. 设随机变量 X 服从区间 $(0, 2)$ 上的均匀分布，求：随机变量 $Y = X^2$ 在区间 $(0, 4)$ 上的概率分布密度 $f_Y(y)$.

6. 设随机变量 X 的概率密度为 $f_X(x) = \begin{cases} e^{-x}, & x \geqslant 0 \\ 0, & x < 0 \end{cases}$，求：随机变量 $Y = e^x$ 的概率密度 $f_Y(y)$.

7. 假设随机变量 ξ 服从参数为 2 的指数分布，证明：$\eta = 1 - e^{-2\xi}$ 在区间

（0，1）上服从均匀分布．

8. 设随机变量 X 服从标准正态分布 $N(0，1)$，试求：

（1） $Y=\mathrm{e}^X$ 的概率密度 $f_Y(y)$．

（2） $Z=2X^2+1$ 的概率密度 $f_Z(z)$．

4.3 二维连续型随机变量的函数的分布

问题 已知二维连续型随机变量 $(X，Y)$ 的概率密度为 $f(x，y)$，$g(x，y)$ 为某一连续函数．求：$Z=g(X，Y)$ 的概率密度．

一般方法：记 $D_z=\{(x，y)\mid g(x，y)\leqslant z\}$，如图 4.3 所示．

$$F_Z(z)=P\{Z\leqslant z\}=P\{g(X，Y)\leqslant z\}$$

$$=P\{(X，Y)\in D_z\}=\iint_{D_z}f(x，y)\mathrm{d}x\mathrm{d}y，$$

$$f_Z(z)=\frac{\mathrm{d}}{\mathrm{d}z}F_Z(z)．$$

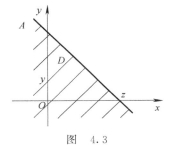

图 4.3

下面给出二维连续型随机变量的几个具体的函数分布的求解方法．

1. $Z=X+Y$ 的分布

实例：一电路中，两电阻 R_1 和 R_2 串联，则总电阻 $R=R_1+R_2$．

设二维连续型随机变量 $(X，Y)$ 的概率密度为 $f(x，y)$．对任意实数 z，记 $D_z=\{(x，y)\mid x+y\leqslant z\}$，则

$$F_Z(z)=P\{Z\leqslant z\}=P\{X+Y\leqslant z\}$$

$$=P\{(X，Y)\in D_z\}=\iint_{D_z}f(x，y)\mathrm{d}x\mathrm{d}y$$

$$=\int_{-\infty}^{+\infty}\left[\int_{-\infty}^{z-x}f(x，y)\mathrm{d}y\right]\mathrm{d}x$$

$$\xlongequal{y=t-x}\int_{-\infty}^{+\infty}\left[\int_{-\infty}^{z}f(x，t-x)\mathrm{d}t\right]\mathrm{d}x$$

$$=\int_{-\infty}^{z}\left[\int_{-\infty}^{+\infty}f(x，t-x)\mathrm{d}x\right]\mathrm{d}t．$$

上式表明，$Z=X+Y$ 是连续型随机变量，且其概率密度为

$$f_Z(z)=\int_{-\infty}^{+\infty}f(x，z-x)\mathrm{d}x．$$

此积分的计算方法：有向直线 $\overline{AB}$：$x+y=z$，沿直线 AB，即 x 增加的方向；即参数方程 $y=z-x$，$x=x$，$x\in(-\infty，+\infty)$．

111

因为第二类曲线积分

$$\int_{\overline{AB}} f(x, y)\mathrm{d}x = \int_{-\infty}^{+\infty} f(x, z-x)\mathrm{d}x,$$

所以

$$f_Z(z) = \int_{-\infty}^{+\infty} f(x, z-x)\mathrm{d}x = \int_{\overline{AB}} f(x, y)\mathrm{d}x.$$

第二类曲线积分及计算方法：设曲线 L 的方程为

$$x=x(t), \ y=y(t), \ t_1 \leqslant t \leqslant t_2,$$

则有

$$\int_L [g(x, y)\mathrm{d}x + h(x, y)\mathrm{d}y]$$

$$= \int_{t_1}^{t_2} [g(x(t), y(t))x'(t) + h(x(t), y(t))y'(t)]\mathrm{d}t.$$

如果 X 与 Y 独立，此时

$$f(x, y) = f_X(x) \cdot f_Y(y),$$

$$f_Z(z) = \int_{-\infty}^{+\infty} f(x, z-x)\mathrm{d}x$$

$$= \int_{-\infty}^{+\infty} f_X(x) \cdot f_Y(z-x)\mathrm{d}x,$$

右端的积分称为函数 $f_X(x)$ 与 $f_Y(x)$ 的卷积，记为 $f_X * f_Y(z)$，即

$$f_X * f_Y(z) = \int_{-\infty}^{+\infty} f_X(x) \cdot f_Y(z-x)\mathrm{d}x.$$

2. $Z = \max\{X, Y\}$ 的分布

实例：一电子器件由两个部件并联组成，两个部件的寿命分别为 X 和 Y，则器件的寿命为 $Z = \max\{X, Y\}$.

设二维连续型随机变量 (X, Y) 的概率密度为 $f(x, y)$，分布函数为 $F(x, y)$. 求：$Z = \max\{X, Y\}$ 的分布函数和概率密度.

$Z = \max\{X, Y\}$ 的分布函数 $F_{\max}(z)$ 的求法：对任意实数 z，因为 $\{Z \leqslant z\} = \{\max\{X, Y\} \leqslant z\} = \{X \leqslant z, Y \leqslant z\}$，所以 $Z = \max\{X, Y\}$ 的分布函数为

$$F_{\max}(z) = P\{Z \leqslant z\} = P\{\max\{X, Y\} \leqslant z\} = P\{X \leqslant z, Y \leqslant z\}$$

$$= F(z, z) = \int_{-\infty}^{z} \int_{-\infty}^{z} f(x, y)\mathrm{d}x\mathrm{d}y.$$

求 $F_{\max}(z)$ 有两种算法：

$$F_{\max}(z) = F(z, z) = F(x, y)\Big|_{\substack{x=z \\ y=z}}, F_{\max}(z) = \int_{-\infty}^{z} \int_{-\infty}^{z} f(x, y)\mathrm{d}x\mathrm{d}y.$$

$Z = \max\{X, Y\}$ 的概率密度为

$$f_{\max}(z) = F'_{\max}(z).$$

如果 X 与 Y 独立，此时，有 $F(x, y) = F_X(x) \cdot F_Y(y)$，则

$$F_{\max}(z)=F(z,z)=F_X(z) \cdot F_Y(z).$$

上述结果不难推广到 n 个随机变量的情况.

设 X_1，X_2，$\cdots$，X_n 是 n 个相互独立的随机变量，X_i 的概率密度为 $f_i(x_i)$，分布函数为 $F_i(x_i)$，$i=1$，2，$\cdots$，n. 则 $\max\{X_1,X_2,\cdots,X_n\}$ 的分布函数为

$$F_{\max}(z)=F_1(z) \cdot F_2(z) \cdot \cdots \cdot F_n(z).$$

特别地，当 X_1，X_2，$\cdots$，X_n 相互独立，且具有相同的概率分布 ［概率密度为 $f(x_i)$，分布函数为 $F(x_i)$，$i=1$，2，$\cdots$，n］ 时，有 $F_{\max}(z)=[F(z)]^n$.

3. $Z=\min\{X,Y\}$ 的分布

实例：某个系统由两个部件串联组成，两个部件的寿命分别为 X 和 Y，则系统的寿命为 $Z=\min\{X,Y\}$.

设二维连续型随机变量 (X,Y) 的概率密度为 $f(x,y)$，分布函数为 $F(x,y)$. 求：随机变量 $Z=\min\{X,Y\}$ 的分布函数和概率密度.

求随机变量 $Z=\min\{X,Y\}$ 的分布函数 $F_{\min}(z)=P\{Z\leqslant z\}$ 的方法：

方法一

$$
\begin{aligned}
F_{\min}(z)&=P\{Z\leqslant z\}=P\{\min\{X,Y\}\leqslant z\}\\
&=P(\{X\leqslant z\}+\{Y\leqslant z\})\\
&=P\{X\leqslant z\}+P\{Y\leqslant z\}-P\{X\leqslant z,Y\leqslant z\}\\
&=F_X(z)+F_Y(z)-F(z,z);
\end{aligned}
$$

方法二

$$
\begin{aligned}
F_{\min}(z)&=P\{Z\leqslant z\}=P\{\min\{X,Y\}\leqslant z\}\\
&=1-P\{\min\{X,Y\}>z\}=1-P\{X>z,Y>z\}\\
&=1-\iint\limits_{\substack{x>z\\y>z}}f(x,y)\mathrm{d}x\mathrm{d}y.
\end{aligned}
$$

$Z=\min\{X,Y\}$ 的概率密度

$$f_{\min}(z)=F'_{\min}(z).$$

如果 X 与 Y 独立，此时

$$
\begin{aligned}
F_{\min}(z)&=P\{Z\leqslant z\}=P\{\min\{X,Y\}\leqslant z\}\\
&=1-P\{\min\{X,Y\}>z\}=1-P\{X>z,Y>z\}\\
&=1-P\{X>z\} \cdot P\{Y>z\}\\
&=1-[1-F_X(z)] \cdot [1-F_Y(z)].
\end{aligned}
$$

上述结果不难推广到 n 个随机变量的情况.

设 X_1，X_2，$\cdots$，X_n 是 n 个相互独立的随机变量，X_i 的概率密度为 $f_i(x_i)$，分布函数为 $F_i(x_i)$，$i=1$，2，$\cdots$，n. 则 $\min\{X_1,X_2,\cdots,X_n\}$ 的分布函数为

$$F_{\min}(z)=1-[1-F_1(z)] \cdot [1-F_2(z)] \cdot \cdots \cdot [1-F_n(z)].$$

特别地，当 X_1，X_2，$\cdots$，X_n 相互独立，且具有相同的概率分布 [概率密度为 $f(x_i)$，分布函数为 $F(x_i)$，$i=1$，2，$\cdots$，n] 时，

$$F_{\min}(z) = 1 - [1 - F(z)]^n.$$

计算题举例如下.

例1 设二维随机变量 $(X，Y)$ 的概率密度为

$$f(x，y) = \begin{cases} \dfrac{1}{5}(2x+y)，& 0 \leqslant x \leqslant 2，0 \leqslant y \leqslant 1 \\ 0，& \text{其他} \end{cases}，$$

试求：$Z = X + Y$ 的概率密度.

解 如图 4.4 所示.

首先，画出使 $f(x，y) \neq 0$ 的区域 D.

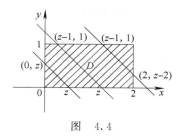

图 4.4

$$f_Z(z) = \int_{-\infty}^{+\infty} f(x，z-x)\mathrm{d}x$$

$$= \int_{\overline{AB}} f(x，y)\mathrm{d}x，$$

$$x=x，\quad y=z-x.$$

（1）当 $z<0$ 或 $z>3$ 时，直线 AB 与区域 D 不相交，在直线 AB 上，$f(x，y)=0$，所以 $f_Z(z)=0$；

（2）当 $0 \leqslant z \leqslant 1$ 时，

$$f_Z(z) = \int_{\overline{AB}} f(x，y)\mathrm{d}x = \int_0^z \frac{1}{5}[2x+(z-x)]\mathrm{d}x$$

$$= \int_0^z \frac{1}{5}(x+z)\mathrm{d}x = \frac{1}{5} \cdot \frac{1}{2}(x+z)^2 \Big|_0^z$$

$$= \frac{3}{10}z^2；$$

（3）当 $1<z \leqslant 2$ 时，

$$f_Z(z) = \int_{\overline{AB}} f(x，y)\mathrm{d}x = \int_{z-1}^z \frac{1}{5}[2x+(z-x)]\mathrm{d}x$$

$$= \int_{z-1}^z \frac{1}{5}(x+z)\mathrm{d}x = \frac{1}{5} \cdot \frac{1}{2}(x+z)^2 \Big|_{z-1}^z$$

$$= \frac{1}{10}(4z-1)；$$

（4）当 $2<z \leqslant 3$ 时，

$$f_Z(z) = \int_{\overline{AB}} f(x，y)\mathrm{d}x$$

$$= \int_{z-1}^2 \frac{1}{5}[2x+(z-x)]\mathrm{d}x$$

$$= \int_{z-1}^2 \frac{1}{5}(x+z)\mathrm{d}x = \frac{1}{5} \cdot \frac{1}{2}(x+z)^2 \Big|_{z-1}^2$$

$$= \frac{1}{10}(3 + 8z - 3z^2) .$$

即得 $Z = X + Y$ 的概率密度

$$f_Z(z) = \begin{cases} \dfrac{3}{10}z^2, & 0 \leqslant z \leqslant 1 \\[2mm] \dfrac{1}{10}(4z - 1), & 1 < z \leqslant 2 \\[2mm] \dfrac{1}{10}(3 + 8z - 3z^2), & 2 < z \leqslant 3 \\[2mm] 0, & \text{其他} \end{cases}$$

例 2　设 $X_i \sim N(0, \sigma_i^2)$，$i = 1, 2$，且 X_1 与 X_2 相互独立，求：$Z = X_1 + X_2$ 的概率密度．

解　根据题设条件知 X_i 的概率密度为

$$f_{X_i}(x_i) = \frac{1}{\sigma_i \sqrt{2\pi}} e^{-\frac{x_i^2}{2\sigma_i^2}}, \quad -\infty < x_i < +\infty,$$

(X_1, X_2) 的概率密度为

$$f(x_1, x_2) = f_{X_1}(x_1) \cdot f_{X_2}(x_2)$$
$$= \frac{1}{2\pi\sigma_1\sigma_2} e^{-\left(\frac{x_1^2}{2\sigma_1^2} + \frac{x_2^2}{2\sigma_2^2}\right)},$$

$Z = X_1 + X_2$ 的概率密度为

$$f_z(z) = \int_{-\infty}^{+\infty} f(x_1, z - x_1) \mathrm{d}x_1$$

$$= \int_{-\infty}^{+\infty} \frac{1}{2\pi\sigma_1\sigma_2} e^{-\left[\frac{x_1^2}{2\sigma_1^2} + \frac{(z - x_1)^2}{2\sigma_2^2}\right]} \mathrm{d}x_1$$

$$= \int_{-\infty}^{+\infty} \frac{1}{2\pi\sigma_1\sigma_2} e^{-\left[\frac{1}{2}\left(\frac{1}{\sigma_1^2} + \frac{1}{\sigma_2^2}\right)x_1^2 - \frac{zx_1}{\sigma_2^2} + \frac{z^2}{2\sigma_2^2}\right]} \mathrm{d}x_1$$

$$= \int_{-\infty}^{+\infty} \frac{1}{2\pi\sigma_1\sigma_2} e^{-\left\{\frac{1}{2}\left(\frac{1}{\sigma_1^2} + \frac{1}{\sigma_2^2}\right)\left[x_1 - \frac{z}{\sigma_2^2\left(\frac{1}{\sigma_1^2} + \frac{1}{\sigma_2^2}\right)}\right]^2 - \frac{z^2}{2\sigma_2^4\left(\frac{1}{\sigma_1^2} + \frac{1}{\sigma_2^2}\right)} + \frac{z^2}{2\sigma_2^2}\right\}} \mathrm{d}x_1$$

$$= \int_{-\infty}^{+\infty} \frac{1}{2\pi\sigma_1\sigma_2} e^{-\left\{\frac{1}{2}\left(\frac{1}{\sigma_1^2} + \frac{1}{\sigma_2^2}\right)\left[x_1 - \frac{z}{\sigma_2^2\left(\frac{1}{\sigma_1^2} + \frac{1}{\sigma_2^2}\right)}\right]^2 + \frac{z^2}{2(\sigma_1^2 + \sigma_2^2)}\right\}} \mathrm{d}x_1$$

$$= e^{-\frac{z^2}{2(\sigma_1^2 + \sigma_2^2)}} \int_{-\infty}^{+\infty} \frac{1}{2\pi\sigma_1\sigma_2} e^{-\frac{1}{2}\left(\frac{1}{\sigma_1^2} + \frac{1}{\sigma_2^2}\right)\left[x_1 - \frac{z}{\sigma_2^2\left(\frac{1}{\sigma_1^2} + \frac{1}{\sigma_2^2}\right)}\right]^2} \mathrm{d}x_1$$

$$= e^{-\frac{z^2}{2(\sigma_1^2 + \sigma_2^2)}} \frac{1}{2\pi\sigma_1\sigma_2} \cdot \sqrt{2\pi} \cdot \sqrt{\frac{\sigma_1^2\sigma_2^2}{\sigma_1^2 + \sigma_2^2}}$$

$$= \frac{1}{\sqrt{2\pi} \cdot \sqrt{\sigma_1^2 + \sigma_2^2}} e^{-\frac{z^2}{2(\sigma_1^2 + \sigma_2^2)}},$$

即 $Z = X_1 + X_2 \sim N(0, \sigma_1^2 + \sigma_2^2)$.

由 4.2 节例 1 知：设 $X \sim N(\mu, \sigma^2)$，则有 $kX + b \sim N(k\mu + b, k^2\sigma^2)$，$k \neq 0$.

结合前面的结果，得到：设 $X_i \sim N(\mu_i, \sigma_i^2)$，$i = 1, 2$，且 X_1 与 X_2 相互独立，则

$$k_i(X_i - \mu_i) \sim N(0, k_i^2 \sigma_i^2), \quad i = 1, 2.$$

$$k_1(X_1 - \mu_1) + k_2(X_2 - \mu_2) \sim N(0, k_1^2\sigma_1^2 + k_2^2\sigma_2^2).$$

$$Z = k_1 X_1 + k_2 X_2 + b$$

$$= k_1(X_1 - \mu_1) + k_2(X_2 - \mu_2) + (k_1\mu_1 + k_2\mu_2 + b),$$

$$Z \sim N(k_1\mu_1 + k_2\mu_2 + b, k_1^2\sigma_1^2 + k_2^2\sigma_2^2).$$

这个结论可推广到一般正态分布的线性函数.

可以证明如下结论.

设 $X_i \sim N(\mu_i, \sigma_i^2)$，$i = 1, 2, \cdots, n$，且 $X_1, X_2, \cdots, X_n$ 相互独立，$k_1, k_2, \cdots, k_n$ 为不全为零的常数，b 为常数. 则有

$$Z = \sum_{i=1}^{n} k_i X_i + b \sim N\left(\sum_{i=1}^{n} k_i \mu_i + b, \sum_{i=1}^{n} k_i^2 \sigma_i^2\right).$$

例 3 设二维随机变量 (X, Y) 的概率密度为

$$f(x, y) = \begin{cases} \dfrac{1}{5}(2x + y), & 0 \leqslant x \leqslant 2, 0 \leqslant y \leqslant 1, \\ 0, & \text{其他} \end{cases}$$

(1) 求：分布函数 $F(x, y)$，边缘分布函数 $F_X(x)$ 和 $F_Y(y)$；

(2) 求：$Z = \max\{X, Y\}$ 的概率密度；

(3) 求：$Z = \min\{X, Y\}$ 的概率密度.

解 (1) $F(x, y) = \iint\limits_{\substack{u \leqslant x \\ v \leqslant y}} f(u, v) \mathrm{d}u\mathrm{d}v$.

画出各种情况的积分区域，结合被积函数不为零的取值范围定出有效积分限（见图 4.5）.

ⅰ）当 $x < 0$ 或 $y < 0$ 时，

$f(x, y) \equiv 0$，$F(x, y) = 0$.

ⅱ）当 $0 \leqslant x \leqslant 2$，$0 \leqslant y \leqslant 1$ 时，

$$F(x, y) = \int_0^x \left[\int_0^y \frac{1}{5}(2u + v)\mathrm{d}v\right]\mathrm{d}u$$

$$= \frac{1}{5}\int_0^x \left(2uy + \frac{1}{2}y^2\right)\mathrm{d}u$$

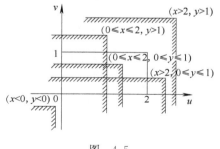

图 4.5

$$= \frac{1}{5}\left(x^2 y + \frac{1}{2}xy^2\right).$$

ⅲ）当 $x>2$，$0 \leqslant y \leqslant 1$ 时，

$$F(x,\ y) = \int_0^2 \left[\int_0^y \frac{1}{5}(2u+v)\mathrm{d}v\right]\mathrm{d}u$$

$$= \frac{1}{5}\int_0^2 \left(2uy + \frac{1}{2}y^2\right)\mathrm{d}u$$

$$= \frac{1}{5}(4y + y^2).$$

ⅳ）当 $0 \leqslant x \leqslant 2$，$y>1$ 时，

$$F(x,\ y) = \int_0^x \left[\int_0^1 \frac{1}{5}(2u+v)\mathrm{d}v\right]\mathrm{d}u$$

$$= \frac{1}{5}\int_0^x \left(2uv + \frac{1}{2}v^2\right)\Big|_0^1 \mathrm{d}u$$

$$= \frac{1}{5}\int_0^x \left(2u + \frac{1}{2}\right)\mathrm{d}u$$

$$= \frac{1}{5}\left(x^2 + \frac{1}{2}x\right).$$

ⅴ）当 $x>2$，$y>1$ 时，$F(x,\ y)=1$。

所以

$$F(x,\ y) = \begin{cases} 0, & x<0 \text{ 或 } y<0 \\ \dfrac{1}{5}\left(x^2 y + \dfrac{1}{2}xy^2\right), & 0 \leqslant x \leqslant 2,\ 0 \leqslant y \leqslant 1 \\ \dfrac{1}{5}\left(x^2 + \dfrac{1}{2}x\right), & 0 \leqslant x \leqslant 2,\ y>1 \\ \dfrac{1}{5}(4y + y^2), & x>2,\ 0 \leqslant y \leqslant 1 \\ 1, & 2<x,\ 1<y \end{cases},$$

$$F_X(x) = \lim_{y \to +\infty} F(x,\ y) = \begin{cases} 0, & x<0 \\ \dfrac{1}{5}\left(x^2 + \dfrac{1}{2}x\right), & 0 \leqslant x \leqslant 2, \\ 1, & x>2 \end{cases}$$

$$F_Y(y) = \lim_{x \to +\infty} F(x,\ y) = \begin{cases} 0, & y<0 \\ \dfrac{1}{5}(y^2 + 4y), & 0 \leqslant y \leqslant 1. \\ 1, & y>1 \end{cases}$$

(2) $F_{\max}(z)=F(z,z)=F(x,y)\Big|_{\substack{x=z\\y=z}}=\begin{cases}0, & z<0\\ \dfrac{3}{10}z^3, & 0\leqslant z\leqslant 1\\ \dfrac{1}{5}\left(z^2+\dfrac{1}{2}z\right), & 1<z\leqslant 2\\ 1, & 2<z\end{cases}.$

注意：取值 $x=z$，$y=z$，仅取直线 $y=x$ 经过的点上的值，直线 $y=x$ 不经过的点取不到.

故

$$f_{\max}(z)=F'_{\max}(z)=\begin{cases}0, & z<0\\ \dfrac{9}{10}z^2, & 0\leqslant z\leqslant 1\\ \dfrac{1}{5}\left(2z+\dfrac{1}{2}\right), & 1<z\leqslant 2\\ 0, & z>2\end{cases}.$$

(3) $F_X(z)=\lim\limits_{y\to+\infty}F(z,y)=\begin{cases}0, & z<0\\ \dfrac{1}{5}\left(z^2+\dfrac{1}{2}z\right), & 0\leqslant z\leqslant 2\\ 1, & 2<z\end{cases},$

$$F_Y(z)=\lim\limits_{x\to+\infty}F(x,z)=\begin{cases}0, & z<0\\ \dfrac{1}{5}(z^2+4z), & 0\leqslant z\leqslant 1\\ 1, & z>1\end{cases},$$

$$F_{\max}(z)=F(z,z)=\begin{cases}0, & z<0\\ \dfrac{3}{10}z^3, & 0\leqslant z\leqslant 1\\ \dfrac{1}{5}\left(z^2+\dfrac{1}{2}z\right), & 1<z\leqslant 2\\ 1, & z>2\end{cases},$$

$$F_{\min}(z)=F_X(z)+F_Y(z)-F(z,z)$$

$$=\begin{cases}0, & z<0\\ \dfrac{2}{5}z^2+\dfrac{9}{10}z-\dfrac{3}{10}z^3, & 0\leqslant z\leqslant 1\\ 1, & z>1\end{cases}$$

故

$$f_{\min}(z)=F'_{\min}(z)=\begin{cases}0, & z<0\\ \dfrac{4}{5}z+\dfrac{9}{10}-\dfrac{9}{10}z^2, & 0\leqslant z\leqslant 1\\ 0, & z>1\end{cases}.$$

第（2）问和第（3）问的另一种解法如下.

（2）$F_{\max}(z) = \iint\limits_{\substack{x \leqslant z \\ y \leqslant z}} f(x, y)\mathrm{d}x\mathrm{d}y$.（见图 4.6）

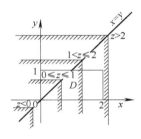

图　4.6

（注意有效积分区域及变化）.

ⅰ）当 $z < 0$ 时，$F_{\max}(z) = 0$；

ⅱ）当 $0 \leqslant z \leqslant 1$ 时，

$$F_{\max}(z) = \int_0^z \left[\int_0^z \frac{1}{5}(2x + y)\mathrm{d}y \right] \mathrm{d}x$$
$$= \frac{1}{5} \int_0^z \left(2xz + \frac{1}{2}z^2 \right) \mathrm{d}x = \frac{3}{10}z^3 ;$$

ⅲ）当 $1 < z \leqslant 2$ 时，

$$F_{\max}(z) = \int_0^z \left[\int_0^1 \frac{1}{5}(2x + y)\mathrm{d}y \right] \mathrm{d}x$$
$$= \frac{1}{5} \int_0^z \left(2x + \frac{1}{2} \right) \mathrm{d}x = \frac{1}{5}z^2 + \frac{1}{10}z ;$$

ⅳ）当 $z > 2$ 时，

$$F_{\max}(z) = \int_0^2 \left[\int_0^1 \frac{1}{5}(2x + y)\mathrm{d}y \right] \mathrm{d}x$$
$$= \frac{1}{5} \int_0^2 \left(2x + \frac{1}{2} \right) \mathrm{d}x = \left(\frac{1}{5}x^2 + \frac{1}{10}x \right) \Big|_0^2 = 1 ,$$

即得

$$F_{\max}(z) = \iint\limits_{\substack{x \leqslant z \\ y \leqslant z}} f(x, y)\mathrm{d}x\mathrm{d}y = \begin{cases} 0, & z < 0 \\ \dfrac{3}{10}z^3, & 0 \leqslant z \leqslant 1 \\ \dfrac{1}{5}\left(z^2 + \dfrac{1}{2}z \right), & 1 < z \leqslant 2 \\ 1, & z > 2 \end{cases} .$$

故

$$f_{\max}(z) = F'_{\max}(z) = \begin{cases} 0, & z < 0 \\ \dfrac{9}{10}z^2, & 0 \leqslant z \leqslant 1 \\ \dfrac{1}{5}\left(2z + \dfrac{1}{2} \right), & 1 < z \leqslant 2 \\ 0, & z > 2 \end{cases} .$$

（3）如图 4.7 所示，$F_{\min}(z) = P\{Z \leqslant z\}$
$$= P\{\min(X, Y) \leqslant z\}$$
$$= 1 - \iint\limits_{\substack{x > z \\ y > z}} f(x, y)\mathrm{d}x\mathrm{d}y .$$

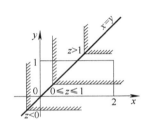

图　4.7

ⅰ) 当 $z < 0$ 时，

$$F_{\min}(z) = 1 - \int_0^2 \left[\int_0^1 \frac{1}{5}(2x+y)\mathrm{d}y \right]\mathrm{d}x = 0 \ ;$$

ⅱ) 当 $0 \leqslant z \leqslant 1$ 时，

$$F_{\min}(z) = 1 - \int_z^2 \left[\int_z^1 \frac{1}{5}(2x+y)\mathrm{d}y \right]\mathrm{d}x$$

$$= 1 - \frac{1}{5}\int_z^2 \left[2x(1-z) + \frac{1}{2} - \frac{1}{2}z^2 \right]\mathrm{d}x$$

$$= 1 - \frac{1}{5}\left[(1-z)(4-z^2) + \frac{1}{2}(1-z^2)(2-z) \right]$$

$$= -\frac{3}{10}z^3 + \frac{2}{5}z^2 + \frac{9}{10}z \ ;$$

ⅲ) 当 $z > 1$ 时，$F_{\min}(z) = 1$，即

$$F_{\min}(z) = P\{Z \leqslant z\} = P\{\min(X, Y) \leqslant z\}$$

$$= 1 - P\{X > z, Y > z\}$$

$$= 1 - \iint\limits_{\substack{x>z \\ y>z}} f(x, y)\mathrm{d}x\mathrm{d}y$$

$$= \begin{cases} 0, & z < 0 \\ \frac{2}{5}z^2 + \frac{9}{10}z - \frac{3}{10}z^3, & 0 \leqslant z \leqslant 1 , \\ 1, & 1 < z \end{cases}$$

故

$$f_{\min}(z) = F'_{\min}(z) = \begin{cases} 0, & z < 0 \\ \frac{4}{5}z + \frac{9}{10} - \frac{9}{10}z^2, & 0 \leqslant z \leqslant 1. \\ 0, & 1 < z \end{cases}$$

例 4 设某系统 LK 由三个独立子系统组成，子系统 i 的寿命 $X_i(i=1, 2, 3)$ 的概率密度为

$$f(x_i) = \begin{cases} \lambda \mathrm{e}^{-\lambda x_i}, & x_i > 0 \\ 0, & x_i \leqslant 0 \end{cases} \lambda > 0,$$

试求：系统 LK 的寿命 X 的概率密度（子系统 3 为备用，即当子系统 1 和 2 均失效时，子系统 3 将自动接通，保证系统正常工作）.

解 根据题意可知，X_1，X_2，X_3 相互独立.

令 $Y_1 = \max\{X_1, X_2\}$，$Y_2 = X_3$，则系统 LK 的寿命 $X = Y_1 + Y_2$，子系统 i 的寿命 $X_i(i=1, 2, 3)$ 的分布函数为

$$F(x_i) = \int_{-\infty}^{x_i} f(t)\mathrm{d}t = \begin{cases} 1 - \mathrm{e}^{-\lambda x_i}, & x_i > 0 \\ 0, & x_i \leqslant 0 \end{cases},$$

$Y_1 = \max\{X_1, X_2\}$ 的分布函数为

$$F_{Y_1}(y_1) = F_{X_1}(y_1) \cdot F_{X_2}(y_1) = \begin{cases} (1 - e^{-\lambda y_1})^2, & y_1 > 0 \\ 0, & y_1 \leqslant 0 \end{cases},$$

$Y_1 = \max\{X_1, X_2\}$ 的概率密度为

$$f_{Y_1}(y_1) = \begin{cases} 2(1 - e^{-\lambda y_1})\lambda e^{-\lambda y_1}, & y_1 > 0 \\ 0, & y_1 \leqslant 0 \end{cases},$$

Y_2 的概率密度为

$$f_{Y_2}(y_2) = \begin{cases} \lambda e^{-\lambda y_2}, & y_2 > 0 \\ 0, & y_2 \leqslant 0 \end{cases},$$

Y_1 与 Y_2 相互独立，(Y_1, Y_2) 的概率密度为

$$f(y_1, y_2) = f_{Y_1}(y_1) \cdot f_{Y_2}(y_2),$$

$X = Y_1 + Y_2$ 的概率密度为

$$f_X(x) = \int_{-\infty}^{+\infty} f(y_1, x - y_1) \mathrm{d}y_1.$$

当 $x \leqslant 0$ 时，

$$\begin{aligned} f_X(x) &= \int_{-\infty}^{+\infty} f(y_1, x - y_1) \mathrm{d}y_1 \\ &= \int_{-\infty}^{x} f(y_1, x - y_1) \mathrm{d}y_1 + \int_{x}^{+\infty} f(y_1, x - y_1) \mathrm{d}y_1 = 0; \end{aligned}$$

当 $x > 0$ 时，

$$\begin{aligned} f_X(x) &= \int_{-\infty}^{+\infty} f(y_1, x - y_1) \mathrm{d}y_1 \\ &= \int_{-\infty}^{0} f(y_1, x - y_1) \mathrm{d}y_1 + \int_{0}^{x} f(y_1, x - y_1) \mathrm{d}y_1 + \int_{x}^{+\infty} f(y_1, x - y_1) \mathrm{d}y_1 \\ &= \int_{0}^{x} f(y_1, x - y_1) \mathrm{d}y_1 \\ &= \int_{0}^{x} 2(1 - e^{-\lambda y_1})\lambda e^{-\lambda y_1} \cdot \lambda e^{-\lambda(x - y_1)} \mathrm{d}y_1 \\ &= 2\lambda^2 e^{-\lambda x} \int_{0}^{x} (1 - e^{-\lambda y_1}) \mathrm{d}y_1 \\ &= 2\lambda^2 e^{-\lambda x} \left[x + \frac{1}{\lambda}(e^{-\lambda x} - 1) \right] \\ &= 2\lambda e^{-\lambda x}(\lambda x + e^{-\lambda x} - 1), \end{aligned}$$

故

$$f_X(x) = \begin{cases} 2\lambda e^{-\lambda x}(\lambda x + e^{-\lambda x} - 1), & x > 0 \\ 0, & x \leqslant 0 \end{cases}.$$

例 5　已知某型号电子管的寿命（单位：h）近似服从 $N(235, 30^2)$，随机抽取 3 只，其寿命分别为 X_1, X_2, X_3，试求：

(1) $P\{\max\{X_1, X_2, X_3\} \leqslant 250\}$；

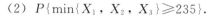

(2) $P\{\min\{X_1, X_2, X_3\} \geqslant 235\}$.

解 根据题设条件知 X_1, X_2, X_3 相互独立, $X_i \sim N(235, 30^2)$, $i=1, 2, 3$.

(1) $P\{\max\{X_1, X_2, X_3\} \leqslant 250\}$

$$= P\{X_1 \leqslant 250, X_2 \leqslant 250, X_3 \leqslant 250\}$$

$$= P\{X_1 \leqslant 250\} \cdot P\{X_2 \leqslant 250\} \cdot P\{X_3 \leqslant 250\}$$

$$= [F(250)]^3 = \left[\Phi\left(\frac{250-235}{30}\right)\right]^3$$

$$= [\Phi(0.5)]^3 = (0.6915)^3 = 0.3307;$$

(2) $P\{\min\{X_1, X_2, X_3\} \geqslant 235\}$

$$= P\{X_1 \geqslant 235, X_2 \geqslant 235, X_3 \geqslant 235\}$$

$$= P\{X_1 \geqslant 235\} \cdot P\{X_2 \geqslant 235\} \cdot P\{X_3 \geqslant 235\}$$

$$= [1-F(235)]^3 = \left[1-\Phi\left(\frac{235-235}{30}\right)\right]^3$$

$$= [1-\Phi(0)]^3 = (1-0.5)^3 = 0.125.$$

例 6 设随机变量 X 和 Y 相互独立, 且都服从标准正态分布, 试求: $Z=X^2+Y^2$ 的概率密度 (Z 的分布叫作自由度为 2 的 χ^2 分布).

解 根据题设条件知 X 和 Y 的概率密度分别为

$$f_X(x) = \frac{1}{\sqrt{2\pi}} e^{-\frac{x^2}{2}}, \quad -\infty < x < +\infty,$$

$$f_Y(y) = \frac{1}{\sqrt{2\pi}} e^{-\frac{y^2}{2}}, \quad -\infty < y < +\infty.$$

由 X 和 Y 相互独立得 (X, Y) 的概率密度为

$$f(x, y) = f_X(x) \cdot f_Y(y) = \frac{1}{2\pi} e^{-\frac{x^2+y^2}{2}}, \quad -\infty < x, y < +\infty,$$

$$F_Z(z) = P\{Z \leqslant z\} = P\{X^2+Y^2 \leqslant z\}.$$

当 $z < 0$ 时,

$$F_Z(z) = P\{Z \leqslant z\} = P\{X^2+Y^2 \leqslant z\} = P\{\varnothing\} = 0;$$

当 $z = 0$ 时,

$$F_Z(0) = P\{X^2+Y^2 \leqslant 0\} = P\{X=0, Y=0\} = 0;$$

当 $z > 0$ 时,

$$F_Z(z) = P\{Z \leqslant z\} = P\{X^2+Y^2 \leqslant z\}$$

$$= \iint\limits_{x^2+y^2 \leqslant z} f(x, y)\mathrm{d}x\mathrm{d}y = \int_0^{\sqrt{z}} \int_0^{2\pi} \frac{1}{2\pi} e^{-\frac{r^2}{2}} r\mathrm{d}\theta\mathrm{d}r$$

$$= \frac{1}{2\pi} \cdot 2\pi \int_0^{\sqrt{z}} \left(-e^{-\frac{r^2}{2}}\right)' \mathrm{d}r$$

$$= \left(-e^{-\frac{r^2}{2}}\right)\bigg|_0^{\sqrt{z}} = 1-e^{-\frac{z}{2}}.$$

于是 $Z = X^2 + Y^2$ 的概率密度为

$$f_Z(z) = [F_Z(z)]' = \begin{cases} \dfrac{1}{2}\mathrm{e}^{-\frac{z}{2}}, & z > 0 \\ 0, & z \leqslant 0 \end{cases}.$$

例 7　若气体分子的运动速度是随机向量 $\mathbf{V} = (X, Y, Z)$，各分量相互独立，且均服从 $N(0, \sigma^2)$，试证：$S = \sqrt{X^2 + Y^2 + Z^2}$ 服从麦克斯韦分布，即

$$f(s) = \begin{cases} \sqrt{\dfrac{2}{\pi}}\dfrac{s^2}{\sigma^3}\exp\left(-\dfrac{s^2}{2\sigma^2}\right), & s > 0 \\ 0, & s \leqslant 0 \end{cases}.$$

证明　由题设条件知 X, Y, Z 的概率密度分别为

$$f_X(x) = \frac{1}{\sigma\sqrt{2\pi}}\exp\left(-\frac{x^2}{2\sigma^2}\right),$$

$$f_Y(y) = \frac{1}{\sigma\sqrt{2\pi}}\exp\left(-\frac{y^2}{2\sigma^2}\right),$$

$$f_Z(z) = \frac{1}{\sigma\sqrt{2\pi}}\exp\left(-\frac{z^2}{2\sigma^2}\right).$$

因为 X, Y, Z 相互独立，所以 (X, Y, Z) 的概率密度为

$$f(x, y, z) = f_X(x) \cdot f_Y(y) \cdot f_Z(z)$$
$$= \left(\frac{1}{\sigma\sqrt{2\pi}}\right)^3 \exp\left(-\frac{x^2 + y^2 + z^2}{2\sigma^2}\right).$$

$$F_S(s) = P\{S \leqslant s\} = P\{\sqrt{X^2 + Y^2 + Z^2} \leqslant s\}.$$

(1) 当 $s \leqslant 0$ 时，$F_S(s) = 0$；

(2) 当 $s > 0$ 时，

$$F_S(s) = P\{S \leqslant s\} = P\{\sqrt{X^2 + Y^2 + Z^2} \leqslant s\}$$

$$= \iiint\limits_{\sqrt{x^2+y^2+z^2} \leqslant s} f(x, y, z)\,\mathrm{d}x\mathrm{d}y\mathrm{d}z$$

$$= \left(\frac{1}{\sigma\sqrt{2\pi}}\right)^3 \int_0^s \mathrm{e}^{-\frac{r^2}{2\sigma^2}} r^2\,\mathrm{d}r \int_0^\pi \sin\varphi\,\mathrm{d}\varphi \int_0^{2\pi}\mathrm{d}\theta$$

$$= \left(\frac{1}{\sigma\sqrt{2\pi}}\right)^3 \cdot 2\pi \cdot 2\int_0^s \mathrm{e}^{-\frac{r^2}{2\sigma^2}} r^2\,\mathrm{d}r.$$

于是 $S = \sqrt{X^2 + Y^2 + Z^2}$ 的概率密度为

$$f(s) = F_S'(s) = \begin{cases} \sqrt{\dfrac{2}{\pi}}\dfrac{s^2}{\sigma^3}\exp\left(-\dfrac{s^2}{2\sigma^2}\right), & s > 0 \\ 0, & s \leqslant 0 \end{cases}.$$

其中用到了球面坐标变换 $x = r\sin\varphi\cos\theta$，$y = r\sin\varphi\sin\theta$，$z = r\cos\varphi$，$r \geqslant 0$，

$0 \leqslant \theta < 2\pi$, $0 \leqslant \varphi \leqslant \pi$, $\mathrm{d}x\mathrm{d}y\mathrm{d}z = r^2\sin\varphi\mathrm{d}r\mathrm{d}\varphi\mathrm{d}\theta$.

习题 4.3

1. 已知随机变量 X 与 Y 相互独立，其概率密度分别为 $f_X(x) = \begin{cases} 2, & 0 \leqslant x \leqslant \dfrac{1}{2}, \\ 0, & \text{其他} \end{cases}$

$f_Y(y) = \begin{cases} \lambda e^{-\lambda y}, & y > 0 \\ 0, & y \leqslant 0 \end{cases}$，试求：$Z = X + Y$ 的概率密度.

2. 设随机变量 X 与 Y 相互独立，X 在区间 $[0, 1]$ 上服从均匀分布，Y 在区间 $[0, 2]$ 上服从辛普森分布：$f_Y(y) = \begin{cases} y, & 0 \leqslant y \leqslant 1 \\ 2 - y, & 1 < y \leqslant 2 \\ 0, & \text{其他} \end{cases}$，试求：随机变量 $Z = X + Y$ 的概率密度.

3. 设 $(X, Y) \sim N(0, 1; 0, 1; \rho)$，令 $Z = X - Y$，求：Z 的概率密度.

4. 已知二维随机变量 $(X, Y) \sim N(-1, 2^2; 1, 3^2; 0)$，求：$Z = 4X - 2Y + 5$ 的概率密度.

5. 设 X_1，X_2，X_3 相互独立，$X_i(i = 1, 2, 3)$ 的概率密度为 $f(x_i) = \begin{cases} \lambda e^{-\lambda x_i}, & x_i > 0 \\ 0, & x_i \leqslant 0 \end{cases}$，$\lambda > 0$，$Y_1 = \max\{X_1, X_2\}$，$Y_2 = X_3$，$X = \min\{Y_1, Y_2\}$，求：$X$ 的概率密度.

6. 已知二维随机变量 (X, Y) 的概率密度为

$$f(x, y) = \begin{cases} \dfrac{2}{3}, & 0 \leqslant x \leqslant 1, -x \leqslant y \leqslant 2x \\ 0, & \text{其他} \end{cases},$$

求：$Z = \min\{X, Y\}$ 的概率密度.

7. 设随机变量 X 的分布函数为 $F(x)$，随机变量 Y 服从两点分布：$P\{Y = a\} = p$，$P\{Y = b\} = 1 - p$，$0 < p < 1$，并且 X 与 Y 相互独立，试求：随机变量 $Z = X + Y$ 的分布函数 $F_Z(z)$.

8. 设随机变量 X 与 Y 相互独立，且均服从区间 $[0, 1]$ 上的均匀分布，求：$Z = |X - Y|$ 的分布函数和密度函数.

9. 设连续型二维随机向量 (X, Y) 的概率密度为

$$f(x, y) = \begin{cases} 3x, & 0 < y < x, 0 < x < 1 \\ 0, & \text{其他} \end{cases},$$

求：$Z = X - Y$ 的概率密度.

10. 已知二维连续型随机变量(X, Y)的分布函数

$$F(x, y) = \begin{cases} 0, & x \leqslant 0 \text{ 或 } y \leqslant 0 \\ \dfrac{1}{3}xy(x+2y), & 0 < x < 1, 0 < y < 1 \\ \dfrac{x}{3}(x+2), & 0 < x < 1, y \geqslant 1 \\ \dfrac{y}{3}(2y+1), & x \geqslant 1, 0 < y < 1 \\ 1, & x \geqslant 1, y \geqslant 1 \end{cases}.$$

试求：(1) $Z_1 = \max\{X, Y\}$ 的概率密度；(2) $Z_2 = \min\{X, Y\}$ 的概率密度.

第 5 章　随机变量的数字特征

所谓随机变量的数字特征是指联系于它的分布函数的某些数，如平均值、方差等．它们反映了随机变量在某些方面的特征．

在第 2 章中已经举出常见的随机变量分布函数的各种例子，很多分布函数含有一个或多于一个参数（如泊松分布含有一个参数 λ，正态分布含有两个参数 μ 和 σ），这些参数往往是由某些数字特征或其他数值所决定的，因此找到这些特征，分布函数（或分布律，概率密度）就能确定分布函数了．但对一般随机变量，要完全确定它们的分布函数就不那么容易了，不过在许多实际问题中，一般并不需要完全知道分布函数，只需要知道随机变量的某些特征就够了．例如，在测量某物体的长度时，测量的结果是一个随机变量．在实际工作中，往往用测量长度的平均数来代表这一物体的长度．又如对某射手的技术评定，除了要了解命中环数的平均值，还必须考虑命中点是分散还是比较集中等情况．

由此可见，对随机变量的数字特征的研究有理论意义和实际意义．

5.1　数学期望

1. 数学期望的概念

设某射手进行了 100 次射击，其中命中 7 环 10 次，命中 8 环 20 次，命中 9 环 40 次，命中 10 环 30 次，求：此人平均命中环数．

解　平均环数为

$$\frac{1}{100} \times (7 \times 10 + 8 \times 20 + 9 \times 40 + 10 \times 30)$$

$$= 7 \times \frac{10}{100} + 8 \times \frac{20}{100} + 9 \times \frac{40}{100} + 10 \times \frac{30}{100} = \sum_{k=7}^{10} k \cdot \frac{n_k}{n} = \sum_{k=7}^{10} k \cdot p_k$$

$$= 8.9,$$

其中 $n = 100$，$n_7 = 10$，$n_8 = 20$，$n_9 = 40$，$n_{10} = 30$．$p_k = \dfrac{n_k}{n}$ 是环数 k 出现的频率．

由于频率趋向于概率值，因此可以用概率来代替频率，进而引出数学期望的

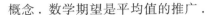

概念. 数学期望是平均值的推广.

如果随机变量 X 的分布律为
$$P\{X=x_k\}=p_k,\ k=1,\ 2,\ \cdots,\ n,$$
则称 $\sum_{k=1}^{n} x_k p_k$ 为 X 的数学期望，记为 $E(X)=EX=\sum_{k=1}^{n} x_k p_k$.

"期望"在日常生活中常指有根据的希望.

(1) 离散型随机变量 X 的数学期望

定义 1 设随机变量 X 的分布律为
$$P\{X=x_k\}=p_k,\ k=1,\ 2,\ \cdots,$$
若级数 $\sum_{k=1}^{+\infty} x_k p_k$ 绝对收敛（即 $\sum_{k=1}^{+\infty} |x_k| p_k$ 收敛），则称级数 $\sum_{k=1}^{+\infty} x_k p_k$ 为 X 的数学期望，记为 $E(X)=EX=\sum_{k=1}^{+\infty} x_k p_k$.

(2) 离散型随机变量 X 的函数 $Y=g(X)$ 的数学期望

定理 1 设 X 是离散型随机变量，且 $P\{X=x_k\}=p_k,\ k=1,\ 2,\ \cdots,$ 若级数 $\sum_{k=1}^{+\infty} g(x_k) p_k$ 绝对收敛，则有 $EY=Eg(X)=\sum_{k=1}^{+\infty} g(x_k) p_k$.

计算 $Y=g(X)$ 的数学期望，按定义要先求出 $Y=g(X)$ 的分布律，再求 $EY=\sum_{i=1}^{+\infty} y_i P\{Y=y_i\}$，但这样做比较麻烦，有了此定理计算起来就比较直接，不必求出 Y 的分布律. 其实有先合并取相同值的概率与后合并取相同值的概率之分，但这两个算法基本一致.

例 1 设随机变量 X 的分布律如下表所示.

X	-2	0	2
P	0.4	0.3	0.3

求：EX，EX^2，$E(3X^2+5)$.

解 $EX=-2\times0.4+0\times0.3+2\times0.3=-0.2$，

$EX^2=(-2)^2\times0.4+0^2\times0.3+2^2\times0.3=4(0.4+0.3)+0\times0.3=2.8$，

$E(3X^2+5)=[3(-2)^2+5]\times0.4+(3\times0^2+5)\times0.3+(3\times2^2+5)\times0.3$
$\qquad\qquad =17\times(0.4+0.3)+5\times0.3=13.4.$

例 2 设随机变量 X 的分布律为
$$P\{X=k\}=qp^{k-1},\ p,\ q>0,\ q=1-p,\ k=1,\ 2,\ \cdots,$$
求：EX 和 EX^2.

解 $EX=\sum_{k=1}^{+\infty} k\cdot P\{X=k\}=\sum_{k=1}^{+\infty} k\cdot qp^{k-1}$

$$= q \sum_{k=1}^{+\infty} k \cdot p^{k-1}$$

$$= q \cdot \frac{1}{(1-p)^2} = \frac{1}{1-p} \ ,$$

这里，利用了幂级数求和公式

$$\sum_{k=1}^{+\infty} k x^{k-1} = \Big(\sum_{k=1}^{+\infty} x^k \Big)' = \Big(\frac{x}{1-x} \Big)'$$

$$= \frac{1}{(1-x)^2} \ ,$$

$$\sum_{k=0}^{+\infty} x^k = 1 + x + x^2 + \cdots + x^k + \cdots = \frac{1}{1-x} , \ | \ x \ | < 1 .$$

同理，$EX^2 = \sum_{k=1}^{+\infty} k^2 \cdot P\{X = k\} = \sum_{k=1}^{+\infty} k^2 \cdot q p^{k-1}$

$$= q \sum_{k=1}^{+\infty} k^2 \cdot p^{k-1}$$

$$= q \cdot \frac{1+p}{(1-p)^3} = \frac{1+p}{(1-p)^2} \ ,$$

这里利用了

$$\sum_{k=1}^{+\infty} k^2 x^{k-1} = \Big(\sum_{k=1}^{+\infty} k x^k \Big)' = \Big(x \sum_{k=1}^{+\infty} k x^{k-1} \Big)' = \Big[\frac{x}{(1-x)^2} \Big]'$$

$$= \frac{1+x}{(1-x)^3} , \ | \ x \ | < 1 .$$

(3) 连续型随机变量 X 的数学期望

定义 2　设 X 的概率密度为 $f(x)$，若积分 $\displaystyle\int_{-\infty}^{+\infty} x f(x) \mathrm{d}x$ 绝对收敛，即 $\displaystyle\int_{-\infty}^{+\infty} | \ x \ | f(x) \mathrm{d}x$ 收敛，则称积分 $\displaystyle\int_{-\infty}^{+\infty} x f(x) \mathrm{d}x$ 为 X 的数学期望，记为 $E(X) = EX$. 即

$$EX = \int_{-\infty}^{+\infty} x f(x) \mathrm{d}x .$$

例 3　已知随机变量 X 的概率密度为

$$f(x) = \begin{cases} x, & 0 \leqslant x \leqslant 1 \\ 2 - x, & 1 < x \leqslant 2, \\ 0, & \text{其他} \end{cases}$$

求：EX 及 EX^2.

解　$EX = \displaystyle\int_{-\infty}^{+\infty} x f(x) \mathrm{d}x$

$$= \int_{-\infty}^{0} x f(x) \mathrm{d}x + \int_{0}^{1} x f(x) \mathrm{d}x + \int_{1}^{2} x f(x) \mathrm{d}x + \int_{2}^{+\infty} x f(x) \mathrm{d}x$$

$$= \int_0^1 x \cdot x \mathrm{d}x + \int_1^2 x(2-x)\mathrm{d}x$$

$$= \int_0^1 x^2 \mathrm{d}x + \int_1^2 (2x - x^2)\mathrm{d}x = 1,$$

$$EX^2 = \int_{-\infty}^{+\infty} x^2 f(x)\mathrm{d}x$$

$$= \int_{-\infty}^0 x^2 f(x)\mathrm{d}x + \int_0^1 x^2 f(x)\mathrm{d}x + \int_1^2 x^2 f(x)\mathrm{d}x + \int_2^{+\infty} x^2 f(x)\mathrm{d}x$$

$$= \int_0^1 x^2 \cdot x \mathrm{d}x + \int_1^2 x^2(2-x)\mathrm{d}x$$

$$= \int_0^1 x^3 \mathrm{d}x + \int_1^2 (2x^2 - x^3)\mathrm{d}x = \frac{7}{6}.$$

例 4　随机变量 X 服从柯西（Cauchy）分布，其概率密度为

$$f(x) = \frac{1}{\pi} \cdot \frac{1}{1+x^2}, \quad -\infty < x < +\infty.$$

问：X 的数学期望是否存在.

解　$\int_{-\infty}^{+\infty} g(x)\mathrm{d}x$ 收敛是指 $\int_{-\infty}^0 g(x)\mathrm{d}x$ 和 $\int_0^{+\infty} g(x)\mathrm{d}x$ 都收敛.

$$\int_0^A |x| \cdot \frac{1}{\pi} \frac{1}{1+x^2} \mathrm{d}x$$

$$= \frac{1}{\pi} \int_0^A \frac{x}{1+x^2} \mathrm{d}x = \frac{1}{2\pi} \int_0^A \frac{1}{1+x^2} \mathrm{d}x^2$$

$$= \frac{1}{2\pi} \ln(1+x^2) \Big|_0^A = \frac{1}{2\pi}\ln(1+A^2) \to +\infty, \ A \to +\infty,$$

从而积分 $\int_0^{+\infty} |x| \frac{1}{\pi} \frac{1}{1+x^2} \mathrm{d}x$ 不收敛，于是，积分 $\int_{-\infty}^{+\infty} |x| \cdot \frac{1}{\pi} \frac{1}{1+x^2} \mathrm{d}x$ 不收敛，即发散，所以，X 的数学期望不存在.

（4）连续型随机变量 X 的函数 $Y = g(X)$ 的数学期望

定理 2　设随机变量 X 的概率密度为 $f(x)$，若积分 $\int_{-\infty}^{+\infty} g(X)f(x)\mathrm{d}x$ 绝对收敛，则随机变量 $Y = g(X)$ 的数学期望 $EY = Eg(X) = \int_{-\infty}^{+\infty} g(X)f(x)\mathrm{d}x$.

计算 $Y = g(X)$ 的数学期望，按定义要先求出 $Y = g(X)$ 的概率密度 $f_Y(y)$，再求 $EY = \int_{-\infty}^{+\infty} yf_Y(y)\mathrm{d}y$，但这样做比较麻烦，有时又难于求出 $f_Y(y)$，有了此定理计算起来就比较直接，不必求出 Y 的概率密度.

（5）随机向量的函数的数学期望

定理 3　设 (X, Y) 为随机变量，$g(x, y)$ 为连续函数，那么 $Z = g(X, Y)$ 是一个随机变量.

1) 若(X, Y)为离散型随机变量,其分布律为
$$P\{X = x_i, Y = y_j\} = p_{ij}, \quad i, j = 1, 2, \cdots,$$
则有
$$E(Z) = Eg(X, Y) = \sum_{i=1}^{+\infty} \sum_{j=1}^{+\infty} g(x_i, y_j) p_{ij},$$

其中要求$\sum_{i=1}^{+\infty} \sum_{j=1}^{+\infty} g(x_i, y_j) p_{ij}$绝对收敛.

2) 若(X, Y)为连续型随机变量,其概率密度为$f(x, y)$,则有
$$E(Z) = Eg(X, Y)$$
$$= \int_{-\infty}^{+\infty} \int_{-\infty}^{+\infty} g(x, y) f(x, y) \mathrm{d}x \mathrm{d}y,$$

其中要求$\int_{-\infty}^{+\infty} \int_{-\infty}^{+\infty} g(x, y) f(x, y) \mathrm{d}x \mathrm{d}y$绝对收敛.

定理 4　设$(X_1, X_2, \cdots, X_n)$为连续型随机变量,其概率密度为$f(x_1, x_2, \cdots, x_n)$,函数$g(x_1, x_2, \cdots, x_n)$连续,则随机变量$Z = g(X_1, X_2, \cdots, X_n)$的数学期望
$$EZ = E[g(X_1, X_2, \cdots, X_n)]$$
$$= \int_{\mathbf{R}^n} g(x_1, x_2, \cdots, x_n) f(x_1, x_2, \cdots, x_n) \mathrm{d}x_1 \mathrm{d}x_2 \cdots \mathrm{d}x_n.$$

例 5　设随机变量(X, Y)的分布律为

Y \ X	1	2
-1	$\dfrac{1}{4}$	$\dfrac{1}{2}$
1	0	$\dfrac{1}{4}$

求:EX,EY及$E(XY)$.

解　$EX = \sum_i \sum_j x_i p_{ij}$
$$= \sum_i x_i \sum_j p_{ij} = \sum_i x_i P\{X = x_i\}$$
$$= 1 \times \left(\frac{1}{4} + 0\right) + 2 \times \left(\frac{1}{2} + \frac{1}{4}\right) = \frac{7}{4},$$
$$EY = \sum_i \sum_j y_j p_{ij}$$
$$= \sum_j y_j \sum_i p_{ij}$$
$$= \sum_j y_j P\{Y = y_j\}$$

$$= (-1) \times \left(\frac{1}{4} + \frac{1}{2} \right) + 1 \times \left(0 + \frac{1}{4} \right) = -\frac{1}{2},$$

$$E(XY) = \sum_i \sum_j x_i y_j p_{ij}$$

$$= 1 \times (-1) \times \frac{1}{4} + 1 \times 1 \times 0 + 2 \times (-1) \times \frac{1}{2} + 2 \times 1 \times \frac{1}{4} = -\frac{3}{4}.$$

例 6 设随机变量 (X, Y) 在矩形区域 $G : 0 \leqslant x \leqslant 1$，$0 \leqslant y \leqslant 2$ 内服从均匀分布，求：$E(\sin^2 X \cdot \cos Y)$.

解 (X, Y) 的概率密度为

$$f(x, y) = \begin{cases} \dfrac{1}{2}, & 0 \leqslant x \leqslant 1, \ 0 \leqslant y \leqslant 2, \\ 0, & 其他 \end{cases}$$

$$E(\sin^2 X \cdot \cos Y) = \int_{-\infty}^{+\infty} \int_{-\infty}^{+\infty} \sin^2 x \cdot \cos y \cdot f(x, y) \mathrm{d}x \mathrm{d}y$$

$$= \int_0^1 \int_0^2 \sin^2 x \cdot \cos y \cdot \frac{1}{2} \mathrm{d}x \mathrm{d}y$$

$$= \frac{1}{2} \int_0^1 \sin^2 x \mathrm{d}x \cdot \int_0^2 \cos y \mathrm{d}y$$

$$= \frac{1}{2} \sin 2 \cdot \int_0^1 \frac{1 - \cos 2x}{2} \mathrm{d}x$$

$$= \frac{1}{2} \sin 2 \cdot \frac{1}{2} \left(1 - \frac{1}{2} \sin 2 \right).$$

2. 数学期望的性质

数学期望主要有以下性质.

1）设 C 为常数，则有 $E(C) = C$.

2）设 C 为常数，X 为随机变量，则有

$$E(CX) = CEX.$$

3）设 X，Y 为任意随机变量，则有

$$E(X + Y) = EX + EY.$$

证明 只就离散型随机变量的情况给出证明. 若 (X, Y) 为离散型随机变量，其分布律为

$$P\{X = x_i, Y = y_j\} = p_{ij}, \ i, j = 1, 2, \cdots,$$

则有

$$E(X + Y) = \sum_{i=1}^{+\infty} \sum_{j=1}^{+\infty} (x_i + y_j) p_{ij}$$

$$= \sum_{i=1}^{+\infty} \sum_{j=1}^{+\infty} x_i p_{ij} + \sum_{i=1}^{+\infty} \sum_{j=1}^{+\infty} y_j p_{ij}$$

$$= \sum_{i=1}^{+\infty} x_i \left(\sum_{j=1}^{+\infty} p_{ij} \right) + \sum_{j=1}^{+\infty} y_j \left(\sum_{i=1}^{+\infty} p_{ij} \right)$$
$$= \sum_{i=1}^{+\infty} x_i P\{X=x_i\} + \sum_{j=1}^{+\infty} y_j P\{Y=y_j\}$$
$$= EX + EY.$$

推广：$E(aX+bY+c)=aEX+bEY+c$　　(a，b，c 为常数).

性质 3）可以推广到任意有限个随机变量的和的情况.

设 $(X_1,X_2,\cdots,X_n)$ 为随机变量，则有

$$E\left(\sum_{i=1}^{n} X_i \right) = \sum_{i=1}^{n} EX_i,$$
$$E\left(\sum_{i=1}^{n} k_i X_i \right) = \sum_{i=1}^{n} k_i EX_i;$$

4）设 X，Y 为相互独立的随机变量，且 $E|X|$，$E|Y|$，$E|XY|$ 存在，则有
$$E(XY)=EX \cdot EY.$$

证明　只就离散型随机变量的情况给出证明. 若 (X,Y) 为离散型随机变量，其分布律为
$$P\{X=x_i,Y=y_j\}=p_{ij}, i,j=1,2,\cdots,$$
且 X 与 Y 相互独立，即
$$P\{X=x_i,Y=y_j\}=P\{X=x_i\} \cdot P\{Y=y_j\}, i,j=1,2,\cdots,$$

则有
$$E(XY) = \sum_{i=1}^{+\infty} \sum_{j=1}^{+\infty} (x_i y_j) p_{ij}$$
$$= \sum_{i=1}^{+\infty} \sum_{j=1}^{+\infty} (x_i y_j) P\{X=x_i,Y=y_j\}$$
$$= \sum_{i=1}^{+\infty} \sum_{j=1}^{+\infty} (x_i y_j) P\{X=x_i\} \cdot P\{Y=y_j\}$$
$$= \sum_{i=1}^{+\infty} x_i P\{X=x_i\} \cdot \sum_{j=1}^{+\infty} y_j P\{Y=y_j\}$$
$$= \sum_{i=1}^{+\infty} x_i P\{X=x_i\} \cdot EY$$
$$= EX \cdot EY.$$

性质 4）可以推广到任意有限个随机变量的积的情况：

设 $X_1,X_2,\cdots,X_n$ 为相互独立的随机变量，则有
$$E(X_1 X_2 \cdots X_n)=EX_1 \cdot EX_2 \cdots EX_n.$$

利用上面介绍的性质计算数学期望举例如下.

例 7　一批产品中有 M 件正品，N 件次品，从中任意抽取 n 件，以 X 表示

取到次品的件数，求：随机变量 X 的数学期望.

解　设 $\{X=k\}=$ "恰好取到 k 件次品"，则

$$P\{X=k\}=\frac{C_N^k C_M^{n-k}}{C_{M+N}^n}，k=0，1，\cdots，l，$$

$$l=\min\{n,N\}，1=\sum_{k=0}^l P\{X=k\}=\sum_{k=0}^l \frac{C_M^{n-k} C_N^k}{C_{M+N}^n}.$$

〔比较 $(1+x)^{M+N}=(1+x)^M (1+x)^N$ 两边 x^n 的系数，得到上式.〕

方法一

$$EX=\sum_{k=0}^l kP\{X=k\}=\sum_{k=0}^l k\frac{C_M^{n-k} C_N^k}{C_{M+N}^n}$$

$$=\sum_{k=1}^l k\cdot\frac{C_M^{n-k}\cdot\frac{N}{k}C_{N-1}^{k-1}}{\frac{(M+N)}{n}C_{M+N-1}^{n-1}}$$

$$=\frac{nN}{M+N}\sum_{k=1}^l \frac{C_M^{n-1-(k-1)} C_{N-1}^{k-1}}{C_{M+N-1}^{n-1}}$$

$$=\frac{nN}{M+N}.$$

方法二　将取 n 个产品看作是不放回地取产品 n 次，每次取一件产品. 令

$$X_i=\begin{cases}1，&\text{第 }i\text{ 次取到次品}\\0，&\text{第 }i\text{ 次取到正品}\end{cases}，i=1，2，\cdots，n，$$

则 $X=X_1+X_2+\cdots+X_n$，且有

$$P\{X_i=1\}=\frac{N}{M+N}，i=1，2，\cdots，n，$$

$$EX_i=1\cdot P\{X_i=1\}+0\cdot P\{X_i=0\}=\frac{N}{M+N}，$$

于是

$$EX=E(X_1+X_2+\cdots+X_n)=\sum_{i=1}^n EX_i=\sum_{i=1}^n \frac{N}{M+N}=\frac{nN}{M+N}.$$

例 8　将 n 只球放入 M 个盒子中去，每只球落入各个盒子是等可能的（每盒容纳球的个数不限），求：有球的盒子数 X 的数学期望.

解　设 $\{X_i=1\}=$ "第 i 个盒子中有球"，$\{X_i=0\}=$ "第 i 个盒子中无球"，$i=1，2，\cdots，M$. 则

$$X=\sum_{i=1}^M X_i.$$

133

而 $P\{X_i=0\}=\dfrac{(M-1)^n}{M^n}$，

$$P\{X_i=1\}=1-P\{X_i=0\}=1-\dfrac{(M-1)^n}{M^n},$$

所以

$$EX_i=1\cdot P\{X_i=1\}+0\cdot P\{X_i=0\}$$

$$=1-\dfrac{(M-1)^n}{M^n},$$

故

$$EX=E\Big(\sum_{i=1}^{M}X_i\Big)=\sum_{i=1}^{M}EX_i=M\Big[1-\dfrac{(M-1)^n}{M^n}\Big].$$

习题 5.1

1. 公共汽车始发站于每小时的 10 分、30 分、55 分发车，某乘客不知发车时间，在每小时内的任一时刻随机到达车站，求：该乘客候车时间的数学期望（准确到 s）．

2. 某射手命中目标的概率为 p，设 X 表示该射手首次命中目标时的射击次数，求：随机变量 X 的数学期望．

3. 若事件 A 在第 i 次试验中出现的概率为 p_i，设 X 是事件 A 在起初 n 次独立重复试验中出现的次数，求：$E(X)$．

4. 将红、白、黑三只球随机地逐个放入编号为 1，2，3，4 的四个盒内（每盒容纳球的个数不限），以 X 表示有球盒子的最小号码，求：随机变量 X 的分布律和 EX．

5. 设对某目标进行射击，每次击发一枚子弹，直到击中目标 n 次为止．设各次射击相互独立，且每次射击时击中目标的概率为 p $(0<p<1)$，试求：子弹的消耗量 X 的数学期望．

6. 设随机变量 (X,Y) 的概率密度为 $f(x,y)=\begin{cases}2, & 0<x<1,\ 0<y<x \\ 0, & 其他\end{cases}$，求：$E(X+Y)$ 及 $E(XY)$．

7. 已知随机变量 X 的概率密度为 $f(x)=\begin{cases}\dfrac{x}{2}, & 0\leqslant x\leqslant 2 \\ 0, & 其他\end{cases}$，求：（1）$Y=2X$ 的数学期望；（2）$Y=X^2+1$ 的数学期望．

8. 设 X_1，X_2，$\cdots$，X_n 为取正值的、相互独立的随机变量，且它们服从相同的分布，密度函数为 $f(x)$．试证：$E\Big(\dfrac{X_1+X_2+\cdots+X_k}{X_1+X_2+\cdots+X_n}\Big)=\dfrac{k}{n}$．

5.2　方差

1. 方差的概念

定义　设随机变量 X 的数学期望为 EX，若 $E(X-EX)^2$ 存在，则称 $E(X-EX)^2$ 为 X 的方差，记作 DX，或 $D(X)$，或 $\mathrm{Var}(X)$，即
$$DX=D(X)=E(X-EX)^2,$$
$\sqrt{DX}$ 称为标准差或均方差.

方差的计算公式如下.

方差 DX 实际上是求随机变量 X 的函数 $Y=(X-EX)^2$ 的数学期望，因而

1）若 X 是离散型随机变量，则 X 的分布律为
$$P\{X=x_i\}=p_i,\ i=1,\ 2,\ \cdots,$$
$$DX=E(X-EX)^2=\sum_{i=1}^{+\infty}(x_i-EX)^2 p_i;$$

2）若 X 是连续型随机变量，概率密度为 $f(x)$，则
$$DX=E(X-EX)^2=\int_{-\infty}^{+\infty}(x-EX)^2 f(x)\mathrm{d}x;$$

3）$DX=EX^2-(EX)^2$.

事实上，$DX=E(X-EX)^2$
$$=E[X^2-2X\cdot EX+(EX)^2]$$
$$=EX^2-2EX\cdot EX+(EX)^2$$
$$=EX^2-(EX)^2.$$

方差计算举例如下.

例 1　设随机变量 X 的分布律为

X	1	2	3	4
P	$\frac{1}{8}$	$\frac{3}{8}$	$\frac{2}{8}$	$\frac{2}{8}$

求：DX.

解　$EX=\sum_i x_i P\{X=x_i\}$
$$=1\times\frac{1}{8}+2\times\frac{3}{8}+3\times\frac{2}{8}+4\times\frac{2}{8}=\frac{21}{8},$$
$$EX^2=\sum_i x_i^2 P\{X=x_i\}$$
$$=1^2\times\frac{1}{8}+2^2\times\frac{3}{8}+3^2\times\frac{2}{8}+4^2\times\frac{2}{8}=\frac{63}{8},$$

$$DX = EX^2 - (EX)^2$$
$$= \frac{63}{8} - \left(\frac{21}{8}\right)^2 = \frac{63}{64}.$$

例 2 设随机变量 X 的概率密度为

$$f(x) = \begin{cases} 1+x, & -1 \leqslant x < 0 \\ 1-x, & 0 \leqslant x < 1 \\ 0, & 其他 \end{cases},$$

求：EX、DX 及 $P\{|X-EX| \leqslant 2DX\}$.

解 易知 $f(x)$ 是偶函数，所以 $EX = \int_{-\infty}^{+\infty} xf(x)\mathrm{d}x = 0$，

$$EX^2 = \int_{-\infty}^{+\infty} x^2 f(x)\mathrm{d}x$$
$$= \int_{-\infty}^{-1} x^2 f(x)\mathrm{d}x + \int_{-1}^{0} x^2 f(x)\mathrm{d}x + \int_{0}^{1} x^2 f(x)\mathrm{d}x + \int_{1}^{+\infty} x^2 f(x)\mathrm{d}x$$
$$= \int_{-1}^{0} x^2(1+x)\mathrm{d}x + \int_{0}^{1} x^2(1-x)\mathrm{d}x$$
$$= \int_{-1}^{0} (x^2+x^3)\mathrm{d}x + \int_{0}^{1} (x^2-x^3)\mathrm{d}x = \frac{1}{6},$$

于是
$$DX = EX^2 - (EX)^2 = \frac{1}{6},$$

$$P\{|X-EX| \leqslant 2DX\}$$
$$= P\left\{|X| \leqslant \frac{1}{3}\right\} = \int_{-\frac{1}{3}}^{\frac{1}{3}} f(x)\mathrm{d}x$$
$$= \int_{-\frac{1}{3}}^{0} (1+x)\mathrm{d}x + \int_{0}^{\frac{1}{3}} (1-x)\mathrm{d}x = \frac{5}{9}.$$

2. 方差的性质

方差的性质主要有以下 4 个.
1) 设 C 为常数，则有 $D(C) = 0$.
2) 设 C 为常数，X 为随机变量，则有
$$D(CX) = C^2 DX;$$
3) 设 X，Y 是相互独立的随机变量，则有
$$D(X+Y) = DX + DY,$$
$$D(aX+c) = a^2 DX,$$
$$D(aX+bY+c) = a^2 DX + b^2 DY,$$
$$D(X-Y) = DX + DY,$$
$$D(XY) = E(XY)^2 - [E(XY)]^2$$

$$= EX^2 \cdot EY^2 - (EX)^2 \cdot (EY)^2,$$

式中，a，b，c 为常数．

证明过程是按方差定义直接计算，其中利用了数学期望的性质和独立条件．

设 X_1，X_2，$\cdots$，X_n 为相互独立的随机变量，则有

$$E(X_1 X_2 \cdots X_n) = EX_1 \cdot EX_2 \cdot \cdots \cdot EX_n,$$

$$D\left(\sum_{i=1}^{n} k_i X_i \right) = \sum_{i=1}^{n} k_i^2 DX_i;$$

4）$DX = 0 \Leftrightarrow P\{X = EX\} = 1.$

例 3　设随机变量 X 的二阶矩 EX^2 存在，证明：当 $k = EX$ 时，$E(X-k)^2$ 达到最小值，且最小值为 $DX.$

证明
$$\begin{aligned}
E(X-k)^2 &= E(X^2 - 2kX + k^2) \\
&= EX^2 - 2kEX + k^2 \\
&= EX^2 - (EX)^2 + (EX-k)^2 \geqslant EX^2 - (EX)^2 = DX,
\end{aligned}$$

从而，当 $k = EX$ 时，$E(X-k)^2$ 的值最小，最小值为 $DX.$

习题 5.2

1. 盒中有 7 个球，其中 4 个白球，3 个黑球，从中任意抽取 3 个球，求：抽到白球数 X 的数学期望 $E(X)$ 和方差 $D(X)$．

2. 设随机变量 X 的概率密度为

$$\varphi(x) = \begin{cases} ax^2 + bx + c, & 0 < x < 1 \\ 0, & \text{其他} \end{cases},$$

且 $EX = 0.5$，$DX = 0.15$，求：常数 a，b，c．

3. 设二维随机变量 (X, Y) 的概率密度为

$$f(x, y) = \begin{cases} \dfrac{1}{3}(x+y), & 0 < x < 1, 0 < y < 2 \\ 0, & \text{其他} \end{cases},$$

求：EX，DX．

4. 设随机变量 $X \sim N(\mu, \sigma_1^2)$，$Y \sim N(\mu, \sigma_2^2)$，且 X 与 Y 独立，求：$D(|X-Y|)$．

5. 点随机地落在中心在原点、半径为 R 的圆周上，并且弧长是均匀分布的，求：落点的横坐标的均值和方差．

6. 在长为 l 的线段上任意选取两点，求：两点间距离的数学期望及标准差．

7. 从区间 $[0, 1]$ 上随机地抽取 n 个点 X_1，X_2，$\cdots$，X_n，设

$$Z_1 = \max\{X_1, X_2, \cdots, X_n\}, \quad Z_2 = \min\{X_1, X_2, \cdots, X_n\},$$

试求：EZ_1，EZ_2，DZ_1，DZ_2，$E(Z_1-Z_2)$.

8. 设连续型随机变量 X 的一切可能值在区间 $[a,b]$ 上，其密度函数为 $f(x)$，证明：

(1) $a \leqslant E(X) \leqslant b$；

(2) $D(X) \leqslant \dfrac{(b-a)^2}{4}$.

5.3 常用随机变量的数学期望和方差

本节对几个常用的离散型随机变量和几个常用的连续型随机变量的数学期望及方差进行计算.

例 1 设 X 服从（0—1）分布

X	1	0
P	p	$1-p$

求：EX，DX.

解 $EX = 1 \times p + 0 \times (1-p) = p$，

$EX^2 = 1^2 \times p + 0^2 \times (1-p) = p$，

$DX = EX^2 - (EX)^2 = p - p^2 = p(1-p)$.

例 2 设 X 服从二项分布 $B(n,p)$，即 $P\{X=k\} = C_n^k p^k q^{n-k}$，$k=0,1,\cdots,n$，$q=1-p$. 求：$EX$，$DX$.

解 方法一

$$EX = \sum_{k=0}^{n} kP\{X=k\} = \sum_{k=1}^{n} kC_n^k p^k q^{n-k}$$

$$= \sum_{k=1}^{n} k\frac{n!}{k!(n-k)!}p^k q^{n-k} = np\sum_{k=1}^{n}\frac{(n-1)!}{(k-1)!(n-k)!}p^{k-1}q^{n-k}$$

$$= np\sum_{k=1}^{n}C_{n-1}^{k-1}p^{k-1}q^{n-k} = np\sum_{i=0}^{n-1}C_{n-1}^i p^i q^{n-1-i}$$

$$= np(p+q)^{n-1} = np,$$

$$EX^2 = E[X(X-1)+X] = E[X(X-1)] + EX$$

$$= \sum_{k=0}^{n}k(k-1)P\{X=k\} + np = \sum_{k=1}^{n}k(k-1)C_n^k p^k q^{n-k} + np$$

$$= \sum_{k=2}^{n}k(k-1)\frac{n!}{k!(n-k)!}p^k q^{n-k} + np$$

$$= n(n-1)p^2\sum_{k=2}^{n}\frac{(n-2)!}{(k-2)!(n-k)!}p^{k-2}q^{n-k} + np$$

$$= n(n-1)p^2 \sum_{k=2}^{n} \mathrm{C}_{n-2}^{k-2} p^{k-2} q^{n-k} + np = n(n-1)p^2 \sum_{i=0}^{n-2} \mathrm{C}_{n-2}^{i} p^{i} q^{n-2-i} + np$$

$$= n(n-1)p^2 (p+q)^{n-2} + np = n(n-1)p^2 + np = n^2 p^2 + npq,$$

$$DX = EX^2 - (EX)^2$$

$$= n^2 p^2 + npq - n^2 p^2 = npq.$$

方法二

设 X_1，X_2，$\cdots$，X_n 相互独立，且同服从（0—1）分布，即

$$P\{X_i=1\}=p, \ P\{X_i=0\}=1-p, \ i=1, \cdots, n,$$

则 $X = \sum_{i=1}^{n} X_i \sim B(n, p)$，$EX_i = p$，$DX_i = p(1-p)$．

于是

$$EX = E\Big(\sum_{i=1}^{n} X_i\Big) = \sum_{i=1}^{n} EX_i = \sum_{i=1}^{n} p = np,$$

$$DX = D\Big(\sum_{i=1}^{n} X_i\Big) = \sum_{i=1}^{n} DX_i$$

$$= \sum_{i=1}^{n} p(1-p) = np(1-p) = npq.$$

例 3 设 X 服从泊松分布 $\Pi(\lambda)$，即

$$P\{X=k\}=\frac{e^{-\lambda}\lambda^k}{k!}, \ k=0, 1, 2, \cdots,$$

求：EX，DX．

解 $EX = \sum_{k=0}^{+\infty} k \cdot \frac{e^{-\lambda}\lambda^k}{k!} = \lambda e^{-\lambda} \sum_{k=1}^{+\infty} \frac{\lambda^{k-1}}{(k-1)!}$

$$= \lambda e^{-\lambda} \cdot e^{\lambda} = \lambda,$$

$$EX^2 = \sum_{k=0}^{+\infty} k^2 \cdot \frac{e^{-\lambda}\lambda^k}{k!} = e^{-\lambda} \sum_{k=1}^{+\infty} k \cdot \frac{\lambda^k}{(k-1)!}$$

$$= e^{-\lambda} \sum_{k=1}^{+\infty} [(k-1)+1] \cdot \frac{\lambda^k}{(k-1)!}$$

$$= e^{-\lambda} \sum_{k=2}^{+\infty} \frac{\lambda^{k-2}}{(k-2)!}\lambda^2 + e^{-\lambda} \sum_{k=1}^{+\infty} \frac{\lambda^{k-1}}{(k-1)!}\lambda$$

$$= e^{-\lambda} \cdot e^{\lambda}\lambda^2 + e^{-\lambda} \cdot e^{\lambda}\lambda = \lambda^2 + \lambda,$$

于是

$$DX = EX^2 - (EX)^2 = (\lambda^2 + \lambda) - \lambda^2 = \lambda.$$

例 4 设 X 在区间 $[a, b]$ 上服从均匀分布，求：EX，DX．

解 X 的概率密度为

$$f(x) = \begin{cases} \dfrac{1}{b-a}, & a \leqslant x \leqslant b, \\ 0, & \text{其他} \end{cases}$$

$$EX = \int_{-\infty}^{+\infty} x f(x) \mathrm{d}x = \int_a^b x \cdot \frac{1}{b-a} \mathrm{d}x$$

$$= \frac{1}{b-a} \cdot \frac{1}{2} (b^2 - a^2) = \frac{a+b}{2},$$

$$EX^2 = \int_{-\infty}^{+\infty} x^2 f(x) \mathrm{d}x = \int_a^b x^2 \cdot \frac{1}{b-a} \mathrm{d}x$$

$$= \frac{1}{b-a} \cdot \frac{1}{3} (b^3 - a^3) = \frac{a^2 + ab + b^2}{3},$$

$$DX = EX^2 - (EX)^2$$

$$= \frac{a^2 + ab + b^2}{3} - \left(\frac{a+b}{2}\right)^2 = \frac{(b-a)^2}{12}.$$

例 5 设 X 服从参数为 λ ($\lambda > 0$) 的指数分布，即 X 有概率密度

$$f(x) = \begin{cases} \lambda \mathrm{e}^{-\lambda x}, & x > 0, \\ 0, & x \leqslant 0 \end{cases},$$

求：EX，DX.

解 $EX = \displaystyle\int_{-\infty}^{+\infty} x f(x) \mathrm{d}x = \int_0^{+\infty} x \cdot \lambda \mathrm{e}^{-\lambda x} \mathrm{d}x$

$$= \int_0^{+\infty} x (-\mathrm{e}^{-\lambda x})' \mathrm{d}x$$

$$= x(-\mathrm{e}^{-\lambda x}) \Big|_0^{+\infty} - \int_0^{+\infty} (-\mathrm{e}^{-\lambda x}) \mathrm{d}x$$

$$= \left(-\frac{1}{\lambda} \mathrm{e}^{-\lambda x}\right) \Big|_0^{+\infty} = \frac{1}{\lambda},$$

$$EX^2 = \int_{-\infty}^{+\infty} x^2 f(x) \mathrm{d}x$$

$$= \int_0^{+\infty} x^2 \cdot \lambda \mathrm{e}^{-\lambda x} \mathrm{d}x$$

$$= \int_0^{+\infty} x^2 (-\mathrm{e}^{-\lambda x})' \mathrm{d}x$$

$$= x^2 (-\mathrm{e}^{-\lambda x}) \Big|_0^{+\infty} - \int_0^{+\infty} 2x(-\mathrm{e}^{-\lambda x}) \mathrm{d}x$$

$$= \frac{2}{\lambda} \int_0^{+\infty} x \cdot \lambda \mathrm{e}^{-\lambda x} \mathrm{d}x = \frac{2}{\lambda} \cdot \frac{1}{\lambda} = \frac{2}{\lambda^2},$$

$$DX = EX^2 - (EX)^2 = \frac{2}{\lambda^2} - \frac{1}{\lambda^2} = \frac{1}{\lambda^2}.$$

例 6　设 $X \sim N(\mu, \sigma^2)$，求：EX，DX.

解　X 的概率密度为

$$f(x) = \frac{1}{\sigma\sqrt{2\pi}}\mathrm{e}^{-\frac{(x-\mu)^2}{2\sigma^2}}, \quad -\infty < x < +\infty.$$

$$EX = \int_{-\infty}^{+\infty} xf(x)\mathrm{d}x = \int_{-\infty}^{+\infty}(\mu + x - \mu)f(x)\mathrm{d}x$$

$$= \mu\int_{-\infty}^{+\infty}f(x)\mathrm{d}x + \int_{-\infty}^{+\infty}(x-\mu)\frac{1}{\sigma\sqrt{2\pi}}\mathrm{e}^{-\frac{(x-\mu)^2}{2\sigma^2}}\mathrm{d}x$$

$$= \mu + \int_{-\infty}^{+\infty}t\frac{1}{\sigma\sqrt{2\pi}}\mathrm{e}^{-\frac{t^2}{2\sigma^2}}\mathrm{d}t$$

$$= \mu + 0 = \mu,$$

$$DX = E(X - EX)^2 = \int_{-\infty}^{+\infty}(x-\mu)^2f(x)\mathrm{d}x$$

$$= \int_{-\infty}^{+\infty}(x-\mu)^2\frac{1}{\sigma\sqrt{2\pi}}\mathrm{e}^{-\frac{(x-\mu)^2}{2\sigma^2}}\mathrm{d}x$$

$$\xlongequal{\frac{x-\mu}{\sigma}=t}\frac{\sigma^2}{\sqrt{2\pi}}\int_{-\infty}^{+\infty}t^2\mathrm{e}^{-\frac{t^2}{2}}\mathrm{d}t$$

$$= \frac{\sigma^2}{\sqrt{2\pi}}\int_{-\infty}^{+\infty}t\left(-\mathrm{e}^{-\frac{t^2}{2}}\right)'\mathrm{d}t$$

$$= \frac{\sigma^2}{\sqrt{2\pi}}\left[t\left(-\mathrm{e}^{-\frac{t^2}{2}}\right)\Big|_{-\infty}^{+\infty} - \int_{-\infty}^{+\infty}\left(-\mathrm{e}^{-\frac{t^2}{2}}\right)\mathrm{d}t\right]$$

$$= \frac{\sigma^2}{\sqrt{2\pi}}(0 + \sqrt{2\pi}) = \sigma^2.$$

正态分布的性质如下.

定理 1　设 $X_i \sim N(\mu_i, \sigma_i^2)$，$X_1$，$X_2$ 相互独立，则 $Z = k_1X_1 + k_2X_2 + b$ 服从正态分布 $N(k_1\mu_1 + k_2\mu_2 + b, k_1^2\sigma_1^2 + k_2^2\sigma_2^2)$，其中 k_1，k_2，b 为常数，$k_1 \neq 0$ 或 $k_2 \neq 0$.

定理 2　设 $(X_1, X_2) \sim N(\mu_1, \sigma_1^2; \mu_2, \sigma_2^2; \rho)$，则

1）$X_i \sim N(\mu_i, \sigma_i^2)$，$EX_i = \mu_i$，$DX_i = \sigma_i^2$，$i = 1, 2$.

2）X_1，X_2 相互独立 $\Leftrightarrow \rho = 0$.

3）$Z = k_1X_1 + k_2X_2 + b$ 服从正态分布（k_1，k_2，b 为常数，$k_1 \neq 0$ 或 $k_2 \neq 0$）.

关于随机向量的函数的独立性，有如下的结论.

定理 3　设随机变量 X_1，X_2，$\cdots$，X_n，X_{n+1}，$\cdots$，X_{n+m} 相互独立，$g(x_1, x_2, \cdots, x_n)$，$h(y_1, y_2, \cdots, y_m)$ 是连续函数或分块连续函数，则 $Y_1 = g(X_1, X_2, \cdots, X_n)$，$Y_2 = h(X_{n+1}, X_{n+2}, \cdots, X_{n+m})$ 相互独立.

例 7　已知随机变量 X_1，X_2，X_3，X_4 相互独立，且都服从 $N(\mu, \sigma^2)$ 分布，求：$Y_1 = X_1 + X_2 - 2\mu$ 与 $Y_2 = X_3 - X_4$ 的联合概率密度.

解 由题设条件知，Y_1，Y_2 相互独立，且 Y_1，Y_2 都服从正态分布.

由于 $EX_i=\mu$，$DX_i=\sigma^2$，$i=1$，2，3，4，所以

$$EY_1=EX_1+EX_2-2\mu=\mu+\mu-2\mu=0,$$
$$DY_1=DX_1+DX_2=2\sigma^2,$$
$$EY_2=EX_3-EX_4=\mu-\mu=0,$$
$$DY_2=D(X_3-X_4)=DX_3+DX_4=2\sigma^2,$$

于是 $Y_1\sim N(0,2\sigma^2)$，$Y_2\sim N(0,2\sigma^2)$，

$$f_{Y_1}(y_1)=\frac{1}{\sqrt{2}\sigma\sqrt{2\pi}}e^{-\frac{y_1^2}{2(\sqrt{2}\sigma)^2}},$$
$$f_{Y_2}(y_2)=\frac{1}{\sqrt{2}\sigma\sqrt{2\pi}}e^{-\frac{y_2^2}{2(\sqrt{2}\sigma)^2}},$$

故得 Y_1 与 Y_2 的联合概率密度为

$$f(y_1,y_2)=f_{Y_1}(y_1)\cdot f_{Y_2}(y_2)=\frac{1}{4\pi\sigma^2}e^{-\frac{y_1^2+y_2^2}{4\sigma^2}},\quad -\infty<y_1,y_2<+\infty.$$

例 8 设随机变量 X 的数学期望 EX 和方差 DX 都存在，且 $DX\neq0$，$X^*=\dfrac{X-EX}{\sqrt{DX}}$，求：$EX^*$，$DX^*$.

解 $EX^*=E\left(\dfrac{X-EX}{\sqrt{DX}}\right)=E\left[\dfrac{1}{\sqrt{DX}}(X-EX)\right]$

$$=\frac{1}{\sqrt{DX}}E(X-EX)=\frac{1}{\sqrt{DX}}(EX-EX)=0,$$

$$E(X^*)^2=E\left(\frac{X-EX}{\sqrt{DX}}\right)^2=E\left[\frac{1}{DX}(X-EX)^2\right]$$

$$=\frac{1}{DX}E(X-EX)^2=\frac{1}{DX}\cdot DX=1,$$

$$DX^*=E(X^*)^2-(EX^*)^2=1-0^2=1.$$

称 $X^*=\dfrac{X-EX}{\sqrt{DX}}$ 为随机变量 X 的标准化随机变量.

习题 5.3

1. 设随机变量 $X_i\sim N(-2,3^2)$，$i=1$，2，且 X_1 与 X_2 相互独立. 给定常数 a，b，求：$D(aX_1-bX_2)$，$E(aX_1^2-bX_2^2)$.

2. 设一次试验成功的概率是 p，进行 100 次独立重复试验，当 p 为多少时，成功次数的标准差的值最大，最大值是多少？

3. 设随机变量 X 服从区间 $[1,3]$ 上的均匀分布，求：$\frac{1}{X}$ 的数学期望．

4. 设 X 表示 10 次独立重复射击命中目标的次数，每次射中目标的概率为 0.4，求：X^2 的数学期望 EX^2．

5. 设随机变量 X 与 Y 独立，且 X 服从均值为 1、标准差为 $\sqrt{2}$ 的正态分布，$Y \sim N(0,1)$，试求：随机变量 $Z=2X-Y+3$ 的概率密度函数．

6. 设随机变量 X 的概率密度为

$$f(x)=\begin{cases} \frac{1}{2}\cos\frac{x}{2}, & 0\leqslant x<\pi \\ 0, & \text{其他} \end{cases},$$

对 X 独立地重复观察 4 次，用 Y 表示观测值大于 $\frac{\pi}{3}$ 的次数，求：Y^2 的数学期望．

7. 已知随机变量 X 的概率密度是 $p(x)=\frac{1}{\sqrt{\pi}}e^{-x^2}$，求：$X$ 的数学期望和方差．

8. 对球的直径进行近似测量，设其值在区间 $[a,b]$ 上服从均匀分布，求：球的体积的均值．

9. 设随机变量 X 的概率密度为 $f(x)=\begin{cases} 2e^{-2x}, & x>0 \\ 0, & x\leqslant 0 \end{cases}$，求：$E(X+e^{-X})$．

10. 100 件产品中有 5 件次品，任取 10 件产品，求：次品件数的数学期望和方差．

5.4　协方差和相关系数

对于随机向量 (X,Y)，除了要知道 EX，DX，EY，DY 以外，还要知道 X 与 Y 之间的关系．下面引进的协方差和相关系数就能起到这个作用．

首先，考察
$$\begin{aligned} D(X+Y) &= E[(X+Y)-E(X+Y)]^2 \\ &= E[(X-EX)+(Y-EY)]^2 \\ &= E[(X-EX)^2+(Y-EY)^2+2(X-EX)\cdot(Y-EY)] \\ &= E(X-EX)^2+E(Y-EY)^2+2E[(X-EX)\cdot(Y-EY)], \end{aligned}$$

这里出现了需要求 $E[(X-EX)\cdot(Y-EY)]$ 的问题，所以有必要将它单独列出来．

1. 协方差

定义 1　设 (X,Y) 为二维随机变量，若 $E[(X-EX)\cdot(Y-EY)]$ 存在，则称它为随机变量 X 与 Y 的协方差．记作 $\text{Cov}(X,Y)$，即

$$\mathrm{Cov}(X,Y)=E[(X-EX)\cdot(Y-EY)].$$

另一个常用的计算公式为

$$\begin{aligned}
\mathrm{Cov}(X,Y)&=E[(X-EX)\cdot(Y-EY)]\\
&=E(XY-X\cdot EY-EX\cdot Y+EX\cdot EY)\\
&=E(XY)-EX\cdot EY-EX\cdot EY+EX\cdot EY\\
&=E(XY)-EX\cdot EY.
\end{aligned}$$

容易知道协方差具有如下的性质:

1) $\mathrm{Cov}(X,Y)=\mathrm{Cov}(Y,X)$.

2) $\mathrm{Cov}(aX,bY)=ab\mathrm{Cov}(X,Y)$, 其中 a, b 是常数.

3) $\mathrm{Cov}(X_1+X_2,Y)=\mathrm{Cov}(X_1,Y)+\mathrm{Cov}(X_2,Y)$.

4) $D(X+Y)=DX+DY+2\mathrm{Cov}(X,Y)$,

$\quad\ D(X-Y)=DX+DY-2\mathrm{Cov}(X,Y)$.

事实上,

$$\begin{aligned}
D(X-Y)&=E[(X-Y)-E(X-Y)]^2\\
&=E[(X-EX)-(Y-EY)]^2\\
&=E[(X-EX)^2+(Y-EY)^2-2(X-EX)\cdot(Y-EY)]\\
&=E(X-EX)^2+E(Y-EY)^2-2E[(X-EX)\cdot(Y-EY)]\\
&=DX+DY-2\mathrm{Cov}(X,Y).
\end{aligned}$$

定理 1 若 X 与 Y 相互独立, 则有

$$E(XY)=EX\cdot EY,\ \mathrm{Cov}(X,Y)=E(XY)-EX\cdot EY=0.$$

注意: 由 $\mathrm{Cov}(X,Y)=0$, 推不出 X 与 Y 相互独立.

2. 相关系数

定义 2 设 (X,Y) 为二维随机变量, 协方差 $\mathrm{Cov}(X,Y)$ 存在, 且 $DX>0$, $DY>0$, 则称数值 $\dfrac{\mathrm{Cov}(X,Y)}{\sqrt{DX}\cdot\sqrt{DY}}$ 为随机变量 X 与 Y 的相关系数或标准协方差, 记作 ρ_{XY}, 或简记作 ρ, 即

$$\rho=\rho_{XY}=\frac{\mathrm{Cov}(X,Y)}{\sqrt{DX}\cdot\sqrt{DY}}.$$

关于相关系数有如下的性质.

定理 2 设 (X,Y) 为二维随机变量, 且 $DX>0$, $DY>0$, 对于相关系数

$$\rho=\rho_{XY}=\frac{\mathrm{Cov}(X,Y)}{\sqrt{DX}\cdot\sqrt{DY}},$$

有

1) $|\rho|\leqslant 1$.

2) $|\rho|=1$ 的充要条件是 $P\{Y=aX+b\}=1$，其中 a，b 是常数，且 $a\neq 0$．

由此可知，相关系数 ρ 刻画了随机变量 X 与 Y 之间线性关系的近似程度．当 $|\rho|$ 越接近于 1 时，X 与 Y 越接近线性关系．当 $|\rho|=1$ 时，X 与 Y 之间以概率 1 成立线性关系．若 $Y=aX+b$，则 $EY=E(aX+b)=aEX+b$，$b=EY-aEX$，$Y=aX+EY-aEX$，$Y-EY=a(X-EX)$，即相当于 $(X-EX)$ 与 $(Y-EY)$ 线性相关．

另一个极端情况是当 $\rho=0$ 时，X 与 Y 之间不存在线性关系［即相当于 $(X-EX)$ 与 $(Y-EY)$ 不线性相关］，简称 X 与 Y 不相关．

定义 3　设 $(X，Y)$ 为二维随机变量，且 $DX>0$，$DY>0$，若 X 与 Y 的相关系数 $\rho=0$，则称 X 与 Y 不相关．

定理 3　若 X 与 Y 相互独立，且 $DX>0$，$DY>0$，则有

$$E(XY)=EX \cdot EY,$$

$$\text{Cov}(X，Y)=E(XY)-EX \cdot EY=0,$$

$$\rho=\rho_{XY}=\frac{\text{Cov}(X，Y)}{\sqrt{DX} \cdot \sqrt{DY}}=0,$$

即 X 与 Y 不相关．

注意：由 X 与 Y 不相关，推不出 X 与 Y 相互独立．

3. 计算举例

例 1　设 $(X，Y)$ 的概率密度是

$$f(x，y)=\begin{cases}\dfrac{1}{\pi}，& x^2+y^2 \leqslant 1，\\[2mm] 0，& \text{其他}\end{cases}$$

（1）求：$\text{Cov}(X,Y)$；（2）证明：X 与 Y 不相关，但 X 与 Y 不独立．

解　（1）$\text{Cov}(X，Y)=E(XY)-EX \cdot EY$，

$$EX=\int_{-\infty}^{+\infty}\int_{-\infty}^{+\infty}xf(x，y)\mathrm{d}x\mathrm{d}y$$

$$=\iint\limits_{x^2+y^2\leqslant 1}x \cdot \frac{1}{\pi}\mathrm{d}x\mathrm{d}y=\frac{1}{\pi}\int_{-1}^{1}\left(\int_{-\sqrt{1-y^2}}^{\sqrt{1-y^2}}x\mathrm{d}x\right)\mathrm{d}y=0，$$

（奇函数在对称区间上积分为零），

$$\left(\text{或}=\int_{0}^{1}\int_{0}^{2\pi}r\cos\theta \cdot \frac{1}{\pi}r\mathrm{d}\theta\mathrm{d}r=0\right).$$

$$EY=\int_{-\infty}^{+\infty}\int_{-\infty}^{+\infty}yf(x，y)\mathrm{d}x\mathrm{d}y$$

$$=\iint\limits_{x^2+y^2\leqslant 1}y \cdot \frac{1}{\pi}\mathrm{d}x\mathrm{d}y=0，$$

$$\left(\text{或} = \int_0^1 \int_0^{2\pi} r\sin\theta \cdot \frac{1}{\pi} r\mathrm{d}\theta\mathrm{d}r = 0\right).$$

$$E(XY) = \int_{-\infty}^{+\infty}\int_{-\infty}^{+\infty} xyf(x,\ y)\mathrm{d}x\mathrm{d}y$$

$$= \iint\limits_{x^2+y^2\leqslant 1} xy \cdot \frac{1}{\pi}\mathrm{d}x\mathrm{d}y$$

$$= \frac{1}{\pi}\int_{-1}^1 x\left(\int_{-\sqrt{1-x^2}}^{\sqrt{1-x^2}} y\mathrm{d}y\right)\mathrm{d}x = 0,$$

所以 $\mathrm{Cov}(X,Y) = E(XY) - EX \cdot EY = 0.$

(2) 证明 $\rho = \rho_{XY} = \dfrac{\mathrm{Cov}(X,Y)}{\sqrt{DX} \cdot \sqrt{DY}} = 0$，从而 X 与 Y 不相关.

$$f_X(x) = \int_{-\infty}^{+\infty} f(x,\ y)\mathrm{d}y,$$

ⅰ）当 $|x| > 1$ 时，对任意 y，有
$$f(x,\ y) = 0,\ f_X(x) = 0.$$

ⅱ）当 $|x| \leqslant 1$ 时，
$$f_X(x) = \int_{-\infty}^{+\infty} f(x,\ y)\mathrm{d}y = \int_{-\sqrt{1-x^2}}^{\sqrt{1-x^2}} \frac{1}{\pi}\mathrm{d}y = \frac{2}{\pi}\sqrt{1-x^2},$$

于是 X 的概率密度为
$$f_X(x) = \int_{-\infty}^{+\infty} f(x,\ y)\mathrm{d}y = \begin{cases} \dfrac{2}{\pi}\sqrt{1-x^2}, & -1\leqslant x\leqslant 1 \\ 0, & \text{其他} \end{cases},$$

同理，Y 的概率密度为
$$f_Y(y) = \int_{-\infty}^{+\infty} f(x,\ y)\mathrm{d}x = \begin{cases} \dfrac{2}{\pi}\sqrt{1-y^2}, & -1\leqslant y\leqslant 1 \\ 0, & \text{其他} \end{cases},$$

由于 $f(x,\ y)\neq f_X(x) \cdot f_Y(y)$，$-1 < x,\ y < 1$，所以，$X$ 与 Y 不独立.

例 2 设 $(X,\ Y) \sim N(\mu_1,\ \sigma_1^2;\ \mu_2,\ \sigma_2^2;\ \rho)$，求：$\mathrm{Cov}(X,Y)$.

解 由题设条件知，
$$X\sim N(\mu_1,\ \sigma_1^2),\ EX=\mu_1,\ DX=\sigma_1^2,$$
$$Y\sim N(\mu_2,\ \sigma_2^2),\ EY=\mu_2,\ DY=\sigma_2^2,$$

$(X,\ Y)$ 的概率密度为
$$f(x,y) = \frac{1}{2\pi\sigma_1\sigma_2\sqrt{1-\rho^2}}\cdot\exp\left\{-\frac{1}{2(1-\rho^2)}\left[\left(\frac{x-\mu_1}{\sigma_1}\right)^2 - 2\rho\left(\frac{x-\mu_1}{\sigma_1}\right)\left(\frac{y-\mu_2}{\sigma_2}\right) + \left(\frac{y-\mu_2}{\sigma_2}\right)^2\right]\right\}$$

$$= \frac{1}{2\pi\sigma_1\sigma_2\sqrt{1-\rho^2}}\cdot\exp\left\{-\frac{1}{2(1-\rho^2)}\left[\left(\frac{y-\mu_2}{\sigma_2} - \rho\frac{x-\mu_1}{\sigma_1}\right)^2 + (1-\rho^2)\left(\frac{x-\mu_1}{\sigma_1}\right)^2\right]\right\}$$

$$= \frac{1}{\sigma_1\sqrt{2\pi}}\exp\left[-\frac{(x-\mu_1)^2}{2\sigma_1^2}\right] \cdot \frac{1}{\sigma_2\sqrt{1-\rho^2}\cdot\sqrt{2\pi}}\exp\left\{-\frac{\left[(y-\mu_2)-\rho\sigma_2\dfrac{x-\mu_1}{\sigma_1}\right]^2}{2\sigma_2^2(1-\rho^2)}\right\}$$

$$= f_X(x) \cdot f_{Y|X}(y|x),$$

$$\begin{aligned}
\text{Cov}(X, Y) &= E[(X-EX)(Y-EY)] \\
&= E[(X-\mu_1)(Y-\mu_2)] \\
&= \int_{-\infty}^{+\infty}\int_{-\infty}^{+\infty}(x-\mu_1)(y-\mu_2)f(x,y)\mathrm{d}x\mathrm{d}y \\
&= \int_{-\infty}^{+\infty}(x-\mu_1)f_X(x)\left[\int_{-\infty}^{+\infty}(y-\mu_2)f_{Y|X}(y|x)\mathrm{d}y\right]\mathrm{d}x \\
&= \int_{-\infty}^{+\infty}(x-\mu_1)f_X(x)\cdot\rho\sigma_2\frac{(x-\mu_1)}{\sigma_1}\mathrm{d}x \\
&= \rho\frac{\sigma_2}{\sigma_1}\int_{-\infty}^{+\infty}(x-\mu_1)^2 f_X(x)\mathrm{d}x \\
&= \rho\frac{\sigma_2}{\sigma_1}\cdot\sigma_1^2 = \rho\sigma_1\sigma_2,
\end{aligned}$$

故 $\text{Cov}(X, Y)=\rho\sigma_1\sigma_2$，$\rho_{XY}=\dfrac{\text{Cov}(X, Y)}{\sqrt{DX}\cdot\sqrt{DY}}=\dfrac{\rho\sigma_1\sigma_2}{\sigma_1\sigma_2}=\rho.$

定理 4　设 $(X, Y)\sim N(\mu_1, \sigma_1^2; \mu_2, \sigma_2^2; \rho)$，则 X 与 Y 相互独立 $\Leftrightarrow \rho=0 \Leftrightarrow X$ 与 Y 不相关．

定理 4 的结论适用于服从二维正态分布的随机变量 (X, Y)，X 与 Y 的独立性与不相关性是等价的．对一般随机变量 (X, Y)：X 与 Y 独立 $\Rightarrow X$ 与 Y 不相关，但其逆命题不一定成立．

例 3　设随机变量 $(X, Y)\sim N(0, 1^2; 1, 2^2; \rho)$，且 $Z=X-2Y+1$，求：

(1) 当 $\rho=0$ 时，Z 的概率密度 $f_Z(z)$ 及 $D(XY)$．

(2) 当 $\rho=-\dfrac{1}{2}$ 时，$E[(Y-X)Y]$ 及 $D(X-2Y)$．

解　(1) 由题设条件及 $\rho=0$ 知，X 与 Y 相互独立，所以 $Z=X-2Y+1$ 服从正态分布，由 $(X, Y)\sim N(0, 1^2; 1, 2^2; 0)$ 得

$$EX=0, \ DX=1, \ EY=1, \ DY=4,$$

于是得到 $EZ=E(X-2Y+1)=EX-2EY+1=0-2\times 1+1=-1$，

$$DZ=D(X-2Y+1)=DX+4DY=1+4\times 4=17,$$

故 $Z\sim N(-1, 17)$，Z 的概率密度为

$$f_Z(z)=\frac{1}{\sqrt{17}\cdot\sqrt{2\pi}}\mathrm{e}^{-\frac{(z+1)^2}{34}}, \ -\infty<z<+\infty.$$

由 X 与 Y 的独立性知，X^2 与 Y^2 也独立，且

$$E(XY)=EX\cdot EY=0,$$

$$E(X^2Y^2)=EX^2\cdot EY^2,$$

$$EX^2 = DX + (EX)^2 = 1 + 0^2 = 1,$$
$$EY^2 = DY + (EY)^2 = 4 + 1^2 = 5.$$

于是
$$D(XY) = E(XY)^2 - [E(XY)]^2$$
$$= EX^2 \cdot EY^2 - (EX \cdot EY)^2$$
$$= 1 \times 5 - 0^2 = 5.$$

(2) 当 $\rho_{XY} = \rho = -\dfrac{1}{2}$ 时,
$$\mathrm{Cov}(X, Y) = \rho_{XY} \sqrt{DX} \cdot \sqrt{DY}$$
$$= -\frac{1}{2} \times 1 \times 2 = -1,$$

由 $\mathrm{Cov}(X, Y) = E(XY) - EX \cdot EY$ 得到
$$E(XY) = \mathrm{Cov}(X, Y) + EX \cdot EY$$
$$= -1 + 0 \times 1 = -1,$$
$$E[(Y-X)Y] = EY^2 - E(XY)$$
$$= 5 - (-1) = 6,$$
$$D(X - 2Y) = DX + 4DY - 4\mathrm{Cov}(X, Y)$$
$$= 1 + 4 \times 4 - 4 \times (-1) = 21.$$

例 4 设随机变量 X 和 Y 的联合分布律为

X \ Y	-1	0	1
-1	$\dfrac{1}{8}$	$\dfrac{1}{8}$	$\dfrac{1}{8}$
0	$\dfrac{1}{8}$	0	$\dfrac{1}{8}$
1	$\dfrac{1}{8}$	$\dfrac{1}{8}$	$\dfrac{1}{8}$

验证: X 与 Y 不相关, 但 X 与 Y 也不相互独立.

证明 由已知条件可以分别计算出 X, Y 的边缘分布律为

X	-1	0	1
P	$\dfrac{3}{8}$	$\dfrac{2}{8}$	$\dfrac{3}{8}$

Y	-1	0	1
P	$\dfrac{3}{8}$	$\dfrac{2}{8}$	$\dfrac{3}{8}$

则有
$$EX = (-1) \times \frac{3}{8} + 0 \times \frac{2}{8} + 1 \times \frac{3}{8} = 0,$$
$$EX^2 = (-1)^2 \times \frac{3}{8} + 0^2 \times \frac{2}{8} + 1^2 \times \frac{3}{8} = \frac{3}{4},$$
$$DX = EX^2 - (EX)^2 = \frac{3}{4}.$$

因 Y 与 X 的分布律相同，故 $EY = EX = 0$，$DY = DX = \dfrac{3}{4}$，

$$E(XY) = \sum_i \sum_j x_i y_j P\{X = x_i,\ Y = y_j\}$$

$$= (-1) \times (-1) \times \frac{1}{8} + (-1) \times 0 \times \frac{1}{8} + (-1) \times 1 \times \frac{1}{8} + 0 \times (-1) \times$$

$$\frac{1}{8} + 0 \times 0 \times 0 + 0 \times 1 \times \frac{1}{8} + 1 \times (-1) \times \frac{1}{8} + 1 \times 0 \times \frac{1}{8} + 1 \times 1 \times \frac{1}{8}$$

$$= 0,$$

$$\mathrm{Cov}(X,\ Y) = E(XY) - EX \cdot EY = 0,$$

$$\rho_{XY} = \frac{\mathrm{Cov}(X,\ Y)}{\sqrt{DX} \cdot \sqrt{DY}} = 0,$$

即得 X 与 Y 不相关.

由于 $P\{X = 0,\ Y = 0\} = 0$，$P\{X = 0\} \cdot P\{Y = 0\} = \dfrac{4}{64}$，即 $P\{X = 0,\ Y = 0\} \neq P\{X = 0\} \cdot P\{Y = 0\}$，因此 X 与 Y 不相互独立.

例 5　接连不断地掷一颗骰子，直到出现点数小于 5 点为止，以 X 表示最后一次掷出的点数，以 Y 表示掷骰子的次数.

（1）证明：X 与 Y 相互独立；

（2）求：EX，EY，$E(XY)$.

解　（1）由

$$P\{X = i\} \cdot P\{Y = j\} = \frac{1}{4} \cdot \frac{2}{3} \cdot \left(\frac{1}{3}\right)^{j-1} = \frac{1}{6} \cdot \left(\frac{1}{3}\right)^{j-1}$$

可知

$$P\{X = i,\ Y = j\} = P\{X = i\} \cdot P\{Y = j\},\ i = 1,\ 2,\ 3,\ 4;\ j = 1,\ 2,\ \cdots,$$

所以 X 与 Y 相互独立.

（2）$EX = \displaystyle\sum_{i=1}^{4} i P\{X = i\} = (1 + 2 + 3 + 4) \cdot \dfrac{1}{4} = \dfrac{5}{2}$，

$$EY = \sum_{j=1}^{+\infty} j P\{Y = j\} = \sum_{j=1}^{+\infty} j \frac{2}{3} \cdot \left(\frac{1}{3}\right)^{j-1}$$

$$= \frac{2}{3} \sum_{j=1}^{+\infty} j \left(\frac{1}{3}\right)^{j-1} = \frac{2}{3} \cdot \frac{1}{\left(1 - \frac{1}{3}\right)^2} = \frac{3}{2},$$

由于 X 与 Y 相互独立，所以

$$E(XY) = EX \cdot EY = \frac{5}{2} \cdot \frac{3}{2} = \frac{15}{4}.$$

定理 5　设随机变量 X，Y 的二阶矩 EX^2，EY^2 存在，则下列不等式成立.

$$|E(XY)| \leqslant (EX^2)^{\frac{1}{2}} \cdot (EY^2)^{\frac{1}{2}}.$$

此不等式称为柯西-施瓦茨（Cauchy-Schwarz）不等式.

证明　对任意实数 t，恒有

$$t^2 EX^2 + 2tE(XY) + EY^2 = E(tX+Y)^2 \geqslant 0.$$

当 $EX^2 > 0$ 时，取 $t = -\dfrac{E(XY)}{EX^2}$，代入上式，则有

$$EY^2 - \frac{[E(XY)]^2}{EX^2} \geqslant 0,$$

$$[E(XY)]^2 \leqslant (EX^2) \cdot (EY^2),$$

即得

$$|E(XY)| \leqslant (EX^2)^{\frac{1}{2}} \cdot (EY^2)^{\frac{1}{2}}.$$

或直接由判别式 $\Delta = b^2 - 4ac \leqslant 0$ 得 $[2E(XY)]^2 - 4(EX^2) \cdot (EY^2) \leqslant 0$，

即得 $[E(XY)]^2 \leqslant (EX^2) \cdot (EY^2)$，于是 $|E(XY)| \leqslant (EX^2)^{\frac{1}{2}} \cdot (EY^2)^{\frac{1}{2}}$.

当 $EX^2 = 0$ 时，由于对任意实数 t，恒有

$$2tE(XY) + EY^2 = E(tX+Y)^2 \geqslant 0,$$

从而必有 $E(XY) = 0$，于是自然有

$$|E(XY)| \leqslant (EX^2)^{\frac{1}{2}} \cdot (EY^2)^{\frac{1}{2}},$$

综上所述结论得证.

利用定理 5，即得下面不等式成立.

$$\begin{aligned}
|\mathrm{Cov}(X,Y)| &= |E[(X-EX)(Y-EY)]| \\
&\leqslant [E(X-EX)^2]^{\frac{1}{2}} \cdot [E(Y-EY)^2]^{\frac{1}{2}} \\
&= \sqrt{DX} \cdot \sqrt{DY}.
\end{aligned}$$

由此，即可推出 $|\rho| \leqslant 1$.

定理 6　设随机变量 X，Y 的二阶矩 EX^2，EY^2 存在，则下列不等式成立.

$$(E|X+Y|^2)^{\frac{1}{2}} \leqslant (EX^2)^{\frac{1}{2}} + (EY^2)^{\frac{1}{2}}.$$

证明　因为

$$\begin{aligned}
E|X+Y|^2 &= E|X+Y||X+Y| \leqslant E|X+Y|(|X|+|Y|) \\
&= E|X+Y||X| + E|X+Y||Y| \\
&\leqslant (E|X+Y|^2)^{\frac{1}{2}}(EX^2)^{\frac{1}{2}} + (E|X+Y|^2)^{\frac{1}{2}}(EY^2)^{\frac{1}{2}} \\
&= (E|X+Y|^2)^{\frac{1}{2}}\left[(EX^2)^{\frac{1}{2}} + (EY^2)^{\frac{1}{2}}\right],
\end{aligned}$$

即

$$(E|X+Y|^2)^{\frac{1}{2}} \leqslant (EX^2)^{\frac{1}{2}} + (EY^2)^{\frac{1}{2}}.$$

定理 7　设随机变量 X，Y 的二阶矩存在，则有

$$|\mathrm{Cov}(X,Y)| \leqslant \sqrt{DX} \cdot \sqrt{DY}.$$

关于相关系数的定理 2 的证明如下.

证明　（1）由 $|\mathrm{Cov}(X,Y)|\leqslant\sqrt{DX}\cdot\sqrt{DY}$ 可知

$$|\rho_{XY}|=\frac{|\mathrm{Cov}(X,Y)|}{\sqrt{DX}\cdot\sqrt{DY}}\leqslant 1;$$

（2）在 $D(Y-tX)=t^2DX-2t\mathrm{Cov}(X,Y)+DY$ 中，令 $t=a=\dfrac{\mathrm{Cov}(X,Y)}{DX}$，则有

$$D(Y-aX)=DY\left\{1-\frac{[\mathrm{Cov}(X,Y)]^2}{DX\cdot DY}\right\}$$
$$=DY(1-\rho^2),$$

从而有

$$|\rho|=1\Leftrightarrow D(Y-aX)=0$$
$$\Leftrightarrow P\{Y-aX=E(Y-aX)\}=1$$
$$\Leftrightarrow P\{Y-EY=a(X-EX)\}=1,$$

令 $b=EY-aEX$，则 $P\{Y=aX+b\}=1$，其中 a，b 是常数．证毕．

注意：若 $DX=0$，则有　$P\{X=EX\}=1$，$\mathrm{Cov}(X,Y)=0$，即 $P\{X=0Y+EX\}=1$，$\mathrm{Cov}(X,Y)=0$，此时 X 与 Y 相关．所以有些教科书上把 $\mathrm{Cov}(X,Y)=0$ 作为 X 与 Y 不相关的定义是不妥的．

例6　设 A，B 为任意事件，则下式成立．

$$|P(AB)-P(A)P(B)|\leqslant\{P(A)[1-P(A)]\}^{\frac{1}{2}}\{P(B)[1-P(B)]\}^{\frac{1}{2}}.$$

证明　若 $P(A)=0$ 或 $P(A)=1$ 或 $P(B)=0$ 或 $P(B)=1$，则不等式显然成立；

不妨设 $0<P(A)$，$P(B)<1$，定义随机变量

$$X=\begin{cases}1,若\ A\ 出现\\0,若\ A\ 不出现\end{cases};\quad Y=\begin{cases}1,若\ B\ 出现\\0,若\ B\ 不出现\end{cases},$$

则有

$$P\{X=1\}=P(A),\ P\{X=0\}=P(\overline{A})=1-P(A),$$
$$P\{Y=1\}=P(B),\ P\{Y=0\}=P(\overline{B})=1-P(B),$$
$$EX=P(A),\ DX=P(A)[1-P(A)],\ EY=P(B),\ DY=P(B)[1-P(B)],$$
$$E(XY)=1\cdot 1\cdot P\{X=1,Y=1\}=P(AB),$$
$$\mathrm{Cov}(X,Y)=E(XY)-EX\cdot EY=P(AB)-P(A)P(B),$$

由 $|\mathrm{Cov}(X,Y)|\leqslant\sqrt{DX}\cdot\sqrt{DY}$ 得

$$|P(AB)-P(A)P(B)|\leqslant\left\{P(A)[1-P(A)]\right\}^{\frac{1}{2}}\left\{P(B)[1-P(B)]\right\}^{\frac{1}{2}}.$$

事件 A 与 B 相互独立的充分必要条件是随机变量 X 和 Y 不相关．

习题 5. 4

1. 设随机变量 (X, Y) 的联合概率密度为 $f(x, y) = \begin{cases} 1, & |y| < x, \ 0 < x < 1 \\ 0, & \text{其他} \end{cases}$，求：$\text{Cov}(X, Y)$.

2. 已知 $DX = 25$，$DY = 36$，$\rho_{XY} = 0.4$，求：$D(X + Y)$，$D(X - Y)$.

3. 设随机变量 (X, Y) 的概率密度为

$$f(x, y) = \begin{cases} a\sin(x + y), & 0 \leqslant x \leqslant \dfrac{\pi}{2}, \ 0 \leqslant y \leqslant \dfrac{\pi}{2} \\ 0, & \text{其他} \end{cases},$$

求：(1) 常数 a；(2) EX，DX，EY，DY；(3) $E(XY)$，$\text{Cov}(X, Y)$ 及 ρ_{XY}.

4. 设 ξ 在区间 $(-\pi, \pi)$ 上服从均匀分布，$X = \sin\xi$，$Y = \cos\xi$，
(1) 求：EX，EY；(2) 求：EX^2，DX，EY^2，DY；(3) 求：$\text{Cov}(X, Y)$；
(4) 求：X 与 Y 的相关系数 ρ，验证 X 与 Y 是否相关.

5. 设 A 和 B 为随机事件，且 $P(A) = \dfrac{1}{4}$，$P(B|A) = \dfrac{1}{3}$，$P(A|B) = \dfrac{1}{2}$，
令 $X = \begin{cases} 1, & A \text{ 发生} \\ 0, & A \text{ 不发生} \end{cases}$，$Y = \begin{cases} 1, & B \text{ 发生} \\ 0, & B \text{ 不发生} \end{cases}$，求：(1) 二维随机变量 (X, Y) 的概率分布；(2) X 与 Y 的相关系数 ρ_{XY}.

6. 设 X_1，X_2，$\cdots$，X_{n+m} $(n > m)$ 是独立同分布且方差存在的随机变量，
令 $Y = X_1 + X_2 + \cdots + X_n$，$Z = X_{m+1} + X_{m+2} + \cdots + X_{m+n}$，求：$\rho_{YZ}$.

7. 设二维随机变量 (X, Y) 的密度函数为

$$f(x, y) = \begin{cases} \dfrac{1}{8}(x + y), & 0 \leqslant x \leqslant 2, \ 0 \leqslant y \leqslant 2 \\ 0, & \text{其他} \end{cases},$$

求：$E(X)$，$E(Y)$，$D(X)$，$D(Y)$，$\text{Cov}(X, Y)$，ρ_{XY}.

8. 设连续型随机变量 X 的概率密度函数是偶函数，且 $E(X^2) < +\infty$，试证：X 与 $|X|$ 不相关.

5.5 矩 协方差矩阵

1. 矩的概念

矩是一些数字特征的泛称或总称. 在概率论和数理统计中，矩占有重要的地位. 前面讨论的数学期望、方差、协方差等数字特征都是某种矩. 在理论和实际中，这些数字特征还不够用，还需要更多的其他矩.

定义 1　设 X 和 Y 是随机变量，对正整数 k，若 $E(X^k)$ 存在，称它为 X 的 k 阶原点矩；若 $E(X-EX)^k$ 存在，称它为 X 的 k 阶中心矩.

显然，X 的数学期望 $EX=EX^1$ 就是一阶原点矩，方差 $DX=E(X-EX)^2$ 就是二阶中心矩.

此外，还可以定义 $k+l$ 阶原点混合矩 $E(X^kY^l)$，$k+l$ 阶中心混合矩 $E[(X-EX)^k(Y-EY)^l]$，k 阶原点绝对矩 $E|X|^k$，k 阶中心绝对矩 $E|X-EX|^k$，等等.

例 1　设 $X\sim N(\mu,\sigma^2)$，求：$E(X-EX)^k$，k 为正整数.

解　由 $X\sim N(\mu,\sigma^2)$ 知 $EX=\mu$，$DX=\sigma^2$，X 的概率密度为

$$f(x)=\frac{1}{\sigma\sqrt{2\pi}}\mathrm{e}^{-\frac{(x-\mu)^2}{2\sigma^2}},\quad -\infty<x<+\infty,$$

$$E(X-EX)^k=\int_{-\infty}^{+\infty}(x-\mu)^kf(x)\mathrm{d}x$$

$$=\int_{-\infty}^{+\infty}(x-\mu)^k\frac{1}{\sigma\sqrt{2\pi}}\mathrm{e}^{-\frac{(x-\mu)^2}{2\sigma^2}}\mathrm{d}x$$

$$\xlongequal{\frac{x-\mu}{\sigma}=t}\frac{\sigma^k}{\sqrt{2\pi}}\int_{-\infty}^{+\infty}t^k\mathrm{e}^{-\frac{t^2}{2}}\mathrm{d}t,$$

此积分对任意正整数 k 收敛.

当 k 为奇数时，被积函数为奇函数，此时 $E(X-EX)^k=0$；

当 k 为偶数时，

$$\int_{-\infty}^{+\infty}t^k\mathrm{e}^{-\frac{t^2}{2}}\mathrm{d}t=\int_{-\infty}^{+\infty}t^{k-1}(-\mathrm{e}^{-\frac{t^2}{2}})'\mathrm{d}t$$

$$=(k-1)\int_{-\infty}^{+\infty}t^{k-2}\mathrm{e}^{-\frac{t^2}{2}}\mathrm{d}t=(k-1)\cdot(k-3)\cdots\cdot 3\cdot 1\int_{-\infty}^{+\infty}\mathrm{e}^{-\frac{t^2}{2}}\mathrm{d}t$$

$$=(k-1)\cdot(k-3)\cdots\cdot 3\cdot 1\cdot\sqrt{2\pi},$$

于是　　　　$E(X-EX)^k=\sigma^k\cdot(k-1)\cdot(k-3)\cdots\cdot 3\cdot 1.$

特别地，$E(X-EX)^2=\sigma^2$，$E(X-EX)^4=3\sigma^4$，$E(X-EX)^6=15\sigma^6$.

定理　设 $X\sim N(0,1)$，则有 $EX=0$，$EX^2=1$，$DX=1$，$EX^4=3$，$DX^2=EX^4-(EX^2)^2=3-1^2=2.$

例 2　设 X_1，X_2，$\cdots$，X_n 相互独立，且都服从 $N(0,1)$，求：随机变量 $Y=\sum_{i=1}^{n}X_i^2$ 的数学期望和方差.

解　由条件知 $EX_i^2=1$，$DX_i^2=2$，$i=1,2,\cdots,n$，故

$$EY=\sum_{i=1}^{n}EX_i^2=n,\quad DY=\sum_{i=1}^{n}DX_i^2=2n.$$

例 3　设随机变量 $X\sim N(\mu,\sigma^2)$，求：$E|X-\mu|^3.$

解 X 的概率密度为

$$f(x) = \frac{1}{\sigma\sqrt{2\pi}} e^{-\frac{(x-\mu)^2}{2\sigma^2}}, \quad -\infty < x < +\infty,$$

$$E|X-\mu|^3 = \int_{-\infty}^{+\infty} |x-\mu|^3 f(x)\,\mathrm{d}x$$

$$= \int_{-\infty}^{+\infty} |x-\mu|^3 \frac{1}{\sigma\sqrt{2\pi}} e^{-\frac{(x-\mu)^2}{2\sigma^2}}\,\mathrm{d}x \xlongequal{\frac{x-\mu}{\sigma}=t} \frac{\sigma^3}{\sqrt{2\pi}} \int_{-\infty}^{+\infty} |t|^3 e^{-\frac{t^2}{2}}\,\mathrm{d}t$$

$$= \frac{\sigma^3}{\sqrt{2\pi}} 2\int_0^{+\infty} t^3 e^{-\frac{t^2}{2}}\,\mathrm{d}t = \frac{\sigma^3}{\sqrt{2\pi}} \int_0^{+\infty} t^2 e^{-\frac{t^2}{2}}\,\mathrm{d}(t^2)$$

$$= \frac{\sigma^3}{\sqrt{2\pi}} \int_0^{+\infty} y e^{-\frac{y}{2}}\,\mathrm{d}y = \frac{\sigma^3}{\sqrt{2\pi}} \int_0^{+\infty} y(-2e^{-\frac{y}{2}})'\,\mathrm{d}y = \frac{\sigma^3}{\sqrt{2\pi}} \int_0^{+\infty} 2e^{-\frac{y}{2}}\,\mathrm{d}y$$

$$= \frac{\sigma^3}{\sqrt{2\pi}} \int_0^{+\infty} (-4e^{-\frac{y}{2}})'\,\mathrm{d}y = 4\frac{\sigma^3}{\sqrt{2\pi}} = \frac{2\sqrt{2}}{\sqrt{\pi}}\sigma^3.$$

2. 协方差矩阵

定义 2 对于 n 维随机向量 $(X_1, X_2, \cdots, X_n)$, 若

$$C_{ij} = \mathrm{Cov}(X_i, X_j) = E[(X_i - EX_i)(X_j - EX_j)], \quad i, j = 1, 2, \cdots, n$$

存在, 则矩阵

$$\boldsymbol{C} = (C_{ij})_{n\times n}$$

称为 n 维随机向量 $(X_1, X_2, \cdots, X_n)$ 的协方差矩阵.

显然

$$C_{ij} = \mathrm{Cov}(X_i, X_j) = \mathrm{Cov}(X_j, X_i) = C_{ji},$$

所以, 协方差矩阵 $\boldsymbol{C} = (C_{ij})_{n\times n}$ 是一个对称矩阵.

利用协方差矩阵, 我们可以把二维正态随机变量的概率密度改写成较简洁的形式, 从而很容易地把它推广到 n 维正态随机向量 $(X_1, X_2, \cdots, X_n)$ 的情形.

二维正态随机变量 (X_1, X_2) 的概率密度为

$$f(x_1, x_2) = \frac{1}{2\pi\sigma_1\sigma_2\sqrt{1-\rho^2}} \exp\left\{-\frac{1}{2(1-\rho^2)}\left[\left(\frac{x_1-\mu_1}{\sigma_1}\right)^2 - 2\rho\frac{(x_1-\mu_1)}{\sigma_1}\frac{(x_2-\mu_2)}{\sigma_2} + \left(\frac{x_2-\mu_2}{\sigma_2}\right)^2\right]\right\},$$

若令 $\boldsymbol{X} = \begin{pmatrix} x_1 \\ x_2 \end{pmatrix}$, $\boldsymbol{U} = \begin{pmatrix} \mu_1 \\ \mu_2 \end{pmatrix}$, 则 (X_1, X_2) 的协方差矩阵为

$$\boldsymbol{C} = \begin{pmatrix} C_{11} & C_{12} \\ C_{21} & C_{22} \end{pmatrix} = \begin{pmatrix} \sigma_1^2 & \rho\sigma_1\sigma_2 \\ \rho\sigma_1\sigma_2 & \sigma_2^2 \end{pmatrix},$$

它的行列式 $\det\boldsymbol{C} = \sigma_1^2\sigma_2^2(1-\rho^2)$.

$\boldsymbol{C}$ 的逆矩阵为

$$\boldsymbol{C}^{-1} = \frac{1}{\det\boldsymbol{C}} \begin{pmatrix} \sigma_2^2 & -\rho\sigma_1\sigma_2 \\ -\rho\sigma_1\sigma_2 & \sigma_1^2 \end{pmatrix}.$$

则有　$(\boldsymbol{X}-\boldsymbol{U})^{\mathrm{T}}\boldsymbol{C}^{-1}(\boldsymbol{X}-\boldsymbol{U})$

$$= \frac{1}{\det\boldsymbol{C}}(x_1-\mu_1 \quad x_2-\mu_2)\begin{pmatrix} \sigma_2^2 & -\rho\sigma_1\sigma_2 \\ -\rho\sigma_1\sigma_2 & \sigma_1^2 \end{pmatrix}\begin{pmatrix} x_1-\mu_1 \\ x_2-\mu_2 \end{pmatrix}$$

$$= \frac{1}{(1-\rho^2)}\left[\left(\frac{x_1-\mu_1}{\sigma_1}\right)^2 - 2\rho\,\frac{(x_1-\mu_1)}{\sigma_1}\frac{(x_2-\mu_2)}{\sigma_2} + \left(\frac{x_2-\mu_2}{\sigma_2}\right)^2\right],$$

于是，(X_1, X_2) 的概率密度可写成

$$f(x_1, x_2) = \frac{1}{2\pi\,(\det\boldsymbol{C})^{\frac{1}{2}}}\exp\left[-\frac{1}{2}(\boldsymbol{X}-\boldsymbol{U})^{\mathrm{T}}\boldsymbol{C}^{-1}(\boldsymbol{X}-\boldsymbol{U})\right].$$

由此推广得到 n 维正态随机变量$(X_1, X_2, \cdots, X_n)$的定义.

设$(X_1, X_2, \cdots, X_n)$是 n 维随机变量，如果其概率密度为

$$f(x_1, x_2, \cdots, x_n) = \frac{1}{(2\pi)^{\frac{n}{2}}\,(\det\boldsymbol{C})^{\frac{1}{2}}}\exp\left[-\frac{1}{2}(\boldsymbol{X}-\boldsymbol{U})^{\mathrm{T}}\boldsymbol{C}^{-1}(\boldsymbol{X}-\boldsymbol{U})\right],$$

其中 $\boldsymbol{X}=\begin{pmatrix} x_1 \\ x_2 \\ \vdots \\ x_n \end{pmatrix}$，$\boldsymbol{U}=\begin{pmatrix} \mu_1 \\ \mu_2 \\ \vdots \\ \mu_n \end{pmatrix}$，$\boldsymbol{C}=(C_{ij})_{n\times n}$ 是对称正定矩阵，则称 $(X_1, X_2, \cdots,$

$X_n)$ 是 n 维正态随机变量，或称 $(X_1, X_2, \cdots, X_n)$ 服从 n 维正态分布.

可以证明 $\boldsymbol{C}=(C_{ij})_{n\times n}$ 是 $(X_1, X_2, \cdots, X_n)$ 的协方差矩阵，n 维正态分布在多元统计分析和随机过程中要用到.

关于正态分布的随机变量，还有如下的推广形式. 设 $\boldsymbol{X}=(X_1, X_2, \cdots, X_n)^{\mathrm{T}}$ 是 n 维正态随机变量，矩阵 $\boldsymbol{B}=(b_{ij})_{m\times n}$，向量 $\boldsymbol{D}=(d_1, d_2, \cdots, d_m)^{\mathrm{T}}$，令 $\boldsymbol{Y}=\boldsymbol{BX}+\boldsymbol{D}$，$\boldsymbol{Y}=(Y_1, Y_2, \cdots, Y_m)^{\mathrm{T}}$，这样的随机变量 $(Y_1, Y_2, \cdots, Y_m)$ 也称为正态随机变量。

习题 5.5

1. 设 $X \sim N(\mu, \sigma^2)$，求：$E|X-\mu|$，$D|X-\mu|$.

2. 设随机变量 X 与 Y 相互独立，并同服从 $N(\mu, \sigma^2)$，求：（1）$Z_1=|X-Y|$ 的概率密度 $f_{Z_1}(z_1)$；（2）$E|X-Y|$.

3. 设随机变量 X 与 Y 的协方差矩阵为 $\begin{pmatrix} 25 & 12 \\ 12 & 36 \end{pmatrix}$，求：$D[(X+Y)/2]$，$D[(X-Y)/2]$.

第6章 大数定律和中心极限定理

我们知道，概率论是研究随机现象统计规律的学科，然而随机现象统计规律性只有在相同条件下进行大量重复的试验或观察才能显现出来，这就需要用极限去刻画.

随机现象在大量重复试验中呈现明显的规律性，这只是一个信念，其确切含义和理论根据是什么？解决这些问题需要研究随机变量序列的各种极限（或收敛性）的相关理论.

随机变量序列的极限定理是概率论中最重要的理论，它在概率论与数理统计的理论研究与应用中起着十分重要的作用. 本章只介绍随机变量序列的极限理论的初步知识.

6.1 马尔可夫不等式和切比雪夫不等式

这里首先介绍两个重要的不等式——马尔可夫不等式和切比雪夫不等式，它们是研究大数定律的基本工具.

定理 1（马尔可夫不等式） 设随机变量 X，若 $E|X|^k$ 存在 $(k>0)$，则对任意正数 ε，成立

$$P\{|X| \geqslant \varepsilon\} \leqslant \frac{E|X|^k}{\varepsilon^k}.$$

证明 （1）当 X 为离散型随机变量时，设 X 的分布律为

$$P\{X = x_i\} = p_i, \ i = 1, 2, \cdots,$$

则有

$$P\{|X| \geqslant \varepsilon\} = \sum_{|x_i| \geqslant \varepsilon} P\{X = x_i\}$$

$$\leqslant \sum_{|x_i| \geqslant \varepsilon} \frac{|x_i|^k}{\varepsilon^k} P\{X = x_i\}$$

$$\leqslant \sum_{i} \frac{|x_i|^k}{\varepsilon^k} P\{X = x_i\} = \frac{1}{\varepsilon^k} \sum_{i} |x_i|^k P\{X = x_i\}$$

$$= \frac{E|X|^k}{\varepsilon^k};$$

（2）当 X 为连续型随机变量时，设 X 的概率密度为 $f(x)$，则有

$$P\{|X| \geqslant \varepsilon\} = \int_{|x| \geqslant \varepsilon} f(x)\mathrm{d}x$$

$$\leqslant \int_{|x| \geqslant \varepsilon} \frac{|x|^k}{\varepsilon^k} f(x)\mathrm{d}x$$

$$\leqslant \frac{1}{\varepsilon^k} \int_{-\infty}^{+\infty} |x|^k f(x)\mathrm{d}x$$

$$= \frac{E|X|^k}{\varepsilon^k}.$$

应用定理 1，易知，对随机变量 X，成立

$$P\{|X-EX| \geqslant \varepsilon\} \leqslant \frac{E(|X-EX|^k)}{\varepsilon^k}, \ \varepsilon > 0, \ k > 0.$$

应用马尔可夫不等式即得切比雪夫不等式.

定理 2（切比雪夫不等式）　设随机变量 X 存在数学期望 EX 和方差 DX，则对任意正数 ε，下列不等式成立.

$$P\{|X-EX| \geqslant \varepsilon\} \leqslant \frac{DX}{\varepsilon^2},$$

$$P\{|X-EX| < \varepsilon\} = 1 - P\{|X-EX| \geqslant \varepsilon\} \geqslant 1 - \frac{DX}{\varepsilon^2}.$$

切比雪夫不等式主要用于概率估计和理论推导.

例 1　设随机变量 X 存在数学期望 EX 和方差 DX，且 $DX > 0$，则对任意 $a > 0$，下列不等式成立.

$$P\{|X-EX| \geqslant a\sqrt{DX}\} \leqslant \frac{DX}{(a\sqrt{DX})^2} = \frac{1}{a^2}, \ a > 0.$$

例 2　设有随机序列 $\{X_n\}$ 和随机变量 X，如果 $\lim\limits_{n \to \infty} E|X_n-X|^2 = 0$，则对任意 $\varepsilon > 0$，有

$$\lim_{n \to \infty} P\{|X_n-X| \geqslant \varepsilon\} = 0.$$

证明　因为对任意 $\varepsilon > 0$，有

$$0 \leqslant P\{|X_n-X| \geqslant \varepsilon\} \leqslant \frac{E|X_n-X|^2}{\varepsilon^2}$$

成立，利用条件 $\lim\limits_{n \to \infty} E|X_n-X|^2 = 0$，即得 $\lim\limits_{n \to \infty} P\{|X_n-X| \geqslant \varepsilon\} = 0$ 成立.

例 3　设随机变量 X 的概率密度为

$$f(x) = \begin{cases} \dfrac{x^m}{m!}\mathrm{e}^{-x}, & x \geqslant 0, \\ 0, & x < 0 \end{cases}$$

其中 m 为正整数，证明：$P\{0<X<2(m+1)\}\geqslant\dfrac{m}{m+1}$.

证明　$EX=\displaystyle\int_{-\infty}^{+\infty}xf(x)\mathrm{d}x=\int_{0}^{+\infty}x\cdot\dfrac{x^{m}}{m!}\mathrm{e}^{-x}\mathrm{d}x$

$\qquad\qquad=\dfrac{1}{m!}\displaystyle\int_{0}^{+\infty}x^{m+2-1}\mathrm{e}^{-x}\mathrm{d}x$

$\qquad\qquad=\dfrac{1}{m!}\Gamma(m+2)=\dfrac{1}{m!}(m+1)!=m+1$,

$\qquad EX^{2}=\displaystyle\int_{-\infty}^{+\infty}x^{2}f(x)\mathrm{d}x=\int_{0}^{+\infty}x^{2}\cdot\dfrac{x^{m}}{m!}\mathrm{e}^{-x}\mathrm{d}x$

$\qquad\qquad=\dfrac{1}{m!}\displaystyle\int_{0}^{+\infty}x^{m+3-1}\mathrm{e}^{-x}\mathrm{d}x$

$\qquad\qquad=\dfrac{1}{m!}\Gamma(m+3)=\dfrac{1}{m!}(m+2)!=(m+2)(m+1)$,

$\quad DX=EX^{2}-(EX)^{2}$

$\qquad\quad=(m+2)(m+1)-(m+1)^{2}$

$\qquad\quad=m+1$,

利用切比雪夫不等式，得

$\qquad P\{0<X<2(m+1)\}=P\{-(m+1)<X-(m+1)<(m+1)\}$

$\qquad\qquad\qquad\qquad\quad=P\{|X-(m+1)|<(m+1)\}$

$\qquad\qquad\qquad\qquad\quad=P\{|X-EX|<(m+1)\}$

$\qquad\qquad\qquad\qquad\quad\geqslant1-\dfrac{DX}{(m+1)^{2}}=1-\dfrac{m+1}{(m+1)^{2}}$

$\qquad\qquad\qquad\qquad\quad=\dfrac{m}{m+1}$.

下面来给出方差的一个性质的证明.

定理 3　设随机变量 X 的数学期望 EX 和方差 DX 均存在，且 $DX=0$，则有 $P\{X=EX\}=1$.

证明　由切比雪夫不等式

$$P\{|X-EX|\geqslant\varepsilon\}\leqslant\dfrac{DX}{\varepsilon^{2}}$$

得　　$\qquad 0\leqslant P\left\{|X-EX|\geqslant\dfrac{1}{n}\right\}\leqslant\dfrac{DX}{\left(\dfrac{1}{n}\right)^{2}}=0,\ n=1,\ 2,\ \cdots,$

于是 $P\left\{|X-EX|\geqslant\dfrac{1}{n}\right\}=0,\ n=1,\ 2,\ \cdots,$ 又知

$$\{|X-EX|\neq0\}=\sum_{n=1}^{+\infty}\left\{|X-EX|\geqslant\dfrac{1}{n}\right\},$$

由于 $0 \leqslant P\{\mid X - EX \mid \neq 0\} = P\left(\sum\limits_{n=1}^{+\infty}\left\{\mid X - EX \mid \geqslant \dfrac{1}{n}\right\}\right)$

$$\leqslant \sum\limits_{n=1}^{+\infty} P\left\{\mid X - EX \mid \geqslant \dfrac{1}{n}\right\} = 0,$$

所以 $P\{\mid X - EX \mid \neq 0\} = 0$ 成立，从而 $P\{\mid X - EX \mid = 0\} = 1$，即 $P\{X = EX\} = 1$.

习题 6.1

1. 在每次试验中，事件 A 发生的概率为 0.75，利用切比雪夫不等式，(1) 求：在 1000 次独立试验中，事件 A 发生的次数在 $700 \sim 800$ 之间的概率至少是多少；(2) 求：n 取多大时才能保证在 n 次重复独立试验中事件 A 出现的频率在 $0.74 \sim 0.76$ 之间的概率至少是 0.90.

2. 设随机变量 X 的数学期望 $E(X) = \mu$，方差 $D(X) = \sigma^2$，用切比雪夫不等式估计概率 $P(\mid X - \mu \mid \geqslant 3\sigma)$.

3. 设随机变量 ξ 的概率密度 $\rho(x) = \begin{cases} \dfrac{1}{2} x^2 \mathrm{e}^{-x}, & x > 0 \\ 0, & x \leqslant 0 \end{cases}$，用切比雪夫不等式估计概率 $P\{0 < \xi < 6\}$.

4. 假设某一年龄段女童的平均身高为 $130\mathrm{cm}$，标准差是 $8\mathrm{cm}$，现在从该年龄段女童中随机地选取 5 名测其身高，试用切比雪夫不等式估计她们的平均身高 $\overline{X}$ 在 $120 \sim 140\mathrm{cm}$ 之间的概率.

5. 在区间 $(0, 1)$ 上任取 100 个数 X_i $(1 \leqslant i \leqslant 100)$，用切比雪夫不等式估计概率 $P\left\{45 \leqslant \sum\limits_{i=1}^{100} X_i \leqslant 55\right\}$.

6. 设 X_1，X_2，$\cdots$，X_n，$\cdots$ 是相互独立的随机变量序列，且其分布律为 $P\{X_n = -\sqrt{n}\} = \dfrac{1}{2^{n+1}}$，$P\{X_n = \sqrt{n}\} = \dfrac{1}{2^{n+1}}$，$P\{X_n = 0\} = 1 - \dfrac{1}{2^n}$，$n = 1$，$2$，$\cdots$，记 $Y_n = \dfrac{1}{n}\sum\limits_{i=1}^{n} X_i$，$n = 1, 2, \cdots$. 证明：对任意的 $\varepsilon > 0$，$\lim\limits_{n \to \infty} P\{\mid Y_n \mid < \varepsilon\} = 1$ 成立.

6.2 大数定律

在第 1 章中我们指出，对随机事件的频率 $f_n(A) = \dfrac{n_A}{n}$，当 $n \to \infty$ 时，$f_n(A) = \dfrac{n_A}{n}$ 具有某种稳定性和统计概率的定义. 它们的真正含义在当时无法说清楚，现在就来解释清楚这个问题. 对于这一点, 大数定律将给予理论上的依据. 下面只介绍大数定律的最基本情况.

定理 1 (切比雪夫大数定律) 设 X_1, X_2, $\cdots$, X_n, $\cdots$是相互独立的随机变量序列, 每一个 X_i 都有有限的方差, 且有公共的上界, 即

$$D(X_i) \leqslant C, \ i = 1, \ 2, \ \cdots, \ n, \ \cdots.$$

令 $Y_n = \dfrac{1}{n}\sum\limits_{i=1}^{n} X_i$, 则有

1) $\lim\limits_{n\to\infty} DY_n = 0$;

2) 对任意 $\varepsilon > 0$, $\lim\limits_{n\to\infty} P\{|Y_n - EY_n| < \varepsilon\} = 1$ 成立.

证明 1) 由数学期望的性质, 有

$$EY_n = E\left(\frac{1}{n}\sum_{i=1}^{n} X_i\right) = \frac{1}{n}\sum_{i=1}^{n} EX_i,$$

因 X_1, X_2, $\cdots$, X_n, $\cdots$相互独立, 由方差的性质得到

$$DY_n = D\left(\frac{1}{n}\sum_{i=1}^{n} X_i\right) = \frac{1}{n^2}\sum_{i=1}^{n} DX_i \leqslant \frac{1}{n^2}\sum_{i=1}^{n} C = \frac{C}{n},$$

于是 $\lim\limits_{n\to\infty} DY_n = 0$;

2) 利用切比雪夫不等式, 可得

$$1 \geqslant P\{|Y_n - EY_n| < \varepsilon\} \geqslant 1 - \frac{DY_n}{\varepsilon^2} \geqslant 1 - \frac{C}{n\varepsilon^2},$$

在上式中, 令 $n \to +\infty$, 即得

$$\lim_{n\to+\infty} P\{|Y_n - EY_n| < \varepsilon\} = 1.$$

定义 1 依次序列出的随机变量 X_1, X_2, $\cdots$, X_n, $\cdots$简记为$\{X_n\}$, 简称为随机变量序列$\{X_n\}$.

定义 2 对于随机变量序列$\{X_n\}$和随机变量 X (或常数 a), 若对任意 $\varepsilon > 0$, 有

$$\lim_{n\to+\infty} P\{|X_n - X| < \varepsilon\} = 1,$$
$$\left(\text{或} \lim_{n\to+\infty} P\{|X_n - a| < \varepsilon\} = 1\right),$$

则称随机变量序列$\{X_n\}$依概率收敛于 X (或常数 a). 简记为 $X_n \xrightarrow{P} X$ $(n\to+\infty)$, 或 $X_n \xrightarrow{P} a$ $(n\to+\infty)$.

显然, $\lim\limits_{n\to+\infty} P\{|X_n - X| < \varepsilon\} = 1$ 等价于 $\lim\limits_{n\to+\infty} P\{|X_n - X| \geqslant \varepsilon\} = 0$.

推论 (辛钦大数定律) 若随机变量序列 X_1, X_2, $\cdots$, X_n, $\cdots$相互独立, 且有相同的数学期望和方差, 即

$$EX_i = \mu, \ DX_i = \sigma^2, \ i = 1, \ 2, \ \cdots,$$

则对任意 $\varepsilon > 0$，有

$$\lim_{n \to +\infty} P\{|\overline{X} - \mu| < \varepsilon\} = 1,$$

其中 $\overline{X} = \dfrac{1}{n} \sum_{i=1}^{n} X_i$.

证明 由数学期望和方差的性质及条件，有

$$E\overline{X} = E\left(\frac{1}{n} \sum_{i=1}^{n} X_i\right)$$

$$= \frac{1}{n} \sum_{i=1}^{n} EX_i = \frac{1}{n} \sum_{i=1}^{n} \mu = \mu,$$

$$D\overline{X} = D\left(\frac{1}{n} \sum_{i=1}^{n} X_i\right)$$

$$= \frac{1}{n^2} \sum_{i=1}^{n} DX_i = \frac{1}{n^2} \sum_{i=1}^{n} \sigma^2 = \frac{\sigma^2}{n},$$

对任意 $\varepsilon > 0$，有

$$1 \geqslant P\{|\overline{X} - \mu| < \varepsilon\} = P\{|\overline{X} - E\overline{X}| < \varepsilon\}$$

$$\geqslant 1 - \frac{D\overline{X}}{\varepsilon^2} = 1 - \frac{\sigma^2}{n\varepsilon^2},$$

于是成立

$$\lim_{n \to +\infty} P\{|\overline{X} - \mu| < \varepsilon\} = 1,$$

即序列 $\{\overline{X}\}$ 依概率收敛于常数 μ.

这个结论将在第 8 章中用到，它提供了用样本均值作为总体均值 μ 的点估计的理论依据.

定理 2（伯努利大数定律） 设 n_A 是 n 次独立重复试验中事件 A 发生的次数，p 是事件 A 在每次试验中发生的概率，则对任意 $\varepsilon > 0$，有

$$\lim_{n \to +\infty} P\left\{\left|\frac{n_A}{n} - p\right| < \varepsilon\right\} = 1.$$

证明 引入随机变量

$$X_i = \begin{cases} 1, & \text{第 } i \text{ 次试验中 } A \text{ 发生} \\ 0, & \text{第 } i \text{ 次试验中 } A \text{ 不发生} \end{cases},$$

则 n 次试验中事件 A 发生的次数

$$n_A = X_1 + X_2 + \cdots + X_n.$$

由于试验是独立进行的，所以 X_1，X_2，$\cdots$，X_n 相互独立，且都服从相同的 $(0\text{—}1)$ 分布，即

$$P\{X_i = 1\} = p, \ P\{X_i = 0\} = 1 - p, \ i = 1, 2, \cdots, n.$$

于是 $EX_i = p$，$DX_i = p(1-p) = p - p^2 = \dfrac{1}{4} - \left(\dfrac{1}{2} - p\right)^2 \leqslant \dfrac{1}{4}$.

利用切比雪夫大数定律的推论，得

$$\lim_{n \to +\infty} P\left\{\left|\frac{n_A}{n} - p\right| < \varepsilon\right\} = \lim_{n \to +\infty} P\{|\overline{X} - p| < \varepsilon\} = 1.$$

伯努利大数定律表明：事件 A 发生的频率 $\dfrac{n_A}{n}$ 依概率收敛于事件 A 发生的概率．这正是用频率作为概率的估计值的理论依据．在实际应用中，通常要进行多次试验，以获得某事件发生的频率，并将其作为该事件发生的概率的估计值，即 $P(A) \approx \dfrac{n_A}{n}$.

定理 3　设随机变量序列 $\{X_n\}$ 依概率收敛于 X，设随机变量序列 $\{Y_n\}$ 依概率收敛于 Y，则有 $\{X_n + Y_n\}$ 依概率收敛于 $X + Y$.

证明　对任意 $\varepsilon > 0$，由

$$\{|(X_n + Y_n) - (X + Y)| \geqslant \varepsilon\} \subset \left\{|X_n - X| + |Y_n - Y| \geqslant \varepsilon\right\}$$

$$\subset \left\{\left|X_n - X\right| \geqslant \frac{\varepsilon}{2}\right\} + \left\{\left|Y_n - Y\right| \geqslant \frac{\varepsilon}{2}\right\}$$

得

$$0 \leqslant P\{|(X_n + Y_n) - (X + Y)| \geqslant \varepsilon\} \leqslant P\left\{|X_n - X| \geqslant \frac{\varepsilon}{2}\right\} + P\left\{|Y_n - Y| \geqslant \frac{\varepsilon}{2}\right\} \to 0 \ (n \to \infty),$$

即得 $\{X_n + Y_n\}$ 依概率收敛于 $X + Y$.

定义 3　设有随机变量序列 $\{X_n\}$，令 $Y_n = \dfrac{1}{n} \sum\limits_{i=1}^{n} X_i$，如果 $Y_n - EY_n \xrightarrow{P} 0$ $(n \to \infty)$，则称该随机变量序列 $\{X_n\}$ 服从大数定律．

定理 4（辛钦大数定律）　设随机变量序列 X_1，X_2，$\cdots$，X_n，$\cdots$ 独立同分布，且存在有限的数学期望，即

$$EX_i = \mu, \ i = 1, 2, \cdots,$$

则对任意 $\varepsilon > 0$，有

$$\lim_{n \to +\infty} P\{|\overline{X} - \mu| < \varepsilon\} = 1,$$

其中 $\overline{X} = \dfrac{1}{n} \sum\limits_{i=1}^{n} X_i$.

对辛钦大数定律的证明要用到特征函数列的收敛性质，在此不进行证明．

定理 5　设随机变量序列 X_1，X_2，$\cdots$，X_n，$\cdots$ 独立同分布，且存在有限的数学期望和方差，即

$$EX_i = \mu, \ DX_i = \sigma^2, \ i = 1, 2, \cdots,$$

记 $\overline{X} = \dfrac{1}{n} \sum\limits_{i=1}^{n} X_i$，$A_2 = \dfrac{1}{n} \sum\limits_{i=1}^{n} X_i^2$，$S_n^2 = \dfrac{1}{n} \sum\limits_{i=1}^{n} (X_i - \overline{X})^2$，则有

1）$\overline{X} \xrightarrow{P} \mu$ （$n \to +\infty$）；

2）$A_2 \xrightarrow{P} \sigma^2 + \mu^2$ （$n \to +\infty$）；

3）$\overline{X}^2 \xrightarrow{P} \mu^2$ （$n \to +\infty$）；

4）$S_n^2 \xrightarrow{P} \sigma^2$ （$n \to +\infty$）.

证明　1）利用伯努利大数定律可得 1）的结果；

2）由于 $EX_i^2 = DX_i + (EX_i)^2 = \sigma^2 + \mu^2$ 存在，直接利用辛钦大数定律可得 2）的结果；

3）利用柯西-施瓦茨（Cauchy-Schwarz）不等式，得

$$E \, |\, \overline{X}^2 - \mu^2 \,| = E \, |\, \overline{X} + \mu \,| \, |\, \overline{X} - \mu \,|$$

$$\leqslant (E \, |\, \overline{X} + \mu \,|^2)^{\frac{1}{2}} \cdot (E \, |\, \overline{X} - \mu \,|^2)^{\frac{1}{2}},$$

显然 $\{ (E \, |\, \overline{X} + \mu \,|^2)^{\frac{1}{2}} \}$ 有界，$E \, |\, \overline{X} - \mu \,|^2 = D\overline{X} = \dfrac{1}{n}\sigma^2 \to 0$ （$n \to +\infty$），

于是 $E \, |\, \overline{X}^2 - \mu^2 \,| \to 0$ （$n \to +\infty$），进而得到 $\overline{X}^2 \xrightarrow{P} \mu^2$ （$n \to +\infty$）；

4）$S_n^2 = \dfrac{1}{n} \sum\limits_{i=1}^{n} (X_i - \overline{X})^2 = \dfrac{1}{n} \left(\sum\limits_{i=1}^{n} X_i^2 - n\overline{X}^2 \right)$

$$= \dfrac{1}{n} \sum_{i=1}^{n} X_i^2 - \overline{X}^2 \xrightarrow{P} (\sigma^2 + \mu^2) - \mu^2 = \sigma^2 \, (n \to +\infty).$$

例 1　设随机变量 X_n 的概率密度为

$$f_n(x) = \frac{1}{\pi} \frac{n}{1 + n^2 x^2}, \quad -\infty < x < +\infty,$$

分布函数为 $F_n(x)$，求：$\lim\limits_{n \to +\infty} F_n(x)$.

解　$\lim\limits_{n \to +\infty} F_n(x) = \lim\limits_{n \to +\infty} \int_{-\infty}^{x} f_n(t) \mathrm{d}t = \lim\limits_{n \to +\infty} \int_{-\infty}^{x} \dfrac{1}{\pi} \dfrac{n}{1 + n^2 t^2} \mathrm{d}t$

$$= \lim_{n \to +\infty} \int_{-\infty}^{nx} \frac{1}{\pi} \frac{1}{1 + u^2} \mathrm{d}u = \begin{cases} 1, & x > 0 \\ \dfrac{1}{2}, & x = 0 \\ 0, & x < 0 \end{cases}.$$

例 2　设随机变量 X_n 的概率密度为

$$f_n(x) = \frac{1}{\pi} \frac{n}{1 + n^2 x^2}, \quad -\infty < x < +\infty,$$

试证：$X_n \xrightarrow{P} 0$ （$n \to +\infty$）.

证明　对任意 $\varepsilon > 0$，由于

$$P\{\mid X_n \mid \geqslant \varepsilon\} = \int_{|x| \geqslant \varepsilon} f_n(x) \mathrm{d}x$$

$$= 2\int_{\varepsilon}^{+\infty} f_n(x)\mathrm{d}x = 2\int_{\varepsilon}^{+\infty} \frac{1}{\pi} \frac{n}{1+n^2 x^2}\mathrm{d}x$$

$$= 2\int_{n\varepsilon}^{+\infty} \frac{1}{\pi} \frac{1}{1+u^2}du \to 0 \quad (n \to +\infty),$$

所以 $X_n \xrightarrow{P} 0 \ (n \to +\infty)$.

习题 6.2

1. 设随机变量序列 X_1，X_2，$\cdots$，X_n，$\cdots$独立，X_i 分布列为

X_i	$-ia$	0	ia
P	$\frac{1}{2i^2}$	$1-\frac{1}{i^2}$	$\frac{1}{2i^2}$

证明：$\lim\limits_{n \to +\infty} P\left\{\left| \frac{1}{n}\sum\limits_{i=1}^{n} X_i \right| > \varepsilon\right\} = 0$.

2. 设 $\{\xi_n\}$ 是独立随机变量序列，且 $P\{\xi_n = \pm\sqrt{\ln n}\} = \frac{1}{2}$，$n=1$，$2$，$\cdots$，验证：$\{\xi_n\}$服从大数定律.

3. 设$\{X_k\}$是独立随机变量序列，且

$$P\{X_k = \pm 2^k\} = \frac{1}{2^{2k+1}}, \ P\{X_k = 0\} = 1 - \frac{1}{2^{2k}}, \ k=1, \ 2, \ \cdots, \ 验证：\{X_k\}服从$$

大数定律.

4. 设$\{X_n\}$是独立随机变量序列，其中 X_n 服从参数为$\sqrt{n}$的泊松分布，试问：$\{X_n\}$是否服从大数定律？

6.3 中心极限定理

人们在对大量随机现象的研究中发现，如果一个量是由大量相互独立的随机因素所造成，而每一个因素在总量中所起的作用又较小，那么这种量通常服从或近似服从正态分布. 例如，测量误差、炮弹的弹着点、人体身高等都服从正态分布，这种现象就是中心极限定理的客观背景.

先考察一种特殊情形，设随机变量 X_1，X_2，$\cdots$，X_n，$\cdots$独立同分布，且 $X_i \sim N(\mu, \ \sigma^2)$，$i=1$，$2$，$\cdots$，记 $Y_n = \sum\limits_{i=1}^{n} X_i$，则有 $EY_n = n\mu$，$DY_n = n\sigma^2$. 将

$Y_n^* = \dfrac{Y_n - EY_n}{\sqrt{DY_n}} = \dfrac{Y_n - n\mu}{\sqrt{n}\sigma}$ 称为 Y_n 的标准化，则有 $Y_n^* \sim N(0，1)$，$F_{Y_n^*}(x) = P\{Y_n^* \leqslant x\} = \Phi(x)$.

对任意实数 x，有

$$\lim_{n \to +\infty} F_{Y_n^*}(x) = \Phi(x) = \int_{-\infty}^{x} \frac{1}{\sqrt{2\pi}} \mathrm{e}^{-\frac{t^2}{2}} \mathrm{d}t .$$

一般地，有下述结果．

定理 1（同分布的中心极限定理） 设随机变量 X_1，X_2，$\cdots$，X_n，$\cdots$独立同分布，且存在有限的数学期望和方差，即

$$EX_i = \mu，DX_i = \sigma^2 \neq 0，i = 1，2，\cdots，$$

记 $Y_n = \displaystyle\sum_{i=1}^{n} X_i$，则 $EY_n = n\mu$，$DY_n = n\sigma^2$.

将 Y_n 进行标准化，得到 $Y_n^* = \dfrac{Y_n - EY_n}{\sqrt{DY_n}} = \dfrac{Y_n - n\mu}{\sqrt{n}\sigma}$，且 $F_{Y_n^*}(x) = P\{Y_n^* \leqslant x\}$，则对任意实数 x，有

$$\lim_{n \to +\infty} F_{Y_n^*}(x) = \Phi(x) = \int_{-\infty}^{x} \frac{1}{\sqrt{2\pi}} \mathrm{e}^{-\frac{t^2}{2}} \mathrm{d}t ,$$

并且 $\{F_{Y_n^*}(x)\}$ 在区间 $(-\infty，+\infty)$ 上一致收敛于 $\Phi(x)$.

定理 1 表明，当 n 充分大时，随机变量 $\dfrac{\displaystyle\sum_{i=1}^{n} X_i - n\mu}{\sqrt{n}\sigma}$ 近似地服从标准正态分布 $N(0，1)$. 因此，$\displaystyle\sum_{i=1}^{n} X_i$ 近似地服从正态分布 $N(n\mu，n\sigma^2)$. 由此可见，正态分布在概率论中占有重要的地位．

定理 2（棣莫弗-拉普拉斯定理） 设 μ_n 是 n 次独立重复试验中事件 A 发生的次数，p 是事件 A 在每次试验中发生的概率，则对任意区间 $[a，b]$，有

$$\lim_{n \to +\infty} P\left\{ a < \frac{\mu_n - np}{\sqrt{np(1-p)}} \leqslant b \right\} = \Phi(b) - \Phi(a).$$

证明 引入随机变量

$$X_i = \begin{cases} 1，第 i 次试验中 A 发生 \\ 0，第 i 次试验中 A 不发生 \end{cases}，$$

则 n 次试验中事件 A 发生的次数为

$$\mu_n = X_1 + X_2 + \cdots + X_n.$$

由于是独立试验，所以 X_1，X_2，$\cdots$，X_n 相互独立，且都服从相同的 （0—1）分布，即 $P\{X_i = 1\} = p$，$P\{X_i = 0\} = 1 - p$，$i = 1，2，\cdots，n$，于是 $EX_i = p$，$DX_i = p(1-p)$.

由定理 1，即得

$$\lim_{n\to+\infty} P\left\{\frac{\mu_n - np}{\sqrt{np(1-p)}} \leqslant x\right\} = \lim_{n\to+\infty} P\left\{\frac{\sum\limits_{i=1}^{n} X_i - np}{\sqrt{np(1-p)}} \leqslant x\right\} = \Phi(x),$$

于是对任意区间 $[a, b]$，有

$$\lim_{n\to+\infty} P\left\{a < \frac{\mu_n - np}{\sqrt{np(1-p)}} \leqslant b\right\}$$

$$= \lim_{n\to+\infty} P\left\{\frac{\mu_n - np}{\sqrt{np(1-p)}} \leqslant b\right\} - \lim_{n\to+\infty} P\left\{\frac{\mu_n - np}{\sqrt{np(1-p)}} \leqslant a\right\}$$

$$= \Phi(b) - \Phi(a).$$

证毕.

利用定理 2，得到近似计算公式如下.

由于 $\quad N < \mu_n \leqslant M \Leftrightarrow \dfrac{N-np}{\sqrt{np(1-p)}} < \dfrac{\mu_n - np}{\sqrt{np(1-p)}} \leqslant \dfrac{M-np}{\sqrt{np(1-p)}},$

所以 $\quad P\{N < \mu_n \leqslant M\}$

$$= P\left\{\frac{N-np}{\sqrt{np(1-p)}} < \frac{\mu_n - np}{\sqrt{np(1-p)}} \leqslant \frac{M-np}{\sqrt{np(1-p)}}\right\}$$

$$\approx \Phi\left(\frac{M-np}{\sqrt{np(1-p)}}\right) - \Phi\left(\frac{N-np}{\sqrt{np(1-p)}}\right).$$

例 1 某计算机系统有 120 个终端，每个终端有 5% 的时间在使用，若各终端使用与否是相互独立的，试求：有 10 个以上的终端在使用的概率.

解 以 X 表示使用终端的个数，引入随机变量

$$X_i = \begin{cases} 1, & \text{第 } i \text{ 个终端在使用} \\ 0, & \text{第 } i \text{ 个终端不使用} \end{cases}, \quad i = 1, 2, \cdots, 120,$$

则

$$X = X_1 + X_2 + \cdots + X_{120}.$$

由于使用与否是独立的，所以 X_1，X_2，$\cdots$，X_{120} 相互独立，且都服从相同的 （0—1）分布，即

$$P\{X_i = 1\} = p = 0.05, \quad P\{X_i = 0\} = 1 - p, \quad i = 1, 2, \cdots, 120,$$

于是，所求概率为

$$P\{X \geqslant 10\} = 1 - P\{X < 10\}$$

$$= 1 - P\left\{\frac{X - np}{\sqrt{np(1-p)}} < \frac{10 - np}{\sqrt{np(1-p)}}\right\},$$

由中心极限定理得

$$P\{X \geqslant 10\} = 1 - P\{X < 10\}$$

$$= 1 - P\left\{\frac{X - np}{\sqrt{np(1-p)}} < \frac{10 - np}{\sqrt{np(1-p)}}\right\}$$

$$\approx 1 - \Phi\left(\frac{10 - np}{\sqrt{np(1-p)}}\right)$$

$$= 1 - \Phi\left(\frac{10 - 120 \times 0.05}{\sqrt{120 \times 0.05 \times 0.95}}\right)$$

$$= 1 - \Phi(1.68) = 1 - 0.9535 = 0.0465.$$

例 2　现有一大批种子，其中良种占 $\frac{1}{6}$. 现从中任选 6000 粒种子，试问：在这些种子中，良种所占的比例与 $\frac{1}{6}$ 之误差小于 1% 的概率是多少？

解　设 X 表示良种个数，则 $X \sim B(n, p)$，$n = 6000$，$p = \frac{1}{6}$，所求概率为

$$P\left\{\left|\frac{X}{n} - \frac{1}{6}\right| < 0.01\right\} = P\{|X - np| < n \times 0.01\}$$

$$= P\left\{\left|\frac{X - np}{\sqrt{np(1-p)}}\right| < \frac{n \times 0.01}{\sqrt{np(1-p)}}\right\}$$

$$= P\left\{\left|\frac{X - np}{\sqrt{np(1-p)}}\right| < \frac{6000 \times 0.01}{\sqrt{6000 \times \frac{1}{6} \times \frac{5}{6}}}\right\}$$

$$\approx \Phi(2.078) - \Phi(-2.078)$$

$$= 2\Phi(2.078) - 1 = 2 \times 0.98 - 1 = 0.96.$$

例 3　设有 30 个电子器件 $D_1, D_2, \cdots, D_{30}$，它们的使用情况如下：D_1 损坏，D_2 接着使用；D_2 损坏，D_3 接着使用，$\cdots$. 设器件 D_i 的使用寿命服从参数 $\lambda = 0.1$（单位：h^{-1}）的指数分布. 令 T 为 30 个器件使用的总时数，问：T 超过 350h 的概率是多少？

解　设 X_i 为器件 D_i 的使用寿命，X_i 服从参数 $\lambda = 0.1$（单位：h^{-1}）的指数分布，$X_1, X_2, \cdots, X_{30}$ 相互独立，$T = X_1 + X_2 + \cdots + X_n$，$n = 30$，$\mu = EX_i = \frac{1}{\lambda} = \frac{1}{0.1} = 10$，$\sigma^2 = DX_i = \frac{1}{\lambda^2} = \frac{1}{0.1^2} = 100$.

由中心极限定理得

$$P\{T > 350\} = 1 - P\{T \leqslant 350\}$$

$$= 1 - P\left\{\frac{T - n\mu}{\sqrt{n}\sigma} < \frac{350 - n\mu}{\sqrt{n}\sigma}\right\}$$

$$\approx 1 - \Phi\left(\frac{350-300}{\sqrt{30}\times 10}\right)$$

$$= 1 - \Phi\left(\frac{5}{\sqrt{30}}\right) = 1 - \Phi(0.91) = 1 - 0.8186$$

$$= 0.1814.$$

例 4 某单位设置一电话总机,共有 200 个电话分机. 设每个电话分机有 5% 的时间要使用外线通话,假定每个电话分机是否使用外线通话是相互独立的,问: 总机需要安装多少条外线才能以 90% 的概率保证每个分机都能随时使用.

解 依题意设 X 为同时使用的电话分机个数,则

$$X \sim B(n,\ p),\ n=200,\ p=0.05,$$

设安装了 N 条外线,引入随机变量

$$X_i = \begin{cases} 1, & \text{第 } i \text{ 个分机在使用} \\ 0, & \text{第 } i \text{ 个分机不使用} \end{cases},\ i=1,\ 2,\ \cdots,\ 200,$$

则

$$X = X_1 + X_2 + \cdots + X_{200}.$$

由于每个电话分机是否使用外线通话是独立的,所以 X_1,X_2,$\cdots$,X_{200} 相互独立,且都服从相同的 $(0-1)$ 分布,即

$$P\{X_i=1\} = p = 0.05,\ P\{X_i=0\} = 1-p,\ i=1,\ 2,\ \cdots,\ 200,$$

$\{X \leqslant N\}$ = "保证每个分机都能随时使用",则 $P\{X \leqslant N\} = 0.9$,于是

$$0.9 = P\{X \leqslant N\}$$

$$= P\left\{\frac{X-np}{\sqrt{np(1-p)}} \leqslant \frac{N-np}{\sqrt{np(1-p)}}\right\}$$

$$\approx \Phi\left(\frac{N-np}{\sqrt{np(1-p)}}\right)$$

$$= \Phi\left(\frac{N-200\times 0.05}{\sqrt{200\times 0.05\times 0.95}}\right)$$

$$= \Phi\left(\frac{N-10}{\sqrt{9.5}}\right) = \Phi\left(\frac{N-10}{3.08}\right),$$

查标准正态分布表得 $\frac{N-10}{3.08} = z_{0.9} = 1.28$,$N = 1.28\times 3.08 + 10 = 13.94$,取 $N = 14$. 即需要安装 14 条外线.

习题 6.3

1. 用切比雪夫不等式确定当投掷一枚均匀硬币时,需投多少次才能使出现

正面的频率在 0.4～0.6 的概率不小于 90%．并用棣莫弗-拉普拉斯定理计算同一问题，然后进行比较．

2．做加法运算时，先对每个数取整（即四舍五进取整）．设所有取整产生的误差是相互独立的，且都在区间（-0.5，0.5]上服从均匀分布，求：最多几个数相加方能保证误差总和的绝对值小于 15 的概率大于 0.90．

3．设随机变量 $X_n(n=1，2，\cdots)$ 相互独立且都在区间 $[-1，1]$ 上服从均匀分布，求：$\lim\limits_{n\to+\infty} P\left\{\sum\limits_{i=1}^{n} X_i \leqslant \sqrt{n}\right\}$．

4．将一枚硬币连续抛掷 100 次，用中心极限定理求：出现正面次数大于 60 的概率．

5．假设某种型号的螺钉的重量是随机变量，期望值为 50g，标准差是 5g．求：（1）每袋装有 100 个螺钉的重量超过 5.1kg 的概率；（2）每箱螺钉装有 500 袋，500 袋中最多有 4% 的重量超过 5.1kg 的概率．

6．假设一条自动生产线生产的产品合格率是 0.8．要使一批产品的合格率在 76%～84% 的概率不小于 90%，问：这批产品至少要生产多少件？

7．某校 900 名学生选修 6 名教师主讲的"高等数学"课程，假定每名学生完全随意地选择一位教师，且学生之间选择教师是彼此独立的．问：每个教师的上课教室应该设有多少个座位才能保证因缺少座位而使学生离去的概率小于 1%？$[\Phi(2.33)=0.9901，\Phi(2.4)=0.9918，\Phi(2.43)=0.9925]$．

8．从装有 9 个白球和 1 个红球的箱子中有放回地取 n 个球，设随机变量 ξ 表示这 n 个抽球中白球出现的次数．问：n 需多大时才能使 $P\left\{\left|\dfrac{\xi}{n}-p\right|\leqslant 0.01\right\}=0.9545$，其中 p 是每一次取球时候取到白球的概率．

9．设在 n 次伯努利试验中，每次试验事件 A 出现的概率均为 0.7，要使事件 A 出现的频率在 0.68～0.72 的概率至少为 0.9，问：至少要做多少次试验？（1）用切比雪夫不等式估计；（2）用中心极限定理计算．

第 7 章　统计总体与样本

统计学的研究对象是各种各样的总体的数量指标. 数理统计是以概率论作为理论基础, 利用实际观测到的数据, 研究总体变量的分布和特征, 并进行统计推断的一门学科. 因此, 数理统计的研究任务包括收集数据和分析数据.

收集数据指研究如何对总体进行观测、试验, 合理、有效地取得有代表性的观测值, 包括试验设计、抽样方法等, 其被称为描述统计学.

分析数据指对已取得的观测值进行整理、分析, 从而找出所研究的对象的规律性, 并对总体信息进行推断、决策, 包括参数估计、假设检验等, 其被称为推断统计学.

作为数理统计的初步介绍, 本书仅包含推断统计学中的参数估计和假设检验部分. 本章先介绍统计中的基本概念, 即总体、样本及常用统计量的分布.

7.1　总体与样本

1. 总体与个体

统计问题是实际中经常遇到的问题.

概念: 在一个统计问题中, 我们把研究对象的全体称为总体, 而把组成总体的每一个单元称为个体.

总体通常用 $\Omega = \{\omega\}$ 或用 $S = \{e\}$ 表示.

例如, 我们要研究某高校大学生一周中用于自习的时间总数, 该校的全体学生就组成了总体, 而其中每个学生就是个体.

在研究某城市居民家庭一年的收入情况时, 该城市的全体家庭就组成一个总体, 而每一户家庭就组成一个个体.

在实际中, 我们主要关心的常常是研究对象的某个数据指标 $X = X(\omega)$（如自习时间数, 收入数额）, 它是在总体上有定义的函数, 且是一个随机变量.

例如, 总体 $\Omega = \{\omega\}$ 表示参加高考的全体考生, $X = X(\omega)$ 表示考生 ω 的高考总分数, 因此, ω 与数量 $X(\omega)$ 有对应关系, 需要转化为考察分数集 $\{X(\omega) \mid \omega \in \Omega\}$.

总体 $\Omega=\{\omega\}$ 的某数量指标 $X=X(\omega)$ 是一个随机变量，X 取值的全体为 $\{X(\omega)\,|\,\omega\in\Omega\}$．研究总体的数量指标时，只要研究随机变量 X 或 X 取值的全体 $\{X(\omega)\,|\,\omega\in\Omega\}$ 就可以了．

因此，总体通常是指某个随机变量取值的全体，其中的每一个个体都是一个实数．以后我们就把总体和数量指标 X 可能取值的全体组成的集合等同起来．随机变量 X 的分布就是总体的分布．

总体就是指随机变量 X 或 X 的取值集合．

2. 样本与样本值

确定需要研究的统计总体后，如何对总体进行统计研究呢？当然可以对总体进行全统计，然而这种全部进行统计的办法在实际中难以办到．一种简便方法就是对总体进行部分统计，由此来推断总体信息．

在数理统计学中，我们总是通过观测和试验以取得信息．我们可从客观存在的总体（母体）中按机会均等的原则随机地抽取一些个体，然后对这些个体进行观测或测试某一指标 X 的数值．这种按机会均等的原则选取一些个体进行观测或测试的过程称为随机抽样．

从一个总体 X 中（它是数值集合为 $\{X(\omega)\,|\,\omega\in\Omega\}$）随机地抽取 n 个个体（有放回地重复抽样），得到 n 个数值，即

$$X(\omega_1)=x_1,\ X(\omega_2)=x_2,\ \cdots,\ X(\omega_n)=x_n,$$

其中每个 x_i 是一次抽样观察（记录）值结果．我们称 x_1，x_2，$\cdots$，x_n 为总体 X 的一组样本观察值，对于某一次抽样结果来说，它是完全确定的一组数．但由于抽样的随机性，所以它又是随每次抽样观察而改变的．

记 $\boldsymbol{\omega}=(\omega_1,\ \omega_2,\ \cdots,\ \omega_n)$，令

$$X_i(\boldsymbol{\omega})=X(\omega_i)=x_i,\ i=1,\ 2,\ \cdots,\ n,$$

则 X_1，X_2，$\cdots$，X_n 都是随机变量．

这样每个 x_i 都可以看作是随机变量 $X_i(i=1,\ 2,\ \cdots,\ n)$ 所取得的观察值．

我们将 X_1，X_2，$\cdots$，X_n 称为总体 X 的样本，样本中个体的数目 n 称为样本容量，x_1，x_2，$\cdots$，x_n 就是样本 X_1，X_2，$\cdots$，X_n 的一组观察值，也被称为样本值．

由于每次抽取是独立重复的（或可以这样认为），所以 X_1，X_2，$\cdots$，X_n 是相互独立的随机变量，X_i 与总体 X 有相同的分布．

我们把 X_1，X_2，$\cdots$，X_n 所有可能取值的全体称为样本空间．

由于我们抽取样本的目的是为了对总体 X 的某些特性进行估计、推断，因而要求抽取的样本具有：（1）独立性；（2）与总体 X 有相同的分布．这样的样本称为简单随机样本，获得简单随机样本的方法称为简单随机抽样．进行重复

抽样所得的随机样本，就是简单随机样本．

今后，如没有特殊声明，所提到的样本都是简单随机样本．

综上所述，所谓总体就是一个随机变量 X，所谓样本就是 n 个相互独立且与 X 有相同分布的随机变量 X_1，X_2，$\cdots$，X_n．

显然，若总体 X 具有分布函数 $F(x)$，设 X_1，X_2，$\cdots$，X_n 为来自于总体 X 的样本，则 X_1，X_2，$\cdots$，X_n 相互独立，X_i 的分布函数为

$$F_{X_i}(x_i) = P\{X_i \leqslant x_i\} = P\{X \leqslant x_i\} = F(x_i).$$

$(X_1$，X_2，$\cdots$，$X_n)$ 的分布函数为

$$F(x_1, x_2, \cdots, x_n) = \prod_{i=1}^{n} F(x_i).$$

例如，设总体 X 服从参数为 λ 的指数分布，$F(x) = \begin{cases} 1 - e^{-\lambda x}, & x > 0 \\ 0, & x \leqslant 0 \end{cases}$．$X_1$，$X_2$，$\cdots$，$X_n$ 为来自于总体 X 的样本，则 $(X_1$，X_2，$\cdots$，$X_n)$ 的分布函数为

$$
\begin{aligned}
F(x_1, x_2, \cdots, x_n) &= \prod_{i=1}^{n} F(x_i) \\
&= \begin{cases} \prod_{i=1}^{n}(1 - e^{-\lambda x_i}), & x_1 > 0, \cdots, x_n > 0 \\ 0, & \text{其他} \end{cases}.
\end{aligned}
$$

习题 7.1

1. 某市要调查成年男子的吸烟率，特聘请 50 名统计专业本科生做街头随机调查，要求每位学生调查 100 名成年男子，问：该项调查的总体和样本分别是什么，总体用什么分布描述为宜？

2. 某厂大量生产某种产品，其产品不合格率 p 未知，每 m 件产品包装为一盒，为了检查产品的质量，任意抽取 n 盒，查其中的不合格产品数，试说明：总体和样本分别是什么，并指出样本的分布．

3. 某厂生产的电容器的使用寿命服从指数分布，为了解其平均寿命，从中抽出 n 件产品，并测其实际使用寿命，试说明：总体和样本分别是什么，并指出样本的分布．

4. 设 X_1，X_2，$\cdots$，X_n 为来自于总体服从泊松分布 $\Pi(\lambda)$ 的一个样本，求：$(X_1$，X_2，$\cdots$，$X_n)$ 的分布律．

5. 设 X_1，X_2 是来自正态总体 $X \sim N(\mu, \sigma^2)$ 的一个样本，证明：$X_1 + X_2$ 与 $X_1 - X_2$ 相互独立.

7.2　样本矩和统计量

1. 样本矩

在考察总体信息时，从总体中得到的样本值 x_1，x_2，$\cdots$，x_n 是一堆杂乱无章的数据，需要对其研究加工，从中提取出有用的总体信息.

下面介绍一些样本的加工方法.

设 X_1，X_2，$\cdots$，X_n 为来自于总体 X 的一个样本，称

$$\overline{X} = \frac{1}{n} \sum_{i=1}^{n} X_i \tag{7.1}$$

为样本均值；

$$S^2 = \frac{1}{n-1} \sum_{i=1}^{n} (X_i - \overline{X})^2 \tag{7.2}$$

为样本方差；

$$S = \sqrt{\frac{1}{n-1} \sum_{i=1}^{n} (X_i - \overline{X})^2}$$

为样本标准差；

$$A_k = \frac{1}{n} \sum_{i=1}^{n} X_i^k$$

为样本 k 阶矩（或 k 阶原点矩）；

$$B_k = \frac{1}{n} \sum_{i=1}^{n} (X_i - \overline{X})^k$$

为样本 k 阶中心矩.

显然，样本均值、样本方差、样本 k 阶矩和样本 k 阶中心矩都是随机变量.

如果 x_1，x_2，$\cdots$，x_n 是样本 X_1，X_2，$\cdots$，X_n 的一组观察值（称为样本值），则

$$\overline{x} = \frac{1}{n} \sum_{i=1}^{n} x_i,$$

$$s^2 = \frac{1}{n-1} \sum_{i=1}^{n} (x_i - \overline{x})^2,$$

$$S = \sqrt{\frac{1}{n-1} \sum_{i=1}^{n} (X_i - \overline{X})^2},$$

$$a_k = \frac{1}{n} \sum_{i=1}^{n} x_i^k,$$

$$b_k = \frac{1}{n} \sum_{i=1}^{n} (x_i - \overline{x})^k,$$

分别是 $\overline{X}$、S^2、S、A_k 和 B_k 的观察值.

总体矩：$\mu = EX$，$\mu_k = EX^k$，$\nu_k = E(X - EX)^k$ 等称为总体矩.

人们也许会问样本矩与相应的总体矩有什么关系？

可以证明，只要总体的 k 阶矩存在，样本 k 阶矩依概率收敛于总体的 k 阶矩.

例如，$A_k \xrightarrow{P} \mu_k$ $(n \to +\infty)$. 因此可以认为 $\mu_k \approx a_k$.

2. 统计量

在研究总体的性质时，除了用到样本外，还要用到由样本构造的某种函数. 为了通过样本来了解总体，研究者必须对样本进行加工，以提取其中的有用信息. 所谓对样本进行加工，就是针对不同的统计问题构造一个不含未知参数的样本的连续函数，这样的函数在数理统计学中称为统计量.

定义 1 设 X_1，X_2，$\cdots$，X_n 为总体的一个样本，$G(y_1, y_2, \cdots, y_n)$ 为一个连续函数，则称样本的函数 $G(X_1, X_2, \cdots, X_n)$ 为一个统计量.

显然，$G(X_1, X_2, \cdots, X_n)$ 是一个随机变量.

如果 x_1，x_2，$\cdots$，x_n 是样本 X_1，X_2，$\cdots$，X_n 的观察值（称为样本值），则 $G(x_1, x_2, \cdots, x_n)$ 是 $G(X_1, X_2, \cdots, X_n)$ 的观察值.

例如，$\overline{X} = \dfrac{1}{n} \sum\limits_{i=1}^{n} X_i$，$\dfrac{1}{n} \sum\limits_{i=1}^{n} X_i^2$，$\sqrt{\sum\limits_{i=1}^{n} X_i^2}$ 都是统计量.

在构造的统计量中，不能含有总体的未知参数，因为若含有总体的未知参数，则即使得到了样本的观测数据，仍然不能由这些样本数据通过统计量计算得出要估计的量的值.

若总体 $X \sim N(\mu, \sigma^2)$，其中 μ，σ^2 是未知参数，而 X_1，X_2，$\cdots$，X_n 为来自 X 的样本，则 $\overline{X} = \dfrac{1}{n} \sum\limits_{i=1}^{n} X_i$，$S^2 = \dfrac{1}{n-1} \sum\limits_{i=1}^{n} (X_i - \overline{X})^2$ 是统计量. 而 $\dfrac{\overline{X} - \mu}{\sigma}$，$\dfrac{1}{n} \sum\limits_{i=1}^{n} (X_i - \mu)^2$ 不是统计量.

3. 顺序统计量与经验分布函数

设 X_1，X_2，$\cdots$，X_n 为取自总体 X 的一个样本，x_1，x_2，$\cdots$，x_n（可以有相等的）是样本观察值，将观察值按大小次序排列，得到

$$x_1^* \leqslant x_2^* \leqslant \cdots \leqslant x_n^*.$$

我们规定 X_k^* 的取值为 x_k^*，由此得到的 X_1^*，X_2^*，$\cdots$，X_n^* 称为 X_1，X_2，$\cdots$，X_n 的一组顺序统计量.

显然，有

$$X_1^* \leqslant X_2^* \leqslant \cdots \leqslant X_n^*,$$

且 $X_1^* = \min\limits_{1\leqslant i\leqslant n} X_i$，$X_n^* = \max\limits_{1\leqslant i\leqslant n} X_i$.

令 $x_i = X(\omega_i)$，$\boldsymbol{\omega} = (\omega_1,\ \omega_2,\ \cdots,\ \omega_n)$，记函数

$$F_n(x) = F_n(x,\boldsymbol{\omega}) = \begin{cases} 0, & x < x_1^* \\ \dfrac{1}{n}, & x_1^* \leqslant x < x_2^* \\ \dfrac{k}{n}, & x_k^* \leqslant x < x_{k+1}^* (k=2,\cdots,n-1) \\ 1, & x \geqslant x_n^* \end{cases}.$$

显然，$F_n(x)$ 是一非减右连续函数，且满足 $F_n(-\infty)=0$ 和 $F_n(+\infty)=1$，由此可见，$F_n(x)$ 是一个分布函数，称 $F_n(x)$ 为总体 X 的经验分布函数或样本分布函数.

对于每一个固定的 x，$F_n(x) = \dfrac{k}{n}$ 是事件 $\{X(\omega)\leqslant x\}$ 发生的频率. 当 n 固定时，$F_n(x) = F_n(x,\boldsymbol{\omega})$ 是一个随机变量.

$F(x) = P\{X\leqslant x\}$ 是事件 $\{X\leqslant x\}$ 发生的概率，根据大数定律，可知

$$F_n(x) \xrightarrow{P} F(x) \quad (n\to+\infty).$$

由于 X_1，X_2，$\cdots$，X_n 相互独立且有相同的分布函数 $F(x)$，因而事件 $\left\{F_n(x) = F_n(x,\boldsymbol{\omega}) = \dfrac{k}{n}\right\}$ 发生的概率等价于 n 次独立重复试验的伯努利概型中事件 $\{X\leqslant x\}$ 发生 k 次而其余的 $n-k$ 次不发生的概率，即有

$$P\left\{F_n(x) = \dfrac{k}{n}\right\} = C_n^k \left[F(x)\right]^k \left[1-F(x)\right]^{n-k}.$$

$F_n(x)$ 可以作为 X 的未知分布函数 $F(x)$ 的一个近似，当 n 越大时，近似程度越好.

格里汶科（Glivenko）在 1933 年证明了如下结果.

当 $n\to+\infty$ 时，$F_n(x)$ 以概率 1 关于 x 均匀地收敛于 $F(x)$，即

$$P\left\{\lim_{n\to+\infty}\ \sup_{-\infty<x<+\infty}\ |F_n(x)-F(x)| = 0\right\} = 1.$$

于是 $F_n(x) \approx F(x)$.

例 1　随机地观察总体 X，得到的 10 个数据为

$$3.2,\ 2.5,\ -4,\ 2.5,\ 0,\ 3,\ 2,\ 2.5,\ 3.2,\ 2.$$

将数据由小到大排列为

$$-4 < 0 < 2 = 2 < 2.5 = 2.5 = 2.5 < 3 < 3.2 = 3.2.$$

其经验分布函数为

$$F_{10}(x)=\begin{cases}0, & x<-4\\ \dfrac{1}{10}, & -4\leqslant x<0\\ \dfrac{2}{10}, & 0\leqslant x<2\\ \dfrac{4}{10}, & 2\leqslant x<2.5\\ \dfrac{7}{10}, & 2.5\leqslant x<3\\ \dfrac{8}{10}, & 3\leqslant x<3.2\\ 1, & x\geqslant 3.2\end{cases}$$

例2 了解某校大学生在一个学期内的支出情况.

这是一个典型的客观存在又有多种需要的统计问题.

要把所有学生支出的数据都得到,这显然是不可能的,也是做不到的.我们只好通过了解部分学生的支出情况来推断整体的情况.

比如,我们通过随机抽查的方式,得到了 n 个学生的支出数据: $x_1,x_2,\cdots,x_n$. 看到这一堆数据,常会使人因得不到要领而感到厌烦.要想利用好这些数据,形成简单报告的形式,使人一目了然,并有清楚的印象.一般的做法如下.

将观察值按大小顺序排列,得到

$$x_1^*\leqslant x_2^*\leqslant\cdots\leqslant x_n^*,$$

从而便可推知最高支出和最低支出.对得到的数据进行平均值计算,即

$$\overline{x}=\frac{1}{n}\sum_{i=1}^{n}x_i,$$

从而便可推知平均支出情况.进一步还可推知超过平均支出的学生所占的比例等数据.

习题 7.2

1. 在一本书上随机地检查 10 页,发现每页上的错误数为
$$4,5,6,0,3,1,4,2,1,4,$$
试计算出样本均值、样本方差和样本标准差.

2. 证明:样本容量为 2 的样本 (x_1,x_2) 的样本方差为 $\frac{1}{2}(x_1-x_2)^2$.

3. 从同一总体中抽取两个容量分别为 n 和 m 的样本,样本均值分别为 $\overline{x}_1$ 和 $\overline{x}_2$,样本方差分别为 s_1^2 和 s_2^2,将两组样本合并,其均值、方差分别为 $\overline{x}$ 和 s^2,证明:

$$\overline{x} = \frac{n\,\overline{x}_1 + m\,\overline{x}_2}{n+m},$$

$$s^2 = \frac{(n-1)s_1^2 + (m-1)s_2^2}{n+m-1} + \frac{nm\,(\overline{x}_1 - \overline{x}_2)^2}{(n+m)(n+m-1)}.$$

4. 设 X_1, X_2, $\cdots$, X_n 为 (0—1) 分布的一个样本, $\overline{X}$ 和 S^2 分别为样本均值和样本方差, 求: $E(\overline{X})$, $D(\overline{X})$ 和 $E(S^2)$.

5. 从装有 1 个白球和 2 个黑球的罐子里有放回地取球, 令 $X=0$ 表示取到白球, $X=1$ 表示取到黑球, X_1, X_2, $\cdots$, X_n 为来自总体 X 的样本, 试求:

(1) 样本均值 $\overline{X}$ 的数学期望和方差;

(2) 样本方差 $S^2 = \dfrac{1}{n-1}\sum_{i=1}^{n}(X_i - \overline{X})^2$ 的数学期望;

(3) $X_1 + X_2 + \cdots + X_n$ 的分布律.

6. 设 x_1, x_2, $\cdots$, x_{18} 和 y_1, y_2, $\cdots$, y_{18} 为来自总体 $N(\mu, \sigma^2)$ 的独立样本, 其样本均值分别记为 $\overline{x}$ 和 $\overline{y}$, 试求: $P\{|\overline{x} - \overline{y}| < \sigma\}$.

7. 以下是某工厂通过抽样调查得到的 10 名工人在一周内生产的产品数
$$149,\ 156,\ 160,\ 138,\ 149,\ 153,\ 153,\ 169,\ 156,\ 156,$$
试由这些数据构造经验分布函数并作图.

7.3　常用统计量的分布

在数理统计中, 统计量是对总体的分布或数字特征进行推断的基础. 因此, 求统计量的分布是数理统计的基本问题之一.

一般地, 要确定一个统计量的精确分布是非常复杂的, 但对于一些特殊情形, 如正态总体, 这个问题就有简单的解决方法. 由于正态总体是最常见的总体, 所以在这里只研究正态总体的统计量的分布.

1. 正态总体样本的线性函数的分布

设总体 $X \sim N(\mu, \sigma^2)$, X_1, X_2, $\cdots$, X_n 是来自于 X 的一个样本. X_1, X_2, $\cdots$, X_n 相互独立且与 X 有相同分布, 即
$$X_i \sim N(\mu, \sigma^2),\ EX_i = \mu,\ DX_i = \sigma^2,$$
则样本的线性函数
$$Y = a_1 X_1 + a_2 X_2 + \cdots + a_n X_n + b$$
也服从正态分布, 且它的数学期望和方差分别是
$$EY = \mu \sum_{i=1}^{n} a_i + b,$$

$$DY = \sigma^2 \sum_{i=1}^{n} a_i^2 ,$$

其中，a_1，a_2，$\cdots$，a_n 是不全为零的常数，b 为常数．

上述结论在概率论中的多维随机变量部分里得到了证实（用归纳法或特征函数法证明）．

特别地，当 $a_i = \dfrac{1}{n}$（$i = 1$，2，$\cdots$，n），$b = 0$ 时，线性函数 Y 正好是样本的均值 $\overline{X}$，即

$$\overline{X} = \frac{1}{n} \sum_{i=1}^{n} X_i ,$$

其服从正态分布，且

$$E\,\overline{X} = \mu$$

$$\left(E\,\overline{X} = \frac{1}{n} \sum_{i=1}^{n} EX_i = \frac{1}{n} \sum_{i=1}^{n} \mu = \frac{1}{n} \cdot n\mu = \mu \right) ,$$

$$D\,\overline{X} = \frac{\sigma^2}{n}$$

$$\left(D\,\overline{X} = \frac{1}{n^2} \sum_{i=1}^{n} DX_i = \frac{1}{n^2} \sum_{i=1}^{n} \sigma^2 = \frac{1}{n^2} \cdot n\sigma^2 = \frac{1}{n} \sigma^2 \right) ,$$

即 $\overline{X} \sim N\left(\mu, \dfrac{\sigma^2}{n} \right)$．

由此可见，$\overline{X}$ 的均值与总体 X 的均值相等，而方差等于总体方差的 n 分之一．这就是说，n 越大，$\overline{X}$ 越向总体均值 μ 集中．

常用结论如下．

$$\frac{\overline{X} - \mu}{\sigma / \sqrt{n}} \sim N(0, 1), \quad \frac{X_i - \mu}{\sigma} \sim N(0, 1),$$

$$\frac{1}{\sqrt{n}} \sum_{i=1}^{n} \left(\frac{X_i - \mu}{\sigma} \right) \sim N(0, 1) ,$$

$$X_j - \overline{X} = X_j - \frac{1}{n} \sum_{i=1}^{n} X_i = \left(1 - \frac{1}{n} \right) X_j - \frac{1}{n} \sum_{i \neq j} X_i \sim N\left(0, \frac{n-1}{n} \sigma^2 \right) .$$

2. χ^2 分布

定理 1 设 X_1，X_2，$\cdots$，X_n 相互独立，且都服从 $N(0,1)$，则随机变量

$$\chi^2 = \sum_{i=1}^{n} X_i^2$$

的概率密度为

$$f(y) = \begin{cases} \dfrac{1}{2^{\frac{n}{2}} \Gamma\left(\dfrac{n}{2}\right)} y^{\frac{n}{2}-1} \mathrm{e}^{-\frac{y}{2}}, & y > 0 \\ \\ 0, & y \leqslant 0 \end{cases}, \tag{7.3}$$

则称 χ^2 服从自由度为 n 的 χ^2 分布，记作 $\chi^2 \sim \chi^2(n)$.

证明　记 χ^2 的分布函数为 $F(y)$.

因为 X_1，X_2，$\cdots$，X_n 相互独立，且都服从 $N(0,1)$，所以 X_1，X_2，$\cdots$，X_n 的联合概率密度为

$$f(x_1, x_2, \cdots, x_n) = \prod_{i=1}^{n} \frac{1}{\sqrt{2\pi}} \exp\left(-\frac{1}{2} x_i^2\right) = \left(\frac{1}{2\pi}\right)^{\frac{n}{2}} \exp\left(-\frac{1}{2} \sum_{i=1}^{n} x_i^2\right),$$

$$F(y) = P\{\chi^2 \leqslant y\} = P\left\{\sum_{i=1}^{n} X_i^2 \leqslant y\right\},$$

因此，当 $y \leqslant 0$ 时，$F(y) = 0$；

当 $y > 0$ 时，有

$$F(y) = P\{\chi^2 \leqslant y\} = P\left\{\sum_{i=1}^{n} X_i^2 \leqslant y\right\}$$

$$= \frac{1}{(2\pi)^{\frac{n}{2}}} \int \cdots \int_{\sum_{i=1}^{n} x_i^2 \leqslant y} \exp\left(-\frac{1}{2} \sum_{i=1}^{n} x_i^2\right) \mathrm{d}x_1 \cdots \mathrm{d}x_n.$$

为了计算上述积分，做变换

$$\begin{cases} x_1 = \rho \cos\theta_1 \cos\theta_2 \cdots \cos\theta_{n-1} \\ x_2 = \rho \cos\theta_1 \cos\theta_2 \cdots \sin\theta_{n-1} \\ \quad\vdots \\ x_n = \rho \sin\theta_1 \end{cases}.$$

此变换的雅可比（Jacobian）行列式为

$$|\boldsymbol{J}| = \frac{\partial(x_1, x_2, \cdots, x_n)}{\partial(\rho, \theta_1, \cdots, \theta_{n-1})} = \rho^{n-1} D(\theta_1, \cdots, \theta_{n-2}),$$

其中 $D(\theta_1, \cdots, \theta_{n-2})$ 是 θ_1，$\cdots$，θ_{n-2} 的函数，不包含变量 ρ.

于是

$$F(y) = \frac{1}{(2\pi)^{\frac{n}{2}}} \int_0^{\sqrt{y}} \int_{-\frac{\pi}{2}}^{\frac{\pi}{2}} \cdots \int_{-\frac{\pi}{2}}^{\frac{\pi}{2}} \int_{-\pi}^{\pi} \mathrm{e}^{-\frac{\rho^2}{2}} \rho^{n-1} D(\theta_1, \cdots, \theta_{n-2}) \mathrm{d}\theta_1 \cdots \mathrm{d}\theta_{n-1} \mathrm{d}\rho$$

$$= C_n \int_0^{\sqrt{y}} \mathrm{e}^{-\frac{\rho^2}{2}} \rho^{n-1} \mathrm{d}\rho,$$

其中 $C_n = \dfrac{1}{(2\pi)^{\frac{n}{2}}} \int_{-\frac{\pi}{2}}^{\frac{\pi}{2}} \cdots \int_{-\frac{\pi}{2}}^{\frac{\pi}{2}} \int_{-\pi}^{\pi} D(\theta_1, \cdots, \theta_{n-2}) \mathrm{d}\theta_1 \cdots \mathrm{d}\theta_{n-1}$.

令 $\rho^2 = t$ ，则

$$F(y) = C_n \cdot \frac{1}{2} \int_0^y \mathrm{e}^{-\frac{t}{2}} t^{\frac{n}{2}-1} \mathrm{d}t.$$

因为

$$1 = F(+\infty) = C_n \cdot \frac{1}{2} \int_0^{+\infty} \mathrm{e}^{-\frac{t}{2}} t^{\frac{n}{2}-1} \mathrm{d}t$$

$$\xlongequal{t=2u} C_n 2^{\frac{n}{2}-1} \int_0^{+\infty} \mathrm{e}^{-u} u^{\frac{n}{2}-1} \mathrm{d}u$$

$$= C_n 2^{\frac{n}{2}-1} \Gamma\left(\frac{n}{2}\right),$$

可得 $C_n = \dfrac{1}{2^{\frac{n}{2}-1} \Gamma\left(\dfrac{n}{2}\right)}$.

代入前面的式子，可得

$$F(y) = \frac{1}{2^{\frac{n}{2}} \Gamma\left(\dfrac{n}{2}\right)} \int_0^y \mathrm{e}^{-\frac{t}{2}} t^{\frac{n}{2}-1} \mathrm{d}t.$$

上式两端对 y 求导，即得式（7.3）.

图 7.1 给出了当 $n=1$，4，10 时，χ^2 分布的密度函数曲线.

显然，分布函数 $F(y)$ 在区间 $[0, +\infty)$ 上严格单调递增 $F'(y) = f(y) > 0$，$y \in (0, +\infty)$，从而 $F: (0, +\infty) \to (0, 1)$ 是一一对应的.

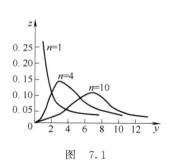

图 7.1

对于给定的正数 α，$0 < \alpha < 1$，方程 $F(y) = \alpha$ 存在唯一的解 $\chi_\alpha^2(n)$，即 $F(\chi_\alpha^2(n)) = \alpha$.

定义 对于给定的正数 α，$0 < \alpha < 1$，称满足

$$F_{\chi^2}(\chi_\alpha^2(n)) = P\{\chi^2 \leqslant \chi_\alpha^2(n)\} = \int_{-\infty}^{\chi_\alpha^2(n)} f(y) \mathrm{d}y = \alpha$$

的点 $\chi_\alpha^2(n)$ 为 χ^2 分布的（下侧）α 分位点.

对于不同的 α 及 n，$\chi_\alpha^2(n)$ 的值可在 χ^2 分布的分布函数值表中查到.

例如，对于 $\alpha = 0.9$，$n = 14$，查得 $\chi_\alpha^2(n) = \chi_{0.9}^2(14) = 21.064$，即

$$P\{\chi^2(14) \leqslant 21.064\} = \int_0^{21.064} f(y) \mathrm{d}y = 0.9.$$

当 $n > 45$ 时，附表中没有列出，此时可用

$$\chi_a^2(n) \approx \frac{1}{2}\left(z_a + \sqrt{2n-1}\right)^2$$

求出 $\chi_a^2(n)$ 的近似值. 上式中的 z_a 是标准正态分布的 α 分位点，$\Phi(z_a) = \alpha$.

例 1 设 X_1，X_2，$\cdots$，X_n 相互独立，且 $X_i \sim N(\mu_i, \sigma_i^2)$，$i = 1, 2, \cdots, n$，则

$$\sum_{i=1}^n \left[(X_i - \mu_i)/\sigma_i\right]^2 \sim \chi^2(n).$$

证明 因为 X_1，X_2，$\cdots$，X_n 相互独立且服从正态分布，故
$$(X_1 - \mu_1)/\sigma_1, (X_2 - \mu_2)/\sigma_2, \cdots, (X_n - \mu_n)/\sigma_n$$
亦相互独立，且服从 $N(0, 1)$.

由 χ^2 分布定义知

$$\sum_{i=1}^n \left[(X_i - \mu_i)/\sigma_i\right]^2 \sim \chi^2(n).$$

特别地，设总体 $X \sim N(\mu, \sigma^2)$，X_1，X_2，$\cdots$，X_n 是来自于 X 的一个样本，则有 $\sum_{i=1}^n \left(\frac{X_i - \mu}{\sigma}\right)^2 \sim \chi^2(n)$.

例 2 设 X_1，X_2，X_3，X_4 是取自正态总体 $X \sim N(0, 2^2)$ 的简单随机样本，且

$$Y = a(X_1 - 2X_2)^2 + b(3X_3 - 4X_4)^2.$$

若统计量 Y 服从 χ^2 分布，求出 a，b 的值，并求 Y 的自由度.

解法一

$Y = \left[\sqrt{a}(X_1 - 2X_2)\right]^2 + \left[\sqrt{b}(3X_3 - 4X_4)\right]^2$，令 $Y_1 = \sqrt{a}(X_1 - 2X_2)$，$Y_2 = \sqrt{b}(3X_3 - 4X_4)$，则 $Y = Y_1^2 + Y_2^2$.

为使 $Y \sim \chi^2(2)$，必有 $Y_1 \sim N(0, 1)$，$Y_2 \sim N(0, 1)$，因而
$$EY_1 = 0, DY_1 = 1, EY_2 = 0, DY_2 = 1.$$

注意到 $DX_1 = DX_2 = DX_3 = DX_4 = 4$，由
$$DY_1 = D[\sqrt{a}(X_1 - 2X_2)] = aD(X_1 - 2X_2) = a(DX_1 + 4DX_2)$$
$$= a(4 + 4 \times 4) = 20a = 1,$$
$$DY_2 = D[\sqrt{b}(3X_3 - 4X_4)] = bD(3X_3 - 4X_4) = b(9DX_3 + 16DX_4)$$
$$= b(4 \times 9 + 4 \times 16) = 100b = 1,$$

分别得到 $a = 1/20$，$b = 1/100$. 这时 $Y \sim \chi^2(2)$，自由度为 2.

解法二 因为 $X_i \sim N(0, 2^2)$ 且相互独立，所以有
$$X_1 - 2X_2 = X_1 + (-2X_2)$$
$$\sim N(1 \times 0 + (-2) \times 0, 1^2 \times 2^2 + (-2)^2 \times 2^2) \sim N(0, 20),$$
$$3X_3 - 4X_4 = 3X_3 + (-4X_4)$$

$$\sim N(3\times 0 + (-4)\times 0,\ 3^2\times 2^2 + (-4)^2\times 2^2)\sim N(0,\ 100),$$

故
$$\frac{X_1 - 2X_2}{\sqrt{20}}\sim N(0,1),\quad \frac{3X_3 - 4X_4}{\sqrt{100}}\sim N(0,1).$$

为使 $Y = \left(\dfrac{X_1 - 2X_2}{1/\sqrt{a}}\right)^2 + \left(\dfrac{3X_3 - 4X_4}{1/\sqrt{b}}\right)^2 \sim \chi^2(2)$，必有

$$\frac{X_1 - 2X_2}{1/\sqrt{a}}\sim N(0,1),\quad \frac{3X_3 - 4X_4}{1/\sqrt{b}}\sim N(0,1).$$

与上面两个服从标准正态分布的随机变量比较得

$$1/\sqrt{a} = \sqrt{20},\quad 1/\sqrt{b} = \sqrt{100},\quad 即\ a = 1/20,\ b = 1/100.$$

χ^2 分布的性质如下.

定理 2　若 $X\sim \chi^2(n)$，则 X 的数学期望和方差分别是
$$EX = n,\ DX = 2n.$$

证明　由数学期望定义得

$$EX = \int_0^{+\infty} x\,\frac{1}{2^{\frac{n}{2}}\Gamma\left(\dfrac{n}{2}\right)}e^{-\frac{x}{2}}x^{\frac{n}{2}-1}\,\mathrm{d}x$$

$$= \frac{1}{2^{\frac{n}{2}}\Gamma\left(\dfrac{n}{2}\right)}\int_0^{+\infty} e^{-\frac{x}{2}}x^{\frac{n}{2}}\,\mathrm{d}x$$

$$= \frac{2}{\Gamma\left(\dfrac{n}{2}\right)}\int_0^{+\infty} e^{-\frac{x}{2}}\left(\frac{x}{2}\right)^{\left(\frac{n}{2}+1\right)-1}\,\mathrm{d}\left(\frac{x}{2}\right)$$

$$= \frac{2\Gamma\left(\dfrac{n}{2}+1\right)}{\Gamma\left(\dfrac{n}{2}\right)} = \frac{2\,\dfrac{n}{2}\,\Gamma\left(\dfrac{n}{2}\right)}{\Gamma\left(\dfrac{n}{2}\right)} = n,$$

$$EX^2 = \frac{1}{2^{\frac{n}{2}}\Gamma\left(\dfrac{n}{2}\right)}\int_0^{+\infty} x^2 e^{-\frac{x}{2}}x^{\frac{n}{2}-1}\,\mathrm{d}x$$

$$= \frac{4}{\Gamma\left(\dfrac{n}{2}\right)}\int_0^{+\infty} e^{-\frac{x}{2}}\left(\frac{x}{2}\right)^{\left(\frac{n}{2}+2\right)-1}\,\mathrm{d}\left(\frac{x}{2}\right)$$

$$= \frac{4\Gamma\left(\dfrac{n}{2}+2\right)}{\Gamma\left(\dfrac{n}{2}\right)}$$

$$= \frac{4\left(\dfrac{n}{2}+1\right)\cdot\dfrac{n}{2}\cdot\Gamma\left(\dfrac{n}{2}\right)}{\Gamma\left(\dfrac{n}{2}\right)} = n(n+2),$$

于是 $\qquad DX = EX^2 - (EX)^2 = n(n+2) - n^2 = 2n.$

例 3　设总体 $X \sim N(\mu, \sigma^2)$，X_1，X_2，$\cdots$，X_n 是来自于 X 的一个样本，其中 σ^2 已知，求：$E[(\overline{X} - \mu)^2]$ 和 $D[(\overline{X} - \mu)^2]$。

解　$E\overline{X} = \mu$，$D\overline{X} = \dfrac{\sigma^2}{n}$，

$$E[(\overline{X} - \mu)^2] = E[(\overline{X} - E\overline{X})^2] = D\overline{X} = \frac{\sigma^2}{n},$$

$$D[(\overline{X} - \mu)^2] = D\left[\frac{\sigma^2}{n}\left(\frac{\overline{X} - \mu}{\sigma/\sqrt{n}}\right)^2\right]$$

$$= \frac{\sigma^4}{n^2} D\left(\frac{\overline{X} - \mu}{\sigma/\sqrt{n}}\right)^2,$$

由于 $\dfrac{\overline{X} - \mu}{\sigma/\sqrt{n}} \sim N(0,1)$，所以 $\left(\dfrac{\overline{X} - \mu}{\sigma/\sqrt{n}}\right)^2 \sim \chi^2(1)$，由定理 2 知

$$D\left(\frac{\overline{X} - \mu}{\sigma/\sqrt{n}}\right)^2 = D\chi^2(1) = 2 \times 1 = 2,$$

于是 $D[(\overline{X} - \mu)^2] = \dfrac{2\sigma^4}{n^2}$.

定理 3　若 $X_1 \sim \chi^2(n_1)$，$X_2 \sim \chi^2(n_2)$，且 X_1 与 X_2 相互独立，则

$$X_1 + X_2 \sim \chi^2(n_1 + n_2).$$

证明　设 $X_1 + X_2$ 的分布密度为 $f(x)$，则

$$f(x) = \int_{-\infty}^{+\infty} f_1(u) f_2(x - u) \mathrm{d}u,$$

其中 $f_1(u)$，$f_2(u)$ 分别为 X_1 和 X_2 的概率密度，且

$$f_1(u) = \begin{cases} \dfrac{1}{2^{\frac{n_1}{2}} \Gamma\left(\dfrac{n_1}{2}\right)} u^{\frac{n_1}{2} - 1} \mathrm{e}^{-\frac{u}{2}} & u > 0 \\ 0, & u \leqslant 0 \end{cases},$$

$$f_2(u) = \begin{cases} \dfrac{1}{2^{\frac{n_2}{2}} \Gamma\left(\dfrac{n_2}{2}\right)} u^{\frac{n_2}{2} - 1} \mathrm{e}^{-\frac{u}{2}} & u > 0 \\ 0, & u \leqslant 0 \end{cases}.$$

当 $x \leqslant 0$ 时，$f(x) = 0$；

当 $x > 0$ 时，有

$$f(x) = \int_0^x \frac{1}{2^{\frac{n_1}{2}} \Gamma\left(\frac{n_1}{2}\right)} u^{\frac{n_1}{2} - 1} \mathrm{e}^{-\frac{u}{2}} \cdot \frac{1}{2^{\frac{n_2}{2}} \Gamma\left(\frac{n_2}{2}\right)} (x - u)^{\frac{n_2}{2} - 1} \mathrm{e}^{-\frac{x - u}{2}} \mathrm{d}u$$

$$= \frac{1}{2^{\frac{n_1+n_2}{2}}\Gamma\left(\frac{n_1}{2}\right)\Gamma\left(\frac{n_2}{2}\right)} \int_0^x u^{\frac{n_1}{2}-1}(x-u)^{\frac{n_2}{2}-1}\mathrm{e}^{-\frac{x}{2}}\mathrm{d}u.$$

则令 $u=xv$, 得

$$f(x) = \frac{\mathrm{e}^{-\frac{x}{2}}x^{\frac{n_1+n_2}{2}-1}}{2^{\frac{n_1+n_2}{2}}\Gamma\left(\frac{n_1}{2}\right)\Gamma\left(\frac{n_2}{2}\right)} \int_0^1 v^{\frac{n_1}{2}-1}(1-v)^{\frac{n_2}{2}-1}\mathrm{d}v,$$

利用 $\displaystyle\int_0^1 v^{p-1}(1-v)^{q-1}\mathrm{d}v = B(p,q) = \frac{\Gamma(p)\Gamma(q)}{\Gamma(p+q)}$, 即可得

$$f(x) = \frac{1}{2^{\frac{n_1+n_2}{2}}\Gamma\left(\frac{n_1+n_2}{2}\right)}x^{\frac{n_1+n_2}{2}-1}\mathrm{e}^{-\frac{x}{2}},$$

由此可见, X_1+X_2 服从自由度为 n_1+n_2 的 χ^2 分布.

定理 4 设 $X_1, X_2, \cdots, X_n$ 相互独立, 且都服从 $N(\mu, \sigma^2)$, 则

1) 样本均值 $\overline{X}$ 与样本方差 S^2 相互独立;

2) $\dfrac{(n-1)}{\sigma^2}S^2 \sim \chi^2(n-1),$ \hfill (7.4)

其中, $\overline{X} = \dfrac{1}{n}\displaystyle\sum_{i=1}^n X_i$, $S^2 = \dfrac{1}{n-1}\displaystyle\sum_{i=1}^n (X_i-\overline{X})^2$, $\dfrac{(n-1)}{\sigma^2}S^2 = \dfrac{1}{\sigma^2}\displaystyle\sum_{i=1}^n (X_i-\overline{X})^2$.

为了证明这个定理, 我们首先介绍下面的引理.

引理 设 $X_1, X_2, \cdots, X_n$ 为相互独立且都服从 $N(a, \sigma^2)$ 分布的随机变量, $\boldsymbol{A}$ 是 $n\times n$ 阶正交矩阵. 令

$$\begin{pmatrix} Y_1 \\ Y_2 \\ \vdots \\ Y_n \end{pmatrix} = \boldsymbol{A} \begin{pmatrix} X_1 \\ X_2 \\ \vdots \\ X_n \end{pmatrix}, \hfill (*)$$

则 $Y_1, Y_2, \cdots, Y_n$ 也相互独立且都服从正态分布.

证明 由于 $X_1, X_2, \cdots, X_n$ 相互独立, 且都服从 $N(a, \sigma^2)$ 分布, 因此 $(X_1, X_2, \cdots, X_n)$ 具有密度函数

$$f(x_1, x_2, \cdots, x_n) = \frac{1}{(2\pi)^{n/2}\sigma^n}\exp\left[-\frac{1}{2\sigma^2}\sum_{i=1}^n (x_i-a)^2\right]$$

$$= \frac{1}{(2\pi)^{n/2}\sigma^n}\exp\left[-\frac{1}{2\sigma^2}(\boldsymbol{x}-\boldsymbol{a})(\boldsymbol{x}-\boldsymbol{a})^{\mathrm{T}}\right],$$

其中 $\boldsymbol{x} = (x_1, x_2, \cdots, x_n)$, $\boldsymbol{a} = (a, a, \cdots, a)$.

式 (*) 所对应的函数变换是

$$\begin{pmatrix} y_1 \\ y_2 \\ \vdots \\ y_n \end{pmatrix} = \boldsymbol{A} \begin{pmatrix} x_1 \\ x_2 \\ \vdots \\ x_n \end{pmatrix},$$

从而

$$\begin{pmatrix} x_1 \\ x_2 \\ \vdots \\ x_n \end{pmatrix} = \boldsymbol{A}^{-1} \begin{pmatrix} y_1 \\ y_2 \\ \vdots \\ y_n \end{pmatrix},$$

即 $\boldsymbol{x}^{\mathrm{T}} = \boldsymbol{A}^{-1} \boldsymbol{y}^{\mathrm{T}}$，所以

$$(\boldsymbol{x} - \boldsymbol{a})^{\mathrm{T}} = \boldsymbol{x}^{\mathrm{T}} - \boldsymbol{a}^{\mathrm{T}} = \boldsymbol{A}^{-1}(\boldsymbol{y}^{\mathrm{T}} - \boldsymbol{A}\boldsymbol{a}^{\mathrm{T}}) = \boldsymbol{A}^{-1}(\boldsymbol{y} - \boldsymbol{a}\boldsymbol{A}^{-1})^{\mathrm{T}},$$

$$\boldsymbol{x} - \boldsymbol{a} = \boldsymbol{y}\boldsymbol{A} - \boldsymbol{a} = (\boldsymbol{y} - \boldsymbol{a}\boldsymbol{A}^{-1})\boldsymbol{A},$$

$$(\boldsymbol{x} - \boldsymbol{a})(\boldsymbol{x} - \boldsymbol{a})^{\mathrm{T}} = (\boldsymbol{y} - \boldsymbol{a}\boldsymbol{A}^{-1})\boldsymbol{A}\boldsymbol{A}^{-1}(\boldsymbol{y} - \boldsymbol{a}\boldsymbol{A}^{-1})^{\mathrm{T}}$$
$$= (\boldsymbol{y} - \boldsymbol{a}\boldsymbol{A}^{-1})(\boldsymbol{y} - \boldsymbol{a}\boldsymbol{A}^{-1})^{\mathrm{T}}.$$

变换的雅可比行列式是

$$|\boldsymbol{J}| = \left| \frac{\partial(x_1, x_2, \cdots, x_n)}{\partial(y_1, y_2, \cdots, y_n)} \right| = |\boldsymbol{A}^{-1}| = |\boldsymbol{A}|^{-1},$$

因为 $\boldsymbol{A}$ 是正交矩阵，所以 $|\boldsymbol{J}| = 1$，由此得到 Y_1，Y_2，$\cdots$，Y_n 具有密度函数

$$g(y_1, y_2, \cdots, y_n) = |\boldsymbol{J}| f(x_1, x_2, \cdots, x_n)$$
$$= \frac{1}{(2\pi)^{n/2} \sigma^n} \exp\left[-\frac{1}{2\sigma^2}(\boldsymbol{y} - \boldsymbol{a}\boldsymbol{A}^{-1})(\boldsymbol{y} - \boldsymbol{a}\boldsymbol{A}^{-1})^{\mathrm{T}} \right],$$

可见 Y_1，Y_2，$\cdots$，Y_n 相互独立且都服从正态分布.

下面运用上面的引理来证明定理 4.

证明 设正交矩阵

$$\boldsymbol{A} = \begin{pmatrix} \dfrac{1}{\sqrt{n}} & \dfrac{1}{\sqrt{n}} & \cdots & \dfrac{1}{\sqrt{n}} \\ a_{21} & a_{22} & \cdots & a_{2n} \\ \vdots & \vdots & & \vdots \\ a_{n1} & a_{n2} & \cdots & a_{nn} \end{pmatrix}, \tag{7.5}$$

令

$$\begin{pmatrix} Y_1 \\ Y_2 \\ \vdots \\ Y_n \end{pmatrix} = \boldsymbol{A} \begin{pmatrix} X_1 \\ X_2 \\ \vdots \\ X_n \end{pmatrix}, \tag{7.6}$$

即

$$Y_1 = \frac{1}{\sqrt{n}} \sum_{i=1}^{n} X_i = \sqrt{n}\,\overline{X}, \tag{7.7}$$

$$Y_i = \sum_{j=1}^{n} a_{ij} X_j, \; i = 2, 3, \cdots, n.$$

由上面的引理知 Y_1，Y_2，$\cdots$，Y_n 相互独立且都服从正态分布.

又

$$E(Y_1) = \sqrt{n}\mu, \; D(Y_1) = \sigma^2, \qquad (7.8)$$

而由正交性，当 $i = 2, 3, \cdots, n$ 时，有

$$E(Y_i) = \sum_{j=1}^{n} a_{ij}\mu = \sqrt{n}\mu \cdot \sum_{j=1}^{n} a_{ij} \frac{1}{\sqrt{n}} = 0, \qquad (7.9)$$

$$D(Y_i) = \sum_{i=1}^{n} a_{ij}^2 \sigma^2 = \sigma^2, \qquad (7.10)$$

$$\begin{aligned}
Y_1^2 + Y_2^2 + \cdots + Y_n^2 &= (Y_1, Y_2, \cdots, Y_n)(Y_1, Y_2, \cdots, Y_n)^{\mathrm{T}} \\
&= (X_1, X_2, \cdots, X_n)\boldsymbol{A}^{\mathrm{T}}\boldsymbol{A}(X_1, X_2, \cdots, X_n)^{\mathrm{T}} \\
&= (X_1, X_2, \cdots, X_n)(X_1, X_2, \cdots, X_n)^{\mathrm{T}} \\
&= X_1^2 + X_2^2 + \cdots + X_n^2 \\
&= \sum_{i=1}^{n} (X_i - \overline{X})^2 + n\overline{X}^2,
\end{aligned}$$

根据式 (7.7) 及上式，有

$$\sum_{i=1}^{n} (X_i - \overline{\boldsymbol{X}})^2 = (X_1^2 + X_2^2 + \cdots + X_n^2) - n\overline{\boldsymbol{X}}^2 = Y_2^2 + Y_3^2 \cdots + Y_n^2,$$

即

$$(n-1)S^2 = \sum_{i=2}^{n} Y_i^2. \qquad (7.11)$$

再由式 (7.9) ～式 (7.11) 得

$$\frac{(n-1)S^2}{\sigma^2} = \sum_{i=2}^{n} \left(\frac{Y_i}{\sigma}\right)^2 \sim \chi^2(n-1).$$

由上面的证明知 Y_1，Y_2，$\cdots$，Y_n 相互独立，又由式 (7.9) 和式 (7.11) 得

$$\overline{\boldsymbol{X}} = \frac{\boldsymbol{Y}_1}{\sqrt{n}}, \; S^2 = \frac{1}{n-1} \sum_{i=2}^{n} Y_i^2,$$

从而 $\overline{X}$ 与 S^2 相互独立.

例 4 设总体 $X \sim N(0,1)$，$\overline{X} = \frac{1}{n}\sum_{i=1}^{n} X_i$，$S^2 = \frac{1}{n-1}\sum_{i=1}^{n} (X_i - \overline{X})^2$，求：服从自由度为 $(n-1)$ 的 χ^2 分布的随机变量.

解 因 $X \sim N(0,1)$，故 $X_i \sim N(0,1)$，又因 $\sigma^2 = 1$，由定理 4 知 $(n-1)S^2/\sigma^2 = (n-1)S^2 \sim \chi^2(n-1)$，故此随机变量为 $(n-1)S^2$.

例 5 设总体 $X \sim N(\mu, \sigma^2)$，X_1，X_2，$\cdots$，X_n 是来自于 X 的一个样本，其中 σ^2 已知，求：ES^2，DS^2.

解 $ES^2 = DX = \sigma^2$，

（对任意总体可证）.

$$\frac{(n-1)}{\sigma^2}S^2 \sim \chi^2(n-1),$$

$$
\begin{aligned}
DS^2 &= D\left[\frac{\sigma^2}{(n-1)} \cdot \frac{(n-1)}{\sigma^2}S^2\right]\\
&= \left(\frac{\sigma^2}{n-1}\right)^2 \cdot D\left[\frac{(n-1)}{\sigma^2}S^2\right]\\
&= \left(\frac{\sigma^2}{n-1}\right)^2 \cdot D\left[\chi^2(n-1)\right]\\
&= \left(\frac{\sigma^2}{n-1}\right)^2 \cdot 2(n-1)\\
&= \frac{2\sigma^4}{(n-1)}.
\end{aligned}
$$

3. t 分布

定理 5　设随机变量 $X \sim N(0,1)$，$Y \sim \chi^2(n)$，且 X 与 Y 相互独立，则随机变量

$$T = \frac{X}{\sqrt{Y/n}}$$

的概率密度为

$$f(t) = \frac{\Gamma\left(\dfrac{n+1}{2}\right)}{\sqrt{n\pi}\,\Gamma\left(\dfrac{n}{2}\right)}\left(1+\frac{t^2}{n}\right)^{-\frac{n+1}{2}}, \quad -\infty < t < +\infty. \tag{7.12}$$

称 T 服从自由度为 n 的 t 分布，记作 $T \sim t(n)$.

证明　X 的概率密度为

$$f_X(x) = \frac{1}{\sqrt{2\pi}}\mathrm{e}^{-\frac{x^2}{2}},$$

Y 的概率密度 $f_Y(y)$ 由式（7.3）给出，X，Y 的联合概率密度是

$$\frac{1}{\sqrt{2\pi}}\mathrm{e}^{-\frac{u^2}{2}} \cdot f_Y(v),$$

于是

$$
\begin{aligned}
P\left\{\frac{X}{\sqrt{Y/n}} \leqslant x\right\} &= P\left\{\frac{X}{\sqrt{Y}} \leqslant \frac{x}{\sqrt{n}}\right\}\\
&= \iint\limits_{\frac{u}{\sqrt{v}} \leqslant \frac{x}{\sqrt{n}}} \frac{1}{\sqrt{2\pi}}\mathrm{e}^{-\frac{u^2}{2}} f_Y(v)\,\mathrm{d}u\mathrm{d}v.
\end{aligned}
$$

做变量替换：$u = t\sqrt{s}$，$v = s$，它的雅可比行列式是

$$|\boldsymbol{J}| = \begin{vmatrix} \dfrac{\partial u}{\partial s} & \dfrac{\partial u}{\partial t} \\[2mm] \dfrac{\partial v}{\partial s} & \dfrac{\partial v}{\partial t} \end{vmatrix} = \begin{vmatrix} \dfrac{t}{2\sqrt{s}} & \sqrt{s} \\[2mm] 1 & 0 \end{vmatrix} = -\sqrt{s},$$

于是

$$
\begin{aligned}
P\left\{ \frac{X}{\sqrt{Y/n}} \leqslant x \right\} &= \iint\limits_{\substack{t \leqslant \frac{x}{\sqrt{n}} \\ s > 0}} \frac{1}{\sqrt{2\pi}\,2^{\frac{n}{2}}\Gamma\left(\dfrac{n}{2}\right)} s^{\frac{n-1}{2}} \mathrm{e}^{-\frac{1}{2}(1+t^2)} \mathrm{d}s\mathrm{d}t \\
&= \int_{-\infty}^{\frac{x}{\sqrt{n}}} \frac{\mathrm{d}t}{\sqrt{\pi}\,\Gamma\left(\dfrac{n}{2}\right)} \cdot \int_{0}^{+\infty} \left(\frac{s}{2}\right)^{\frac{n-1}{2}} \mathrm{e}^{-\frac{1}{2}(1+t^2)s} \cdot \frac{1}{2}\mathrm{d}s \\
&= \int_{-\infty}^{\frac{x}{\sqrt{n}}} \frac{\mathrm{d}t}{\sqrt{\pi}\,\Gamma\left(\dfrac{n}{2}\right)} \cdot \int_{0}^{+\infty} z^{\frac{n-1}{2}} \mathrm{e}^{-(1+t^2)z} \mathrm{d}z .
\end{aligned}
$$

由于

$$\int_{0}^{+\infty} z^{\frac{n-1}{2}} \mathrm{e}^{-(1+t^2)z}\, \mathrm{d}z = \frac{\Gamma\left(\dfrac{n+1}{2}\right)}{(1+t^2)^{\frac{n+1}{2}}},$$

所以

$$P\left\{ \frac{X}{\sqrt{Y/n}} \leqslant x \right\} = \int_{-\infty}^{x} \frac{\Gamma\left(\dfrac{n+1}{2}\right)}{\sqrt{n\pi}\,\Gamma\left(\dfrac{n}{2}\right)} \cdot \frac{1}{\left(1+\dfrac{u^2}{n}\right)^{\frac{n+1}{2}}} \mathrm{d}u,$$

上式两边对 x 求导，即得式（7.12）.

记

$$
\begin{aligned}
f_n(t) &= \frac{\Gamma\left(\dfrac{n+1}{2}\right)}{\sqrt{n\pi}\,\Gamma\left(\dfrac{n}{2}\right)} \left(1+\frac{t^2}{n}\right)^{-\frac{n+1}{2}} \\
&= C_n \left(1+\frac{t^2}{n}\right)^{-\frac{n+1}{2}},
\end{aligned}
$$

则

$$\lim_{n \to +\infty} \left(1+\frac{t^2}{n}\right)^{-\frac{n+1}{2}} = \lim_{n \to +\infty} \left[\left(1+\frac{t^2}{n}\right)^{\frac{n}{t^2}}\right]^{-\frac{t^2}{2} \cdot \frac{n+1}{n}} = \mathrm{e}^{-\frac{t^2}{2}},$$

$$1 = \int_{-\infty}^{+\infty} f_n(t)\,\mathrm{d}t = \int_{-\infty}^{+\infty} C_n \left(1+\frac{t^2}{n}\right)^{-\frac{n+1}{2}} \mathrm{d}t,$$

$$1 = \lim_{n \to +\infty} \int_{-\infty}^{+\infty} C_n \left(1+\frac{t^2}{n}\right)^{-\frac{n+1}{2}} \mathrm{d}t$$

$$= \lim_{n \to +\infty} C_n \cdot \lim_{n \to +\infty} \int_{-\infty}^{+\infty} \left(1+\frac{t^2}{n}\right)^{-\frac{n+1}{2}} \mathrm{d}t$$

$$= \lim_{n \to +\infty} C_n \cdot \int_{-\infty}^{+\infty} \mathrm{e}^{-\frac{t^2}{2}} \mathrm{d}t = \lim_{n \to +\infty} C_n \cdot \sqrt{2\pi},$$

故
$$\lim_{n \to +\infty} C_n = \frac{1}{\sqrt{2\pi}},$$

$$\lim_{n \to +\infty} f_n(t) = \lim_{n \to +\infty} C_n \left(1 + \frac{t^2}{n}\right)^{-\frac{n+1}{2}} = \frac{1}{\sqrt{2\pi}} \mathrm{e}^{-\frac{t^2}{2}}.$$

$t(n)$ 分布的密度函数曲线关于 $t=0$ 对称，且当 $n \to +\infty$ 时，有

$$\lim_{n \to +\infty} f_n(t) = \frac{1}{\sqrt{2\pi}} \mathrm{e}^{-\frac{t^2}{2}},$$

故当 n 很大时，t 分布近似于 $N(0,1)$. 然而对于比较小的 n 的值，t 分布与正态分布之间有较大的差异.

由 $F(x) = P\{T \leqslant x\} = \int_{-\infty}^{x} f(t) \mathrm{d}t$ 可知，$F'(x) = f(x) > 0$，即 $F(x)$ 严格单增，从而 $F: (-\infty, +\infty) \to (0,1)$ 是一一对应的.

对给定的 $\alpha: 0 < \alpha < 1$，存在唯一的 $t_a(n)$，使得 $F(t_a(n)) = \alpha$，即对于给定的 $\alpha: 0 < \alpha < 1$，可查 t 分布的分布函数值表或使用 MATLAB 软件求出 $t_a(n)$.

满足 $F(t_a(n)) = P\{T \leqslant t_a(n)\} = \int_{-\infty}^{t_a(n)} f(t) \mathrm{d}t = \alpha$ 的点 $t_a(n)$ 称为 t 分布的（下侧）α 分位点.

t 分布的分位点的性质如下.

由 $f(t)$ 的对称性，即 $f(t)$ 是偶函数可得 $F(-x) + F(x) = 1$，$F(0) = \frac{1}{2}$，

1) $t_{1-a}(n) = -t_a(n)$，$P\{T \leqslant t_{1-a}(n)\} = 1-\alpha$，$P\{T > t_{1-a}(n)\} = \alpha$；

2) 数 $t_{1-\frac{a}{2}}(n)$ 满足

$$P\left\{T \leqslant t_{1-\frac{a}{2}}(n)\right\} = 1 - \frac{\alpha}{2},$$

则 $P\left\{|T| \leqslant t_{1-\frac{a}{2}}(n)\right\} = 1-\alpha$，$P\left\{|T| > t_{1-\frac{a}{2}}(n)\right\} = \alpha$，称 $t_{1-a/2}(n)$ 为双侧 α 分位点.

当 $n > 45$ 时，t 分布表中没有列出，此时可查标准正态分布表，得 z_a，且有 $t_a(n) \approx z_a$.

例 6 设 $X_1, X_2, \cdots, X_{32}$ 为来自于正态总体 $N(\mu, 4^2)$ 的样本，令

$$Y = \frac{\sum\limits_{i=1}^{16}(X_i - \mu)}{\sqrt{\sum\limits_{j=17}^{32}(X_j - \mu)^2}},$$

求：Y 的分布.

解 由题设条件得

$$\sum_{i=1}^{16}(X_i-\mu)\sim N(0,\ 16\times 4^2)\ ,$$

$$\sum_{i=1}^{16}(X_i-\mu)=16\times\frac{1}{16}\sum_{i=1}^{16}(X_i-\mu)=16U\ ,$$

其中
$$U=\frac{1}{16}\sum_{i=1}^{16}(X_i-\mu)\sim N(0,\ 1)\ ,$$

$$\sum_{j=17}^{32}(X_j-\mu)^2=16\sum_{j=17}^{32}\left(\frac{X_j-\mu}{4}\right)^2=16V\ ,$$

其中 $V=\sum_{j=17}^{32}\left(\dfrac{X_j-\mu}{4}\right)^2\sim\chi^2(16)$，显然 U 与 V 相互独立，由 t 分布的定义知

$$\frac{\sum\limits_{i=1}^{16}(X_i-\mu)}{\sqrt{\sum\limits_{j=17}^{32}(X_j-\mu)^2}}=\frac{16U}{\sqrt{16V}}=\frac{U}{\sqrt{V/16}}\sim t(16)\ ,$$

所以 Y 服从自由度为 16 的 t 分布.

定理 6 设 X_1，X_2，$\cdots$，X_n 相互独立，且都服从 $N(\mu,\sigma^2)$，则有

$$\frac{\overline{X}-\mu}{S/\sqrt{n}}=\frac{(\overline{X}-\mu)\sqrt{n}}{S}\sim t(n-1).$$

证明 因为 $\overline{X}\sim N(\mu,\sigma^2/n)$，所以

$$U=\frac{\overline{X}-\mu}{\frac{\sigma}{\sqrt{n}}}\sim N(0,\ 1)\ ,$$

$$\overline{X}-\mu=\frac{\sigma}{\sqrt{n}}\frac{\overline{X}-\mu}{\frac{\sigma}{\sqrt{n}}}=\frac{\sigma}{\sqrt{n}}U\ ,$$

由 $V=\dfrac{(n-1)}{\sigma^2}S^2\sim\chi^2(n-1)$ 可知

$$S^2=\frac{\sigma^2}{(n-1)}\frac{(n-1)}{\sigma^2}S^2=\frac{\sigma^2}{(n-1)}V\ ,$$

显然 U 与 V 相互独立，于是

$$\frac{\overline{X}-\mu}{S/\sqrt{n}}=\frac{\frac{\sigma}{\sqrt{n}}U}{\sqrt{\frac{\sigma^2}{(n-1)}V}}\sqrt{n}=\frac{U}{\sqrt{\frac{V}{(n-1)}}}\sim t(n-1).$$

定理 7 设 X_1，X_2，$\cdots$，X_m 和 Y_1，Y_2，$\cdots$，Y_n 分别是服从正态总体 $N(\mu_1,\sigma^2)$ 和 $N(\mu_2,\sigma^2)$ 中所抽取的独立样本，则

$$T=\frac{(\overline{X}-\overline{Y})-(\mu_1-\mu_2)}{\sqrt{(m-1)S_1^2+(n-1)S_2^2}}\cdot\sqrt{\frac{mn(m+n-2)}{m+n}}\sim t(m+n-2).\quad(7.13)$$

证明　因为 $\overline{X}\sim N\left(\mu_1,\ \dfrac{\sigma^2}{m}\right)$，$\overline{Y}\sim N\left(\mu_2,\ \dfrac{\sigma^2}{n}\right)$，所以

$$\overline{X}-\overline{Y}\sim N\left(\mu_1-\mu_2,\ \frac{\sigma^2}{m}+\frac{\sigma^2}{n}\right),$$

于是

$$U=\frac{(\overline{X}-\overline{Y})-(\mu_1-\mu_2)}{\sigma\sqrt{\dfrac{1}{m}+\dfrac{1}{n}}}\sim N(0,\ 1).$$

由定理 4 知

$$\frac{(m-1)}{\sigma^2}S_1^2\sim\chi^2(m-1),\ \frac{(n-1)}{\sigma^2}S_2^2\sim\chi^2(n-1),$$

且它们相互独立. 由定理 3 可知

$$V=\frac{(m-1)}{\sigma^2}S_1^2+\frac{(n-1)}{\sigma^2}S_2^2\sim\chi^2(m+n-2).$$

又由定理 5 知 U，V 独立，于是按 t 分布的定义得

$$\frac{(\overline{X}-\overline{Y})-(\mu_1-\mu_2)}{\sqrt{(m-1)S_1^2+(n-1)S_2^2}}\cdot\sqrt{\frac{mn(m+n-2)}{m+n}}=\frac{U}{\sqrt{V/(m+n-2)}}\sim t(m+n-2).$$

例 7　设总体 $X\sim N(\mu_1,\ \sigma^2)$，$Y\sim N(\mu_2,\ \sigma^2)$，$X$ 与 Y 相互独立，X_1，X_2，$\cdots$，X_n 和 Y_1，Y_2，$\cdots$，Y_m 分别是来自 X 和 Y 的样本，$\overline{X}$ 和 $\overline{Y}$ 分别是两个样本的样本均值，$S_1^2=\displaystyle\sum_{i=1}^{n}(X_i-\overline{X})^2/(n-1)$，试求：下面统计量的分布.

$$T=\frac{\overline{X}-\overline{Y}-(\mu_1-\mu_2)}{S_1\ \sqrt{1/n+1/m}}.$$

解　由正态总体样本函数的分布知 $\overline{X}\sim N(\mu_1,\ \sigma^2/n)$，$\overline{Y}\sim N(\mu_2,\ \sigma^2/m)$，因而

$$\overline{X}-\overline{Y}\sim N(\mu_1-\mu_2,\ \sigma^2/n+\sigma^2/m),$$

经标准化得到

$$\frac{\overline{X}-\overline{Y}-(\mu_1-\mu_2)}{\sigma\ \sqrt{1/n+1/m}}\sim N(0,\ 1).$$

又由定理 4 知

$$\frac{(n-1)S_1^2}{\sigma^2}\sim\chi^2(n-1),$$

再由 t 分布的定义知

$$\frac{\overline{X}-\overline{Y}-(\mu_1-\mu_2)}{\sigma\ \sqrt{1/n+1/m}}\bigg/\sqrt{\frac{(n-1)S_1^{\ 2}}{\sigma^2(n-1)}}\sim t(n-1),$$

即

$$\frac{\overline{X}-\overline{Y}-(\mu_1-\mu_2)}{S_1\ \sqrt{1/n+1/m}}\sim t(n-1).$$

4. F 分布

定理 8 设 $X \sim \chi^2(n_1)$，$Y \sim \chi^2(n_2)$，且 X 与 Y 相互独立，则随机变量 $F = \dfrac{X/n_1}{Y/n_2}$ 的概率密度为

$$f(u) = \begin{cases} \dfrac{\Gamma\left[(n_1+n_2)/2\right]}{\Gamma\left(\dfrac{n_1}{2}\right)\Gamma\left(\dfrac{n_2}{2}\right)} \left(\dfrac{n_1}{n_2}\right)\left(\dfrac{n_1}{n_2}u\right)^{\frac{n_1}{2}-1}\left(1+\dfrac{n_1}{n_2}u\right)^{-\frac{n_1+n_2}{2}}, & u>0 \\ 0, & u \leqslant 0 \end{cases}.$$

我们称随机变量 F 服从自由度为 (n_1, n_2) 的 F 分布，记作 $F \sim F(n_1, n_2)$.

证明略.

对于给定的 α：$0 < \alpha < 1$，查 F 分布表的分布函数值表可得分位点 $F_\alpha(n_1, n_2)$，使得

$$P\{F \leqslant F_\alpha(n_1, n_2)\} = \int_{-\infty}^{F_\alpha(n_1, n_2)} f(u)\,\mathrm{d}u = \alpha,$$

且不难验证下式成立

$$F_{1-\alpha}(n_1, n_2) = \frac{1}{F_\alpha(n_2, n_1)}.$$

利用上式，可以求出 F 分布表中没有列出的其他数值.

例 8 设 $X_1, X_2, \cdots, X_{18}$ 为正态总体 $N(1, \sigma^2)$ 的样本，若

$$P\left\{\sum_{j=13}^{18}(X_j-1)^2 > a\sum_{i=1}^{12}(X_i-1)^2\right\} = 0.95,$$

且 $F_{0.95}(12, 6) = 4$，即 $P\{F(12, 6) \leqslant 4\} = 0.95$，求：常数 a 的值.

解 由 $P\left\{\displaystyle\sum_{j=13}^{18}(X_j-1)^2 > a\sum_{i=1}^{12}(X_i-1)^2\right\} = 0.95$，得

$$P\left\{\frac{\displaystyle\sum_{i=1}^{12}(X_i-1)^2}{2\displaystyle\sum_{j=13}^{18}(X_j-1)^2} < \frac{1}{2a}\right\} = 0.95.$$

因为

$$\frac{\displaystyle\sum_{i=1}^{12}(X_i-1)^2}{2\displaystyle\sum_{j=13}^{18}(X_j-1)^2} = \frac{\dfrac{1}{12}\cdot\displaystyle\sum_{i=1}^{12}\left(\dfrac{X_i-1}{\sigma}\right)^2}{\dfrac{1}{6}\cdot\displaystyle\sum_{j=13}^{18}\left(\dfrac{X_j-1}{\sigma}\right)^2} \sim F(12, 6),$$

所以有 $\dfrac{1}{2a} = 4$，即 $a = \dfrac{1}{8} = 0.125$.

定理 9　设总体 $X \sim N(\mu_1, \sigma_1^2)$，$X_1$，$X_2$，$\cdots$，$X_n$ 为来自总体 X 的样本．总体 $Y \sim N(\mu_2, \sigma_2^2)$，$Y_1$，$Y_2$，$\cdots$，$Y_m$ 为来自于总体 Y 的样本，X 与 Y 独立．

$$\overline{X} = \frac{1}{n} \sum_{i=1}^{n} X_i, \quad S_1^2 = \frac{1}{n-1} \sum_{i=1}^{n} (X_i - \overline{X})^2,$$

$$\overline{Y} = \frac{1}{m} \sum_{j=1}^{m} Y_j, \quad S_2^2 = \frac{1}{m-1} \sum_{j=1}^{m} (Y_j - \overline{Y})^2.$$

则

1)
$$\sum_{i=1}^{n} \left(\frac{X_i - \mu_1}{\sigma_1} \right)^2 + \sum_{j=1}^{m} \left(\frac{Y_j - \mu_2}{\sigma_2} \right)^2 \sim \chi^2(n+m);$$

2)
$$\frac{(n-1)}{\sigma_1^2} S_1^2 \sim \chi^2(n-1),$$

$$\frac{(m-1)}{\sigma_2^2} S_2^2 \sim \chi^2(m-1);$$

3)
$$\frac{(n-1)}{\sigma_1^2} S_1^2 + \frac{(m-1)}{\sigma_2^2} S_2^2 \sim \chi^2(n+m-2);$$

4)
$$F = \frac{S_1^2 \sigma_2^2}{S_2^2 \sigma_1^2} = \frac{S_1^2 / \sigma_1^2}{S_2^2 / \sigma_2^2} = \frac{\dfrac{(n-1)}{\sigma_1^2} S_1^2 \Big/ (n-1)}{\dfrac{(m-1)}{\sigma_2^2} S_2^2 \Big/ (m-1)} \sim F(n-1, m-1).$$

例 9　设 $T = \dfrac{X}{\sqrt{Y/n}}$，其中 $X \sim N(0, 1)$，$Y \sim \chi^2(n)$，且 X 与 Y 相互独立，求：T^2 的分布．

解　因为 $X \sim N(0, 1)$，所以 $X^2 \sim \chi^2(1)$，由题设知 $Y \sim \chi^2(n)$，由 X 与 Y 相互独立，得到 X^2 与 Y 相互独立，故

$$T^2 = \frac{X^2/1}{Y/n} \sim F(1, n).$$

例 10　设 X_1，X_2，$\cdots$，X_n 为来自总体 $X \sim N(\mu, \sigma^2)$ 的样本，试确定常数 c，使得 $c \dfrac{(\overline{X} - \mu)^2}{S^2}$ 服从 F 分布．

解　因为 $\overline{X} \sim N(\mu, \sigma^2/n)$，所以 $\dfrac{\overline{X} - \mu}{\sigma/\sqrt{n}} \sim N(0, 1)$，$\left(\dfrac{\overline{X} - \mu}{\sigma/\sqrt{n}} \right)^2 \sim \chi^2(1)$．

又 $\dfrac{(n-1)}{\sigma^2} S^2 \sim \chi^2(n-1)$，且 $\dfrac{\overline{X} - \mu}{\sigma/\sqrt{n}}$ 与 $\dfrac{n-1}{\sigma^2} S^2$ 相互独立，由于

$$c \frac{(\overline{X} - \mu)^2}{S^2} = c \frac{1}{n} \frac{\left(\dfrac{\overline{X} - \mu}{\sigma/\sqrt{n}} \right)^2 \Big/ 1}{\dfrac{(n-1)}{\sigma^2} S^2 \Big/ (n-1)},$$

所以当 $c = n$ 时，$c \dfrac{(\overline{X} - \mu)^2}{S^2}$ 服从 $F(1, n-1)$ 分布．

例 11 设 X_1，X_2，$\cdots$，X_n 是来自正态总体 $N(0,1)$ 的样本，$1 \leqslant m < n$，试确定常数 c，使得 $Y = c \dfrac{\left(\sum\limits_{i=1}^{m} X_i \right)^2}{\sum\limits_{i=m+1}^{n} X_i^2}$ 服从 F 分布.

解 因 X_1，X_2，$\cdots$，X_m，X_{m+1}，$\cdots$，X_n 相互独立且同服从 $N(0,1)$，$\sum\limits_{i=1}^{m} X_i$ 服从正态分布 $N(0,m)$，则 $\sum\limits_{i=1}^{m} X_i \sim N(0,m)$，

$$\frac{1}{\sqrt{m}} \sum_{i=1}^{m} X_i \sim N(0,1), \quad \frac{1}{m} \left(\sum_{i=1}^{m} X_i \right)^2 \sim \chi^2(1), \quad \sum_{i=m+1}^{n} X_i^2 \sim \chi^2(n-m).$$

由于 $Y = c \dfrac{\left(\sum\limits_{i=1}^{m} X_i \right)^2}{\sum\limits_{i=m+1}^{n} X_i^2} = c \dfrac{m}{(n-m)} \dfrac{\frac{1}{m} \left(\sum\limits_{i=1}^{m} X_i \right)^2 \big/ 1}{\sum\limits_{i=m+1}^{n} X_i^2 \big/ (n-m)}$，所以，当 $c = \dfrac{n-m}{m}$ 时，

$Y = c \dfrac{\left(\sum\limits_{i=1}^{m} X_i \right)^2}{\sum\limits_{i=m+1}^{n} X_i^2}$ 服从 $F(1, n-m)$ 分布.

习题 7.3

1. 设总体 X 服从正态分布 $N(72, 100)$，为使样本均值大于 70 的概率不小于 90%，其样本容量至少取多少？

2. 在总体 $X \sim N(52, 6.3^2)$ 中随机地抽取一容量为 36 的样本，求：$\overline{X}$ 落在 $50.8 \sim 53.8$ 之间的概率.

3. 设 X_1，X_2，$\cdots$，X_{10} 为总体 $X \sim N(\mu, \sigma^2)$ 的一个样本，试求：

(1) $P\left\{ 0.27\sigma^2 \leqslant \dfrac{1}{10} \sum\limits_{i=1}^{10} (X_i - \overline{X})^2 \leqslant 2.36\sigma^2 \right\}$；(2) $P\left\{ 0.27\sigma^2 \leqslant \dfrac{1}{10} \sum\limits_{i=1}^{10} (X_i - \mu)^2 \leqslant 2.36\sigma^2 \right\}$.

4. 设 X_1，X_2，$\cdots$，X_7 为来自总体 $N(0, 0.5^2)$ 的一个样本，求：$P\left\{ \sum\limits_{i=1}^{7} X_i^2 > 4 \right\}$ 和 $P\left\{ \sum\limits_{i=1}^{7} (X_i - \overline{X})^2 > 4 \right\}$.

5. 设 X_1，X_2，$\cdots$，X_6 为来自正态总体 $N(0, 5^2)$ 的一个样本，试确定常数 C，使得随机变量 $Y = C \left[(X_1 + X_2 + X_3)^2 + (X_4 + X_5 + X_6)^2 \right]$ 服从 χ^2 分布，其自由度为多少？

6. 设 X_1，X_2，$\cdots$，X_n 是来自正态总体 $N(0, 1)$ 的样本，$1 \leqslant m < n$，

（1）求：$\displaystyle\sum_{i=1}^{m} X_i$ 服从的分布；

（2）求：$\displaystyle\frac{1}{\sqrt{n-m}} \sum_{i=m+1}^{n} X_i$ 服从的分布；

（3）求：统计量 $Y = \dfrac{1}{m}\left(\displaystyle\sum_{i=1}^{m} X_i\right)^2 + \dfrac{1}{n-m}\left(\displaystyle\sum_{i=m+1}^{n} X_i\right)^2$ 服从的分布.

7. 设 X_1，X_2，$\cdots$，X_{16} 是总体 $N(10, 2^2)$ 的样本，（1）求：样本均值 $\overline{X}$ 落入区间 $[9.25, 10.75]$ 上的概率；（2）求：$E\left[\displaystyle\sum_{i=1}^{16}(X_i - \overline{X})^2\right]$；（3）求：$D\left[\displaystyle\sum_{i=1}^{16}(X_i - \overline{X})^2\right]$；（4）求：$P\left\{\displaystyle\sum_{i=1}^{16}(X_i - 10)^2 \geqslant 37.248\right\}$.

8. 设 X_1，X_2，$\cdots$，X_n，X_{n+1} 是来自正态总体 $N(\mu, \sigma^2)$ 的样本，$\overline{X_n} = \dfrac{1}{n}\displaystyle\sum_{i=1}^{n} X_i$，$S_n^2 = \dfrac{1}{n-1}\displaystyle\sum_{i=1}^{n}(X_i - \overline{X_n})^2$，试求：统计量 $Y = \dfrac{X_{n+1} - \overline{X_n}}{S_n}\sqrt{\dfrac{n}{n+1}}$ 服从的分布.

9. 设 X_1，X_2，$\cdots$，X_m 和 Y_1，Y_2，$\cdots$，Y_n 分别是来自两个独立的正态总体 $N(\mu_1, \sigma^2)$ 和 $N(\mu_2, \sigma^2)$ 的样本，$\overline{X}$、S_1^2 和 $\overline{Y}$、S_2^2 分别是两个总体的样本均值和样本方差. α 和 β 是两个非零实数，试求：统计量 $Z = \dfrac{\alpha(\overline{X} - \mu_1) + \beta(\overline{Y} - \mu_2)}{\sqrt{\dfrac{(m-1)S_1^2 + (n-1)S_2^2}{m+n-2}} \cdot \sqrt{\dfrac{\alpha^2}{m} + \dfrac{\beta^2}{n}}}$ 服从的分布.

10. 设总体 X 和 Y 相互独立且都服从正态分布 $N(0, \sigma^2)$，而 X_1，X_2，$\cdots$，X_9 和 Y_1，Y_2，$\cdots$，Y_9 分别是来自总体 X 和 Y 的简单随机样本，求：统计量 $U = \dfrac{\displaystyle\sum_{i=1}^{9} X_i}{\sqrt{\displaystyle\sum_{i=1}^{9} Y_i^2}}$ 和 U^2 服从的分布.

11. 设总体 $X \sim N(0, \sigma^2)$，X_1，X_2 为取自该总体的一个样本，求：统计量 $Y = \dfrac{(X_1 + X_2)^2}{(X_1 - X_2)^2}$ 服从的分布.

12. 设 $(X_1, X_2, \cdots, X_{10})$ 和 $(Y_1, Y_2, \cdots, Y_{15})$ 是来自总体 $N(20, 3)$ 的两个独立样本，求：$\{|\overline{X} - \overline{Y}| > 0.3\}$ 的概率.

13. 设总体 $X \sim N(0, \sigma^2)$，X_1，X_2，$\cdots$，X_n 为来自总体 X 的简单随机样本，其样本均值、样本方差分别为 $\overline{X}$ 和 S^2. 求：$\dfrac{n\overline{X}^2}{S^2}$ 服从的分布.

第8章 参数估计

8.1 参数的点估计

对总体 X 进行统计研究，主要是想确定出总体 X 的概率分布．然而，在许多情况下，我们对总体的分布情况知道甚少或只知道部分信息．

对于实际问题中遇到的许多总体，根据以往的经验和理论分析就可以知道总体 X 的分布函数的形式，但分布函数中往往会含有一个或几个未知参数，一旦这些参数确定以后，总体 X 的概率分布就完全确定了．例如，总体 $X \sim N(\mu, \sigma^2)$，但不知道其中参数 μ 和 σ^2 的具体数值，我们要想办法确定参数 μ，σ^2．

为了寻求总体的相关参数的值，我们可对总体进行调查，很自然地会想到用从总体 X 中抽取的样本值 x_1，x_2，$\cdots$，x_n 对总体中的未知参数进行估计，这类情况就是参数估计．

参数估计主要有参数的点估计和参数的区间估计．

设总体 X 的分布函数 $F(x; \theta)$ 形式已知，其中 θ 是未知参数〔也可以是未知向量 $\boldsymbol{\theta} = (\theta_1, \theta_2, \cdots, \theta_m)$〕．现从总体 X 中抽得一个样本 X_1，X_2，$\cdots$，X_n，相应的一个样本观察值为 x_1，x_2，$\cdots$，x_n．

点估计的问题就是要构造一个适当的统计量 $\hat{\theta}(X_1, X_2, \cdots, X_n)$，用它的观察值 $\hat{\theta}(x_1, x_2, \cdots, x_n)$ 来估计未知参数 θ．统计量 $\hat{\theta}(X_1, X_2, \cdots, X_n)$ 称为 θ 的估计量，$\hat{\theta}(x_1, x_2, \cdots, x_n)$ 称为 θ 的估计值．在不致混淆的情况下，估计量与估计值统称为估计，并都简记为 $\hat{\theta}$．

下面介绍参数点估计的两种方法：矩估计法和极大似然估计法．

1. 矩估计法

矩估计是由英国统计学家 K. 皮尔逊（Pearson）于 1900 年提出的一种参数估计方法，在统计学中有广泛的应用．

例1 考察成人的身高分布情况．

每一个成人的身高是一个个体，全体成人的身高构成一个总体．由于随机

196

因素的影响，不同成人的身高一般是不一样的．由中心极限定理和实际经验可知，成人身高 $X \sim N(\mu, \sigma^2)$．但不知道其中参数 μ 和 σ^2 的具体数值．

为了确定一个国家或一个地区内成人的身高的总情况，自然需要估计一个地区成人的平均身高以及身高的差异程度，即要估计 μ 和 σ^2 的值．

为了对参数 μ 和 σ^2 进行估计，我们从一个地区中随机地抽取一批成人进行身高测量．

我们从总体中抽取样本 X_1，X_2，$\cdots$，X_n（一次具体的抽取就是具体的数值 x_1，x_2，$\cdots$，x_n，在不至于引起混淆的情况下，今后也用 x_1，x_2，$\cdots$，x_n 表示随机变量），根据样本矩在一定程度上反映了总体矩的特征，自然想到用样本矩作为总体矩的估计．于是，我们分别用样本均值和样本方差作为总体均值 μ 和总体方差 σ^2 的估计，记为 $\hat{\mu}$ 和 $\hat{\sigma}^2$，即有

$$\hat{\mu} = \frac{1}{n}\sum_{i=1}^{n} X_i = \overline{X} \tag{8.1}$$

$$\hat{\sigma}^2 = \frac{1}{n-1}\sum_{i=1}^{n}(X_i - \overline{X})^2 = S^2 \tag{8.2}$$

显然，$\hat{\mu}$ 和 $\hat{\sigma}^2$ 都是样本 X_1，X_2，$\cdots$，X_n 的函数，是统计量，分别被称为 μ 和 σ^2 的矩估计量．若 x_1，x_2，$\cdots$，x_n 为样本值（一批次的测量值），则把

$$\hat{\mu} = \frac{1}{n}\sum_{i=1}^{n} x_i = \overline{x},$$

$$\hat{\sigma}^2 = \frac{1}{n-1}\sum_{i=1}^{n}(x_i - \overline{x})^2 = s^2$$

分别作为 μ 和 σ^2 的估计值．

这种用样本矩来估计相应的总体矩的方法，被称为矩估计法．

矩估计的一般问题、理论根据和方法如下．

设总体 X 的分布函数为 $F(x; \theta_1, \theta_2, \cdots, \theta_m)$，未知参数 θ_1，θ_2，$\cdots$，θ_m．

问题：试给出参数 θ_1，θ_2，$\cdots$，θ_m 的估计值．

解决办法如下．

首先，求出总体矩：$\mu_k = EX^k = \mu_k(\theta_1, \theta_2, \cdots, \theta_m)$，$k=1, 2, \cdots, m$ 或 $\beta_k = E(X - EX)^k = \beta_k(\theta_1, \theta_2, \cdots, \theta_m)$，$k=1, 2, \cdots, m$．其次，对总体进行随机抽样，设 X_1，X_2，$\cdots$，X_n 为来自于总体 X 的样本，x_1，x_2，$\cdots$，x_n 为样本值．构造样本矩：$A_k = \frac{1}{n}\sum_{i=1}^{n} X_i^k$，$B_k = \frac{1}{n}\sum_{i=1}^{n}(X_i - \overline{x})^k$，$S^2 = \frac{1}{n-1}\sum_{i=1}^{n}(X_i - \overline{X})^2$．

理论上已知在一定条件下，$A_k = \frac{1}{n}\sum_{i=1}^{n} X_i^k \xrightarrow{P} EX^k = \mu_k(n \to +\infty)$ 或 $B_k = \frac{1}{n}\sum_{i=1}^{n}(X_i - \overline{X})^k \xrightarrow{P} E(X - EX)^k = \beta_k(n \to +\infty)$，于是，可把 $A_k =$

$\dfrac{1}{n}\sum\limits_{i=1}^{n}X_i^k$ 作为 $\mu_k=EX^k$ 的近似值，即 $A_k\approx\mu_k$. 令（人为给出方程组）$\mu_k(\theta_1,\theta_2,$ $\cdots,\theta_m)=A_k$，$k=1$，2，$\cdots$，m 或令 $\beta_k(\theta_1,\theta_2,\cdots,\theta_m)=B_k$，$k=1$，$2$，$\cdots$，$m$，从而得到含 m 个未知数的 m 个方程式．解这 m 个联立方程组可得到 θ_1，θ_2，$\cdots$，θ_m 的一组解（记为）：$\hat{\theta}_i=\varphi_i(A_1,A_2,\cdots,A_m)$，$i=1$，$2$，$\cdots$，$m$．把这组解 $\hat{\theta}_1$，$\hat{\theta}_2$，$\cdots$，$\hat{\theta}_m$ 称为 θ_1，θ_2，$\cdots$，θ_m 的矩估计量，其观察值称为矩估计值．

矩估计的另一种观点如下．

首先在方程组

$$\mu_k(\theta_1,\theta_2,\cdots,\theta_m)=\mu_k,\quad k=1,2,\cdots,m$$ 中解出 $\theta_i=\varphi_i(\mu_1,\mu_2,\cdots,\mu_m)$，$i=1$，$2$，$\cdots$，$m$．然后将其中的 μ_k 用 A_k 替换，得到 $\hat{\theta}_i=\varphi_i(A_1,A_2,\cdots,A_m)$，$i=1$，$2$，$\cdots$，$m$，称 $\hat{\theta}_i=\varphi_i(A_1,A_2,\cdots,A_m)$，$i=1$，$2$，$\cdots$，$m$ 为 $\theta_i(i=1,2,\cdots,m)$ 的矩估计量．将样本值代入得矩估计值．

根据依概率收敛的随机变量的性质，可知

$$\hat{\theta}_i=\varphi_i(A_1,A_2,\cdots,A_m)\xrightarrow{P}\varphi_i(\mu_1,\mu_2,\cdots,\mu_m)=\theta_i\ (n\to+\infty),i=1,2,\cdots,m.$$ 或从方程组

$$\beta_k(\theta_1,\theta_2,\cdots,\theta_m)=\beta_k,\quad k=1,2,\cdots,m$$ 中解出 $\theta_i=\psi_i(\beta_1,\beta_2,\cdots,\beta_m)$，$i=1$，$2$，$\cdots$，$m$．将其中的 β_k 用 B_k 替换，得到 $\hat{\theta}_i=\psi_i(B_1,B_2,\cdots,B_m)$，$i=1$，$2$，$\cdots$，$m$，称 $\hat{\theta}_i=\psi_i(B_1,B_2,\cdots,B_m)$，$i=1$，$2$，$\cdots$，$m$ 为 $\theta_i(i=1,2,\cdots,m)$ 的矩估计量．将样本值代入得矩估计值．

例 2 设总体 X 的概率密度为

$$f(x;\theta)=\begin{cases}\theta x^{\theta-1}, & 0<x<1 \\ 0, & \text{其他}\end{cases},$$

X_1，X_2，$\cdots$，X_n 为来自于总体 X 的样本，x_1，x_2，$\cdots$，x_n 为样本值，求：θ 的矩估计．

解 先求总体矩

$$EX=\int_0^1 x\cdot\theta x^{\theta-1}\mathrm{d}x=\theta\int_0^1 x^\theta\mathrm{d}x=\frac{\theta}{\theta+1}x^{\theta+1}\Big|_0^1=\frac{\theta}{\theta+1}.$$

令 $EX=A_1=\dfrac{1}{n}\sum\limits_{i=1}^{n}X_i=\overline{X}$，即得 $\dfrac{\theta}{\theta+1}=\overline{X}$，即有 $\theta=(\theta+1)\overline{X}$，解之得 $\hat{\theta}=\dfrac{\overline{X}}{1-\overline{X}}$ 为 θ 的矩估计量，$\hat{\theta}=\dfrac{\overline{x}}{1-\overline{x}}$ 为 θ 的矩估计值．

对于构造等式的原则，总体矩和样本矩都有多种，但要用相同种类的矩列出等式．当有多个参数时，列等式的方式不唯一，因此，矩估计就得到了不唯一的多个形式．

例如，含有两个参数 θ_1，θ_2 的情形的矩估计，可列如下几种方式．

$$\begin{cases} EX = A_1 = \overline{X} \\ EX^2 = A_2 \end{cases}, \quad \text{或} \begin{cases} EX = A_1 = \overline{X} \\ E(X-EX)^2 = B_2 \end{cases}, \quad \text{或} \begin{cases} EX = A_1 = \overline{X} \\ E(X-EX)^2 = S^2 \end{cases}.$$

例 3　设总体 X 的概率密度为 $f(x, \theta) = \dfrac{1}{2\theta} \mathrm{e}^{-\frac{|x|}{\theta}}$，$-\infty < x < +\infty$，$\theta > 0$，求：$\theta$ 的矩估计量 $\hat{\theta}$．

解法一　虽然 $f(x, \theta)$ 中仅含有一个参数 θ，但因

$$EX = \int_{-\infty}^{+\infty} x \cdot \frac{1}{2\theta} \mathrm{e}^{-\frac{|x|}{\theta}} \mathrm{d}x = 0$$

不含 θ，所以不能由此解出 θ，需继续求总体的二阶原点矩

$$EX^2 = \int_{-\infty}^{+\infty} x^2 \cdot \frac{1}{2\theta} \mathrm{e}^{-\frac{|x|}{\theta}} \mathrm{d}x = \frac{1}{\theta} \int_0^{+\infty} x^2 \mathrm{e}^{-\frac{x}{\theta}} \mathrm{d}x = \theta^2 \Gamma(3) = 2\theta^2,$$

用 $A_2 = \dfrac{1}{n} \sum\limits_{i=1}^n X_i^2$ 替换 EX^2，即 $A_2 = \dfrac{1}{n} \sum\limits_{i=1}^n X_i^2 = EX^2 = 2\theta^2$，即得 θ 的矩估计量为

$$\hat{\theta} = \sqrt{\frac{1}{2} \cdot \frac{1}{n} \sum_{i=1}^n X_i^2} = \sqrt{\frac{A_2}{2}}, \theta > 0.$$

解法二　$E|X| = \displaystyle\int_{-\infty}^{+\infty} |x| \cdot \frac{1}{2\theta} \mathrm{e}^{-\frac{|x|}{\theta}} \mathrm{d}x = \frac{1}{\theta} \int_0^{+\infty} |x| \mathrm{e}^{-\frac{|x|}{\theta}} \mathrm{d}x = \theta \Gamma(2) = \theta$，

即 $\theta = E|X|$，用 $\dfrac{1}{n} \sum\limits_{i=1}^n |X_i|$ 替换 $E|X|$，即得 θ 的另一个矩估计量为

$$\hat{\theta} = \frac{1}{n} \sum_{i=1}^n |X_i|.$$

此外，还需比较估计的优劣性，这一点将在下一节介绍，这里不再多说．

2. 极大似然估计法

极大似然估计最早是由高斯（Gauss）于 1821 年提出的，但一般将之归功于英国统计学家 R. A. 费希尔（R. A. Fisher），因为正是他在 1922 年证明了极大似然估计的性质，并使该方法得到了广泛的应用．

这里介绍估计的另一种常用方法——极大似然估计法．先看一个简单的例子．

某位同学与一位猎人一起外出打猎，一只野兔从前方窜过．只听到一声枪响，野兔应声倒下．如果要你推测，是谁打中的，你会如何想呢？你就会想，只发一枪便打中，猎人命中的概率一般大于这位同学命中的概率，看来这一枪有极大的可能是猎人射中的．这个推断很符合人们的经验事实，这里的"极大的可能"就是"极大似然"之意．这个例子中所做的推断已经体现了极大似然估计法的基本思想．

　　极大似然估计法的基本思想在社会思维意识中常有所体现．例如，某地发生了一起疑难案件，可能有多个作案嫌疑人，民警在推测嫌疑人时一般是将重点集中在作案可能性较大的嫌疑人身上．

　　极大似然估计的问题如下．

　　一般地，设总体 X 的分布函数为 $F(x; \theta)$，其中 θ 是未知参数（$\theta \in \Theta$，θ 不同，总体也不同）．X_1，X_2，$\cdots$，X_n 为来自于总体 X 的样本，若在对总体的抽样中，得到样本值（观察值，发生的事件）x_1，x_2，$\cdots$，x_n. 问：x_1，x_2，$\cdots$，x_n 是从哪个总体中抽出的？（即 θ 应取多少？）

　　直观的想法是，小概率事件在一次试验中一般不会发生，而大概率事件在一次试验中常常会发生．反之，如果在一次试验中，某个随机事件发生了，若问是什么样的情况引起的，我们往往会认为极有可能是使这个随机事件发生的概率最大的那个情况所引起的．

　　下面我们分连续型总体和离散型总体两种情况进行讨论．

（1）连续型总体参数的极大似然估计

　　一般地，设总体 X 的概率密度为 $f(x; \theta)$，其中 θ 是未知参数（$\theta \in \Theta$，θ 不同，总体也不同）．X_1，X_2，$\cdots$，X_n 为来自于总体 X 的样本，若已抽取并得到样本 X_1，X_2，$\cdots$，X_n 的样本值（观察值，发生的事件）x_1，x_2，$\cdots$，x_n，问：x_1，x_2，$\cdots$，x_n 是从哪个总体中抽出的？（即 θ 应取多少？）

　　我们来考察 $(X_1, X_2, \cdots, X_n)$ 落在点 $(x_1, x_2, \cdots, x_n)$ 的邻域内的概率

$$P\left\{ |X_1 - x_1| < \frac{\Delta x_1}{2}, \cdots, |X_n - x_n| < \frac{\Delta x_n}{2} \right\}$$

$$= \prod_{i=1}^{n} P\left\{ |X_i - x_i| < \frac{\Delta x_i}{2} \right\}$$

$$= \prod_{i=1}^{n} \int_{x_i - \frac{\Delta x_i}{2}}^{x_i + \frac{\Delta x_i}{2}} f(t_i; \theta) \mathrm{d}t_i$$

$$\approx \prod_{i=1}^{n} f(x_i; \theta) \Delta x_i = \left[\prod_{i=1}^{n} f(x_i; \theta) \right] \cdot \prod_{i=1}^{n} \Delta x_i.$$

　　从直观上讲，既然在一次试验中得到了观察值 $(x_1, x_2, \cdots, x_n)$，那么可以认为样本落在 $(x_1, x_2, \cdots, x_n)$ 的邻域内这一事件是较易发生的，具有较大的概率，所以就应是从使得样本落在点 $(x_1, x_2, \cdots, x_n)$ 的邻域内的概率达到最大的总体中抽取的，这样才能在一次抽取中以较大可能性取到 $(x_1, x_2, \cdots, x_n)$. 即选取使这一概率达到最大的参数作为真参数的估计．

　　极大似然估计法就是选取总体参数 θ 的估计值 $\hat{\theta}$，使得样本 $(X_1, X_2, \cdots, X_n)$

落在点$(x_1, x_2, \cdots, x_n)$的邻域内的概率$\left[\prod\limits_{i=1}^{n} f(x_i; \theta)\right] \cdot \prod\limits_{i=1}^{n} \Delta x_i$ 达到最大,也就是使$\prod\limits_{i=1}^{n} f(x_i; \theta)$达到最大值.记$L(\theta) = L(x_1, x_2, \cdots, x_n; \theta) = \prod\limits_{i=1}^{n} f(x_i; \theta)$,称$L(\theta) = L(x_1, x_2, \cdots, x_n; \theta)$为似然函数.

定义 1 如果$L(\theta) = L(x_1, x_2, \cdots, x_n; \theta)$在$\hat{\theta}$处达到最大值,选取$\hat{\theta}$作为$\theta$的估计,则称$\hat{\theta}$是$\theta$的极大似然估计.即如果选取使下式

$$L(\hat{\theta}) = \max_{\theta \in \Theta} L(\theta)$$

成立的$\hat{\theta}$作为θ的估计,则称$\hat{\theta}$是θ的极大似然估计.

由定义 1 可知,求总体参数θ的极大似然估计值$\hat{\theta}$就是求似然函数的最大值问题.根据微积分的知识,若$L(\theta)$可导,当$L(\theta)$达到最大值时,$\hat{\theta}$必满足

$$\frac{\mathrm{d}}{\mathrm{d}\theta} L(\theta) = 0.$$

常用的简化求法:因为L与$\ln L$在同一值处达到最大,所以$\hat{\theta}$也可由

$$\frac{\mathrm{d}}{\mathrm{d}\theta} \ln L(\theta) = 0$$

求得,这在计算上常常会带来方便.

多参数情形的极大似然估计如下.

若总体X的概率密度为$f(x; \theta_1, \theta_2, \cdots, \theta_k)$,其中$\theta_1, \theta_2, \cdots, \theta_k$为未知参数,$x_1, x_2, \cdots, x_n$为样本$X_1, X_2, \cdots, X_n$的样本值(观察值),此时,似然函数为

$$L(x_1, x_2, \cdots, x_n; \theta_1, \theta_2, \cdots, \theta_k) = \prod_{i=1}^{n} f(x_i; \theta_1, \theta_2, \cdots, \theta_k). \tag{8.3}$$

解方程组

$$\frac{\partial \ln L(\theta_1, \theta_2, \cdots, \theta_k)}{\partial \theta_i} = 0, \quad i = 1, 2, \cdots, k,$$

即可得到极大似然估计$\hat{\theta}_1, \hat{\theta}_2, \cdots, \hat{\theta}_k$.

数学上可以严格证明,在一定条件下,只要样本容量n足够大,极大似然估计和未知参数的真值可相差任意小.

例 4 设总体X服从参数为λ的指数分布,即有概率密度

$$f(x, \lambda) = \begin{cases} \lambda \mathrm{e}^{-\lambda x}, & x > 0 \\ 0, & x \leqslant 0 \end{cases}, \quad \lambda > 0,$$

又$x_1, x_2, \cdots, x_n$为来自于总体X的样本值,试求:λ的极大似然估计.

解 似然函数为

$$L = L(x_1, x_2, \cdots, x_n; \lambda) = \lambda^n \prod_{i=1}^{n} e^{-\lambda x_i} = \lambda^n \exp\left(-\lambda \sum_{i=1}^{n} x_i\right),$$

于是 $\ln L = n\ln\lambda - \lambda \sum_{i=1}^{n} x_i$，$\dfrac{d\ln L}{d\lambda} = \dfrac{n}{\lambda} - \sum_{i=1}^{n} x_i$，方程 $\dfrac{d\ln L}{d\lambda} = \dfrac{n}{\lambda} - \sum_{i=1}^{n} x_i = 0$ 的根

为 $\hat{\lambda} = \dfrac{n}{\sum\limits_{i=1}^{n} x_i} = \dfrac{1}{\overline{x}}$．

经验证，$\ln L(\lambda)$ 在 $\lambda = \hat{\lambda} = \dfrac{1}{\overline{x}}$ 处达到最大值，所以 $\hat{\lambda} = \dfrac{1}{\overline{x}}$ 是 λ 的极大似然估计．

例 5　设 $x_1, x_2, \cdots, x_n$ 为正态总体 $N(\mu, \sigma^2)$ 的一个样本值，求：

（1）μ 和 σ^2 的极大似然估计；

（2）$P\{X < t\}$ 的极大似然估计．

解　（1）似然函数为

$$L(x_1, \cdots, x_n; \mu, \sigma^2) = \prod_{i=1}^{n} \frac{1}{\sqrt{2\pi}\sigma} \exp\left[-\frac{1}{2\sigma^2}(x_i - \mu)^2\right]$$

$$= \left(\frac{1}{2\pi\sigma^2}\right)^{\frac{n}{2}} \exp\left[-\frac{1}{2\sigma^2}\sum_{i=1}^{n}(x_i - \mu)^2\right],$$

$$\ln L = -\frac{n}{2}\ln(2\pi\sigma^2) - \frac{1}{2\sigma^2}\sum_{i=1}^{n}(x_i - \mu)^2,$$

解方程组

$$\begin{cases} \dfrac{\partial \ln L}{\partial \mu} = \dfrac{1}{\sigma^2}\left(\sum\limits_{i=1}^{n} x_i - n\mu\right) = 0 \\ \dfrac{\partial \ln L}{\partial \sigma^2} = -\dfrac{n}{2\sigma^2} + \dfrac{1}{2\sigma^4}\sum\limits_{i=1}^{n}(x_i - \mu)^2 = 0 \end{cases},$$

得 $\hat{\mu} = \dfrac{1}{n}\sum\limits_{i=1}^{n} x_i = \overline{x}$，$\hat{\sigma}^2 = \dfrac{1}{n}\sum\limits_{i=1}^{n}(x_i - \hat{\mu})^2 = \dfrac{1}{n}\sum\limits_{i=1}^{n}(x_i - \overline{x})^2$，这就是 μ 和 σ^2 的

极大似然估计，即 $L(\hat{\mu}, \hat{\sigma}^2) = \max L(\mu, \sigma^2)$．

（2）因为 $P\{X < t\} = F(t) = \Phi\left(\dfrac{t - \mu}{\sigma}\right)$，由（1）知道似然函数 $L(\mu, \sigma^2)$ 在

$(\hat{\mu}, \hat{\sigma}^2)$ 处达到最大值，$\Phi\left(\dfrac{t - \mu}{\sigma}\right)$ 中的参数取 $\mu = \hat{\mu}$，$\sigma = \hat{\sigma}$ 时，即取 $\Phi\left(\dfrac{t - \mu}{\sigma}\right)$ 为

$\Phi\left(\dfrac{t - \hat{\mu}}{\hat{\sigma}}\right)$ 时，似然函数 $L(\mu, \sigma^2)$ 在 $(\hat{\mu}, \hat{\sigma}^2)$ 处达到最大值，所以 $P\{X < t\}$ 的极大似

然估计为 $\Phi\left(\dfrac{t - \hat{\mu}}{\hat{\sigma}}\right)$．

由此可见，对于正态总体，μ 的矩估计和极大似然估计是相同的，都是样本

均值. 而 σ^2 的矩估计是样本方差 $s^2 = \dfrac{1}{n-1}\sum\limits_{i=1}^{n}(x_i-\overline{x})^2$，极大似然估计是

$\hat{\sigma^2} = \dfrac{1}{n}\sum\limits_{i=1}^{n}(x_i-\overline{x})^2 = \dfrac{n-1}{n}s^2$.

在有些书中，定义样本方差为

$$s^{*2} = \frac{1}{n}\sum_{i=1}^{n}(x_i-\overline{x})^2.$$

例 6　设总体 X 的概率密度为

$$f(x,\theta)=\begin{cases} \mathrm{e}^{-(x-\theta)}, & x\geqslant\theta \\ 0, & x<\theta \end{cases},$$

又 $x_1, x_2, \cdots, x_n$ 为来自于总体 X 的样本值，求：参数 θ 的极大似然估计.

解　令 $x_1^* = \min\{x_1,\cdots,x_n\}$，似然函数

$$L(\theta)=L(x_1,x_2,\cdots,x_n;\theta)=\prod_{i=1}^{n}f(x_i;\theta)=\begin{cases}\prod\limits_{i=1}^{n}\mathrm{e}^{-(x_i-\theta)}, & \theta\leqslant x_1^* \\ 0, & \theta>x_1^*\end{cases},$$

当 $\theta\leqslant x_1^*$ 时，$L(\theta)$ 是 θ 的单调增函数，$L(\theta)\leqslant L(x_1^*)$；当 $\theta>x_1^*$ 时，$L(\theta)=0$. 于是 $L(\theta)$ 在 $\hat{\theta}=x_1^*$ 处达到最大值，所以 θ 的极大似然估计为

$$\hat{\theta}=\min\{x_1,\cdots,x_n\}.$$

例 7　设总体 X 的概率密度为

$$f(x,\theta)=\begin{cases}\dfrac{1}{\theta}, & 0\leqslant x\leqslant\theta \\ 0, & \text{其他}\end{cases},\ \theta>0,$$

又 $x_1, x_2, \cdots, x_n$ 为来自于总体 X 的样本值，求：参数 θ 的极大似然估计.

解　令 $x_n^* = \max\{x_1,\cdots,x_n\}$，似然函数

$$L(\theta)=L(x_1,x_2,\cdots,x_n;\theta)$$
$$=\prod_{i=1}^{n}f(x_i;\theta)$$
$$=\begin{cases}\dfrac{1}{\theta^n}, & x_n^*\leqslant\theta \\ 0, & \theta<x_n^*\end{cases},$$

当 $\theta\geqslant x_n^*$ 时，$L(\theta)$ 是 θ 的单调减函数，$L(\theta)\leqslant L(x_n^*)$；当 $\theta<x_n^*$ 时，$L(\theta)=0$. 于是 $L(\theta)$ 在 $\hat{\theta}=x_n^*$ 处达到最大值，所以 θ 的极大似然估计为

$$\hat{\theta}=\max\{x_1,\cdots,x_n\}.$$

实例：估计某路公交车几分钟发一趟.

（2）离散型总体参数的极大似然估计

以上介绍了连续型总体的极大似然估计，现在来看离散型总体的极大似然估计.

一般地，若总体 X 是离散型的随机变量，则有分布律（分布列）

$$\begin{pmatrix} a_1 & a_2 & \cdots & a_k & \cdots \\ p(a_1;\theta) & p(a_2;\theta) & \cdots & p(a_k;\theta) & \cdots \end{pmatrix},$$

θ 是未知参数（$\theta \in \Theta$）.

设 $x_1, x_2, \cdots, x_n$ 为来自于总体 X 的样本值（$x_i \in \{a_1, a_2, \cdots, a_k, \cdots\}$，$i = 1, 2, \cdots, n$），则似然函数为

$$L(\theta) = L(x_1, x_2, \cdots, x_n; \theta)$$
$$= p(x_1;\theta)p(x_2;\theta)\cdots p(x_n;\theta).$$

如果有一个统计量 $\hat{\theta}(x_1, x_2, \cdots, x_n)$，使得

$$L(\hat{\theta}(x_1, x_2, \cdots, x_n)) = \sup_{\theta \in \Theta} L(x_1, x_2, \cdots, x_n; \theta),$$

则称 $\hat{\theta}(x_1, x_2, \cdots, x_n)$ 是 θ 的极大似然估计量.

例 8 设总体 X 服从参数为 λ 的泊松分布，即 X 有分布列（分布律）

$$p(k;\lambda) = P\{X = k\} = \frac{\lambda^k}{k!}e^{-\lambda}, \quad k = 0, 1, 2, \cdots,$$

其中 λ 是未知参数，$\lambda \in (0, +\infty)$，试求：λ 的极大似然估计.

解 样本的似然函数为

$$L(\lambda) = L(x_1, x_2, \cdots, x_n; \lambda)$$
$$= p(x_1;\lambda)p(x_2;\lambda)\cdots p(x_n;\lambda)$$
$$= \frac{\lambda^{x_1}}{x_1!}e^{-\lambda} \frac{\lambda^{x_2}}{x_2!}e^{-\lambda} \cdots \frac{\lambda^{x_n}}{x_n!}e^{-\lambda}$$
$$= \frac{\lambda^{\sum_{i=1}^{n} x_i}}{x_1! x_2! \cdots x_n!}e^{-n\lambda}, \quad x_i \in \{0, 1, 2, \cdots\}, \ i = 1, 2, \cdots, n.$$

$$\ln L(\lambda) = \ln L(x_1, x_2, \cdots, x_n; \lambda)$$
$$= -n\lambda + \left(\sum_{i=1}^{n} x_i\right)\ln\lambda - \sum_{i=1}^{n}\ln(x_i!),$$

$$\frac{\partial}{\partial \lambda}\ln L(x_1, x_2, \cdots, x_n; \lambda) = -n + \left(\sum_{i=1}^{n} x_i\right)\frac{1}{\lambda},$$

由 $\dfrac{\partial \ln L}{\partial \lambda} = 0$ 可以解出 $\lambda = \dfrac{1}{n}\sum_{i=1}^{n} x_i = \bar{x}$.

当 $\sum_{i=1}^{n} x_i > 0$ 时，

$$\frac{\partial^2 \ln L}{\partial \lambda^2}\bigg|_{\lambda = \bar{x}} = -\frac{1}{\lambda^2}\sum_{i=1}^{n} x_i \bigg|_{\lambda = \bar{x}} < 0,$$

所以 $\qquad L\left(x_1, x_2, \cdots, x_n; \dfrac{1}{n}\sum_{i=1}^{n} x_i\right) = \sup_{\lambda \in \Theta} L(x_1, x_2, \cdots, x_n; \lambda),$ $\qquad$ （*）

当 $\sum\limits_{i=1}^{n} x_i = 0$ 时，$x_1 = x_2 = \cdots = x_n = 0$，这时

$$L(x_1, x_2, \cdots, x_n; \lambda) = \mathrm{e}^{-n\lambda},$$

$$
\begin{aligned}
L\left(x_1, x_2, \cdots, x_n; \frac{1}{n}\sum_{i=1}^{n} x_i\right) &= L(x_1, x_2, \cdots, x_n; 0) \\
&= 1 = \sup_{\lambda \in \Theta} L(x_1, x_2, \cdots, x_n; \lambda).
\end{aligned}
\tag{$**$}
$$

由式（$*$）和式（$**$）知 $\hat{\lambda}(x_1, x_2, \cdots, x_n) = \dfrac{1}{n}\sum\limits_{i=1}^{n} x_i$ 是 λ 的极大似然估计．

例 9　设总体 X 的概率分布为

X	0	1	2	3
P	θ^2	$2\theta(1-\theta)$	θ^2	$1-2\theta$

其中 $\theta\left(0 < \theta < \dfrac{1}{2}\right)$ 是未知参数，利用总体 X 的样本值 3，1，3，0，3，1，2，3，求：θ 的矩估计值和最大似然估计值．

解　因为 $EX = 0 \cdot \theta^2 + 1 \cdot 2\theta(1-\theta) + 2 \cdot \theta^2 + 3 \cdot (1-2\theta) = 3 - 4\theta$，令 $EX = \overline{X}$，即 $3 - 4\theta = \overline{X}$，于是得矩估计量为 $\hat{\theta} = \dfrac{3 - \overline{X}}{4}$．

将样本均值 $\overline{x} = \dfrac{1}{8}(3+1+3+0+3+1+2+3) = 2$ 代入上式得到 θ 的矩估计值为 $\hat{\theta} = \dfrac{3-2}{4} = \dfrac{1}{4} = 0.25$．

对于给定的样本值，似然函数为

$$
\begin{aligned}
L(\theta) &= P\{X=0\}(P\{X=1\})^2 P\{X=2\}(P\{X=3\})^4 \\
&= \theta^2 \cdot [2\theta(1-\theta)]^2 \cdot \theta^2 \cdot (1-2\theta)^4 \\
&= 4\theta^6 (1-\theta)^2 (1-2\theta)^4,
\end{aligned}
$$

取对数得

$$\ln L(\theta) = \ln 4 + 6\ln\theta + 2\ln(1-\theta) + 4\ln(1-2\theta),$$

将上式对 θ 求导数，得

$$\frac{\mathrm{d}\ln L(\theta)}{\mathrm{d}\theta} = \frac{6}{\theta} - \frac{2}{1-\theta} - \frac{8}{1-2\theta} = \frac{6 - 28\theta + 24\theta^2}{\theta(1-\theta)(1-2\theta)}.$$

令 $\dfrac{\mathrm{d}\ln L(\theta)}{\mathrm{d}\theta} = \dfrac{6 - 28\theta + 24\theta^2}{\theta(1-\theta)(1-2\theta)} = 0$，$0 < \theta < \dfrac{1}{2}$，解得 θ 的极大似然估计值为 $\hat{\theta} = \dfrac{7 - \sqrt{13}}{12} \approx 0.2829$．

除了上面介绍的矩估计法和极大似然估计法以外，还有其他估计总体参数的方法，如顺序统计量法，这里就不介绍了．

习题 8.1

1. 设总体密度函数如下，X_1，X_2，$\cdots$，X_n 为样本，试求：未知参数的矩估计.

(1) $f(x; \theta) = \dfrac{2}{\theta^2}(\theta - x)$，$0 < x < \theta$，$\theta > 0$；

(2) $f(x; \theta) = \dfrac{1}{\theta} e^{-\frac{x-\mu}{\theta}}$，$x > \mu$，$\theta > 0$.

2. 设 X_1，X_2，$\cdots$，X_n 为来自于总体 X 的样本. 总体 X 的概率密度为
$$f(x; a, b) = \begin{cases} \dfrac{1}{b-a}, & a \leqslant x \leqslant b(b > a) \\ 0, & \text{其他} \end{cases}$$，求：参数 a，b 的矩估计量.

3. 设总体 X 的分布律为 $P\{X = x\} = (1-p)^{x-1} p$，$x = 1$，$2$，$\cdots$，$X_1$，$X_2$，$\cdots$，$X_n$ 是来自于 X 的样本，试求：p 的矩估计量.

4. 设总体 X 的密度函数为 $f(x; \alpha) = \begin{cases} (\alpha+1)x^\alpha, & 0 < x < 1 \\ 0, & \text{其他} \end{cases}$，其中 $\alpha > -1$ 是未知参数，$(X_1$，X_2，$\cdots$，$X_n)$ 是来自于 X 的样本，试求：α 的矩估计量.

5. 设总体 X 的概率密度为 $f(x, \theta) = \begin{cases} e^{-(x-\theta)}, & x \geqslant \theta \\ 0, & x < \theta \end{cases}$，$X_1$，$X_2$，$\cdots$，$X_n$ 为来自于总体 X 的简单随机样本，求：未知参数 θ 的矩估计量.

6. 设总体 X 的分布密度为 $f(x; \theta) = \begin{cases} \dfrac{x^3}{2\theta^4} e^{-\frac{x^2}{2\theta^2}}, & x > 0 \\ 0, & x \leqslant 0 \end{cases}$，$\theta > 0$，$(X_1$，$X_2$，$\cdots$，$X_n)$ 是来自于 X 的样本，求：参数 θ 的矩估计和极大似然估计.

7. 设总体 X 的概率密度为 $f(x; \theta) = \begin{cases} \dfrac{2x}{\theta^2} \exp\left(-\dfrac{x^2}{\theta^2}\right), & x > 0 \\ 0, & x \leqslant 0 \end{cases}$，$\theta > 0$，$x_1$，$x_2$，$\cdots$，$x_n$ 为样本值（$x_i > 0$，$i = 1$，2，$\cdots$，n）. 求：参数 θ^2 的极大似然估计 $\hat{\theta}^2$.

8. 设总体概率函数如下，$(X_1$，X_2，$\cdots$，$X_n)$ 是样本，试求：未知参数的极大似然估计.

(1) $f(x; \theta) = \dfrac{1}{2\theta} e^{-\frac{|x|}{\theta}}$，$\theta > 0$；

(2) $f(x; \theta_1, \theta_2) = \begin{cases} \dfrac{1}{\theta_2 - \theta_1}, & \theta_1 \leqslant x \leqslant \theta_2 \\ 0, & \text{其他} \end{cases}$.

9. 一个罐子里装有黑球和白球，有放回地抽取一个容量为 n 的样本，其中有 k 个白球，求：罐子里黑球数与白球数之比 R 的极大似然估计.

10. 假设随机变量 X 的概率密度为 $f(x; \mu, \sigma^2) = \dfrac{1}{\sqrt{2\pi}\sigma x} e^{-\frac{(\ln x - \mu)^2}{2\sigma^2}}$，$x > 0$（即对数正态分布），$(X_1, X_2, \cdots, X_n)$ 是样本，求：参数 μ, σ^2 的极大似然估计.

11. 为研究某湖泊的湖滩地区的岩石成分，一地质学家随机地从该地区抽取 100 个样本，每个样本有 10 块石子，该地质学家记录了每个样本中属于石灰石的石子数. 假设这 100 次观察相互独立，并且由过去的经验可知，它们都服从参数为 $n(=10)$ 和 p 的二项分布，p 为该地区一块石子是石灰石的概率. 该地质学家所得的数据如下表所示.

样本中属于石灰石的石子数	0	1	2	3	4	5	6	7	8	9	10
样本个数	0	1	6	7	23	26	21	12	3	1	0

求：p 的极大似然估计值.

12. 已知某种灯泡的寿命服从正态分布，从某日所生产的该种灯泡中随机抽取 10 只，测得其寿命（单位：h）为 1067，919，1196，785，1126，936，918，1156，920，948，设总体参数均未知，试用极大似然估计法估计该日生产的灯泡能使用 1300h 以上的概率.

8.2 点估计量的优良性

在上一节中，我们介绍了估计总体参数的两个常用的方法：矩估计法和极大似然估计法. 并且已经知道，对于同一个参数，用矩估计法和极大似然估计法得出的估计量有的时候是相同的，有的时候是不同的，即对于同一个参数，可以有多个估计量，例如 $\hat{\theta}_1$, $\hat{\theta}_2$ 等. 究竟采用哪一个估计量好呢？这就涉及用什么标准来评价估计量好坏的问题. 通常采用下列标准.

1. 无偏估计

这里我们给出一种对任何样本容量都适用的评价估计量好坏的准则. 设 θ 是总体分布中的未知参数，$\hat{\theta}$ 为 θ 的估计量. 既然 $\hat{\theta}$ 是样本的函数，那么对于不同的抽样结果 $x_1, x_2, \cdots, x_n$，$\hat{\theta}$ 的值也不一定相同，然而我们希望在多次试验中，以 $\hat{\theta}$ 作为 θ 的估计时没有系统误差，即以 $\hat{\theta}$ 作为 θ 的估计，其平均偏差为 0，用公式表示即 $E(\hat{\theta} - \theta) = 0, E(\hat{\theta}) = \theta$，这就是估计量的无偏性的概念. 这是估计量应具有的一种良好性质. 没有系统性偏差的性质在统计学上称作无偏性. 显然它可以作为衡量估计量好坏的一个准则.

定义 1 设 $\hat{\theta}(x_1, x_2, \cdots, x_n)$（简记为 $\hat{\theta}$）为未知参数 θ 的估计量，若

$$E(\hat{\theta}) = \theta, \tag{8.4}$$

则称 $\hat{\theta}$ 为 θ 的无偏估计．

例 1 设总体 X 的均值 $EX = \mu$，总体方差 $DX = \sigma^2$．设 $X_1, X_2, \cdots, X_n$ 为来自于总体 X 的样本，求证：

(1) $\overline{X} = \dfrac{1}{n} \sum\limits_{i=1}^{n} X_i$ 是 μ 的无偏估计量；

(2) $S^2 = \dfrac{1}{n-1} \sum\limits_{i=1}^{n} (X_i - \overline{X})^2$ 是 σ^2 的无偏估计量；

(3) 设常数 $a_1, a_2, \cdots, a_n$ 满足 $\sum\limits_{i=1}^{n} a_i = 1$，则 $\hat{\mu} = \sum\limits_{i=1}^{n} a_i X_i$ 是总体均值 μ 的无偏估计．

证明 (1) 因为 $X_1, X_2, \cdots, X_n$ 独立且与 X 同分布，所以

$$EX_i = \mu, \quad DX_i = \sigma^2, \quad i = 1, 2, \cdots, n.$$

于是

$$E(\overline{X}) = E\left(\frac{1}{n} \sum_{i=1}^{n} X_i \right)$$

$$= \frac{1}{n} E\left(\sum_{i=1}^{n} X_i \right) = \frac{1}{n} \sum_{i=1}^{n} EX_i = EX = \mu,$$

故 $\overline{X} = \dfrac{1}{n} \sum\limits_{i=1}^{n} X_i$ 是 μ 的无偏估计量；

(2) $D\overline{X} = D\left(\dfrac{1}{n} \sum\limits_{i=1}^{n} X_i \right) = \dfrac{1}{n^2} \sum\limits_{i=1}^{n} DX_i = \dfrac{1}{n^2} \sum\limits_{i=1}^{n} \sigma^2 = \dfrac{1}{n^2} \cdot n\sigma^2 = \dfrac{\sigma^2}{n}$.

下面计算 ES^2．

$$EX_i^2 = DX_i + (EX_i)^2 = \sigma^2 + \mu^2,$$

$$E\overline{X}^2 = D\overline{X} + (E\overline{X})^2 = \frac{\sigma^2}{n} + \mu^2,$$

$$ES^2 = E\left[\frac{1}{n-1} \sum_{i=1}^{n} (X_i - \overline{X})^2 \right]$$

$$= E\left[\frac{1}{n-1} \sum_{i=1}^{n} (X_i^2 - 2\overline{X}X_i + \overline{X}^2) \right]$$

$$= E\left[\frac{1}{n-1} \left(\sum_{i=1}^{n} X_i^2 - 2\overline{X} \sum_{i=1}^{n} X_i + \sum_{i=1}^{n} \overline{X}^2 \right) \right]$$

$$= E\left[\frac{1}{n-1} \left(\sum_{i=1}^{n} X_i^2 - 2\overline{X} \cdot n\overline{X} + n\overline{X}^2 \right) \right]$$

$$= E\left[\frac{1}{n-1}\left(\sum_{i=1}^{n} X_i^2 - n\overline{X}^2\right)\right]$$

$$= \frac{1}{n-1}\left(\sum_{i=1}^{n} EX_i^2 - nE\overline{X}^2\right)$$

$$= \frac{1}{n-1}\left[\sum_{i=1}^{n}(\sigma^2+\mu^2) - n\left(\frac{\sigma^2}{n}+\mu^2\right)\right]$$

$$= \frac{1}{n-1}\left[n(\sigma^2+\mu^2) - n\left(\frac{\sigma^2}{n}+\mu^2\right)\right]$$

$$= \frac{1}{n-1}\cdot(n-1)\sigma^2 = \sigma^2,$$

故得证.

说明：$S_*^2 = \frac{1}{n}\sum_{i=1}^{n}(X_i-\overline{X})^2$ 不是总体方差 σ^2 的无偏估计. 事实上,

$$S_*^2 = \frac{1}{n}\sum_{i=1}^{n}(X_i-\overline{X})^2 = \frac{n-1}{n}\cdot\frac{1}{n-1}\sum_{i=1}^{n}(X_i-\overline{X})^2 = \frac{n-1}{n}S^2,$$

$$ES_*^2 = E\left(\frac{n-1}{n}S^2\right) = \frac{n-1}{n}ES^2 = \frac{n-1}{n}\sigma^2 \neq \sigma^2.$$

所以，它是有偏的.

（3）$E\hat{\mu} = E\left(\sum_{i=1}^{n} a_i X_i\right) = \sum_{i=1}^{n} a_i EX_i$

$$= \sum_{i=1}^{n} a_i\mu = \mu\sum_{i=1}^{n} a_i = \mu.$$

故得证.

例 2 设总体 X 的概率密度为

$$f(x) = \begin{cases} \frac{6x}{\theta^3}(\theta-x), & 0<x<\theta, \\ 0, & \text{其他} \end{cases},$$

X_1, X_2, $\cdots$, X_n 为来自总体 X 的样本.

（1）求：总体均值 EX 和总体方差 DX；（2）求：θ 的矩估计量 $\hat{\theta}$；（3）判断 $\hat{\theta}$ 是否为 θ 的无偏估计；（4）求：$\hat{\theta}$ 的方差 $D\hat{\theta}$.

解 （1）总体均值 $EX = \int_{-\infty}^{+\infty} xf(x)\mathrm{d}x = \int_0^{\theta} x\cdot\frac{6x}{\theta^3}(\theta-x)\mathrm{d}x$

$$= \frac{6}{\theta^3}\int_0^{\theta}(\theta x^2-x^3)\mathrm{d}x = \frac{6}{\theta^3}\left(\frac{1}{3}\theta x^3-\frac{1}{4}x^4\right)\Big|_0^{\theta} = \frac{\theta}{2},$$

$$EX^2 = \int_{-\infty}^{+\infty} x^2 f(x)\mathrm{d}x = \int_0^{\theta} x^2\cdot\frac{6x}{\theta^3}(\theta-x)\mathrm{d}x$$

$$= \frac{6}{\theta^3}\int_0^{\theta}(\theta x^3-x^4)\mathrm{d}x = \frac{6}{\theta^3}\left(\frac{1}{4}\theta x^4-\frac{1}{5}x^5\right)\Big|_0^{\theta} = \frac{3}{10}\theta^2.$$

总体方差 $DX = EX^2 - (EX)^2 = \dfrac{3}{10}\theta^2 - \left(\dfrac{\theta}{2}\right)^2 = \dfrac{1}{20}\theta^2$.

(2) 令 $EX = \overline{X}$, 即 $\dfrac{\theta}{2} = \overline{X}$, 得 θ 的矩估计量为 $\hat{\theta} = 2\overline{X}$.

(3) 由 $E\hat{\theta} = E(2\overline{X}) = 2E\overline{X} = 2EX = 2 \times \dfrac{\theta}{2} = \theta$ 可知 $\hat{\theta}$ 是 θ 的无偏估计.

(4) $\hat{\theta}$ 的方差 $D\hat{\theta} = D(2\overline{X}) = 4D\overline{X} = 4\,\dfrac{1}{n}DX = 4\,\dfrac{1}{n} \times \dfrac{1}{20}\theta^2 = \dfrac{1}{5n}\theta^2$.

例 3 设总体 $X \sim N(\mu, \sigma^2)$, X_1, X_2, $\cdots$, X_n 是来自 X 的一个样本, 试确定常数 C, 使得 $C\displaystyle\sum_{i=1}^{n-1}(X_{i+1} - X_i)^2$ 为 σ^2 的无偏估计.

解 因为 X_1, X_2, $\cdots$, X_n 独立同分布, 所以

$$EX_i = \mu, \ DX_i = \sigma^2, \ i = 1, 2, \cdots, n,$$
$$E(X_{i+1} - X_i) = 0, \ D(X_{i+1} - X_i) = 2\sigma^2,$$

因而

$$E(X_{i+1} - X_i)^2 = D(X_{i+1} - X_i) + [E(X_{i+1} - X_i)]^2 = 2\sigma^2,$$
$$\sigma^2 = CE\left[\sum_{i=1}^{n-1}(X_{i+1} - X_i)^2\right] = C\sum_{i=1}^{n-1}E(X_{i+1} - X_i)^2$$
$$= C\sum_{i=1}^{n-1}2\sigma^2 = C(n-1)2\sigma^2,$$

故 $C = 1/[2(n-1)]$.

显然, 由例 1 可知, $X_i(i = 1, 2, \cdots, n)$ 和 $\displaystyle\sum_{i=1}^{n}a_i X_i\left(\sum_{i=1}^{n}a_i = 1\right)$ 都是总体均值 μ 的无偏估计. 由此可见, 一个未知参数可以有多个不同的无偏估计量. 因此, 对于几个无偏估计量, 应该有个区别好坏的标准.

2. 最小方差无偏估计

设 $\hat{\theta}$ 是 θ 的无偏估计量, $E\hat{\theta} = \theta$, 我们很自然地会要求 $\hat{\theta}$ 与 θ 尽可能接近, 即 $E(\hat{\theta} - \theta)^2$ 要尽量小. 而 $E(\hat{\theta} - \theta)^2 = D(\hat{\theta})$, 这就看出, 当 $\hat{\theta}$ 是 θ 的无偏估计量时, 其方差越小越好. 因此, 方差最小的无偏估计就是一个 "最佳" 的估计.

定义 2 设 $\hat{\theta}_1$ 是 θ 的一个无偏估计, 若对于 θ 的任一无偏估计 $\hat{\theta}_2$, 下列不等式成立,

$$D(\hat{\theta}_1) \leqslant D(\hat{\theta}_2),$$

则称 $\hat{\theta}_1$ 是 θ 的最小方差无偏估计.

问题 如何确定总体参数 θ 的最小方差无偏估计呢? 对于一般总体是难以确定的. 对一些特殊的总体, 例如正态总体 $N(\mu, \sigma^2)$, 可以找到 μ 和 σ^2 的最小方

差无偏估计量.

有时, 我们只需在一定范围的无偏估计量中寻找最小方差无偏估计量.

例 4 设 X_1, X_2, $\cdots$, X_n 是来自于总体 X 的样本, 总体均值 $EX = \mu$, 总体方差 $DX = \sigma^2$, 求: μ 的最小方差线性无偏估计.

解 已知 X_1, X_2, $\cdots$, X_n 独立且与 X 同分布, 则

$$EX_i = \mu, DX_i = \sigma^2, i = 1, 2, \cdots, n.$$

μ 的线性估计是将 X_1, X_2, $\cdots$, X_n 的线性函数 $a_1 X_1 + a_2 X_2 + \cdots + a_n X_n$ 作为 μ 的估计量. 问题是如何选取 a_1, $\cdots$, a_n 的值, 使得无偏性和最小方差这两个要求都能得到满足. 易知

$$E(a_1 X_1 + a_2 X_2 + \cdots + a_n X_n) = \mu \Big(\sum_{i=1}^{n} a_i \Big),$$

$$D(a_1 X_1 + a_2 X_2 + \cdots + a_n X_n) = \sigma^2 \Big(\sum_{i=1}^{n} a_i^2 \Big),$$

无偏性要求 $\sum\limits_{i=1}^{n} a_i = 1$, 最小方差要求 $\sum\limits_{i=1}^{n} a_i^2$ 达到最小. 利用柯西 (Cauchy) 不等式得

$$1 = \left| \sum_{i=1}^{n} a_i \right| = \left| \sum_{i=1}^{n} (a_i \cdot 1) \right| \leqslant \Big(\sum_{i=1}^{n} a_i^2 \Big)^{\frac{1}{2}} \Big(\sum_{i=1}^{n} 1^2 \Big)^{\frac{1}{2}} = \Big(\sum_{i=1}^{n} a_i^2 \Big)^{\frac{1}{2}} n^{\frac{1}{2}},$$

且等号成立, 当且仅当 a_i 全相等, 即 $a_1 = a_2 = \cdots = a_n = a$, 由 $1 = \sum\limits_{i=1}^{n} a_i = \sum\limits_{i=1}^{n} a = na$ 得到 $a = \dfrac{1}{n}$, 于是, 当 $a_1 = a_2 = \cdots = a_n = \dfrac{1}{n}$ 时, $\sum\limits_{i=1}^{n} a_i^2$ 达到最小. 故 $\overline{X} = \dfrac{1}{n} \sum\limits_{i=1}^{n} X_i$ 是 μ 的最小方差线性无偏估计.

从这里我们看到了选取样本均值 $\overline{X}$ 作为总体均值的估计的优良性质.

若 $\hat{\theta}_1$ 和 $\hat{\theta}_2$ 都是 θ 的无偏估计量, 且不等式 $D(\hat{\theta}_1) < D(\hat{\theta}_2)$ 成立, 则通常称估计量 $\hat{\theta}_1$ 较 $\hat{\theta}_2$ 有效, 或较佳, 或较优.

例 5 设 X_1, X_2, X_3 为总体的一个样本, 试证: 下列估计量

$$\hat{\theta}_1 = \frac{1}{5} X_1 + \frac{3}{10} X_2 + \frac{1}{2} X_3,$$

$$\hat{\theta}_2 = \frac{1}{3} X_1 + \frac{1}{4} X_2 + \frac{5}{12} X_3,$$

$$\hat{\theta}_3 = \frac{1}{3} X_1 + \frac{3}{4} X_2 - \frac{1}{12} X_3$$

都是总体均值 μ 的无偏估计量, 并判断哪个估计量最佳?

证明 已知 X_1, X_2, X_3 独立同分布, 则 $EX_i = \mu$, $DX_i = \sigma^2$, $i = 1, 2, 3,$

$$E\hat{\theta}_1 = E\left(\frac{1}{5}X_1 + \frac{3}{10}X_2 + \frac{1}{2}X_3\right)$$

$$= \frac{1}{5}EX_1 + \frac{3}{10}EX_2 + \frac{1}{2}EX_3$$

$$= \left(\frac{1}{5} + \frac{3}{10} + \frac{1}{2}\right)\mu = \mu,$$

$$E\hat{\theta}_2 = \left(\frac{1}{3} + \frac{1}{4} + \frac{5}{12}\right)\mu = \mu,$$

$$E\hat{\theta}_3 = \left(\frac{1}{3} + \frac{3}{4} - \frac{1}{12}\right)\mu = \mu,$$

所以 $\hat{\theta}_1$，$\hat{\theta}_2$，$\hat{\theta}_3$ 都是 μ 的无偏估计量.

$$D\hat{\theta}_1 = D\left(\frac{1}{5}X_1 + \frac{3}{10}X_2 + \frac{1}{2}X_3\right)$$

$$= \left(\frac{1}{5}\right)^2 DX_1 + \left(\frac{3}{10}\right)^2 DX_2 + \left(\frac{1}{2}\right)^2 DX_3$$

$$= \left[\left(\frac{1}{5}\right)^2 + \left(\frac{3}{10}\right)^2 + \left(\frac{1}{2}\right)^2\right]\sigma^2 = \frac{38}{100}\sigma^2,$$

$$D\hat{\theta}_2 = \left[\left(\frac{1}{3}\right)^2 + \left(\frac{1}{4}\right)^2 + \left(\frac{5}{12}\right)^2\right]\sigma^2 = \frac{50}{144}\sigma^2$$

$$D\hat{\theta}_3 = \left[\left(\frac{1}{3}\right)^2 + \left(\frac{3}{4}\right)^2 + \left(-\frac{1}{12}\right)^2\right]\sigma^2 = \frac{98}{144}\sigma^2,$$

于是 $D\hat{\theta}_2 < D\hat{\theta}_1 < D\hat{\theta}_3$，故 $\hat{\theta}_2$ 最佳.

3. 一致估计

设 $\hat{\theta}(X_1, X_2, \cdots, X_n)$ 为总体参数 θ 的估计量，显然 $\hat{\theta}$ 与样本 X_1，X_2，$\cdots$，X_n 有关，我们希望 $\hat{\theta}$ 会随着样本容量 n 的增大而越来越接近于 θ，这一要求便是衡量估计量好坏的另一个标准.

定义 3 设 $\hat{\theta}(X_1, X_2, \cdots, X_n)$ 为未知参数 θ 的估计量，若 $\hat{\theta}$ 依概率收敛于 θ，即对任意的 $\varepsilon > 0$，存在

$$\lim_{n \to +\infty} P\{|\hat{\theta} - \theta| < \varepsilon\} = 1 \text{ 或 } \lim_{n \to +\infty} P\{|\hat{\theta} - \theta| \geqslant \varepsilon\} = 0 , \qquad (8.5)$$

则称 $\hat{\theta}$ 为 θ 的一致性估计（或称 $\hat{\theta}$ 为 θ 的相合估计）.

例 6 试证：样本均值 $\overline{X}$ 为总体均值 μ 的一致性估计.

证明 因为 $E(\overline{X}) = E\left(\frac{1}{n}\sum_{i=1}^{n} X_i\right) = \mu$，所以，对于相互独立且服从同一分布的随机变量 X_1，X_2，$\cdots$，X_n，由大数定律得

$$\lim_{n \to +\infty} P\left\{\left|\frac{1}{n}\sum_{i=1}^{n} X_i - E\left(\frac{1}{n}\sum_{i=1}^{n} X_i\right)\right| < \varepsilon\right\} = 1 ,$$

即得 $\lim\limits_{n\to+\infty} P\{|\overline{x}-\mu|<\varepsilon\}=1.$

此外，还可以证明样本方差 S^2 是总体方差 σ^2 的一致性估计.

还有别的优良性标准，这里不再介绍.

例 7　证明：正态总体 $N(\mu,\sigma^2)$ 的样本方差 S^2 是总体方差 σ^2 的一致性估计量.

证明　由切比雪夫不等式，可知

$$P\{|S^2-\sigma^2|<\varepsilon\}=P\{|S^2-ES^2|<\varepsilon\}\geqslant 1-\frac{DS^2}{\varepsilon^2},$$

而
$$DS^2=D\left[\frac{(n-1)S^2}{\sigma^2}\cdot\frac{\sigma^2}{n-1}\right]=\frac{\sigma^4}{(n-1)^2}D\left[\frac{(n-1)S^2}{\sigma^2}\right]$$

$$=\frac{\sigma^4}{(n-1)^2}\cdot 2(n-1)=\frac{2\sigma^4}{n-1},$$

所以 $1\geqslant P\{|S^2-\sigma^2|<\varepsilon\}\geqslant 1-\dfrac{2\sigma^4}{\varepsilon^2(n-1)}$，由此即得 $\lim\limits_{n\to+\infty}P\{|S^2-\sigma^2|<\varepsilon\}=1.$ 证毕.

习题 8.2

1. 已知总体 X 的分布密度为 $f(x;\theta)=\begin{cases}\dfrac{1}{\theta}, & 0<x<\theta \\ 0, & \text{其他}\end{cases}$，$\theta>0$，$X_1$，$X_2$，$X_3$ 是总体 X 的样本，求：常数 c，使得 $\theta=c\min\{X_1,X_2,X_3\}$ 为 θ 的无偏估计.

2. 设 X_1，X_2 独立同分布，它们共同的密度函数为

$$f(x;\theta)=\begin{cases}\dfrac{3x^2}{\theta^3}, & 0<x<\theta \\ 0, & \text{其他}\end{cases},$$

(1) 证明：$T_1=\dfrac{2}{3}(X_1+X_2)$ 和 $T_2=\dfrac{7}{6}\max\{X_1,X_2\}$ 都是 θ 的无偏估计；

(2) 计算 T_1 和 T_2 的方差并比较大小.

3. 设 X_1，X_2，$\cdots$，X_n 为泊松分布 $\Pi(\lambda)$ 的一个样本，试证：样本方差 S^2 是 λ 的无偏估计.

4. 设 $\hat{\theta}$ 是参数 θ 的无偏估计，且有 $D\hat{\theta}>0$，试证：$(\hat{\theta})^2$ 不是 θ^2 的无偏估计.

5. 设 X_1，X_2，$\cdots$，X_n 和 Y_1，Y_2，$\cdots$，Y_n 是分别来自总体 $X\sim N(\mu,1)$ 和 $Y\sim N(\mu,4)$ 的两个样本，μ 的一个无偏估计形式为 $Z=a\sum\limits_{i=1}^{n}X_i+b\sum\limits_{j=1}^{m}Y_j$，求：$a$ 和 b 应满足的条件及 a 和 b 为何值时，Z 最有效.

6. 设 X_1，X_2，$\cdots$，X_n 是总体 $N(\mu_0,\sigma^2)$ 的样本.

（1）验证：σ^2 的极大似然估计量 $\hat{\sigma}^2 = \dfrac{1}{n}\sum_{i=1}^{n}(X_i - \mu_0)^2$ 是 σ^2 的无偏估计和一致性估计；（2）令 $\hat{\sigma}_1^2 = \dfrac{1}{n-1}\sum_{i=1}^{n}(X_i - \overline{X})^2$，$\hat{\sigma}_2^2 = \dfrac{1}{n}\sum_{i=1}^{n}(X_i - \overline{X})^2$，

$\hat{\sigma}_3^2 = \dfrac{1}{n-1}\sum_{i=1}^{n}(X_i - \mu_0)^2$，$\hat{\sigma}_4^2 = \dfrac{1}{n}\sum_{i=1}^{n}(X_i - \mu_0)^2$，判断当 $\hat{\sigma}_i^2 (i = 1, 2, 3, 4)$ 作为 σ^2 的估计量时，哪些是无偏估计量，并确定哪一个估计量最佳.

8.3 区间估计与置信区间

在一些实际问题中，我们往往不用给出参数的具体估计值，只给出参数所在的某个区间范围就可以了.

在前面，我们讨论了总体参数 θ 的点估计问题，用 $\hat{\theta}(x_1, x_2, \cdots, x_n)$ 作为 θ 的估计，但 θ 与 $\hat{\theta}$ 到底相差多少并没有给出. 在这里，我们要给出 θ 所在的一个区间，同时还要给出此区间包含参数 θ 的可靠程度，这就是参数的区间估计问题. 首先，给出置信区间和置信限的概念.

为讨论方便，在本章以下各节中，$x_1, x_2, \cdots, x_n$ 既表示总体的样本，也表示样本值. 可以根据具体情况（上下文含义）区别出来.

1. 置信区间

设总体分布含有一未知参数 θ，且 $x_1, x_2, \cdots, x_n$ 为来自于总体的样本，若对于给定的 $\alpha(0 < \alpha < 1)$，统计量 $\theta_1(x_1, \cdots, x_n)$ 和 $\theta_2(x_1, \cdots, x_n)$ 满足

$$P\{\theta_1(x_1, \cdots, x_n) \leqslant \theta \leqslant \theta_2(x_1, \cdots, x_n)\} = 1 - \alpha, \qquad (8.6)$$

则称区间 $[\theta_1, \theta_2]$ 是 θ 的置信度为 $1-\alpha$ 的置信区间，简称置信区间，θ_1 和 θ_2 分别称为置信下限和置信上限. $1-\alpha$ 称为置信度.

由于 $\theta_1(x_1, \cdots, x_n)$ 和 $\theta_2(x_1, \cdots, x_n)$ 是统计量，并且它们是随机变量，因此区间 $[\theta_1, \theta_2]$ 是随机区间.

从式（8.6）可以看出，我们有 $1-\alpha$ 的把握保证

$$\theta_1(x_1, \cdots, x_n) \leqslant \theta \leqslant \theta_2(x_1, \cdots, x_n).$$

当 α 很小时，随机区间以较大的概率包含 θ. 具体地说，如果做多次抽样（每次抽 n 个样品），每次抽样得到的样本值 $x_1, x_2, \cdots, x_n$ 可以确定一个区间 $[\theta_1, \theta_2]$，每个这样的区间可能包含 θ，也可能不包含 θ，但是在这么多区间中，包含 θ 的约占 $1-\alpha$，不包含 θ 的只约占 α. 例如，当 $\alpha = 0.05$ 时，我们做 100 次抽样，则从平均的意义上说，将有 95 个区间包含 θ.

显然，置信区间的长度与样本容量 n 有关. 我们自然希望置信区间越短越

好，在 α 不变的情况下，只有加大样本容量，才能缩短置信区间的长度．n 的大小可视具体情况而定．

2. 单侧置信限

在某些实际问题中，我们只关心置信区间的下限或上限，即给出置信区间 $[\theta_1，+\infty)$ 或 $(-\infty，\theta_2]$ 就够了．例如在考虑元件的使用寿命时，平均寿命越长越好，平均寿命过短就有问题．对于这种情况，我们关心的自然是置信下限了．

若对于给定的 $\alpha(0<\alpha<1)$，统计量 $\theta_1(x_1，\cdots，x_n)$ 满足

$$P\{\theta\geqslant\theta_1(x_1,\cdots,x_n)\}=1-\alpha，\tag{8.7}$$

则称区间 $[\theta_1，+\infty)$ 是 θ 的置信度为 $1-\alpha$ 的单侧置信区间，称 θ_1 为置信度为 $1-\alpha$ 的单侧置信下限．

若统计量 $\theta_2(x_1，\cdots，x_n)$ 满足

$$P\{\theta\leqslant\theta_2\}=1-\alpha，\tag{8.8}$$

则称区间 $(-\infty，\theta_2]$ 是 θ 的置信度为 $1-\alpha$ 的单侧置信区间，称 θ_2 为置信度为 $1-\alpha$ 的单侧置信上限．

问题 如何确定总体参数 θ 的区间估计 $[\theta_1，\theta_2]$ 呢？对于一般总体是难以确定的．现仅能确定正态总体 $N(\mu，\sigma^2)$ 中参数 μ 和 σ^2 的区间估计．这对许多实际应用来说已经够了．

8.4 正态总体均值和方差的区间估计

我们知道，正态随机变量是最为常见的，特别是很多产品的指标都服从或近似服从正态分布．因此，我们主要研究正态总体参数的区间估计．先研究均值的区间估计，然后再研究方差的区间估计．这些在实际应用中是很重要的．

1. 均值 EX 的区间估计

下面分两种情况进行讨论．

(1) 方差 DX 已知，对 EX 进行区间估计

设总体 $X\sim N(\mu，\sigma^2)$，其中 σ^2 已知．又 $x_1，x_2，\cdots，x_n$ 为来自于总体的样本．

由第 7 章第 7.3 节中的结论可知

$$\bar{x}=\frac{1}{n}(x_1+\cdots+x_n)\sim N\left(\mu，\frac{\sigma^2}{n}\right)，$$

于是 $U=\dfrac{\bar{x}-\mu}{\sigma/\sqrt{n}}\sim N(0，1)$．

由标准正态分布可知，对于给定的 α，可以找到一个数 $z_{1-\frac{\alpha}{2}}$，使

$$P\{U \leqslant z_{1-\frac{\alpha}{2}}\} = \Phi(z_{1-\frac{\alpha}{2}}) = 1 - \frac{\alpha}{2},$$

$$P\{|U| \leqslant z_{1-\frac{\alpha}{2}}\} = 1 - \alpha,$$

$$P\left\{\left|\frac{\overline{x}-\mu}{\sigma/\sqrt{n}}\right| \leqslant z_{1-\frac{\alpha}{2}}\right\} = 1 - \alpha,$$

即 $P\left\{\overline{x} - z_{1-\frac{\alpha}{2}}\dfrac{\sigma}{\sqrt{n}} \leqslant \mu \leqslant \overline{x} + z_{1-\frac{\alpha}{2}}\dfrac{\sigma}{\sqrt{n}}\right\} = 1 - \alpha.$

也就是说，μ 落在区间 $\left[\overline{x} - z_{1-\frac{\alpha}{2}}\dfrac{\sigma}{\sqrt{n}}, \overline{x} + z_{1-\frac{\alpha}{2}}\dfrac{\sigma}{\sqrt{n}}\right]$ 内的概率为 $1-\alpha$. 区间

$$\left[\overline{x} - z_{1-\frac{\alpha}{2}}\frac{\sigma}{\sqrt{n}}, \overline{x} + z_{1-\frac{\alpha}{2}}\frac{\sigma}{\sqrt{n}}\right], \tag{8.9}$$

即为 μ 的置信区间. 称 $z_{1-\frac{\alpha}{2}}$ 为在置信度 $1-\alpha$ 下的临界值，或称为标准正态分布的双侧分位点.

当 $\alpha = 0.05$ 时，查标准正态分布表得临界值 $z_{1-\frac{\alpha}{2}} = z_{0.975} = 1.96$，此时 μ 的置信区间是

$$\left[\overline{x} - 1.96\frac{\sigma}{\sqrt{n}}, \overline{x} + 1.96\frac{\sigma}{\sqrt{n}}\right].$$

当 $\alpha = 0.01$ 时，查标准正态分布表得临界值 $z_{1-\frac{\alpha}{2}} = z_{0.995} = 2.58$，此时 μ 的置信区间是

$$\left[\overline{x} - 2.58\frac{\sigma}{\sqrt{n}}, \overline{x} + 2.58\frac{\sigma}{\sqrt{n}}\right].$$

从上可知，α 越大，则 $1-\alpha$ 越小，置信区间越小（精度高，难以达到），μ 落在区间内的把握也就越小. 因此，在实际应用中，要适当选取 α.

例 1 已知某种滚珠的直径服从正态分布，且方差为 0.06，现从某日生产的一批滚珠中随机地抽取 6 只，测得直径的数据（单位：mm）为 14.6，15.1，14.9，14.8，15.2，15.1. 试求：该批滚珠平均直径的 95% 置信区间.

解 当 $\alpha = 0.05$ 时，$1-\alpha = 0.95$，查表得 $z_{1-\frac{\alpha}{2}} = z_{0.975} = 1.96$，

$$\overline{x} = \frac{1}{6}(14.6 + 15.1 + 14.9 + 14.8 + 15.2 + 15.1) = 14.95,$$

$$\sigma^2 = 0.06, \sigma = \sqrt{0.06}, n = 6.$$

于是，

$$\overline{x} - 1.96\frac{\sigma}{\sqrt{n}} = 14.95 - 1.96\frac{\sqrt{0.06}}{\sqrt{6}} = 14.75,$$

$$\overline{x} + 1.96\frac{\sigma}{\sqrt{n}} = 14.95 + 1.96\frac{\sqrt{0.06}}{\sqrt{6}} = 15.15,$$

故所求置信区间为 $[14.75, 15.15]$.

对于不服从正态分布的总体，只要 n 足够大，则由中心极限定理，随机变量 $Y=\dfrac{\overline{X}-EX}{\sqrt{DX/n}}$ 近似地服从标准正态分布，因此仍然可以用

$$\left[\overline{x}-z_{1-\frac{\alpha}{2}}\frac{\sqrt{DX}}{\sqrt{n}},\overline{x}+z_{1-\frac{\alpha}{2}}\frac{\sqrt{DX}}{\sqrt{n}}\right]$$

作为 EX 的置信区间，但此时又多了一次误差.

（2）方差 DX 未知，对 EX 进行区间估计

上面的讨论是在 DX 已知的情况下进行的，但实际应用中往往是 DX 未知的情况.

设 x_1，x_2，$\cdots$，x_n 为正态总体 $N(\mu,\sigma^2)$ 的一个样本，由于 σ^2 未知，我们用样本方差 s^2 来代替总体方差 σ^2，$\overline{x}=\dfrac{1}{n}(x_1+x_2+\cdots+x_n)\sim N(\mu,\sigma^2)$，$U=\dfrac{\overline{x}-\mu}{\sigma/\sqrt{n}}\sim N(0,1)$，$s^2=\dfrac{1}{n-1}\sum_{i=1}^{n}(x_i-\overline{x})^2$，$V=\dfrac{(n-1)}{\sigma^2}s^2\sim\chi^2(n-1)$，$U$ 与 V 独立，根据第 7.3 节的定理 6，

$$T=\frac{\overline{x}-\mu}{s/\sqrt{n}}=\frac{U}{\sqrt{V/(n-1)}}\sim t(n-1).$$

于是，对给定的 α，查 t 分布表可得临界值 $t_{1-\frac{\alpha}{2}}(n-1)$，使得

$$P\{T\leqslant t_{1-\frac{\alpha}{2}}(n-1)\}=1-\frac{\alpha}{2},$$

$$P\{|T|\leqslant t_{1-\frac{\alpha}{2}}(n-1)\}=1-\alpha,$$

$$P\left\{\left|\frac{\overline{x}-\mu}{s/\sqrt{n}}\right|\leqslant t_{1-\frac{\alpha}{2}}(n-1)\right\}=1-\alpha,$$

即

$$P\left\{\overline{x}-t_{1-\frac{\alpha}{2}}(n-1)\frac{s}{\sqrt{n}}\leqslant\mu\leqslant\overline{x}+t_{1-\frac{\alpha}{2}}(n-1)\frac{s}{\sqrt{n}}\right\}=1-\alpha,$$

故得均值 μ 的置信区间为

$$\left[\overline{x}-t_{1-\frac{\alpha}{2}}(n-1)\frac{s}{\sqrt{n}},\overline{x}+t_{1-\frac{\alpha}{2}}(n-1)\frac{s}{\sqrt{n}}\right],\qquad(8.10)$$

例如，当 $\alpha=0.05$，$n=9$ 时，查 t 分布表得临界值 $t_{1-\frac{\alpha}{2}}(n-1)=t_{0.975}(8)=2.306$. 因此，在方差 σ^2 未知的情况下，μ 的置信区间是 $\left[\overline{x}-2.306\dfrac{s}{3},\overline{x}+2.306\dfrac{s}{3}\right]$.

例 2　设有某种产品，其长度服从正态分布，现从该种产品中随机抽取 9 件产品，得样本均值 $\overline{x}=9.28\mathrm{cm}$，样本标准差 $s=0.36\mathrm{cm}$，试求：该产品平均长度

的 90%的置信区间.

解 当 $\alpha=0.10$，$n=9$ 时，查 t 分布表得 $t_{1-\frac{\alpha}{2}}(n-1)=t_{0.95}(8)=1.86$，于是

$$\bar{x}-t_{1-\frac{\alpha}{2}}(n-1)\frac{s}{\sqrt{n}}=9.28-1.86\times\frac{0.36}{3}=9.06,$$

$$\bar{x}+t_{1-\frac{\alpha}{2}}(n-1)\frac{s}{\sqrt{n}}=9.28+1.86\times\frac{0.36}{3}=9.50,$$

故所求置信区间为 $[9.06,9.50]$.

例 3 设灯泡的寿命服从正态分布，现从一批灯泡中随机地抽取 6 只，测得寿命的数据（单位：h）为 1020，1010，1050，1040，1050 和 1030. 求：灯泡寿命平均值的置信度为 0.95 的单侧置信下限.

解 由于总体方差未知，故统计量

$$T=\frac{\bar{x}-\mu}{s/\sqrt{n}}\sim t(n-1),$$

于是对给定的 α，查 t 分布表可得临界值 $t_{1-\alpha}(n-1)$，使得

$$P\{T\leqslant t_{1-\alpha}(n-1)\}=1-\alpha,$$

$$P\left\{\frac{\bar{x}-\mu}{s/\sqrt{n}}\leqslant t_{1-\alpha}(n-1)\right\}=1-\alpha,$$

即

$$P\left\{\mu\geqslant\bar{x}-t_{1-\alpha}(n-1)\frac{s}{\sqrt{n}}\right\}=1-\alpha.$$

由此得到 μ 的置信度为 $1-\alpha$ 的单侧置信区间为

$$\left(\bar{x}-t_{1-\alpha}(n-1)\frac{s}{\sqrt{n}},+\infty\right).$$

μ 的置信度为 $1-\alpha$ 的单侧置信下限为

$$\theta_1=\bar{x}-t_{1-\alpha}(n-1)\frac{s}{\sqrt{n}}.$$

本例中，$1-\alpha=0.95$，$n=6$，$t_{1-\alpha}(n-1)=t_{0.95}(5)=2.1050$，$\bar{x}=1033.3$，$s=18.69$，将相关数值代入得单侧置信下限为

$$\theta_1=1033.3-\frac{18.69}{\sqrt{6}}\times2.0150=1017.9.$$

例 4 收获前如何预测水稻总产量问题：某县多年来一直种植某种水稻品种并沿用传统的耕种方法，平均亩产 600kg，今年换了新的稻种，耕种方法也做了一些改进，收获前，为了预测产量高低，先抽查了具有一定代表性的 30 亩水稻的产量，平均亩产 642.5kg，标准差为 160kg，如何估算总产量.

解 由于总产量是随机变量，因此最有参考价值的方法是估算出总产量在某一个范围内，因而这是一个区间估计问题. 设水稻亩产量 x 为一随机变量，

由于它受众多随机因素的影响，我们可设它服从正态分布，即 $x \sim N(\mu, \sigma^2)$. 只要算出水稻平均亩产量的置信区间，则下限与种植面积的乘积就是对总产量最保守的估计，而上限与种植面积的乘积则是对总产量最乐观的估计. 根据正态分布关于均值的区间估计，在方差未知时，μ 的置信度为 95% 的置信区间为

$$\left[\overline{x} - 1.96\frac{s_n}{\sqrt{n}}, \ \overline{x} + 1.96\frac{s_n}{\sqrt{n}}\right],$$

其中 s_n 为样本标准差.

由已知，$n = 30$，$\overline{x} = 642.5$，$s_n = 160$，将这些数据代入上式，有

$$\overline{x} \pm 1.96\frac{s_n}{\sqrt{n}} = 642.5 \pm 1.96\frac{160}{\sqrt{30}} = 642.5 \pm 1.96 \times 29.2 = 642.5 \pm 57.25.$$

因此得到 μ 的 95% 的置信区间为 [585.25, 699.75].

亩产量 x 的置信下限约为 585.25kg，小于亩产量总体均值 600kg，亩产量 x 的置信上限约为 700kg，则大于以往亩产量总体均值 600kg，由此得出的结论是今年的产量未必比往年高. 最保守的估计为亩产 585.25kg，比往年略低；最乐观的估计为亩产可达到 700kg，比往年高出 100kg. 上限和下限差距太大，以至于不能做出准确的预测. 要解决这个问题，可再抽查 70 亩，前后共抽样 100 亩. 设平均亩产量与标准差不变，即 $\overline{x} = 642.5$，$s_n = 160$，$n = 100$，则 μ 的置信度为 95% 的置信区间为 $\overline{x} \pm 1.96\frac{s_n}{\sqrt{n}} = 642.5 \pm 1.96\frac{160}{\sqrt{100}} = 642.5 \pm 31.4$，即 [611.1, 673.9]. 置信下限比往年亩产 600kg 多 11.1kg，这样就可以预测在很大程度上今年水稻平均亩产至少比往年要高出 11kg.

2. 方差 DX 的区间估计

设总体 $X \sim N(\mu, \sigma^2)$，$x_1, x_2, \cdots, x_n$ 是来自于总体的样本. 现利用样本给出 σ^2 的置信区间. 考虑

$$Y = \frac{(n-1)s^2}{\sigma^2}, \quad s^2 = \frac{1}{n-1}\sum_{i=1}^{n}(x_i - \overline{x})^2,$$

由第 7.3 节中的结论可知，$Y = \frac{(n-1)s^2}{\sigma^2} \sim \chi^2(n-1)$. 于是，对给定的 $\alpha(0 < \alpha < 1)$，查 χ^2 分布表，可得临界值 $\chi_{\frac{\alpha}{2}}^2(n-1)$ 及 $\chi_{1-\frac{\alpha}{2}}^2(n-1)$，使得

$$P\{Y \leqslant \chi_{1-\frac{\alpha}{2}}^2(n-1)\} = 1 - \frac{\alpha}{2},$$

$$P\{Y \leqslant \chi_{\frac{\alpha}{2}}^2(n-1)\} = \frac{\alpha}{2},$$

$$P\{\chi_{\frac{\alpha}{2}}^2(n-1) \leqslant Y \leqslant \chi_{1-\frac{\alpha}{2}}^2(n-1)\} = 1 - \alpha,$$

$$P\left\{\chi_{\frac{\alpha}{2}}^{2}(n-1)\leqslant\frac{(n-1)s^2}{\sigma^2}\leqslant\chi_{1-\frac{\alpha}{2}}^{2}(n-1)\right\}=1-\alpha,$$

$$P\left\{\frac{(n-1)s^2}{\chi_{1-\frac{\alpha}{2}}^{2}(n-1)}\leqslant\sigma^2\leqslant\frac{(n-1)s^2}{\chi_{\frac{\alpha}{2}}^{2}(n-1)}\right\}=1-\alpha,$$

因此，在总体 $N(\mu,\sigma^2)$ 中的参数 μ 为未知的情况下，方差 σ^2 的置信区间为

$$\left[\frac{(n-1)s^2}{\chi_{1-\frac{\alpha}{2}}^{2}(n-1)},\frac{(n-1)s^2}{\chi_{\frac{\alpha}{2}}^{2}(n-1)}\right]. \tag{8.11}$$

注意：这里选取的临界值 $\chi_{\frac{\alpha}{2}}^{2}(n-1)$，$\chi_{1-\frac{\alpha}{2}}^{2}(n-1)$ 不是唯一的．例如可以选取 $\chi_{\frac{\alpha}{3}}^{2}(n-1)$，$\chi_{1-\frac{2\alpha}{3}}^{2}(n-1)$，等等．

顺便指出，σ 的置信区间是

$$\left[\sqrt{\frac{(n-1)s^2}{\chi_{1-\frac{\alpha}{2}}^{2}(n-1)}},\sqrt{\frac{(n-1)s^2}{\chi_{\frac{\alpha}{2}}^{2}(n-1)}}\right]. \tag{8.12}$$

例 5 某自动车床生产的零件，其长度 X 服从正态分布，现抽取 16 个零件，测得长度（单位：mm）分别为 12.15，12.12，12.01，12.08，12.09，12.16，12.03，12.01，12.06，12.13，12.07，12.11，12.08，12.01，12.03，12.06，试求：DX 的置信度为 95％的置信区间．

解 经计算可得 $\bar{x}=12.075$，$s^2=0.00244$．

查 χ^2 分布表得 $\chi_{\frac{\alpha}{2}}^{2}(n-1)=\chi_{0.025}^{2}(15)=6.26$，$\chi_{1-\frac{\alpha}{2}}^{2}(n-1)=\chi_{0.975}^{2}(15)=27.45$，$\dfrac{(n-1)s^2}{\chi_{\frac{\alpha}{2}}^{2}(n-1)}=\dfrac{15\times0.00244}{6.26}=0.0058$，$\dfrac{(n-1)s^2}{\chi_{1-\frac{\alpha}{2}}^{2}(n-1)}=\dfrac{15\times0.00244}{27.45}=0.0013$，故 DX 的置信度是 95％的置信区间为 $[0.0013,0.0058]$．

习题 8.4

1. 某车间生产滚珠，从长期实践中知道滚珠直径 X 可以认为是服从正态分布，且滚珠直径的方差是 0.05，从某天生产的产品中随机抽取 6 个，量得直径（单位：mm）分别为 14.6，15.1，14.9，14.8，15.2，15.1，当 $\alpha=0.05$ 时，试找出滚珠平均直径的区间估计．

2. 某种零件的重量服从正态分布，现从中抽得容量为 16 的样本，其观察到的重量（单位：kg）分别是 4.8，4.7，5.0，5.2，4.7，4.9，5.0，5.0，4.6，4.7，5.0，5.1，4.7，4.5，4.9，4.9．求：平均重量的区间估计，其中，置信度是 0.95．

3. 设总体 $\xi\sim N(\mu,\sigma^2)$．现从总体中取得容量为 4 的样本值，分别为 1.2，3.4，0.6，5.6．（1）若已知 $\sigma=3$，试求：μ 的置信度为 99％的置信区间．（2）若 σ^2 未知，试求：μ 的置信度为 95％的置信区间．

4. 某自动包装机包装洗衣粉, 其重量服从正态分布, 今随机抽查 12 袋, 测得其重量 (单位: g) 分别为 1001, 1004, 1003, 1000, 997, 999, 1004, 1000, 996, 1002, 998, 999.

(1) 求: 平均袋重 μ 的点估计值; (2) 求: 方差 σ^2 的点估计值; (3) 求: μ 的置信度为 95% 的置信区间; (4) 求: σ^2 的置信度为 95% 的置信区间; (5) 若已知 $\sigma^2 = 9$, 求: μ 的置信度为 95% 的置信区间.

5. 某车间生产铜丝, 设铜丝折断力服从正态分布, 现随机抽取 10 根, 检查折断力, 得数据 (单位: N) 分别为 578, 572, 570, 568, 572, 570, 570, 572, 596, 584, 求: 铜丝折断力方差的置信度为 0.95 的置信区间.

6. 设 X_1, X_2, $\cdots$, X_n 是来自正态总体 $N(\mu, \sigma_0^2)$ 的样本, μ 未知, σ_0^2 已知. 对给定置信水平 $1-\alpha(0<\alpha<1)$, 满足

$$P\left\{a \leqslant \frac{\overline{X}-\mu}{\sqrt{\sigma_0^2/n}} \leqslant b\right\} = 1-\alpha,$$

即 $P\left\{\overline{X} - \frac{\sigma_0}{\sqrt{n}}b \leqslant \mu \leqslant \overline{X} - \frac{\sigma_0}{\sqrt{n}}a\right\} = 1-\alpha$ 的实数 a, b ($a<b$) 有无穷多组, 试求: a, b, 使得 μ 的置信水平为 $1-\alpha$ 的置信区间 $\left[\overline{X} - \frac{\sigma_0}{\sqrt{n}}b, \overline{X} - \frac{\sigma_0}{\sqrt{n}}a\right]$ 的长度最短. 用标准正态分布的分布函数 $\Phi(x)$ 的反函数 $\Phi^{-1}(x)$ 表示出所求的 a, b 即可.

8.5　两个正态总体均值差和方差比的区间估计

1. 两个正态总体均值差的区间估计

设 x_1, $\cdots$, x_m 和 y_1, $\cdots$, y_n 是分别来自于正态总体 $N(\mu_1, \sigma_1^2)$ 和 $N(\mu_2, \sigma_2^2)$ 的两个独立样本, 相应的样本均值和样本方差分别记为 $\overline{x}$ 和 s_m^2, $\overline{y}$ 和 s_n^2. 我们的任务是求 $\mu_1 - \mu_2$ 的置信区间. 下面按总体方差的不同情况分别进行讨论.

(1) 方差 σ_1^2 和 σ_2^2 都已知

由第 7 章第 7.3 节中的结论可知

$$\overline{x} \sim N\left(\mu_1, \frac{\sigma_1^2}{m}\right), \overline{y} \sim N\left(\mu_2, \frac{\sigma_2^2}{n}\right), \overline{x} - \overline{y} \sim N\left(\mu_1 - \mu_2, \frac{\sigma_1^2}{m} + \frac{\sigma_2^2}{n}\right),$$

于是 　　　　　　$\dfrac{(\overline{x}-\overline{y})-(\mu_1-\mu_2)}{\sqrt{\dfrac{\sigma_1^2}{m} + \dfrac{\sigma_2^2}{n}}} \sim N(0, 1).$

如同上节一样讨论, 可得 $\mu_1 - \mu_2$ 的置信区间为

$$\left[\overline{x} - \overline{y} - z_{1-\frac{\alpha}{2}}\sqrt{\frac{\sigma_1^2}{m} + \frac{\sigma_2^2}{n}}, \overline{x} - \overline{y} + z_{1-\frac{\alpha}{2}}\sqrt{\frac{\sigma_1^2}{m} + \frac{\sigma_2^2}{n}}\right] \tag{8.13}$$

(2) 方差 σ_1^2 和 σ_2^2 都为未知

这时，只要 m，n 足够大，就可以以 s_m^2，s_n^2 分别代替 σ_1^2，σ_2^2，并用

$$\left[\bar{x}-\bar{y}-z_{1-\frac{\alpha}{2}}\sqrt{\frac{s_m^2}{m}+\frac{s_n^2}{n}},\ \bar{x}-\bar{y}+z_{1-\frac{\alpha}{2}}\sqrt{\frac{s_m^2}{m}+\frac{s_n^2}{n}}\right] \tag{8.14}$$

作为 $\mu_1-\mu_2$ 的近似置信区间.

(3) 方差 $\sigma_1^2=\sigma_2^2=\sigma^2$ 且为未知

由第 7.3 节定理 7 知，统计量 $\dfrac{(\bar{x}-\bar{y})-(\mu_1-\mu_2)}{\sqrt{(m-1)s_m^2+(n-1)s_n^2}}\cdot\sqrt{\dfrac{mn(m+n-2)}{m+n}}$

服从于 $t(m+n-2)$ 分布. 由此可得 $\mu_1-\mu_2$ 的置信区间为

$$\left[\bar{x}-\bar{y}-t_{1-\frac{\alpha}{2}}(m+n-2)\sqrt{(m-1)s_m^2+(n-1)s_n^2}\cdot\sqrt{\frac{m+n}{mn(m+n-2)}},\right.$$
$$\left.\bar{x}-\bar{y}+t_{1-\frac{\alpha}{2}}(m+n-2)\sqrt{(m-1)s_m^2+(n-1)s_n^2}\cdot\sqrt{\frac{m+n}{mn(m+n-2)}}\right]. \tag{8.15}$$

这里假设方差 $\sigma_1^2=\sigma_2^2$ 未知，实际问题是否这样，需要进行检验，这是关于参数假设检验的问题，下一章再进行讨论.

例 1 有两台车床 A 和 B 生产同一种型号的零件，为了比较这两台车床所生产的零件的直径的均值，随机地抽取 A 车床生产的零件 8 个，测得平均直径 $\bar{x}_A=15.20\text{mm}$，标准离差 $s_A=0.31\text{mm}$. 随机地抽取 B 车床生产的零件 9 个，测得平均值 $\bar{y}_B=14.82\text{mm}$，标准离差 $s_B=0.28\text{mm}$. 根据以往经验可以认为这两台车床所生产的零件的直径都服从正态分布，且它们的方差相等，求：二总体均值差 $\mu_A-\mu_B$ 的 95% 置信区间.

解 由抽样的随机性可推知两样本相互独立，又因它们的总体方差相等，因此由式（8.15）可求得置信区间. 在这里，$\alpha=0.05$，$m=8$，$n=9$，查 t 分布表得临界值 $t_{1-\frac{\alpha}{2}}(m+n-2)=2.131$，

$$\sqrt{(m-1)s_A^2+(n-1)s_B^2}=\sqrt{7\times0.096+8\times0.078}=1.138,$$

$$\sqrt{\frac{m+n}{mn(m+n-2)}}=\sqrt{\frac{8+9}{8\times9\times15}}=0.125,\ 2.131\times1.138\times0.125=0.303,$$

$\bar{x}_A-\bar{y}_B=15.20-14.82=0.38$，故所求置信区间是 $[0.077，0.683]$，由此可认为 $\mu_A>\mu_B$.

2. 二正态总体方差比的区间估计

设二正态总体 $N(\mu_1,\sigma_1^2)$ 和 $N(\mu_2,\sigma_2^2)$，其中参数均为未知. s_1^2，s_2^2 是分别来自于两总体且容量各为 m 和 n 的独立样本的方差. 考虑统计量 $\dfrac{s_1^2/s_2^2}{\sigma_1^2/\sigma_2^2}$. 由于

$$\frac{(m-1)s_1^2}{\sigma_1^2} \sim \chi^2(m-1), \quad \frac{(n-1)s_2^2}{\sigma_2^2} \sim \chi^2(n-1), \text{ 所以 } \frac{\dfrac{(m-1)s_1^2}{\sigma_1^2}\Big/(m-1)}{\dfrac{(n-1)s_2^2}{\sigma_2^2}\Big/(n-1)} = \frac{s_1^2/s_2^2}{\sigma_1^2/\sigma_2^2} \sim$$

$F(m-1, n-1)$.

对于给定的 α，查 F 分布表得临界值 $F_{\frac{\alpha}{2}}(m-1, n-1)$ 和 $F_{1-\frac{\alpha}{2}}(m-1, n-1)$，使得

$$P\left\{F_{\frac{\alpha}{2}}(m-1, n-1) \leqslant \frac{s_1^2/s_2^2}{\sigma_1^2/\sigma_2^2} \leqslant F_{1-\frac{\alpha}{2}}(m-1, n-1)\right\} = 1-\alpha,$$

于是，σ_1^2/σ_2^2 的 $1-\alpha$ 置信区间为

$$\left[\frac{s_1^2}{s_2^2 F_{1-\frac{\alpha}{2}}(m-1, n-1)}, \quad \frac{s_1^2}{s_2^2 F_{\frac{\alpha}{2}}(m-1, n-1)}\right]. \qquad (8.16)$$

当置信区间的下限大于 1 时，$\sigma_1^2 > \sigma_2^2$；当置信区间的上限小于 1 时，$\sigma_1^2 < \sigma_2^2$. 在这里，比较两个方差时，我们采用的是比的形式，但能否采用差 $\sigma_1^2 - \sigma_2^2$ 的形式，请读者自己考虑.

例 2 设有二正态总体 $N(\mu_1, \sigma_1^2)$ 和 $N(\mu_2, \sigma_2^2)$，其中参数均为未知，随机地从两个总体中分别抽取容量为 10 和 15 的独立样本，测得样本方差分别为 $s_1^2 = 0.21$，$s_2^2 = 0.67$，求：二总体方差比 σ_1^2/σ_2^2 的 0.95 置信区间.

解 这里 $\alpha = 0.05$，$m = 10$，$n = 15$，查 F 分布表得

$$F_{1-\frac{\alpha}{2}}(m-1, n-1) = F_{0.975}(9, 14) = 3.21,$$

$$F_{\frac{\alpha}{2}}(m-1, n-1) = F_{0.025}(9, 14) = \frac{1}{F_{0.975}(14, 9)} = \frac{1}{3.80},$$

$$\frac{s_1^2}{s_2^2} = \frac{0.21}{0.67} = 0.31.$$

故所求置信区间为 $[0.096, 1.18]$.

习题 8.5

1. 随机地从 A 组导线中抽取 4 根，从 B 组导线中抽取 5 根，测得其电阻 (单位：Ω) 为 A 组导线：0.143，0.142，0.143，0.137；B 组导线：0.140，0.142，0.136，0.138，0.140.

若测试数据分别服从正态分布 $N(\mu_1, \sigma^2)$，$N(\mu_2, \sigma^2)$，且它们相互独立，且 μ_1，μ_2，σ^2 均未知，试求：$\mu_1 - \mu_2$ 的 95% 的置信区间.

2. 某厂利用两条自动化流水线灌装番茄酱，分别从两条流水线上抽取样本 X_1，X_2，$\cdots$，X_{12} 及 Y_1，Y_2，$\cdots$，Y_{17}，算出 $\overline{X} = 10.6\text{g}$，$\overline{Y} = 9.5\text{g}$，$S_1^2 = 2.4$，$S_2^2 =$

4.7. 假设这两条流水线上灌装番茄酱的重量服从正态分布，其均值分别为 μ_1 和 μ_2，且有相同的方差．试求：均值差 $\mu_1-\mu_2$ 的区间估计，其中，置信度为 0.95.

3. 从某一学校中随机抽查 30 名男学生和 15 名女学生的身高，借以估计男女学生平均身高之差．经测量，男学生身高的平均数为 1.73m，标准差为 0.035m；女学生身高的平均数为 1.66m，标准差为 0.036m. 试求：男女学生身高期望之差的置信水平为 95％ 的置信区间．假定男女学生身高都服从方差相同的正态分布．

4. 设两位化验员 A 和 B 独立地对某种聚合物的含氯量用相同的方法各做 10 次测定，其测定值的样本方差依次为 $S_A^2=0.5419$，$S_B^2=0.6065$，设 σ_A^2，σ_B^2 分别为 A 和 B 所测定的测定值总体的方差，总体均为正态分布，求：方差比 σ_A^2/σ_B^2 的置信度为 0.95 的置信区间．

第9章 假设检验

上一章我们分别介绍了参数的点估计和区间估计，然而在实际问题中，有时我们会根据经验或者直观来对总体的分布或特征事先有一个主观判断，或者总体的某种分布或特征对实际工作会产生重要影响，这时，就需要根据抽取的样本信息来判定总体是否具有这种分布或特征，这就是本章要讨论的假设检验问题．

假设检验首先对总体做出某种假设（如总体均值、方差等于多少，总体服从什么分布等），然后通过样本数据对该假设做出接受或者拒绝的结论．它和上一章参数估计一样，也是数理统计学中的重要内容之一．

9.1 假设检验的提出及其基本思想

1. 问题的提出

在实际中存在着许多需要对某种假设进行检验的问题．

例 1 某车间生产的一种铜丝，其折断力服从 $N(570, 64)$．现改变生产工艺，并从新产品中抽取 10 个样品进行测量，得 $\bar{x} = 575.2\mathrm{N}$，问：采用新工艺后折断力大小与原来是否相同？（假定方差不会改变）．

若以 X 表示折断力，那么这个例子的问题就转化为如何根据抽样的结果来判断等式 $EX = 570$ 是否成立．

一般的方法：首先假设 $EX = 570$，然后利用抽样的结果来判断这一假设是否成立．

例 2 某厂生产的一种钢筋，其抗断强度一直服从正态分布，某日该厂换了一批材料来生产钢筋，问：其抗断强度是否仍服从正态分布？

更一般的问题：如何根据抽样的结果来判断总体 X 的分布函数 $F(x)$ 是否等于给定的函数 $F_0(x)$．

上述两例的共同特点：先对总体的参数或总体的分布函数的形式进行某种假设 H_0，然后由抽样结果对假设 H_0 是否成立进行推断．

在数理统计学中，称检验假设 H_0 的方法为假设检验．在假设检验中，通常把所设的那个（需要我们去检验是否为真的）假设 H_0 称为原假设或者零假设．

如例 1 中的假设 H_0：$EX=570$ 等．其中，例 1 是对总体参数的假设进行判断，这类问题称为参数的假设检验，例 2 是对总体分布形式的假设进行判断，这类问题称为分布的假设检验．

2. 假设检验的基本思想和步骤

我们通过下面一个例子的具体过程来说明假设检验的基本思想和步骤．

例 3　正常状态下，某车床生产的螺栓直径与标准直径之间的误差 ξ（单位：cm）服从正态分布 $N(0，1)$，由于长久没有维修，需要确认 ξ 是否仍服从数学期望为 $E\xi=a=0$ 的正态分布，问：如何检验？

解　（1）根据题意提出原假设 H_0：$a=0$；

（2）为了检验假设，我们从总体中抽取样本，假定抽取了容量为 9 的样本 ξ_1，ξ_2，$\cdots$，ξ_9，易知 $\bar{\xi}=\dfrac{1}{9}\sum\limits_{i=1}^{9}\xi_i \sim N\left(a，\left(\dfrac{1}{3}\right)^2\right)$，因而 $U=\dfrac{\bar{\xi}-a}{\frac{1}{3}}=3(\bar{\xi}-a)\sim N(0，1)$；

（3）如果原假设 H_0 成立，即若 $a=0$，则有 $3(\bar{\xi}-a)=3\bar{\xi}\sim N(0，1)$，$E(3\bar{\xi})=0$，这意味着 $3\bar{\xi}$ 应在 0 的附近，$3\bar{\xi}$ 偏离 0 较远的可能性比较小，比如取一个很小的正数 α（一般 $\alpha=0.10，0.05，0.01$），则 $P\{|3\bar{\xi}-0|\geqslant z_{1-\frac{\alpha}{2}}\}=\alpha$，即 $3\bar{\xi}$ 偏离 0 的幅度大于 $z_{1-\frac{\alpha}{2}}$ 的概率只有 α；

（4）进行一次试验，获得样本 ξ_1，ξ_2，$\cdots$，ξ_9 的试验值 x_1，x_2，$\cdots$，x_9，计算 $\bar{x}=\dfrac{1}{9}\sum\limits_{i=1}^{9}x_i$；

（5）若样本的观测值真的使得 $|3\bar{x}-0|\geqslant z_{1-\frac{\alpha}{2}}$，则表示概率只有 α 的事件在一次试验中发生了，而我们认为不是这个概率只有 α 的事件发生了，而是因为我们的假设 $a=0$ 错了，才导致 $\{|3\bar{\xi}-0|\geqslant z_{1-\frac{\alpha}{2}}\}$ 这个概率只有 α 的事件发生了．从而做出拒绝原假设（即 $a\neq0$）的结论；否则接受原假设，即 $a=0$．

例如，选取检验水平（也称为显著性水平）$\alpha=0.05$，由 $3\bar{\xi}-0=3\bar{\xi}\sim N(0，1)$，查标准正态分布表可得 $z_{0.975}=1.96$，$P\{|3\bar{\xi}-0|\geqslant z_{1-\frac{\alpha}{2}}\}=\alpha$．

若 ξ_1，ξ_2，$\cdots$，ξ_9 的一组试验值是 $-1，1，1.5，2，0.9，0.8，1.6，-0.6，0.5$，则有 $\bar{x}=\dfrac{1}{9}(-1+1+1.5+2+0.9+0.8+1.6-0.6+0.5)=\dfrac{6.7}{9}$，$3\bar{x}=\dfrac{6.7}{3}\approx2.23$．因为 $|3\bar{x}-0|\approx2.23>1.96=z_{1-\frac{\alpha}{2}}$，所以拒绝原假设．

上例分析中，我们做出拒绝原假设 $a=0$ 的依据是认为小概率事件（$|3\bar{\xi}-0|\geqslant z_{1-\frac{\alpha}{2}}$）不会发生，即小概率原理，概率论中称它为实际推断原理，它是指人们根据长期的经验坚持这样一个信念：概率很小的事件在一次实际试

验中是不可能发生的．因此，假设检验实际上是建立在"小概率事件实际不可能发生"原理上的反证法，它的基本思想是：先根据问题的题意提出原假设 H_0，然后在原假设 H_0 成立的条件下，寻找与问题有关的小概率事件 A，并进行一次试验．再观察试验结果，看 A 是否发生．若发生则与小概率事件实际不可能发生原理矛盾，从而推翻原假设 H_0，否则只能接受原假设 H_0．

依据上例的分析讨论，我们可以把假设检验的一般步骤归纳如下：

第一步，根据问题的需要提出原假设 H_0，即写出所要检验的假设 H_0 的具体内容；

第二步，根据原假设 H_0 的内容建立合适的样本函数 $W(\xi_1, \xi_2, \cdots, \xi_n)$（称为检验函数），它在原假设 H_0 为真的条件下为一统计量，其精确分布（小样本情况）或极限分布（大样本情况）已知；

第三步，选取检验水平（或显著性水平）α（通常 $\alpha = 0.10$，0.05，0.01），在 H_0 为真的条件下，寻找区域 D，使得 $P\{W(\xi_1, \xi_2, \cdots, \xi_n) \in D\} = \alpha$，也可以使得 $P\{W(\xi_1, \xi_2, \cdots, \xi_n) \in D\} \leqslant \alpha$；

第四步，进行一次试验，得到样本 $(\xi_1, \xi_2, \cdots, \xi_n)$ 的试验值 $(x_1, x_2, \cdots, x_n)$，算出 $W(\xi_1, \xi_2, \cdots, \xi_n)$ 的试验值 $W(x_1, x_2, \cdots, x_n)$；

第五步，检验小概率事件 $\{W(\xi_1, \xi_2, \cdots, \xi_n) \in D\}$ 是否发生，若 $W(x_1, x_2, \cdots, x_n) \in D$，则拒绝原假设 H_0，若 $W(x_1, x_2, \cdots, x_n) \in \overline{D}$，则接受原假设 H_0．

通常将区域 D 称为拒绝域，$\overline{D}$（$\overline{D} = R - D$）称为接受域，拒绝域的边界点称为临界点．

在上述假设检验的五个步骤中，我们会产生这样一个问题，即满足 $P\{W(\xi_1, \xi_2, \cdots, \xi_n) \in D\} = \alpha$ 的区域 D 可能有许多个，应选择哪个为好呢？为了回答这个问题，我们需要介绍假设检验中的两类错误．

3. 假设检验的两类错误

假设检验的依据是"小概率事件实际不可能发生的原理"，但是小概率事件并非不可能事件，我们并不能完全排斥它发生的可能性，因而假设检验的结果就有可能出现错误．

在统计假设检验中，当提出了原假设 H_0 和备择假设 H_1 以后，便要从总体中抽取样本，根据样本中所含信息做出接受 H_0 还是拒绝 H_0 的判断．但由于样本具有随机性，这样做出的判断就有可能会犯两类错误．

例如，一批产品的废品率实际上只有 $p = 0.01$，我们要检验统计假设 H_0：$p \leqslant 0.03$ 和 H_1：$p > 0.03$．就这批产品的真实情况而言，假设 H_0 是正确的．但由于抽样的随机性，样本中有可能包含较多的废品，从而导致拒绝 H_0 的错误．反过来，如果该批产品的真实废品率为 $p = 0.05$，但抽出的样本中有可能包含较少的废品，根据此样本进行检验便有可能导致接受 H_0 的错误.

样本的随机性使得在统计假设的检验中有可能会犯两类错误.

习题 9.1

1. 某县教委统计报告指出：该县学龄儿童入学率为 97%，现从该县学龄儿童中任抽 5 名，发现 2 名没有入学，利用小概率事件原理，说明该县的统计是否准确？

2. 某工作人员在某一个星期里曾经接见过访问者 12 次，所有这 12 次的访问恰巧都在星期二或者星期四，试求：该事件的概率. 是否可断定他只在星期二或星期四接见访问者？若 12 次没有一次是在星期日，是否可以断言星期日他根本不会客？

3. 设 x_1，x_2，$\cdots$，x_n 为来自 $N(\mu，1)$ 的样本. 考虑如下的假设检验问题，$H_0：\mu=2$，$H_1：\mu=3$，若检验的拒绝域为 $W=\{\overline{x}\geqslant2.6\}$，（1）$n=20$ 时求：检验犯两类错误的概率；（2）如果要使得检验犯第二类错误的概率 $\beta\leqslant0.01$，n 最小应取多少？（3）证明：当 $n\to\infty$ 时，$\alpha\to0$，$\beta\to0$.

4. 设 x_1，x_2，x_3，x_4 为来自 $N(\mu，1)$ 的样本. 考虑检验问题：$H_0：\mu=6$，$H_1：\mu\neq6$，拒绝域取为 $W=\{|\overline{x}-6|\geqslant c\}$，试求 c，使得检验的显著性水平为 0.05，以及该检验在 $\mu=6.5$ 处犯第二类错误的概率.

9.2 正态总体均值和方差的假设检验

设总体 $X\sim N(\mu，\sigma^2)$，x_1，x_2，$\cdots$，x_n 为 X 的样本.

1. 方差 σ^2 已知时，单个正态总体均值的假设检验

(1) 方差 σ^2 已知，检验假设 $H_0：\mu=\mu_0$；$H_1：\mu\neq\mu_0$

设总体 $X\sim N(\mu，\sigma^2)$，方差 σ^2 已知，x_1，x_2，$\cdots$，x_n 为 X 的样本，在得到一组样本值的情况下，若给出的 μ_0 为某一定数，问是否有 $\mu=\mu_0$.

这个问题称为在方差 σ^2 已知的条件下，检验假设 $H_0：\mu=\mu_0$ 是否成立的问题.

分析：由于 $\overline{x}$ 比较集中地反映了总体均值 μ 的信息，所以检验函数可以从 $\overline{x}$ 着手考虑. 由于 $\overline{x}=\dfrac{1}{n}\sum_{i=1}^{n}x_i\sim N\left(\mu，\dfrac{\sigma^2}{n}\right)$，$U=\dfrac{\overline{x}-\mu}{\sigma/\sqrt{n}}\sim N(0，1)$，因此很自然地选用统计量 $U_0=\dfrac{\overline{x}-\mu_0}{\sigma/\sqrt{n}}$ 作为检验函数.

假设 $H_0 : \mu = \mu_0$ 为真的条件下，必有 $U_0 = \dfrac{\overline{x} - \mu_0}{\sigma / \sqrt{n}} \sim N(0, 1)$，且 $E(U_0) = 0$，

因此，$U_0 = \dfrac{\overline{x} - \mu_0}{\sigma / \sqrt{n}}$ 应当在 0 的周围随机摆动，远离 0 的可能性较小，所以拒绝域

可选在双边区域.

基于以上分析，可得检验方法步骤如下：

1) 先提出假设 $H_0 : \mu = \mu_0$；

2) 选取检验用的统计量 $U = \dfrac{\overline{x} - \mu_0}{\sigma / \sqrt{n}} \sim N(0, 1)$；

3) 确定检验水平（或显著性水平）和拒绝域，给定检验水平 α，查 $N(0, 1)$

表得 $z_{1 - \frac{\alpha}{2}}$，这里 $z_{1 - \frac{\alpha}{2}}$ 为由 $N(0, 1)$ 表得到的 $1 - \dfrac{\alpha}{2}$ 分位点，且

$$\Phi(z_{1 - \frac{\alpha}{2}}) = P\{ U \leqslant z_{1 - \frac{\alpha}{2}} \} = 1 - \frac{\alpha}{2},$$

于是有 $P\{ |U| \leqslant z_{1 - \frac{\alpha}{2}} \} = 1 - \alpha$，$P\{ |U| > z_{1 - \frac{\alpha}{2}} \} = 1 - P\{ |U| \leqslant z_{1 - \frac{\alpha}{2}} \} = 1 - (1 - \alpha) = \alpha$，

即得

$$P\left\{ \left| \frac{\overline{x} - \mu_0}{\sigma / \sqrt{n}} \right| > z_{1 - \frac{\alpha}{2}} \right\} = \alpha.$$

这就是说，在假设 H_0 为真时，事件 $\left\{ \left| \dfrac{\overline{x} - \mu_0}{\sigma / \sqrt{n}} \right| > z_{1 - \frac{\alpha}{2}} \right\}$ 必是一个小概率事件.

从而拒绝域为

$$D = (-\infty, -z_{1 - \frac{\alpha}{2}}] \bigcup [z_{1 - \frac{\alpha}{2}}, +\infty);$$

4) 根据样本的试验值 $x_1, x_2, \cdots, x_n$，算得 U 的值 $u_0 = \dfrac{\overline{x} - \mu_0}{\sigma / \sqrt{n}}$，若 $|u_0| >$

$z_{1 - \frac{\alpha}{2}}$，即小概率事件在一次试验中发生了，则拒绝原假设 H_0；若 $|u_0| < z_{1 - \frac{\alpha}{2}}$，

即小概率事件在一次试验中没有发生，则接受原假设 H_0.

例 1 根据大量调查得知，我国健康成年男子的脉搏平均为 72 次/min，标准差为 6.4 次/min，现从某体院男生中随机抽出 25 人，测得平均脉搏为 68.6 次/min. 根据经验，脉搏 X 服从正态分布. 如果标准差不变，试问：该体院男生的脉搏与一般健康成年男子的脉搏有无差异？并求出体院男生脉搏的置信区间（$\alpha = 0.05$）.

解 已知 $\sigma = 6.4$.

1) 检验假设 $H_0 : \mu = 72$，统计量 $U = \dfrac{\overline{x} - \mu_0}{\sigma / \sqrt{n}} \sim N(0, 1)$；

2) $n = 25$，$\overline{x} = 68.6$，$|u_0| = \left| \dfrac{\overline{x} - \mu_0}{\sigma / \sqrt{n}} \right| = \left| \dfrac{68.6 - 72}{6.4 / 5} \right| = 2.656$；

3) 对于 $\alpha=0.05$，查标准正态分布表得 $z_{1-\frac{\alpha}{2}}=z_{0.975}=1.96$；

4) 因为 $|u_0|=2.656>1.96=z_{1-\frac{\alpha}{2}}$，故拒绝 H_0，说明该体院男生的脉搏与一般健康成年男子的脉搏存在差异．

由于

$$\overline{x}-\frac{\sigma}{\sqrt{n}}z_{1-\frac{\alpha}{2}}=68.6-\frac{6.4}{\sqrt{25}}\times1.96\approx66.1,$$

$$\overline{x}+\frac{\sigma}{\sqrt{n}}z_{1-\frac{\alpha}{2}}=68.6+\frac{6.4}{\sqrt{25}}\times1.96\approx71.1,$$

所以，该体院男生脉搏的 95% 的置信区间为 $(66.1,71.1)$．

有的时候，我们还要检验总体的均值 μ 和 μ_0 的关系，即要在假设

$$H_0：\mu=\mu_0 \text{ 和 } H_1：\mu<\mu_0 \text{ 中做出选择;}$$

或者要在假设

$$H_0：\mu=\mu_0 \text{ 和 } H_1：\mu>\mu_0 \text{ 中做出选择．}$$

这里的 H_1 称为备择假设，而把 H_0 称为原假设．

（2）方差 σ^2 已知，检验假设 $H_0：\mu=\mu_0$，$H_1：\mu<\mu_0$

只有事先算出样本观察值 $\overline{x}<\mu_0$，才会提出这样的检验问题．首先，选取统计量 $U=\dfrac{\overline{x}-\mu_0}{\sigma/\sqrt{n}}$，在 H_0 为真的条件下，$U=\dfrac{\overline{x}-\mu_0}{\sigma/\sqrt{n}}\sim N(0,1)$．然后，对给定的 α，选取 $z_{1-\alpha}$，有 $\Phi(z_{1-\alpha})=1-\alpha$，$-z_{1-\alpha}=z_\alpha$，故

$$P\left\{\frac{\overline{x}-\mu_0}{\sigma/\sqrt{n}}<-z_{1-\alpha}\right\}=P\{U<-z_{1-\alpha}\}=\Phi(z_\alpha)=\alpha,$$

这表明在 H_0 为真的条件下，$\left\{\dfrac{\overline{x}-\mu_0}{\sigma/\sqrt{n}}<-z_{1-\alpha}\right\}$ 是一小概率事件，由此可以得出如下判定方法：计算 $U=\dfrac{\overline{x}-\mu_0}{\sigma/\sqrt{n}}$ 的试验值 $u_0=\dfrac{\overline{x}-\mu_0}{\sigma/\sqrt{n}}$，若 $u_0<-z_{1-\alpha}$，则拒绝原假设 H_0，接受 H_1；否则，接受原假设 H_0．

例 2 已知某零件的质量 $X\sim N(\mu,\sigma^2)$，由经验知 $\mu=10(\text{g})$，$\sigma^2=0.05$．技术革新后，抽取 8 个样品，测得质量（单位：g）分别为 9.8，9.5，10.1，9.6，10.2，10.1，9.8，10.0，若方差不变，问：平均质量是否比 10 小？（取 $\alpha=0.05$）

解 检验假设 $H_0：\mu=10$，$H_1：\mu<10$，选取统计量 $U=\dfrac{\overline{x}-\mu_0}{\sigma/\sqrt{n}}$．

在 H_0 为真的条件下，

$$U=\frac{\overline{x}-10}{\sigma/\sqrt{n}}\sim N(0,1).$$

查标准正态分布表得

$$z_{1-\alpha} = z_{0.95} = 1.645,$$

由样本值计算出 $\overline{x} = 9.9$.

计算 $U = \dfrac{\overline{x} - 10}{\sigma/\sqrt{n}}$ 的试验值并比较，得出

$$u_0 = \frac{\overline{x} - 10}{\sigma/\sqrt{n}} = \frac{9.9 - 10}{\sqrt{0.05}/\sqrt{8}} = -1.26 > -1.645 = -z_{1-\alpha},$$

故接受原假设 H_0：$\mu = 10$.

（3）方差 σ^2 已知，检验假设 H_0：$\mu = \mu_0$，H_1：$\mu > \mu_0$

只有事先算出样本观察值 $\overline{x} > \mu_0$，才会提出这样的检验问题.

选取统计量 $U = \dfrac{\overline{x} - \mu_0}{\sigma/\sqrt{n}}$，在 H_0 为真的条件下，$U = \dfrac{\overline{x} - \mu_0}{\sigma/\sqrt{n}} \sim N(0,1)$. 对给定的 α，选取 $z_{1-\alpha}$，$\Phi(z_{1-\alpha}) = 1 - \alpha$，$P\{U > z_{1-\alpha}\} = 1 - \Phi(z_{1-\alpha}) = \alpha$，故

$P\left\{\dfrac{\overline{x} - \mu_0}{\sigma/\sqrt{n}} > z_{1-\alpha}\right\} = P\{U > z_{1-\alpha}\} = 1 - \Phi(z_{1-\alpha}) = \alpha$，这表明在 H_0 为真的条件下，

$\left\{\dfrac{\overline{x} - \mu_0}{\sigma/\sqrt{n}} > z_{1-\alpha}\right\}$ 是一小概率事件，由此可以得出如下判定方法：计算 $U = \dfrac{\overline{x} - \mu_0}{\sigma/\sqrt{n}}$

的试验值 $u_0 = \dfrac{\overline{x} - \mu}{\sigma/\sqrt{n}}$，若 $u_0 > z_{1-\alpha}$，则拒绝原假设 H_0，接受 H_1；否则，接受原假设 H_0.

例 3 某厂生产的一种铜丝，它的主要质量指标是折断力大小. 根据以往资料分析，可以认为折断力 X 服从正态分布，且数学期望 $EX = \mu = 570\text{N}$，标准差是 $\sigma = 8\text{N}$. 今换了原材料重新生产一批铜丝，并从中抽出 10 个样本，测得折断力（单位：N）为 578，572，568，570，572，570，570，572，596，584，从性能上看，估计折断力的方差不会发生变化，问：这批铜丝的折断力是否比以往生产的铜丝的折断力大？（取 $\alpha = 0.05$）

解 1）假设 H_0：$\mu = 570$，H_1：$\mu > 570$；

2）计算统计量 $\dfrac{\overline{x} - 570}{\sigma/\sqrt{n}}$ 的值，算出 $\overline{x} = 575.2$，$\dfrac{\overline{x} - 570}{\sigma/\sqrt{n}} = \dfrac{575.2 - 570}{8/\sqrt{10}} = 2.055$；

3）当 $\alpha = 0.05$ 时，查标准正态分布表得临界值 $z_{1-\alpha} = z_{0.95} = 1.645$；

4）比较 $\dfrac{\overline{x} - 570}{\sigma/\sqrt{n}}$ 与 $z_{1-\alpha}$ 的值的大小，现在 $\dfrac{\overline{x} - 570}{\sigma/\sqrt{n}} = 2.055 > 1.645 = z_{1-\alpha}$，故

拒绝原假设 H_0，接受 H_1. 也就是说新生产的铜丝的折断力比以往生产的铜丝的折断力要大.

以上三种检验法由于都是使用 U 的分布，故又被称为 U 检验法.

2. 方差 σ^2 未知时，均值 μ 的假设检验

（1）方差 σ^2 未知，检验假设 $H_0 : \mu = \mu_0$，$H_1 : \mu \neq \mu_0$

设总体 $X \sim N(\mu, \sigma^2)$，σ^2 未知，x_1，x_2，$\cdots$，x_n 为 X 的样本. 在得到一组样本值的情况下，若给出的 μ_0 为某一定数，问：是否有 $\mu = \mu_0$？

这个问题称为在方差 σ^2 未知的条件下检验假设 $H_0 : \mu = \mu_0$ 是否成立的问题.

假设 $H_0 : \mu = \mu_0$ 为真，由于 σ^2 未知，这时 U 已不是统计量，因此，我们很自然地用 σ^2 的无偏估计量 s^2 来代替 σ^2，选取检验函数 $T = \dfrac{\overline{x} - \mu_0}{s/\sqrt{n}}$ 为检验 $H_0 : \mu = \mu_0$ 的统计量.

由第 7.3 节定理 6 得

$$T = \frac{\overline{x} - \mu}{s/\sqrt{n}} \sim t(n-1),$$

所以在假设 H_0 为真时，必有 $T = \dfrac{\overline{x} - \mu_0}{s/\sqrt{n}} \sim t(n-1)$.

类似于前面的讨论，采用双边检验，对于给定的检验水平 α，查 $t(n-1)$ 表得 $t_{1-\frac{\alpha}{2}}(n-1)$，使得

$$P\{T \leqslant t_{1-\frac{\alpha}{2}}(n-1)\} = 1 - \frac{\alpha}{2},$$

于是 $P\{|T| \leqslant t_{1-\frac{\alpha}{2}}(n-1)\} = 1 - \alpha$，$P\{|T| > t_{1-\frac{\alpha}{2}}(n-1)\} = \alpha$，即得

$$P\left\{\left|\frac{\overline{x} - \mu_0}{s/\sqrt{n}}\right| > t_{1-\frac{\alpha}{2}}(n-1)\right\} = \alpha.$$

当假设 H_0 为真时，$\left\{\left|\dfrac{\overline{x} - \mu_0}{s/\sqrt{n}}\right| > t_{1-\frac{\alpha}{2}}(n-1)\right\}$ 必是一个小概率事件.

由样本值算出 $t = \dfrac{\overline{x} - \mu_0}{s/\sqrt{n}}$，然后与 $t_{1-\frac{\alpha}{2}}(n-1)$ 相比较，

若 $|t| > t_{1-\frac{\alpha}{2}}(n-1)$，则小概率事件在一次试验中发生，拒绝原假设 H_0；

若 $|t| < t_{1-\frac{\alpha}{2}}(n-1)$，则小概率事件在一次试验中没有发生，接受原假设 H_0.

（2）方差 σ^2 未知，检验假设 $H_0 : \mu = \mu_0$，$H_1 : \mu > \mu_0$

只有事先算出样本值 $\overline{x} > \mu_0$，才会提出这样的检验假设.

当 H_0 为真时，

$$T = \frac{\overline{x} - \mu_0}{s/\sqrt{n}} \sim t\ (n-1).$$

类似于前面的讨论，采用单边检验，对于给定的检验水平 α，查 $t(n-1)$ 表

得 $t_{1-\alpha}(n-1)$，使得 $P\{T \leqslant t_{1-\alpha}(n-1)\}=1-\alpha$，$P\{T>t_{1-\alpha}(n-1)\}=\alpha$，即得
$P\left\{\dfrac{\overline{x}-\mu_0}{s/\sqrt{n}}>t_{1-\alpha}(n-1)\right\}=\alpha$，说明 $\left\{\dfrac{\overline{x}-\mu_0}{s/\sqrt{n}}>t_{1-\alpha}(n-1)\right\}$ 是一个小概率事件.

由样本值算出 $t=\dfrac{\overline{x}-\mu_0}{s/\sqrt{n}}$，然后与 $t_{1-\alpha}(n-1)$ 相比较，若 $t>t_{1-\alpha}(n-1)$，则拒绝原假设 H_0，接受 H_1；若 $t<t_{1-\alpha}(n-1)$（即 $\overline{x}>\mu_0$），则接受原假设 H_0.

(3) 方差 σ^2 未知，检验假设 $H_0: \mu=\mu_0$，$H_1: \mu<\mu_0$

只有事先算出样本值 $\overline{x}<\mu_0$，才会提出这样的检验假设.

选取检验用的统计量 $T=\dfrac{\overline{x}-\mu_0}{s/\sqrt{n}} \sim t(n-1)$，在 H_0 为真时，

$$T=\dfrac{\overline{x}-\mu_0}{s/\sqrt{n}} \sim t(n-1).$$

类似于前面的讨论，采用单边检验，对于给定的检验水平 α，查 $t(n-1)$ 表得 $t_{1-\alpha}(n-1)$，使得 $P\{T \leqslant t_{1-\alpha}(n-1)\}=1-\alpha$，$-t_{1-\alpha}(n-1)=t_{\alpha}(n-1)$，$P\{T<-t_{1-\alpha}(n-1)\}=P\{T<t_{\alpha}(n-1)\}=\alpha$，即得 $P\left\{\dfrac{\overline{x}-\mu_0}{s/\sqrt{n}}<-t_{1-\alpha}(n-1)\right\}=\alpha$，

说明 $\left\{\dfrac{\overline{x}-\mu_0}{s/\sqrt{n}}<-t_{1-\alpha}(n-1)\right\}$ 是一个小概率事件.

由样本值算出 $t=\dfrac{\overline{x}-\mu_0}{s/\sqrt{n}}$，然后与 $-t_{1-\alpha}(n-1)$ 相比较，若 $t<-t_{1-\alpha}(n-1)$，则拒绝原假设 H_0，接受 H_1；若 $t>-t_{1-\alpha}(n-1)$，（即 $\overline{x}<\mu_0$），则接受原假设 H_0.

以上三种检验法均采用了 t 分布，故又被称为 t 检验法.

通常总体的方差 σ^2 是未知的，所以用本法对均值 μ 进行检验及求均值 μ 的置信区间具有更大的使用价值.

例 4 在某砖厂生产的一批砖中，随机地抽取 6 块进行抗断强度试验，测得结果（单位：kg/cm^2）分别为 32.56，29.66，31.64，30.00，31.87，31.03. 设砖的抗断强度服从正态分布，问：这批砖的平均抗断强度是否为 32.50kg/cm^2？（取 $\alpha=0.05$）

解 1）假设 $H_0: \mu=32.50$；

2）计算统计量 T 的值，算出 $\overline{x}=31.13$，$s=1.13$，

$$T=\dfrac{\overline{x}-32.50}{s/\sqrt{n}}=\dfrac{31.13-32.50}{1.13/\sqrt{6}}=-2.97;$$

3）当 $\alpha=0.05$ 时，查 t 分布表得 $t_{1-\frac{\alpha}{2}}(n-1)=t_{0.975}(5)=2.57$；

4）比较 $|T|$ 与 $t_{1-\frac{\alpha}{2}}(n-1)$ 的大小. 现在 $|T|>t_{1-\frac{\alpha}{2}}(n-1)$，故拒绝

原假设 H_0.

读者可能已发现，这里检验用的统计量与均值的区间估计所用的统计量是一致的. 事实上，上述检验与区间估计之间有着密切的联系. 例如 μ 的置信度为 $1-\alpha$ 的置信区间是满足不等式 $\left|\dfrac{\overline{x}-\mu_0}{s/\sqrt{n}}\right|<t_{1-\frac{\alpha}{2}}(n-1)$ 的 μ 值的集合. 而假设 H_0：$\mu=\mu_0$ 的检验实质上是找出 μ 的置信区间，如果 μ_0 落在置信区间内，则接受原假设 H_0；如果落在置信区间外，就拒绝假设 H_0.

有的时候，我们还要检验总体的均值 μ 是等于 μ_0 还是大于 μ_0，即要在假设 H_0：$\mu=\mu_0$ 或 H_1：$\mu>\mu_0$ 中做出选择. 这里的 H_1 称为备选假设（也称备择假设），而把 H_0 称为原假设.（此问题我们在后面的章节中会有进一步的讨论与分析.）

例5 抽取某班级 28 名学生的语文考试成绩，得样本均值为 80，样本标准差为 8.147 分，若全年级语文成绩平均是 85 分，试问：该班学生语文的平均成绩与全年级的平均成绩有无差异？并求出该班学生语文平均成绩的置信区间.（假定该年级语文考试成绩服从正态分布，$\alpha=0.05$）

解 本例第一个问题为未知方差，检验 H_0：$\mu=85$，故用 t 检验法，且为双边检验. $\mu_0=85$，$n=28$，$\overline{x}=80$，$s=8.147$，

$$t_0=\frac{\overline{x}-\mu_0}{s/\sqrt{n}}=\frac{\sqrt{28}\,(80-85)}{8.147}\approx-3.248.$$

对于 $\alpha=0.05$，查 $t(27)$ 分布表，得 $t_{1-\frac{\alpha}{2}}(27)=2.052$，因为 $|t_0|=3.248>2.052$，拒绝原假设 H_0，这表明该班学生的语文平均成绩与全年级平均成绩存在差异.

由于 $$\overline{x}-\frac{s}{\sqrt{n}}t_{1-\frac{\alpha}{2}}\approx76.84,\quad \overline{x}+\frac{s}{\sqrt{n}}t_{1-\frac{\alpha}{2}}\approx83.16,$$

故该班学生的语文平均成绩的 95% 置信区间是（76.84，83.16）.

3. （单个）正态总体方差的假设检验

已知总体 $X\sim N(\mu,\sigma^2)$，$x_1,x_2,\cdots,x_n$ 为来自于总体 X 的样本，$s^2=\dfrac{1}{n-1}\sum\limits_{i=1}^{n}(x_i-\overline{x})^2$，$Es^2=\sigma^2$.

（1）检验假设 H_0：$\sigma^2=\sigma_0^2$，H_1：$\sigma^2\neq\sigma_0^2$

分析：s^2 比较集中地反映了 σ^2 的信息，若 $\sigma^2=\sigma_0^2$，则 s^2 与 σ_0^2 应接近，因此 s^2/σ_0^2 不能太大或太小. 如果 s^2/σ_0^2 太大或太小，应拒绝 H_0. 而又由第 7.3 节定理 4 知

$$W=\frac{(n-1)s^2}{\sigma^2}\sim\chi^2(n-1),$$

于是我们选取统计量 $W = \dfrac{(n-1)s^2}{\sigma_0^2}$ 为检验函数.

在 H_0 为真的条件下 $W = \dfrac{(n-1)s^2}{\sigma_0^2} \sim \chi^2(n-1)$. 因而检验步骤如下.

1）提出检验假设 $H_0 : \sigma^2 = \sigma_0^2$，$H_1 : \sigma^2 \neq \sigma_0^2$；

2）选取统计量

$$W = \frac{(n-1)s^2}{\sigma_0^2} \sim \chi^2(n-1)；$$

3）给定检验水平 α，查 $\chi^2(n-1)$ 表得 $\chi^2_{1-\frac{\alpha}{2}}(n-1)$，$\chi^2_{\frac{\alpha}{2}}(n-1)$，使得

$$P\{W \leqslant \chi^2_{1-\frac{\alpha}{2}}(n-1)\} = 1 - \frac{\alpha}{2}，$$

$$P\{W \leqslant \chi^2_{\frac{\alpha}{2}}(n-1)\} = \frac{\alpha}{2}，$$

从而

$$P\{W > \chi^2_{1-\frac{\alpha}{2}}(n-1)\} = \frac{\alpha}{2}，$$

$$P\{W < \chi^2_{\frac{\alpha}{2}}(n-1)\} = \frac{\alpha}{2}，$$

于是

$$P(\{W > \chi^2_{1-\frac{\alpha}{2}}(n-1)\} \bigcup \{W < \chi^2_{\frac{\alpha}{2}}(n-1)\}) = \alpha，$$

从而 $\{W > \chi^2_{1-\frac{\alpha}{2}}(n-1)\} \bigcup \{W < \chi^2_{\frac{\alpha}{2}}(n-1)\}$ 是小概率事件，于是拒绝域为

$$D = (0, \chi^2_{\frac{\alpha}{2}}(n-1)] \bigcup [\chi^2_{1-\frac{\alpha}{2}}(n-1), +\infty)；$$

4）根据样本值 x_1，x_2，$\cdots$，x_n，算得 W 的值

$$w = \frac{(n-1)s^2}{\sigma_0^2} = \frac{\sum\limits_{i=1}^{n}(x_i - \overline{x})^2}{\sigma_0^2}；$$

5）若 $w < \chi^2_{\frac{\alpha}{2}}(n-1)$ 或 $w > \chi^2_{1-\frac{\alpha}{2}}(n-1)$，则拒绝假设 H_0；否则接受假设 H_0.

例 6　某厂生产螺钉，生产一直比较稳定，长期以来，螺钉的直径服从方差为 $\sigma^2 = 0.0002\text{cm}^2$ 的正态分布. 今从产品中随机抽取 10 只进行测量，得螺钉直径的数据（单位：cm）分别为 1.19，1.21，1.21，1.18，1.17，1.20，1.20，1.17，1.19，1.18，问：是否可以认为该厂生产的螺钉的直径的方差为 0.0002cm^2？（$\alpha = 0.05$）

解　1）检验假设 $H_0 : \sigma^2 = 0.0002$；

2）统计量

$$W = \frac{(n-1)s^2}{\sigma_0^2} \sim \chi^2(9);$$

3）由样本值得 $\overline{x} = 1.19$，$s^2 = \frac{1}{n-1} \sum_{i=1}^{n} (x_i - \overline{x})^2 = 0.00022$，故

$$w = \frac{(n-1)s^2}{\sigma_0^2} = 10;$$

4）查 χ^2 分布表，得 $\chi^2_{1-\frac{\alpha}{2}}(9) = \chi^2_{0.975}(9) = 19.0$，$\chi^2_{\frac{\alpha}{2}}(9) = \chi^2_{0.25}(9) = 2.7$，现在 $\chi^2_{\frac{\alpha}{2}}(9) = 2.7 < 10 < 19.0 = \chi^2_{1-\frac{\alpha}{2}}(9)$，因此接受原假设 $H_0 : \sigma^2 = 0.0002$.

（2）检验假设 $H_0 : \sigma^2 = \sigma_0^2$，$H_1 : \sigma^2 > \sigma_0^2$

只有事先由样本值算出 $s^2 > \sigma_0^2$，才会这样提出检验假设.

检验步骤如下：

1）提出检验假设 $H_0 : \sigma^2 = \sigma_0^2$，$H_1 : \sigma^2 > \sigma_0^2$；

2）选取统计量 $W = \frac{(n-1)s^2}{\sigma_0^2} \sim \chi^2(n-1)$；

3）给定检验水平 α，查 $\chi^2(n-1)$ 表得临界值 $\chi^2_{1-\alpha}(n-1)$，使得

$$P\{W \leqslant \chi^2_{1-\alpha}(n-1)\} = 1-\alpha,$$

从而

$$P\{W > \chi^2_{1-\alpha}(n-1)\} = 1 - P\{W \leqslant \chi^2_{1-\alpha}(n-1)\} = \alpha,$$

故 $\{W > \chi^2_{1-\alpha}(n-1)\}$ 是小概率事件；

4）根据样本值 x_1，x_2，$\cdots$，x_n，算得 W 的值为

$$w = \frac{(n-1)s^2}{\sigma_0^2} = \frac{\sum_{i=1}^{n} (x_i - \overline{x})^2}{\sigma_0^2}.$$

5）如果 $w > \chi^2_{1-\alpha}(n-1)$，则拒绝原假设 H_0，接受 H_1；如果 $w < \chi^2_{1-\alpha}(n-1)$，则接受原假设 H_0.

（3）检验假设 $H_0 : \sigma^2 = \sigma_0^2$，$H_1 : \sigma^2 < \sigma_0^2$

只有事先由样本值算出 $s^2 < \sigma_0^2$，才会这样提出检验假设.

检验步骤如下：

1）提出检验假设

$$H_0 : \sigma^2 = \sigma_0^2, \ H_1 : \sigma^2 < \sigma_0^2;$$

2）选取统计量

$$W = \frac{(n-1)s^2}{\sigma_0^2} \sim \chi^2(n-1);$$

3）给定检验水平 α，查 $\chi^2(n-1)$ 表得临界值 $\chi^2_{\alpha}(n-1)$，使得

$$P\{W \leqslant \chi_a^2(n-1)\} = \alpha,$$

从而 $\{W < \chi_a^2(n-1)\}$ 是小概率事件;

4) 根据样本值 x_1, x_2, $\cdots$, x_n, 算得 w 的值

$$w = \frac{(n-1)s^2}{\sigma_0^2} = \frac{\sum_{i=1}^n (x_i - \overline{x})^2}{\sigma_0^2},$$

5) 如果 $w < \chi_a^2(n-1)$, 则拒绝原假设 H_0, 接受 H_1; 如果 $w > \chi_a^2(n-1)$, 则接受原假设 H_0. [如果 $\chi_{\frac{a}{2}}^2(n-1) < w < \chi_a^2(n-1)$, 小点, 但小的不多.]

以上三种检验法均采用 χ^2 分布, 故又被称为 χ^2 检验法.

例 7 设维尼纶的纤度在正常生产条件下服从正态分布 $N(1.405, 0.048^2)$, 某日抽取 5 根纤维, 测得其纤度分别为 1.32, 1.36, 1.55, 1.44, 1.40, 问: 这一天生产的维尼纶的纤度的方差是否正常? ($\alpha = 0.10$)

解 本题归结为检验假设 H_0: $\sigma^2 = 0.048^2$.

因 $n = 5$, $\overline{x} = 1.414$, $\sum_{i=1}^5 (x_i - \overline{x})^2 = 0.03112$, 故

$$w = \frac{1}{\sigma_0^2} \sum_{i=1}^5 (x_i - \overline{x})^2 = \frac{0.03112}{0.002304} = 13.5,$$

由 $\alpha = 0.10$, 查分布表得 $\chi_{\frac{a}{2}}^2(4) = 0.711$, $\chi_{1-\frac{a}{2}}^2(4) = 9.488$, 因 $w = 13.5 > 9.488$, 所以拒绝原假设 H_0, 即认为这一天生产的维尼纶的纤度方差不正常.

例 8 在进行工艺改革时, 一般若方差显著增大, 可进行相反方向的改革以减小方差, 若方差变化不显著, 可试行别的改革方案. 今进行某项工艺改革, 加工 23 个活塞, 测量其直径, 计算得出 $s^2 = 0.00066$. 设已知改革前活塞直径方差为 0.0004, 问: 进一步改革的方向应如何? (假定改革前后的活塞直径服从正态分布, $\alpha = 0.05$)

解 要解决这个问题, 先看改革后的直径方差是否不大于改革前的直径方差, 即检验 H_0: $\sigma^2 \leqslant 0.0004$. 对 $\alpha = 0.05$, 自由度为 22, 查分布表得 $\chi_{1-\alpha}^2 = 33.92$, 再由样本值计算得 $\chi_0^2 = 36.3$. 因为 $36.3 > 33.92$, 所以拒绝 $\sigma^2 \leqslant 0.0004$ 的假设, 即认为改革后的活塞直径方差大于改革前, 因此下一步改革应朝相反方向进行.

习题 9.2

1. 设某次考试的学生成绩服从正态分布, 从中随机地抽取 36 位考生的成绩, 算得平均成绩为 66.5 分, 标准差为 15 分, 问: 在显著性水平为 0.05 时是否可以认为这次考试全体考生的平均成绩为 70 分? 给出检验过程.

2. 正常人的脉搏平均为 72 次/min，现某医生从铅中毒的患者中抽取 10 个人，测得其脉搏分别为 63，69，58，54，67，68，78，70，65，69（单位：次/min），设脉搏服从正态分布 $N(\mu, \sigma^2)$，问：在检验水平 $\alpha = 0.05$ 时铅中毒患者和正常人的脉搏是否有显著性差异？

3. 某厂生产的显像管寿命 $Y \sim N(5000, 300^2)$，进行工艺改革后测试显像管寿命有所提高。任取 36 只进行测试，若 $\bar{x} = \sum\limits_{i=1}^{36} x_i / 36 > 5100$，则认为显像管寿命有所提高；否则，没有提高。待检验假设为 $H_0 : \mu = 5000$，$H_1 : \mu > 5000$，试给出以下内容：（1）总体及分布形式；（2）样本容量；（3）拒绝域；（4）犯第一类错误的概率。

4. 设总体 $X \sim N(\mu, 1)$，x_1，x_2，$\cdots$，x_{10} 是 X 的一组样本观测值，要在检验水平 $\alpha = 0.05$ 下检验假设 $H_0 : \mu = 0$，$H_1 : \mu \neq 0$. 拒绝域为 $R = \{|\bar{x}| > c\}$. （1）求：c 的值；（2）若已知 $\bar{x} = 1$，是否可据此样本推断 $\mu = 0$；（3）若以 $\{|\bar{x}| \geqslant 1.15\}$ 作为检验假设 $H_0 : \mu = 0$ 的拒绝域，求：试验的显著性水平 α.

5. 某厂生产的电子管的使用寿命服从正态分布 $N(15, 2^2)$，今从一批产品中抽出 100 只进行检查，测得使用寿命的均值为 14.8（单位：10^5 h），问：这批电子管的使用寿命的均值是否如常？（$\alpha = 0.05$）

6. 从已知方差为 $\sigma^2 = 5.2^2$ 的正态总体中抽取容量为 $n = 16$ 的一个样本，计算出样本均值为 $\bar{x} = 28.75$，试分别在显著性水平（1）$\alpha = 0.05$；（2）$\alpha = 0.01$ 两种情况下检验假设 $H_0 : \mu = 26$，$H_1 : \mu \neq 26$.

7. 某工厂生产的铜丝折断力（单位：kg）服从正态分布 $N(\mu, 8^2)$. 某日随机抽取了 10 根铜丝进行折断力测验，其折断力分别为 x_1，x_2，$\cdots$，x_{10}. 经计算得 $\bar{x} = \dfrac{1}{10} \sum\limits_{i=1}^{10} x_i = 57.5$，$s^2 = \dfrac{1}{10-1} \sum\limits_{i=1}^{10} (x_i - \bar{x})^2 = 68.16$，试在显著性水平 $\alpha = 0.05$ 的情况下检验假设 $H_0 : \sigma^2 = 8^2$，$H_1 : \sigma^2 \neq 8^2$.

8. 在正常的生产条件下，某产品的测试指标总体 $X \sim N(\mu_0, \sigma_0^2)$，其中 $\sigma_0 = 0.23$. 后来改变了工艺，推出了新产品，假设新产品的测试指标总体仍为 X，且 $X \sim N(\mu, \sigma^2)$，从新产品中随机地抽取 10 件，测得样本值 x_1，x_2，$\cdots$，x_{10}，算得样本标准差 $s = 0.33$，试在检验水平 $\alpha = 0.05$ 的情况下检验：（1）方差 σ^2 有没有显著变化？（2）方差 σ^2 是否变大？

9.3 二正态总体均值差和方差比的假设检验

1. 二正态总体均值差的假设检验

在实际问题中，我们还会遇到两个总体均值的比较问题

设总体 $X \sim N(\mu_1, \sigma_1^2)$，$Y \sim N(\mu_2, \sigma_2^2)$，且 X 与 Y 相互独立. x_1，x_2，$\cdots$，x_m 为来自于 X 的样本，样本均值为 $\overline{x}$，样本方差为 s_m^2；y_1，y_2，$\cdots$，y_n 为来自于 Y 的样本，样本均值为 $\overline{y}$，样本方差为 s_n^2. 下面分类进行讨论.

（1）方差 σ_1^2 和 σ_2^2 已知，检验假设 H_0：$\mu_1 = \mu_2$

选取

$$U = \frac{(\overline{x} - \overline{y})}{\sqrt{\dfrac{\sigma_1^2}{m} + \dfrac{\sigma_2^2}{n}}}$$

作为检验统计量，在假设 H_0 成立的条件下知 $U \sim N(0,1)$. 于是对给定的 α，查标准正态分布表得 $z_{1-\frac{\alpha}{2}}$，使得 $P\{|U| > z_{1-\frac{\alpha}{2}}\} = \alpha$.

于是得到检验的拒绝域为 $|U| > z_{1-\frac{\alpha}{2}}$，即

$$\left| \frac{(\overline{x} - \overline{y})}{\sqrt{\dfrac{\sigma_1^2}{m} + \dfrac{\sigma_2^2}{n}}} \right| > z_{1-\frac{\alpha}{2}},$$

再由样本值算出统计量 U 的值，若 $|U| > z_{1-\frac{\alpha}{2}}$，则拒绝 H_0；若 $|U| < z_{1-\frac{\alpha}{2}}$，则接受 H_0.

（2）方差 σ_1^2 和 σ_2^2 未知，但 $\sigma_1^2 = \sigma_2^2$，检验假设 H_0：$\mu_1 = \mu_2$

这时，我们选用

$$T = \frac{\overline{x} - \overline{y}}{\sqrt{(m-1)s_m^2 + (n-1)s_n^2}} \cdot \sqrt{\frac{mn(m+n-2)}{m+n}}$$

作为检验统计量，且在 H_0 成立下知 $T \sim t(m+n-2)$. 于是对给定的 α，查 t 分布表得 $t_{1-\frac{\alpha}{2}}(m+n-2)$，使 $P\{|T| > t_{1-\frac{\alpha}{2}}(m+n-2)\} = \alpha$，于是，得到检验的拒绝域为 $|T| > t_{1-\frac{\alpha}{2}}(m+n-2)$，即

$$\left| \frac{\overline{x} - \overline{y}}{\sqrt{(m-1)s_m^2 + (n-1)s_n^2}} \cdot \sqrt{\frac{mn(m+n-2)}{m+n}} \right| > t_{1-\frac{\alpha}{2}}(m+n-2),$$

由样本值算出 T 的值，若 $|T| > t_{1-\frac{\alpha}{2}}(m+n-2)$，则拒绝 H_0；否则，接受 H_0.

例 1 为研究正常成年男女血液红细胞的平均数的差别，检查某地正常成年男子 156 名，正常成年女子 74 名. 计算出男性的红细胞平均数（单位：万/mm^3）为 465.13，样本标准差为 54.80；女性的红细胞平均数为 422.16，样本标准差为 49.20. 根据经验知道，正常成年男性的红细胞数 X 和正常女性的红细胞数 Y 都服从正态分布，且方差相等. 试检验该地区正常成年人的红细胞平均数是否与性别有关？（取 $\alpha = 0.01$）

解 本例要求检验 H_0：$\mu_1 = \mu_2$，这里 $m = 156$，$n = 74$，$\overline{x} = 465.13$，$\overline{y} = 422.16$，$s_m = 54.80$，$s_n = 49.20$.

由此算出

$$T = \frac{\overline{x} - \overline{y}}{\sqrt{(m-1)s_m^2 + (n-1)s_n^2}} \cdot \sqrt{\frac{mn(m+n-2)}{m+n}}$$

$$= \frac{465.13 - 422.16}{\sqrt{155 \times (54.80)^2 + 73 \times (49.20)^2}} \times \sqrt{\frac{156 \times 74 \times 228}{230}} \approx 5.73.$$

查标准正态分布表得 $t_{1-\frac{\alpha}{2}}(m+n-2) = t_{0.995}(228) \approx z_{0.995} = 2.57$，于是 $|T| = 5.73 > 2.57$，故拒绝原假设 H_0，即认为正常成年男性的红细胞数与正常成年女性的红细胞数有显著差别.

(3) 已知 σ_1^2 和 σ_2^2，检验假设 H_0：$\mu_1 = \mu_2$；H_1：$\mu_1 > \mu_2$

对给定的 α，若

$$\frac{(\overline{x} - \overline{y})}{\sqrt{\frac{\sigma_1^2}{m} + \frac{\sigma_2^2}{n}}} > z_{1-\alpha},$$

则拒绝 H_0；否则，接受 H_0.

若 σ_1^2 和 σ_2^2 未知，但 $\sigma_1^2 = \sigma_2^2$，则当

$$\frac{\overline{x} - \overline{y}}{\sqrt{(m-1)s_m^2 + (n-1)s_n^2}} \cdot \sqrt{\frac{mn(m+n-2)}{m+n}} > t_{1-\alpha}(m+n-2)$$

时，拒绝 H_0；否则，接受 H_0.

(4) 检验假设 H_0：$\mu_1 = \mu_2$；H_1：$\mu_1 < \mu_2$

若 σ_1^2 和 σ_2^2 已知，则对于给定的 α，当

$$\frac{(\overline{x} - \overline{y})}{\sqrt{\frac{\sigma_1^2}{m} + \frac{\sigma_2^2}{n}}} < -z_{1-\alpha}$$

时，拒绝 H_0；否则，接受 H_0.

若 σ_1^2 和 σ_2^2 未知，但 $\sigma_1^2 = \sigma_2^2$，则对于给定的 α，当

$$\frac{\overline{x} - \overline{y}}{\sqrt{(m-1)s_m^2 + (n-1)s_n^2}} \cdot \sqrt{\frac{mn(m+n-2)}{m+n}} < -t_{1-\alpha}(m+n-2)$$

时，拒绝 H_0；否则，接受 H_0.

例 2 某厂使用两种不同的工艺生产同一类型产品. 现对产品进行分析比较，抽取用第一种工艺生产的样品 120 件，测得平均质量（单位：kg）为 1.25，标准差为 0.52；抽取用第二种工艺生产的样品 60 件，测得平均质量为 1.32，标准差为 0.45. 设产品的质量都服从正态分布，且方差相等，问在置信水平 $\alpha = 0.05$ 下，能否认为使用第二种工艺生产的产品的平均质量较使用第一种工艺的更大？

解 检验假设 $\qquad H_0$：$\mu_1 = \mu_2$；H_1：$\mu_1 < \mu_2$.

其中，$m = 120$，$n = 60$；$\overline{x} = 1.25$，$\overline{y} = 1.32$；$s_m = 0.52$，$s_n = 0.45$.

于是

$$T = \frac{\overline{x} - \overline{y}}{\sqrt{(m-1)s_m^2 + (n-1)s_n^2}} \cdot \sqrt{\frac{mn(m+n-2)}{m+n}}$$

$$= \frac{1.25 - 1.32}{\sqrt{119 \times (0.52)^2 + 59 \times (0.45)^2}} \times \sqrt{\frac{120 \times 60 \times 178}{180}} \approx -0.889.$$

对给定的 $\alpha = 0.05$，查表得 $t_{1-\alpha}(m+n-2) \approx z_{0.95} = 1.645$. 从而知有 $T = -0.889 > -1.645 = -t_{1-\alpha}(m+n-2)$，故接受 H_0，即不能认为使用第二种工艺生产的产品的平均质量较使用第一种工艺的大.

值得说明的是，在实际问题中，如没有明确告诉我们方差是否相等，则必须先进行方差相等的检验，如果方差不等，就不能应用上述检验法，关于方差相等的检验问题将在下面讨论.

例 3 某校从甲班随机抽取 8 个学生，从乙班抽 7 个学生，这些学生们的物理测验成绩如下：甲班为 78，66，64，84，70，67，82，52；乙班为 76，57，62，69，65，68，71. 已知甲、乙两班物理测验成绩的方差相同，问甲、乙两班的物理测验的平均成绩有无差异？并求出两总体均值差 $\mu_1 - \mu_2$ 的置信区间（$\alpha = 0.05$）.

解 本题已知两总体方差相等，但未知方差的值，因为没有条件能说明甲、乙两班中哪个班的物理测验成绩的均值更高，故采用双边检验，问题归结为检验假设 $H_0: \mu_1 = \mu_2$.

根据样本值算得 $\overline{x} = 70.375$，$\overline{y} = 66.857$，$s_1^2 = 10.609$，$s_2^2 = 6.203$，代入统计量

$$T_0 = \sqrt{\frac{mn(m+n-2)}{m+n}} \cdot \frac{\overline{x} - \overline{y}}{\sqrt{(m-1)s_1^2 + (n-1)s_2^2}},$$

得 $t_0 = 0.768$.

对于 $\alpha = 0.05$，查 $t(7+8-2) = t(13)$ 分布表得 $t_{1-\frac{\alpha}{2}}(m+n-2) = 2.160$，因为 $|t_0| = 0.768 < 2.160$，故在检验水平下接受 H_0，即认为甲、乙两班物理测验的平均成绩没有多大差异，由于

$$\overline{x} - \overline{y} - \sqrt{\frac{mn(m+n-2)}{m+n}} \cdot \sqrt{(m-1)s_1^2 + (n-1)s_2^2} \cdot t_{1-\frac{\alpha}{2}}(m+n-2) = -6.38,$$

$$\overline{x} - \overline{y} + \sqrt{\frac{mn(m+n-2)}{m+n}} \cdot \sqrt{(m-1)s_1^2 + (n-1)s_2^2} \cdot t_{1-\frac{\alpha}{2}}(m+n-2) = 13.41.$$

故 $\mu_1 - \mu_2$ 的 95% 置信区间为 $(-6.38, 13.41)$.

注意：上面介绍的两个总体均值差的 U 检验法、t 检验法（包括相应的区间估计法）只适用于两个总体独立的情况，对两个总体不独立的场合不能适用.

2. 二正态总体方差比的假设检验

(1) μ_1 和 μ_2 未知，检验假设 $H_0: \sigma_1^2 = \sigma_2^2$

设 x_1，x_2，$\cdots$，x_m 为总体 $X \sim N(\mu_1, \sigma_1^2)$ 的一个样本，y_1，y_2，$\cdots$，y_n 为总

体 $Y \sim N(\mu_2, \sigma_2^2)$ 的一个样本，且 X 与 Y 相互独立. 为检验假设 H_0：$\sigma_1^2 = \sigma_2^2$，我们仍需要用到样本方差 s_1^2 和 s_2^2，这里 $s_1^2 = \dfrac{1}{m-1} \sum\limits_{i=1}^{m} (x_i - \overline{x})^2$，$s_2^2 = \dfrac{1}{n-1} \sum\limits_{i=1}^{n} (y_i - \overline{y})^2$.

考虑统计量 $F = \dfrac{s_1^2}{s_2^2}$，由于

$$\sum_{i=1}^{m} (x_i - \overline{x})^2 / \sigma_1^2 \sim \chi^2(m-1), \quad \sum_{i=1}^{n} (y_i - \overline{y})^2 / \sigma_2^2 \sim \chi^2(n-1),$$

于是

$$\frac{\sum\limits_{i=1}^{m} (x_i - \overline{x})^2 / [\sigma_1^2 (m-1)]}{\sum\limits_{i=1}^{n} (y_i - \overline{y})^2 / [\sigma_2^2 (n-1)]} = \frac{\sigma_2^2}{\sigma_1^2} \cdot \frac{s_1^2}{s_2^2}.$$

在假设 H_0：$\sigma_1^2 = \sigma_2^2$ 成立下，统计量 $F = \dfrac{s_1^2}{s_2^2}$ 服从于自由度为 $(m-1, n-1)$ 的 F 分布. 对给定水平 α，查 F 分布表可找到临界值 $F_{1-\frac{\alpha}{2}}(m-1, n-1)$ 和 $F_{\frac{\alpha}{2}}(m-1, n-1)$，使得

$$P\{F > F_{1-\frac{\alpha}{2}}(m-1, n-1)\} = \frac{\alpha}{2},$$

$$P\{F < F_{\frac{\alpha}{2}}(m-1, n-1)\} = \frac{\alpha}{2}.$$

于是，得到检验的拒绝域为

$$F > F_{1-\frac{\alpha}{2}}(m-1, n-1) \text{ 或 } F < F_{\frac{\alpha}{2}}(m-1, n-1).$$

根据样本值 x_1，x_2，$\cdots$，x_m 和 y_1，y_2，$\cdots$，y_n 可算出 F 的值，如果 $F > F_{1-\frac{\alpha}{2}}(m-1, n-1)$ 或 $F < F_{\frac{\alpha}{2}}(m-1, n-1)$，则拒绝 H_0；如果 $F_{\frac{\alpha}{2}}(m-1, n-1) < F < F_{1-\frac{\alpha}{2}}(m-1, n-1)$，则接受 H_0.

例 4 在上面的例 2 中，我们假定用两种不同工艺生产的产品质量有相等的方差，现在就来检验这一假设 H_0：$\sigma_1^2 = \sigma_2^2$. 这里 $m = 120$，$n = 60$，$s_1^2 = (0.52)^2$，$s_2^2 = (0.45)^2$，

$$F = \frac{s_1^2}{s_2^2} = \left(\frac{0.52}{0.45}\right)^2 = 1.33.$$

所以在 $\alpha = 0.05$ 时，查 F 分布表得

$$F_{1-\frac{\alpha}{2}}(m-1, n-1) = F_{0.975}(119, 59) = 1.58,$$

$$F_{\frac{\alpha}{2}}(m-1, n-1) = 0.65,$$

现在 $0.65 < F = 1.33 < 1.58$，故接受假设 H_0：$\sigma_1^2 = \sigma_2^2$.

（2）μ_1 和 μ_2 未知，检验假设 H_0：$\sigma_1^2 = \sigma_2^2$；H_1：$\sigma_1^2 > \sigma_2^2$

选取比值

$$F = \frac{s_1^2}{s_2^2}$$

作为检验用的统计量. 对给定的 α，查 F 分布表得 $F_{1-\alpha}(m-1, n-1)$. 由样本值算出统计量 F 的值，若

$F > F_{1-\alpha}(m-1, n-1)$ 成立，则拒绝 H_0；否则，接受 H_0.

（3）μ_1 和 μ_2 未知，检验假设 $H_0: \sigma_1^2 = \sigma_2^2$；$H_1: \sigma_1^2 < \sigma_2^2$

如果 $F = \frac{s_1^2}{s_2^2} < F_\alpha(m-1, n-1)$，则拒绝 H_0，即接受 H_1；否则，接受 H_0.

例 5 用两台机床加工同一种零件，这两台机床生产的零件尺寸都服从正态分布，今从两台机床生产的零件中分别抽取 11 个和 9 个零件进行测量，得数据（单位：mm）如下.

甲机床：6.2，5.7，6.5，6.0，6.3，5.8，5.7，6.0，6.0，5.8，6.0；

乙机床：5.6，5.9，5.6，5.7，5.8，6.0，5.5，5.7，5.5.

问甲机床的加工精度是否比乙机床的加工精度较差？（取 $\alpha = 0.05$）

解 先算出样本均值和样本方差，经计算得

$$\bar{x} = 5.6,\quad \bar{y} = 5.7,\quad s_1^2 = 0.064,\quad s_2^2 = 0.03.$$

本例要求检验假设 $H_0: \sigma_1^2 = \sigma_2^2$；$H_1: \sigma_1^2 > \sigma_2^2$.

这里 $m = 11$，$n = 9$，

$$F = \frac{s_1^2}{s_2^2} = \frac{0.064}{0.03} = 2.13,$$

当 $\alpha = 0.05$ 时，查 F 分布表得 $F_{1-\alpha}(m-1, n-1) = F_{0.95}(10, 8) = 3.35$，于是有 $F = 2.13 < 3.35 = F_{1-\alpha}(m-1, n-1)$，故接受 H_0，即认为两台机床加工精度没有显著性差异.

实际问题举例：妇女嗜酒是否会影响下一代的健康？影响有多大？

问题： 美国的 Jones 医生于 1974 年观察了母亲在妊娠时曾患慢性酒精中毒的 6 名 7 岁儿童（称为甲组），同时为了比较，以母亲的年龄、文化程度及婚姻状况与前 6 名儿童的母亲相同或近似，但不饮酒的 46 名 7 岁儿童作为对照组（称为乙组），测定两组儿童的智商，结果如下.

组　别　＼　智　商	智商平均数 $\bar{x}$	样本标准差 s_n	人数 n
甲组	78	19	6
乙组	99	16	46

由此结果推断妇女嗜酒是否会影响下一代的智力，若有影响，推断其影响程度有多大？

解 智商一般受诸多随机因素的影响，从而我们可以假定两组儿童的智商

服从正态分布 $N(\mu_1,\sigma_1^2)$ 和 $N(\mu_2,\sigma_2^2)$. 本问题实际上是检验甲组总体的均值 μ_1 是否比乙组总体的均值 μ_2 显著偏小，若是，这个差异的范围有多大，前一问题属假设问题，后一问题属区间估计.

由于两个总体的方差均未知，而甲组的样本容量较小，因此采用大样本下两总体均值比较的 U 检验似乎不妥，这里我们采用方差相等（但未知）时，两正态总体均值比较的 t 检验方法对第一个问题做出回答. 为此，我们首先要利用样本来检验两总体的方差相等，即检验假设 $H_0:\sigma_1^2=\sigma_2^2$；$H_1:\sigma_1^2\neq\sigma_2^2$.

当 H_0 为真时，利用统计量 $F=\dfrac{S_{1n_1}^2}{S_{2n_2}^2}\sim F(n_1-1,n_2-1)$，代入观测值 $s_{1n_1}=19$，$s_{2n_2}=16$，求得 F 的观测值 $f=\dfrac{19^2}{16^2}=1.41$.

在此我们取 $\alpha=0.10$，由 F 分布表可查得

$$F_{\frac{\alpha}{2}}(n_1-1,n_2-1)=F_{0.05}(5,45)=2.43,$$

$$F_{1-\frac{\alpha}{2}}(n_1-1,n_2-1)=F_{0.95}(5,45)=\frac{1}{F_{0.05}(45,5)}=\frac{1}{4.45}=0.22,$$

可见 $F_{0.95}(5,45)<f<F_{0.05}(5,45)$，故接受 H_0，即认为两总体的方差相等.

下面我们利用 t 检验法检验 μ_1 是否比 μ_2 显著偏小，在此我们取 $\mu_1=\mu_2$ 为零假设，即检验假设 $H_0:\mu_1=\mu_2$；$H_1:\mu_1<\mu_2$.

当 H_0 为真时，检验统计量

$$T=\frac{\overline{X_2}-\overline{X_1}}{S_w\sqrt{\dfrac{1}{n_1}+\dfrac{1}{n_2}}}\sim t(n_1+n_2-2),$$

其中，$S_w^2=\dfrac{(n_1-1)S_{1n_1}^2+(n_2-1)S_{2n_{21}}^2}{n_1+n_2-2}$.

将有关数据 $(s_{1n_1}=19,s_{2n_2}=16,n_1=6,n_2=46,\overline{x_1}=78,\overline{x_2}=99)$ 代入可求得 T 的观测值为 $t=2.96$.

在此我们取 $\alpha=0.01$，由 t 分布表可查得 $t_\alpha(n_1+n_2-2)=t_{0.01}(50)=2.54$，由于 $t>t_{0.01}(50)$，故拒绝 H_0，因而认为甲组儿童的智商比乙组儿童的智商显著偏小，即认为母亲嗜酒会对儿童的智力发育产生不良影响，如果我们求出 $\mu_2-\mu_1$ 的区间估计，便可在一定的置信度之下估计出母亲嗜酒对下一代智商影响的程度. 在此情况下，$\mu_2-\mu_1$ 的置信度是 $1-\alpha$ 的置信区间为

$$\overline{X_2}-\overline{X_1}\pm S_w\sqrt{\frac{1}{n_1}+\frac{1}{n_2}}\cdot t_{\frac{\alpha}{2}}(n_1+n_2-2).$$

取 $\alpha=0.01$，并代入相应的数据可得 $t_{0.005}(50)=2.67$，$s_w=16.32$，故得其置信度为 99% 的置信区间为

$$(99-78)\pm16.32\times2.67\times\sqrt{\frac{1}{6}+\frac{1}{46}}=21\pm18.91=(2.09,39.91),$$

根据所给的数据我们可以断言，在 99% 的置信度之下，母亲嗜酒者所生的孩子在 7 岁时的智商比正常妇女所生孩子在 7 岁时的智商平均要低 2.09 到 39.91.

读者可能已注意到，在解决此问题的过程中，两次假设检验所取的显著水平是不一样的. 在检验方差相等时，我们取 $\alpha=0.10$，在检验均值是否相等时取 $\alpha=0.01$，前者远比后者大. 正如前面所指出的，α 愈小，说明对原假设的保护愈充分. 当 α 较大时，我们若能接受 H_0，则说明 H_0 为真的理由很充分；同样，当 α 很小时，我们仍能拒绝 H_0，说明 H_0 不真的理由更充分. 在此例中，对 $\alpha=0.10$，我们仍得出 $\sigma_1^2=\sigma_2^2$ 可被接受的结论；而对 $\alpha=0.01$，我们得到的则是 $\mu_1=\mu_2$ 可被拒绝的结论. 这说明在所给数据下得出相应的结论都有很充分的理由. 另外，在区间估计中，我们取较小的置信水平 $\alpha=0.01$（即较大的置信度），从而使得区间估计的范围较大. 当然，若取较大的置信水平虽然可以减少估计区间的长度，使得区间估计更精确，但相应也要冒更大的风险.

习题 9.3

1. 杜鹃总是把蛋生在别的鸟巢中，现从两种鸟巢中得到杜鹃蛋 24 个. 其中 9 个来自一种鸟巢，15 个来自另一种鸟巢，测得杜鹃蛋的长度（单位：mm）如下.

$n=9$	21.2　21.6　21.9　22.0　22.0 22.2　22.8　22.9　23.2	$\overline{x}=22.20$ $s_1^2=0.4225$
$m=15$	19.8　20.0　20.3　20.8 20.9　20.9　21.0　21.0 21.0　21.2　21.5　22.0 22.0　22.1　22.3	$\overline{y}=21.12$ $s_2^2=0.5689$

试判别两个样本均值的差异是仅由随机因素造成的还是与来自不同的鸟巢有关.（$\alpha=0.05$）

2. 假设机器 A 和机器 B 都生产钢管，要检验 A 和 B 生产的钢管的内径的稳定程度. 设它们生产的钢管内径分别为 X 和 Y，且分别服从正态分布 $X\sim N(\mu_1,\sigma_1)$，$Y\sim(\mu_2,\sigma_2)$. 现从 A 生产的钢管中抽出 18 根，测得 $s_{12}=0.34$，从 B 生产的钢管中抽出 13 根，测得 $s_{22}=0.29$，设两样本相互独立. 问是否能认为两台机器生产的钢管内径的稳定程度相同？（$\alpha=0.1$）

3. 新设计的某种化学天平，其测量的误差服从正态分布，现要求 99.7% 的测量误差不超过 0.1mg，即要求 $3\sigma\leqslant0.1$. 现将它与标准天平相比，得到 10 个误

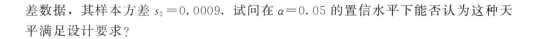

差数据，其样本方差 $s_2 = 0.0009$. 试问在 $\alpha = 0.05$ 的置信水平下能否认为这种天平满足设计要求？

9.4 总体分布的假设检验

前面介绍的各种检验法几乎都是在正态总体的假定下进行的，并且只是对总体的均值或方差进行检验. 但是在实际遇到的许多问题中，总体的分布类型往往是未知的. 在这种情况下，我们需要根据样本来对总体分布的种种假设进行检验，这就是非参数假设检验要解决的问题.

如何通过对样本的分析来初步确定总体分布的可能形式呢？首先，可以由问题的实际背景来初步确定分布的类型. 例如，若影响某一数量指标的随机因素有很多，而每一个因素所引起的作用又都不是很大，则可假定该指标服从正态分布；"寿命""服务时间"等常假定为服从指数分布；抽样检查常假定为服从二项分布. 还可以利用样本所提供的数据资料，用直方图法或者经验分布函数方法，通过直观认识初步确定分布的类型. 在确定了总体分布的类型之后，可以先用矩法或极大似然法估计分布中的未知参数，然后再对确定的总体分布进行假设检验. 但是这些方法比较简单、直观，却不怎么精细. 所以在实际应用中并不是那么理想.

下面介绍一种比较常用的检验法，皮尔逊的 χ^2 拟合优度检验. 它是在总体分布未知的情况下，根据样本 $x_1, x_2, \cdots, x_n$ 来检验有关总体分布的假设 H_0：总体 X 的分布函数为 $F(x)$ 的一种方法. 用这种方法时，要求总体分布的参数都是已知的，如果未知，就用参数的估计值去代替未知参数.

1. 理论分布完全已知的情况

设根据某一理论、学说甚至假定，某随机变量应当有分布 F，现在对 X 进行 n 次观察，得到样本 $X_1, X_2, \cdots, X_n$，要据此来检验 "X 有分布 F" 这个（原）假设.

这里虽没有明确指出对立假设，但可以说，对立假设是 "X 的分布不是 F". 本问题的真实含义是估量实测数据与该理论或学说符合得怎么样，而不在于当认为不符合时，X 可能备择的分布如何，故问题中不明确指出对立假设，反而使人感到提法更为贴近现实. 早期研究假设检验的学者，包括此处讨论的皮尔逊的拟合优度检验和费希尔的显著性检验，都是持这样一种看法. 明确对立假设是奈曼-皮尔逊理论中的重要因素，也是为使检验问题提升为一个数学最优化问题的必要之举. 从实用的观点看，在有些问题中，当原假设不成立时，人们对对立假设可能的方向预先有所了解，会有助于挑选一个功效更高的检验.

上述问题的检验方法是，把数轴 $(-\infty,+\infty)$ 分成 k 个互不相交的区间：
$$I_1=(-\infty,a_1),\ I_2=[a_1,a_2),\cdots,\ I_k=[a_{k-1},+\infty).$$
记这些区间的理论概率分别为 p_1，p_2，$\cdots$，p_k，即
$$p_j=P\{X\in I_j\}\quad(j=1,2,\cdots,k).$$
以 n_j 表示 X_1，X_2，$\cdots$，X_n 落在 I_j 内的个数，则在原假设成立的情况下，n_j 的期望值为 np_j. n_j 与 np_j 的差距 $(j=1,2,\cdots,k)$ 可视为理论与观察之间偏离的量度，将它结合起来形成一个综合指标：$\sum\limits_{j=1}^{k}c_j(n_j-np_j)^2$，其中 $c_j>0$ 为适当的常数. 皮尔逊取 $c_j=(np_j)^{-1}$，得
$$K=\frac{\sum\limits_{j=1}^{k}(n_j-np_j)^2}{np_j}.$$

K 称为皮尔逊 χ^2 统计量（有的教科书上记为 χ^2）. 皮尔逊证明了如下的重要结果：当原假设成立而 $n\to\infty$ 时，K 依分布收敛于（记为"d."）自由度为 $k-1$ 的 χ^2 分布

$$K\xrightarrow{\text{d.}}\chi^2_{k-1}\ (n\to\infty).\tag{9.1}$$

在这个基础上就可以引进一个**大样本检验**：给定水平 α，然后

$$\begin{cases}\{K>\chi^2_{k-1}\alpha\}\Rightarrow\text{否定原假设}\\[4pt]\{K\leqslant\chi^2_{k-1}\alpha\}\Rightarrow\text{接受原假设}\end{cases}\tag{9.2}$$

这就是奈曼－皮尔逊的 χ^2 拟合优度检验.

这个问题还可以讨论得更细一些. 按式（9.2），只要 K 大于 $\chi^2_{k-1}\alpha$，就否定原假设. 但是，一个远大于 $\chi^2_{k-1}\alpha$ 的 K 和一个只略大于 $\chi^2_{k-1}\alpha$ 的 K，意义有所不同，前者否定原假设的理由更强些. 为反映这一点，在计算出 K 值后，可计算概率

$$Q(K)=P\{\chi^2_{k-1}>K\},\tag{9.3}$$

它可称为所得数据与原假设的拟合优度. $Q(K)$ 愈大，支持原假设的证据就愈强. 给定水平 α 不过是规定一个阈值. 一旦 $Q(K)<\alpha$，就否定原假设.

问题：某工厂分早、中、晚三个班次，一段时间内出了 15 次事故，分别是早班 5 次，中班 2 次，晚班 8 次，因而怀疑事故可能性大小与班次有关，要求检验这一设想.

设定一个原假设："事故发生率与班次无关". 按此，15 次事故中各班次理论事故的发生次数都应为 5 次，因而算出

$$K=\left[\frac{(5-5)^2}{5}+\frac{(5-2)^2}{5}+\frac{(5-8)^2}{5}\right]\text{次}=3.6\text{ 次}.$$

取 $\alpha=0.05$，此处 $K=3$，查 χ^2 分布表，有 $\chi^2_{3-1}(0.05)=5.991$. K 值未超过此

数．故（在给定的水平下）尚不足以否定原假设．

就这个问题，可以做出两点对一切检验问题都适用的观察：

1）原先的出发点（理论）是怀疑事故率与班次有关，但问题中却把其对立面作为原假设．之所以这样做，是因为不希望在证据不充足的情况下轻率地做出"事故率与班次有关"的结论，以其对立面做原假设有助于做到这一点．当然，也可以设定原假设为"事故率对三个班次成 5：2：8 之比"．这时，所得数据将通过这个原假设．可见，数据在统计上如何解释，与提出问题的出发点有很大关系．

2）就本问题而言，原假设未被否定，只是说明"否定原假设的证据尚不充足"，并非说它证实了原假设．这可能是由于数据量不够而造成的．事实上，若再观察一段得到 20 次事故，如早、中、晚三班各为 10 次、4 次和 16 次，仍成 5：2：8 之比，则 K 值为 7.2＞5.991，就可以否定原假设了．

因此，从现实的角度看，上面问题的结论可能是，尽管数据未能提供充足的证据，但在三个班次的事故率之比保持在 5：2：8 的情况下，K 值却存在着巨大的差距，有理由要认真考虑事故率与班次确有关系的可能．由此可知，检验结果的统计解释不能与其现实含义混为一谈．

在应用上还有一个区间 I_1，I_2，$\cdots$，I_k 的个数和位置的取法问题，总的原则是个数不能太少，否则太粗糙而不能充分反映原分布 F，但也不宜过多，以致每个区间内的样本量太少（n 很大时又另当别论）．一般地，至少有 5～6 个区间，最多 12～15 个，且每个区间的样本个数都应不小于 5，在 X 为离散值时（如上面的问题），自然的分法是将 X 的每个值组成一组，但有时也有必要把 X 的一些相邻值并成一组．从理论上来讲，分组应在取得样本之前做；而实际工作往往是根据样本来确定分组的．理论上可以证明，这样将会使极限定理失效．但在应用上人们往往忽略这个细节．在统计方法的适用上，这种不拘泥于理论规定的做法时有发生．

2. 理论分布依赖若干未知参数的情况

设有一个依赖 r 个参数 θ_1，θ_2，$\cdots$，θ_r 的分布族 $\{F(x;\theta_1,\theta_2,\cdots,\theta_r)\}$，要根据样本 X_1，X_2，$\cdots$，X_n 去检验"X 的分布属于 $\{F(x;\theta_1,\theta_2,\cdots,\theta_r)\}$"这个假设．更具体地说，就是检验"对某参数值 θ_1^0，θ_2^0，$\cdots$，θ_r^0，X 有分布 $F(x;\theta_1^0,\theta_2^0,\cdots,\theta_r^0)$"．

解决这个问题的步骤是，先通过样本做出 $(\theta_1,\theta_2,\cdots,\theta_r)$ 的极大似然估计 $(\hat{\theta}_1,\hat{\theta}_2,\cdots,\hat{\theta}_r)$，用"$X$ 有分布 $F(x;\hat{\theta}_1,\hat{\theta}_2,\cdots,\hat{\theta}_r)$"作为原假设，然后按理论分布完全已知的情况的方法去处理．不同的是，极限定理式（9.1）中的 χ_{k-1}^2 要改为 χ_{k-1-r}^2，即自由度减少了 r．相应地，式（9.2）和式（9.3）中的 $k-1$ 也应改为 $k-1-r$．这个结果是费希尔在 1924 年证明的［皮尔逊的结果，即式（9.1）

发表于 1900 年]. 起初, 皮尔逊并没有认识到自由度在有参数的情况下应减小的事实, 从而导致他与费希尔发生了一场争论.

这个结果的重要应用有两个: 一是检验总体的正态性, 用 $\overline{X}$ 和 S^2 估计均值方差, 如分成 k 个区间, 则自由度为 $k-1-2=k-3$; 二是可以用列联表检验独立性. (列联表已经超出本书范围, 不做讨论.)

例 1 从某地的 12 岁男孩中随机地选出 120 名, 测得他们的身高 (单位: cm) 如下:

128.1	134.1	126.0	133.4	142.7	135.8
138.4	145.1	150.4	152.7	140.3	140.2
141.4	142.9	142.2	154.3	127.4	140.8
138.9	133.1	144.4	124.3	125.6	131.0
137.6	134.8	136.6	141.4	142.7	148.1
137.3	136.6	139.7	144.7	152.1	147.9
146.0	127.7	123.1	142.8	150.3	147.9
127.7	125.4	136.9	139.1	136.2	139.9
144.3	139.6	134.6	139.5	136.2	138.8
142.4	141.3	155.8	150.7	126.0	136.8
146.2	143.0	154.4	130.3	122.7	139.0
141.6	140.6	136.4	138.9	145.2	135.7
138.4	138.3	142.7	143.8	141.2	160.3
150.0	133.1	140.6	143.1	142.7	146.3
131.8	132.3	141.0	140.2	134.5	136.1
128.2	139.8	138.1	135.3	136.2	138.1
146.4	148.5	143.7	144.5	139.7	139.4
142.7	141.2	146.8	147.7	134.7	147.5
138.4	131.0	132.3	135.9	135.9	156.9
129.1	132.9	140.6	135.0	139.7	142.4

试用 χ^2 检验法检验该地 12 岁男孩的身高 X 服从正态分布 ($\alpha=0.05$).

解 由于没有给出总体的均值和方差, 因此需要先估计参数, 这里用极大似然估计法进行估计. 经过计算知道

$$\hat{\mu} = \frac{1}{n}\sum_{i=1}^{n} x_i = 139.5,$$

$$\hat{\sigma^2} = \frac{1}{n}\sum_{i=1}^{n}(x_i - \overline{x})^2 = 55,$$

$$\hat{\sigma} = 7.42.$$

本例就是检验假设 H_0: $X \sim N(139.5, 55)$.

现在有 120 个数据, 其中最小的是 122.7, 最大的是 160.3, 以 126.05, 130.05, 134.05, 138.05, 142.05, 146.05, 150.05, 154.05 这些数作为分点, 将实轴 $(-\infty, +\infty)$ 分为 9 个区间. 可等分也可不等分. 在 χ^2 检验中, 一般要求分组时每组中的样本个数不少于 5, 如果少于 5, 可以合并区间. 当 H_0 成立时, 我们来计算 $p_i (i=1, 2, \cdots, 9)$ 的值.

用 $F(x)$ 表示 $N(139.5, 7.42^2)$ 的分布函数, 则

$$p_1 = F(a_1),$$
$$p_2 = F(a_2) - F(a_1),$$
$$p_3 = F(a_3) - F(a_2),$$
$$p_4 = F(a_4) - F(a_3),$$
$$p_5 = F(a_5) - F(a_4),$$
$$p_6 = F(a_6) - F(a_5),$$
$$p_7 = F(a_7) - F(a_6),$$
$$p_8 = F(a_8) - F(a_7),$$
$$p_9 = 1 - F(a_8),$$

利用标准正态分布表可计算 $F(a_i)$ 的值, 此时

$$F(a_1) = \Phi\left(\frac{126.05 - 139.5}{7.42}\right) = \Phi(-1.81) = 0.0344,$$

$$F(a_2) = \Phi\left(\frac{130.05 - 139.5}{7.42}\right) = \Phi(-1.27) = 0.1021,$$

$$F(a_3) = \Phi\left(\frac{134.05 - 139.5}{7.42}\right) = \Phi(-0.73) = 0.2327,$$

$$F(a_4) = \Phi\left(\frac{138.05 - 139.5}{7.42}\right) = \Phi(-0.20) = 0.4207,$$

$$F(a_5) = \Phi\left(\frac{142.05 - 139.5}{7.42}\right) = \Phi(0.34) = 0.6331,$$

$$F(a_6) = \Phi\left(\frac{146.05 - 139.5}{7.42}\right) = \Phi(0.88) = 0.8106,$$

$$F(a_7) = \Phi\left(\frac{150.05 - 139.5}{7.42}\right) = \Phi(1.42) = 0.9222,$$

$$F(a_8) = \Phi\left(\frac{154.05 - 139.5}{7.42}\right) = \Phi(1.96) = 0.9750.$$

故得

$$p_1=0.0344，p_2=0.0677，p_3=0.1306，$$
$$p_4=0.188，p_5=0.2124，p_6=0.1775，$$
$$p_7=0.1116，p_8=0.0528，p_9=0.025.$$

下面计算 χ^2 的值，为便于检查，列出表 9.1.

表 9.1 例 1 分组数据计算

组号	f_i	p_i	np_i	f_i-np_i	$(f_i-np_i)^2$	$(f_i-np_i)^2/np_i$
1	5	0.0344	4.128	0.872	0.760	0.184
2	8	0.0677	8.124	-0.124	0.015	0.002
3	10	0.1306	15.67	-5.67	32.15	2.052
4	22	0.188	22.56	-0.56	0.31	0.014
5	33	0.2124	25.49	7.51	56.40	2.213
6	20	0.1775	21.30	-1.30	1.69	0.079
7	11	0.1116	13.39	-2.39	5.71	0.426
8	6	0.0528	6.336	-0.336	0.11	0.017
9	5	0.025	3.000	2.000	4.00	1.333

所以，
$$\chi^2=\sum_{i=1}^{9}\frac{(f_i-np_i)^2}{np_i}=0.184+0.002+\cdots+0.017+1.333=6.32,$$
查 χ^2 分布表，得
$$\chi^2_{1-a}(k-r-1)=\chi^2_{0.95}(9-2-1)=\chi^2_{0.95}(6)=12.95.$$
显然，$\chi^2=6.32<12.95=\chi^2_{1-a}(k-r-1)$，故接受 H_0，即认为该地 12 岁男孩的身高基本上服从正态分布 $N(139.5,7.42^2)$.

例 2 在公路某处，观察过路的汽车的辆数．在 50min 内观察每隔 15s 过路汽车的辆数，一共测 200 次，得到的次数分布如下.

过路的辆数	0	1	2	3	4	5
次数	92	68	28	11	1	0

问：这个分布能否看作是泊松分布？（$a=0.1$）

解 我们来检验假设
$$H_0:X\sim P\{X=k\}=\frac{\lambda^k e^{-\lambda}}{k!}，k=0,1,\cdots.$$
因为参数 λ 未知，所以先估计参数 λ. 由样本值得

$$\hat{\lambda} = \bar{x} = \frac{68 + 2 \times 28 + 3 \times 11 + 4}{92 + 68 + 28 + 11 + 1} = \frac{161}{200} = 0.805.$$

在 H_0 成立的条件下，计算 p_i 的值：

$$p_1 = P\{X=0\} = \mathrm{e}^{-\lambda} \frac{\lambda^0}{0!} = \mathrm{e}^{-\lambda} = \mathrm{e}^{-0.805} = 0.447,$$

$$p_2 = \frac{\mathrm{e}^{-\lambda}\lambda}{1!} = 0.447 \times 0.805 = 0.36,$$

$$p_3 = \mathrm{e}^{-\lambda}\frac{\lambda^2}{2!} = 0.447 \times \frac{(0.805)^2}{2} = 0.145,$$

$$p_4 = 0.447 \times \frac{(0.805)^3}{3!} = 0.039,$$

$$p_5 = 0.447 \times \frac{(0.805)^4}{4!} = 0.008,$$

$$p_6 = 0.447 \times \frac{(0.805)^5}{5!} = 0.001.$$

下面列出表 9.2，计算 χ^2 的值：

表 9.2　例 2 分组数据计算

f_i	p_i	np_i	$f_i - np_i$	$(f_i - np_i)^2$	$(f_i - np_i)^2/np_i$
92	0.447	89.4	2.6	6.76	0.076
68	0.36	72	-4	16	0.222
28	0.145	29	-1	1	0.034
11 1 0	0.039 0.008 0.001	7.8 1.6 } 9.6 0.2	2.4	5.76	0.6

得到

$$\chi^2 = 0.076 + 0.222 + 0.034 + 0.6 = 0.932,$$

查自由度为 $4-1-1=2$ 的 χ^2 分布的临界值得

$$\chi^2_{0.9}(2) = 4.605.$$

显然，$\chi^2 = 0.932 < 4.605 = \chi^2_{0.9}(2)$，故接受假设 H_0，即在置信水平 10% 下，可以认为观察数据服从泊松分布．

习题 9.4

从自动精密机床的产品传送带中取出 200 个零件，以 $1\,\mu m$ 以内的测量精度检查零件尺寸，把测量值与额定尺寸的偏差按每隔 $5\,\mu m$ 进行分组，计算出这种偏差落在各组内的频数 f_i，数据列于下表：

组号	组限	f_i	组号	组限	f_i
1	$-20\sim-15$	7	6	$5\sim10$	41
2	$-15\sim-10$	11	7	$10\sim15$	26
3	$-10\sim-5$	15	8	$15\sim20$	17
4	$-5\sim0$	24	9	$20\sim25$	7
5	$0\sim5$	49	10	$25\sim30$	3

试用 χ^2 检验法检验假设 H_0：尺寸偏差服从正态分布. （$\alpha=0.05$）

第 10 章　随机过程的基本概念

随机过程是研究随时间演变的随机现象的概率规律的一门学科．它广泛应用于雷达与电子通信、动态可靠性、设备更新、地质勘探、天文与气象、核技术、随机振动、控制、生物学和管理科学等许多领域．

随机过程的理论和应用已非常丰富和完善．这里我们只介绍随机过程的基础部分．

10.1　随机过程的定义及分类

1. 随机过程的概念

对随机试验 E 和样本空间 $S=\{e\}$，我们引入随机变量 $X=X(e)$ 来描述随机试验的结果．对有些随机试验我们引入二维随机变量 (X, Y) 来描述其随机结果，甚至需要引入 n 维随机变量 $(X_1, X_2, \cdots, X_n)$ 或引入随机变量序列 $X_1, X_2, \cdots, X_n, \cdots$ 来描述其随机结果．

为了研究随机现象，我们引入了上述这些概念工具．但这些还不够用，还有一些随机现象利用上述工具无法描述．例如，以 $N(t)$ 表示某电话交换台在时段 $[0, t)$ 内接到的呼叫次数，那么，对于固定的 t，$N(t)$ 是一个随机变量．对于一切 $t \in [0, +\infty)$，$\{N(t), t \in [0, +\infty)\}$ 是一个随机变量族，它的个数比可列个还要多，它就不属于前面概率论的研究范围，其具有新的特点．称 $\{N(t), t \in [0, +\infty)\}$ 是一个随机过程．

定义 1　设随机试验 E 的样本空间 $S=\{e\}$，T 是非空集合，$T \subset (-\infty, +\infty)$．如果对于每个 $e \in S$，对应有参数 t 的函数 $X(e, t)$，$t \in T \subset (-\infty, +\infty)$，那么，对于所有的 $e \in S$，得到一族 t 的函数 $\{X(e, t), t \in T, e \in S\}$，称其为随机过程，简称过程．简记为 $\{X(t), t \in T\}$ 或 $X(t)$．T 被称为参数集．

由定义 1 得：

1）对于 S 中的每一个 e_0，$X(e_0, t) = x(t)$ 是仅依赖于 t 的函数，称为随机过程的样本函数，它是随机过程的一次物理实现或对应于 e_0 的轨道；

2）对任意给定的 $t_1 \in T$，$X(t_1) = X(e, t_1)$ 是一个随机变量，称其为随机

过程在 $t=t_1$ 时的状态变量，简称状态．

对于所有 $t\in T$，随机过程 $\{X(t)=X(e,t),t\in T\}$ 是一族随机变量，于是得到另两种定义方式．

定义 2　给定参数集 $T\subset(-\infty,+\infty)$，如果对于每个 $t\in T$，对应有随机变量 $X(t)=X(e,t)$，则称随机变量族 $\{X(t),t\in T\}$ 为随机过程．

定义 3　定义在 $S\times T=\{(e,t)\mid e\in S,t\in T\}$ 上的二元函数 $X(e,t)$，对每一固定 $t\in T$，$X(\cdot,t)$ 是可测函数，称 $\{X(e,t),t\in T,e\in S\}$ 为随机过程．

函数值集合 $\{X(e,t)\mid e\in S,t\in T\}$ 称为随机过程的状态空间．它是二元函数 $X(e,t)$ 的值域，记为 S.

随机过程的实际例子如下．

例题　在一条自动生产线上检验产品质量，每次检验一个，区分正品或次品．那么，整个检验的样本空间为 $S=\{e\}$，$e=(e_1,e_2,\cdots,e_i,\cdots)$，其中 $e_i=$ 正品或次品，$i=1,2,\cdots$.

为了描述检验的全过程，引入二元函数：$X(e,t)=0$，第 t 次查出正品；$X(e,t)=t$，第 t 次查出次品，$t\in T=\{1,2,3,\cdots,n,\cdots\}$，则二元函数 $X(e,t)$ 就是一个随机过程．

描述布朗运动的变量 $X(e,t)$ 亦是一个随机过程．

2. 随机过程的分类

对随机过程通常有两种分类法．一种是按随机过程的参数集和状态空间来分类；另一种是按随机过程的概率结构来分类．

参数集 T 为离散集或连续集，状态空间 S 为离散集或连续集，按随机过程的参数集和状态空间来分类有如下几类随机过程：

1）T 离散，S 离散；

2）T 离散，S 连续；

3）T 连续，S 离散；

4）T 连续，S 连续．

离散参数随机过程就是随机变量序列，简称随机序列．一般记为 $X_n=X(t_n)$，即 $\{X(t),t=t_1,t_2,\cdots,t_n,\cdots\}=\{X_n\}$.

按随机过程的概率结构来分类，由于随机过程的种类很多，这里仅列举几个重要类型：

1）二阶矩过程，包括正态过程和平稳过程等；

2）马尔可夫（Markov）过程，包括马尔可夫链、泊松（Poisson）过程、维纳（Wiener）过程、扩散过程等；

3）更新过程；

4）鞅．

习题 10.1

1. 写出下列随机过程的参数空间和状态空间：

（1）为描述某生物群体的发展过程，每天对该群体的个数进行一次观测，并以 X_t 表示在第 t 天群体的个数；

（2）某淘宝店主在时间段 $[0, t]$ 内接受的购买咨询人数，并以 X_t 表示；

（3）为了研究雾霾的变化规律，某检测站记录了每天空气中 PM2.5 的最高浓度，并以 X_t 表示．

2. 设随机过程 $X(t) = (V+1)t + b$，$t \in (0, +\infty)$，其中 b 为常数，V 服从标准正态分布，写出 $V=0$ 时的样本函数及 $t=2$ 时对应的随机变量．

10.2 随机过程的概率分布

随机过程 $\{X(t), t \in T\}$ 是一个随机变量族，可通过考察其中的任意有限个随机变量的概率分布来研究其整体概率分布．

1. 随机过程的 n 维分布函数

设 $\{X(t), t \in T\}$ 是一随机过程．对于参数集 T 中的任意 n 个元素：$t_1, t_2, \cdots, t_n$，过程的 n 个状态为

$$X(t_1) = X(e, t_1), X(t_2) = X(e, t_2), \cdots, X(t_n) = X(e, t_n),$$

它们是 n 个随机变量，它们的联合分布函数

$$F(x_1, \cdots, x_n; t_1, \cdots, t_n) = P\{X(t_1) \leqslant x_1, \cdots, X(t_n) \leqslant x_n\}$$

称为随机过程 $X(t)$ 的 n 维分布函数，$n = 1, 2, 3, \cdots$．

一维分布函数 $F(x_1; t_1) = P\{X(t_1) \leqslant x_1\}$；二维分布函数 $F(x_1, x_2; t_1, t_2) = P\{X(t_1) \leqslant x_1, X(t_2) \leqslant x_2\}$．

对随机过程 $X(t)$，如果存在非负可积函数 $f(x_1, \cdots, x_n; t_1, \cdots, t_n)$，使得

$$F(x_1, \cdots, x_n; t_1, \cdots, t_n) = \int_{-\infty}^{x_n} \cdots \int_{-\infty}^{x_2} \int_{-\infty}^{x_1} f(u_1, \cdots, u_n; t_1, \cdots, t_n) \mathrm{d}u_1 \mathrm{d}u_2 \cdots \mathrm{d}u_n$$

成立，则称 $f(x_1, \cdots, x_n; t_1, \cdots, t_n)$ 为随机过程 $X(t)$ 的 n 维概率密度，$n = 1, 2, 3, \cdots$．

一般来说，分布函数族 $\{F(x_1, \cdots, x_n; t_1, \cdots, t_n), n = 1, 2, 3, \cdots\}$ 或概率密度族 $\{f(x_1, \cdots, x_n; t_1, \cdots, t_n), n = 1, 2, 3, \cdots\}$ 完全地确定了随机过程的统计特征．

2. 独立过程

如果对于任何正整数 n，随机过程的任意 n 个状态都是相互独立的，则称此过程为独立过程.

独立过程的 n 维分布函数必等于相应的 n 个一维分布函数的乘积，即有

$$F(x_1, x_2, \cdots, x_n; t_1, t_2, \cdots, t_n) = \prod_{i=1}^{n} F(x_i; t_i), \ n = 1, 2, 3, 4, \cdots,$$

由此可知，对于独立过程，由过程的一维分布函数就能确定该过程的统计特征.

例 1　在上节例题中，设备次检验相互独立地进行，每次检验的次品率为 p，$0 < p < 1$，求：随机过程 $X(t)$ 在 $t_1 = 1$ 和 $t_2 = 2$ 时的二维分布函数.

解　在 $t_1 = 1$ 和 $t_2 = 2$ 时，过程的状态 $X(1)$ 和 $X(2)$ 的分布律分别为

$X(1)$	0	1
P	$1-p$	p

$X(2)$	0	2
P	$1-p$	p

一维分布函数分别为

$$F(x; 1) = P\{X(1) \leqslant x\} = \begin{cases} 0, & x < 0 \\ 1-p, & 0 \leqslant x < 1 \\ 1, & x \geqslant 1 \end{cases},$$

$$F(x; 2) = P\{X(2) \leqslant x\} = \begin{cases} 0, & x < 0 \\ 1-p, & 0 \leqslant x < 2 \\ 1, & x \geqslant 2 \end{cases},$$

由 $X(1)$ 与 $X(2)$ 相互独立，二维分布函数为

$$F(x_1, x_2; 1, 2) = F(x_1; 1) \cdot F(x_2; 2)$$

$$= \begin{cases} 0, & x_1 < 0 \text{ 或 } x_2 < 0 \\ (1-p)^2, & 0 \leqslant x_1 < 1, 0 \leqslant x_2 < 2 \\ 1-p, & \begin{cases} 0 \leqslant x_1 < 1 \\ x_2 \geqslant 2 \end{cases} \text{ 或 } \begin{cases} x_1 \geqslant 1 \\ 0 \leqslant x_2 < 2 \end{cases} \\ 1, & x_1 \geqslant 1, x_2 \geqslant 2 \end{cases}.$$

例 2　设随机过程 $Z(t) = (X^2 + Y^2)t$，$t > 0$，其中 X 与 Y 是相互独立的标准正态随机变量. 试求：此过程的一维概率密度.

解　依题意可知 $X \sim N(0, 1)$，$Y \sim N(0, 1)$，X 与 Y 相互独立，所以，X 与 Y 的联合概率密度为

$$f(x, y) = \frac{1}{\sqrt{2\pi}}\exp\left(-\frac{x^2}{2}\right) \cdot \frac{1}{\sqrt{2\pi}}\exp\left(-\frac{y^2}{2}\right)$$

$$= \frac{1}{2\pi}\exp\left(-\frac{x^2+y^2}{2}\right), \ -\infty < x, y < +\infty.$$

1）当 $z > 0$ 时，

$$F(z;t) = P\{Z(t) \leqslant z\} = P\{(X^2 + Y^2)t \leqslant z\}$$

$$= P\left\{X^2 + Y^2 \leqslant \frac{z}{t}\right\} = \iint\limits_{x^2+y^2 \leqslant \frac{z}{t}} f(x, y)\mathrm{d}x\mathrm{d}y$$

$$= \int_0^{2\pi} \int_0^{\sqrt{\frac{z}{t}}} \frac{1}{2\pi} \exp\left(-\frac{r^2}{2}\right) r\mathrm{d}r\mathrm{d}\theta$$

$$= \left[-\exp\left(-\frac{r^2}{2}\right)\right]\Big|_0^{\sqrt{\frac{z}{t}}} = 1 - \exp\left(-\frac{z}{2t}\right);$$

2）当 $z \leqslant 0$ 时，

$$F(z;t) = P\{Z(t) \leqslant z\} = P\{(X^2 + Y^2)t \leqslant z\}$$

$$= P\left\{X^2 + Y^2 \leqslant \frac{z}{t}\right\} = 0,$$

于是，$Z(t)$ 的一维概率密度为

$$f(z;t) = \frac{\mathrm{d}}{\mathrm{d}z}F(z;t) = \begin{cases} \dfrac{1}{2t}\exp\left(-\dfrac{z}{2t}\right), & z > 0 \\ 0, & z \leqslant 0 \end{cases}.$$

3. 两个随机过程的有限维联合分布及独立性

设 $\{X(t), t \in T_1\}$ 和 $\{Y(t), t \in T_2\}$ 是两个随机过程，由过程 $X(t)$ 的任意 m 个状态：$X(t_1), \cdots, X(t_m)$ 和过程 $Y(t)$ 的任意 n 个状态：$Y(t'_1), \cdots, Y(t'_n)$ 组成 $m+n$ 维随机向量. 其分布函数

$$F_{XY}(x_1, \cdots, x_m, y_1, \cdots, y_n; t_1, \cdots, t_m, t'_1, \cdots, t'_n)$$

称为随机过程 $X(t)$ 和 $Y(t)$ 的 $m+n$ 维联合分布函数.

如果对于任何正整数 m 和 n，对于 T_1 中的任意数组 $t_1, \cdots, t_m$ 以及 T_2 中的任意数组 $t'_1, \cdots, t'_n$，关系式

$$F_{XY}(x_1, \cdots, x_m, y_1, \cdots, y_n; t_1, \cdots, t_m, t'_1, \cdots, t'_n) =$$

$$F_X(x_1, \cdots, x_m; t_1, \cdots, t_m) \cdot F_Y(y_1, \cdots, y_n; t'_1, \cdots, t'_n)$$

成立，则称两个随机过程 $X(t)$ 与 $Y(t)$ 相互独立. 其中 $F_X(x_1, \cdots, x_m; t_1, \cdots, t_m)$ 是随机过程 $X(t)$ 的 m 维分布函数，$F_Y(y_1, \cdots, y_n; t'_1, \cdots, t'_n)$ 是随机过程 $Y(t)$ 的 n 维分布函数.

习题 10.2

1. 设随机相位正弦波 $X(t) = a\cos(t + \Theta)$，$-\infty < t < +\infty$，其中 a 是正常数，Θ 是在区间 $(0, 2\pi)$ 上服从均匀分布的随机变量.

（1）当 Θ 取值 $\theta = \dfrac{\pi}{4}$，$\dfrac{\pi}{2}$，π 时，相应的样本函数各是什么？

（2）求：$X(t)$ 在 $t = \dfrac{\pi}{4}$ 时的一维概率密度．

2．依据独立重复抛掷硬币的试验定义随机过程 $X(t) = \begin{cases} -t, & \text{第 } t \text{ 次出现花面} \\ t, & \text{第 } t \text{ 次出现字面} \end{cases}$，

$t = 1$，2，3，$\cdots$，每次试验各以 $\dfrac{1}{2}$ 的概率出现花面或者出现字面．试求：$X(t)$ 的一维分布函数 $F_1(x; 1)$ 和二维分布函数 $F_2(x_1, x_2; 1, 2)$．

3．设随机过程 $Y(t) = X\sin\omega t$，其中 ω 是常数，X 是服从 $N(\mu, \sigma^2)$ 分布的随机变量，求：$Y(t)$ 的一维概率密度．

4．设随机过程 $Z(t) = X + Yt$，$t > 1$，X，Y 是相互独立的随机变量，且同在区间 $(0, 1)$ 上服从均匀分布，求：$Z(t)$ 的一维分布函数．

5．利用抛掷硬币的试验定义一个随机过程 $X(t) = \begin{cases} \cos\pi t, & \text{出现正面} \\ 2t, & \text{出现反面} \end{cases}$，$t \in \mathbf{R}$，设出现正反面的概率是相同的．

（1）写出 $X(t)$ 的所有样本函数；

（2）写出 $X(t)$ 的一维分布函数 $F_1\left(x; \dfrac{1}{2}\right)$ 和 $F_1(x; 1)$；

（3）写出 $X(t)$ 的二维分布函数 $F_2\left(x_1, x_2; \dfrac{1}{2}, 1\right)$；

6．设随机过程 $X(t) = V\cos\omega t$，其中 ω 是常数，V 服从区间 $[0, 1]$ 上的均匀分布．

（1）写出 $X(t)$ 的任意两个样本函数；

（2）试求：$t = 0$，$\dfrac{\pi}{4\omega}$，$\dfrac{3\pi}{4\omega}$，$\dfrac{\pi}{\omega}$ 时 $X(t)$ 的概率分布；

（3）试求：$t = \dfrac{\pi}{2\omega}$ 时 $X(t)$ 的概率密度．

10.3　随机过程的数字特征

由于随机过程是随机变量构成的集合，所以可通过考察其中的随机变量的数字特征来研究．

1．随机过程的数字特征

设 T 是参数集，$T \subset (-\infty, +\infty)$，随机过程 $\{X(t), t \in T\}$ 是一个随机变量族，对于任意给定的 $t \in T$，过程在 t 的状态 $X(t)$ 是一个随机变量，则

1）过程在 t 的状态 $X(t)$ 的数学期望为

$$\mu_X(t) = E[X(t)], \qquad (10.1)$$

对于一切 $t \in T$，$\mu_X(t)$ 是 t 的函数，称为随机过程 $X(t)$ 的均值函数，简称均值；

2）过程在 t 的状态 $X(t)$ 的二阶原点矩

$$\Psi_X^2(t) = E[X^2(t)] \qquad (10.2)$$

称为随机过程 $X(t)$ 的均方值函数，简称均方值；

3）二阶中心矩

$$\begin{aligned} \sigma_X^2(t) = D[X(t)] &= E[X(t) - EX(t)]^2 \\ &= E[X(t) - \mu_X(t)]^2 \\ &= E[X^2(t)] - \mu_X^2(t) \end{aligned} \qquad (10.3)$$

称为随机过程 $X(t)$ 的方差函数，简称方差，均方差为 $\sigma_X(t)$；

4）任选 t_1，$t_2 \in T$，状态 $X(t_1)$，$X(t_2)$ 是两个随机变量，

$$R_X(t_1, t_2) = E[X(t_1) \cdot X(t_2)] \qquad (10.4)$$

称为随机过程 $X(t)$ 的自相关函数，简称相关函数；

5）$C_X(t_1, t_2) = E\{[X(t_1) - EX(t_1)] \cdot [X(t_2) - EX(t_2)]\}$

$$= E\{[X(t_1) - \mu_X(t_1)] \cdot [X(t_2) - \mu_X(t_2)]\}$$

称为随机过程 $X(t)$ 的自协方差函数，简称协方差函数.

均值、均方值、方差和均方差是刻画随机过程在各个状态的统计特性的，而自相关函数和自协方差函数是刻画随机过程的任何两个不同状态的统计特性的.

这五个数字特征之间，具有如下关系.

$$\Psi_X^2(t) = E[X^2(t)] = E[X(t) \cdot X(t)] = R_X(t, t);$$

$$\begin{aligned} C_X(t_1, t_2) &= E\{[X(t_1) - EX(t_1)] \cdot [X(t_2) - EX(t_2)]\} \\ &= E\{[X(t_1) - \mu_X(t_1)] \cdot [X(t_2) - \mu_X(t_2)]\} \\ &= \mathrm{Cov}[X(t_1), X(t_2)] \\ &= E[X(t_1) \cdot X(t_2)] - EX(t_1) \cdot EX(t_2) \\ &= R_X(t_1, t_2) - \mu_X(t_1) \cdot \mu_X(t_2); \end{aligned}$$

$$\begin{aligned} \sigma_X^2(t) = D[X(t)] &= E[X(t) - EX(t)]^2 \\ &= E[X(t) - \mu_X(t)]^2 \\ &= C_X(t, t) = R_X(t, t) - \mu_X^2(t) \\ &= E[X^2(t)] - \mu_X^2(t) \\ &= \Psi_X^2(t) - \mu_X^2(t). \end{aligned}$$

2. 连续型随机过程的数字特征

对连续型随机过程 $X(t)$，设一维概率密度为 $f_1(x_1; t)$，则有

1) $\mu_X(t) = E[X(t)] = \int_{-\infty}^{+\infty} x f_1(x;t)\mathrm{d}x$;

2) $\Psi_X^2(t) = E[X^2(t)] = \int_{-\infty}^{+\infty} x^2 f_1(x;t)\mathrm{d}x$;

3) 任选 t_1，$t_2 \in T$，状态 $X(t_1)$，$X(t_2)$ 是两个随机变量，设二维概率密度为 $f_2(x_1, x_2; t_1, t_2)$，则有

$$R_X(t_1,t_2) = E[X(t_1) \cdot X(t_2)]$$
$$= \int_{-\infty}^{+\infty}\int_{-\infty}^{+\infty} x_1 x_2 f_2(x_1,x_2;t_1,t_2)\mathrm{d}x_1\mathrm{d}x_2 .$$

例 1　设随机相位正弦波为

$$X(t) = a\cos(\omega t + \Theta), -\infty < t < +\infty,$$

式中，a，ω 是常数；Θ 是在区间 $(0, 2\pi)$ 上服从均匀分布的随机变量. 求：$X(t)$ 的均值函数、方差函数、自相关函数和自协方差函数.

解　依题意可知 Θ 的概率密度为

$$f(\theta) = \begin{cases} \dfrac{1}{2\pi}, & 0 < \theta < 2\pi \\ 0, & \text{其他} \end{cases}.$$

（1）均值函数

$$\mu_X(t) = E[X(t)] = E[a\cos(\omega t + \Theta)]$$
$$= \int_{-\infty}^{+\infty} a\cos(\omega t + \theta) \cdot f(\theta)\mathrm{d}\theta$$
$$= \int_0^{2\pi} a\cos(\omega t + \theta) \cdot \frac{1}{2\pi}\mathrm{d}\theta = 0 ;$$

（2）方差函数 $\sigma_X^2(t) = C_X(t, t) = \dfrac{a^2}{2}$;

（3）自相关函数

$$R_X(t_1,t_2) = E[X(t_1) \cdot X(t_2)]$$
$$= E[a\cos(\omega t_1 + \Theta) \cdot a\cos(\omega t_2 + \Theta)]$$
$$= \int_0^{2\pi} a\cos(\omega t_1 + \theta) \cdot a\cos(\omega t_2 + \theta) \cdot \frac{1}{2\pi}\mathrm{d}\theta$$
$$= \frac{a^2}{2\pi}\int_0^{2\pi} \frac{\cos(\omega t_2 - \omega t_1) + \cos(\omega t_2 + \theta + \omega t_1 + \theta)}{2}\mathrm{d}\theta$$
$$= \frac{a^2}{2}\cos\omega(t_2 - t_1) ;$$

（4）自协方差函数

$$C_X(t_1,t_2) = R_X(t_1,t_2) - \mu_X(t_1) \cdot \mu_X(t_2)$$
$$= \frac{a^2}{2}\cos\omega(t_2 - t_1).$$

例 2 设随机过程 $Z(t)=X+Yt$，$-\infty<t<+\infty$，其中 X 服从 $N(a,\sigma_1^2)$，Y 服从 $N(b,\sigma_2^2)$，且 X 与 Y 的相关系数 $\rho_{XY}=\rho$，求：$Z(t)$ 的自相关函数．

解 $Z(t)$ 的自相关函数

$$
\begin{aligned}
R_Z(t_1,t_2)&=E[Z(t_1)\cdot Z(t_2)]\\
&=E[(X+Yt_1)\cdot(X+Yt_2)]\\
&=E[X^2+t_1t_2Y^2+(t_1+t_2)XY]\\
&=EX^2+t_1t_2EY^2+(t_1+t_2)E(XY).
\end{aligned}
$$

因为 $X\sim N(a,\sigma_1^2)$，$Y\sim N(b,\sigma_2^2)$，所以 $EX=a$，$DX=\sigma_1^2$，

$$EX^2=DX+(EX)^2=\sigma_1^2+a^2,\ EY=b,DY=\sigma_2^2,\ EY^2=DY+(EY)^2=\sigma_2^2+b^2.$$

由 $\mathrm{Cov}(X,Y)=E(XY)-EX\cdot EY$，$\rho=\rho_{XY}=\dfrac{\mathrm{Cov}(X,Y)}{\sqrt{DX}\cdot\sqrt{DY}}$，得

$$
\begin{aligned}
E(XY)&=\mathrm{Cov}(X,Y)+EX\cdot EY\\
&=\rho\sqrt{DX}\cdot\sqrt{DY}+EX\cdot EY\\
&=\rho\sigma_1\sigma_2+ab,
\end{aligned}
$$

于是 $R_Z(t_1,t_2)=(a^2+\sigma_1^2)+t_1t_2(b^2+\sigma_2^2)+(t_1+t_2)(\rho\sigma_1\sigma_2+ab).$

3. 两个随机过程的互相关函数

对于两个随机过程 $\{X(t),t\in T_1\}$ 和 $\{Y(t),t\in T_2\}$，任选 $t_1\in T_1$，$t_2\in T_2$，对应有过程 $X(t)$ 在 t_1 的状态 $X(t_1)$ 和过程 $Y(t)$ 在 t_2 的状态 $Y(t_2)$．$X(t_1)$ 和 $Y(t_2)$ 的二阶原点混合矩

$$R_{XY}(t_1,t_2)=E[X(t_1)Y(t_2)] \tag{10.5}$$

称为随机过程 $X(t)$ 和 $Y(t)$ 的互相关函数．

$X(t_1)$ 和 $Y(t_2)$ 的二阶中心混合矩

$$C_{XY}(t_1,t_2)=E\{[X(t_1)-\mu_X(t_1)][Y(t_2)-\mu_Y(t_2)]\} \tag{10.6}$$

称为随机过程 $X(t)$ 和 $Y(t)$ 的互协方差函数．并且有

$$C_{XY}(t_1,t_2)=R_{XY}(t_1,t_2)-\mu_X(t_1)\mu_Y(t_2). \tag{10.7}$$

定义 如果对任意 $t_1\in T_1$，$t_2\in T_2$，都有 $C_{XY}(t_1,t_2)=0$，亦即

$$E[X(t_1)\cdot Y(t_2)]=E[X(t_1)]\cdot E[Y(t_2)],$$

则称随机过程 $X(t)$ 和 $Y(t)$ 是不相关的．

显然，相互独立的两个随机过程必不相关．

事实上，由过程 $X(t)$ 与 $Y(t)$ 的相互独立性，对任意 $t_1\in T_1$，$t_2\in T_2$，必有 $X(t_1)$ 与 $Y(t_2)$ 相互独立，所以 $E[X(t_1)\cdot Y(t_2)]=E[X(t_1)]\cdot E[Y(t_2)]$，即 $X(t)$ 和 $Y(t)$ 是不相关的．然而，不相关的两个随机过程却不一定相互独立．

例 3 设某接收机收到周期信号电压 $S(t)$ 和噪声电压 $N(t)$，且设 $E[N(t)]=0$，$N(t)$ 与 $S(t)$ 互不相关．试导出输出电压 $V(t)=S(t)+N(t)$ 的均值、自相关函

数与输入电压的数字特征的关系.

解 $V(t)$ 的均值函数为

$$\mu_V(t) = E[V(t)] = E[S(t) + N(t)]$$
$$= E[S(t)] + E[N(t)] = \mu_S(t).$$

$V(t)$ 的自相关函数为

$$R_V(t_1, t_2) = E[V(t_1) \cdot V(t_2)]$$
$$= E\{[S(t_1) + N(t_1)] \cdot [S(t_2) + N(t_2)]\}$$
$$= E[S(t_1) \cdot S(t_2)] + E[S(t_1) \cdot N(t_2)] + E[S(t_2) \cdot N(t_1)] +$$
$$E[N(t_1) \cdot N(t_2)],$$

由于 $N(t)$ 与 $S(t)$ 互不相关,有

$$E[S(t_1) \cdot N(t_2)] = E[S(t_1)] \cdot E[N(t_2)] = 0, E[S(t_2) \cdot N(t_1)] = E[S(t_2)] \cdot E[N(t_1)] = 0,$$

于是得到 $\qquad R_V(t_1, t_2) = R_S(t_1, t_2) + R_N(t_1, t_2).$

习题 10.3

1. 设随机过程 $Z(t) = X\cos\omega t + Y\sin\omega t$,其中 ω 是常数,X 和 Y 是相互独立的标准正态随机变量,求:$Z(t)$ 的均值函数和自相关函数.

2. 设随机过程 $Y(t) = e^{-tX}$,$t \in (-\infty, +\infty)$,其中 X 是在区间 $(0,1)$ 上服从均匀分布的随机变量,求:$Y(t)$ 的均值函数和自相关函数.

3. 设随机过程 $Z(t) = X + Yt$,其中 X 和 Y 都是随机变量,已知 X 与 Y 的协方差矩阵 $\boldsymbol{C} = \begin{pmatrix} \sigma_1^2 & r \\ r & \sigma_2^2 \end{pmatrix}$,求:$Z(t)$ 的自协方差函数.

4. 给定随机过程 $X(t)$ 和常数 a,设 $Y(t) = X(t+a) - X(t)$,试以 $X(t)$ 的自相关函数表示 $Y(t)$ 的自相关函数.

5. 给定随机过程 $X(t)$,定义另一个随机过程

$$Y(t) = Y(e; t, x) = \begin{cases} 1, & X(t) \leqslant x \\ 0, & X(t) > x \end{cases}, \quad x \text{ 是任意实数}.$$

试证:$Y(t)$ 的均值函数和自相关函数分别是 $X(t)$ 的一维分布函数和二维分布函数.

6. 设 $X(t)$ 是独立随机过程,且均值 $\mu_X(t) = \mu$ 是一个常数. 又随机过程 $Y(t) = X(t) + \varphi(t)$,其中 $\varphi(t)$ 是普通实函数. 求:(1) $Y(t)$ 的自相关函数;(2) $X(t)$ 和 $Y(t)$ 的互相关函数和互协方差函数.

第11章 平稳过程

平稳过程是一类特殊的随机过程，它的应用极为广泛.

11.1 严平稳过程

1. 严平稳过程的定义

定义1 设随机过程$\{X(t), t \in T\}$，如果对任意$t_1, t_2, \cdots, t_n \in T$，任意实数$\varepsilon$，有$t_1 + \varepsilon, t_2 + \varepsilon, \cdots, t_n + \varepsilon \in T$，对任意$n$维分布函数都成立

$$F(x_1, x_2, \cdots, x_n; t_1, t_2, \cdots, t_n)$$
$$= F(x_1, x_2, \cdots, x_n; t_1 + \varepsilon, t_2 + \varepsilon, \cdots, t_n + \varepsilon), n = 1, 2, \cdots,$$

则称$X(t)$为严平稳过程，或称狭义平稳过程.

严平稳过程的含义是：过程的任何有限维概率分布与参数t的原点选取无关，过点$(t_1, t_2, \cdots, t_n)$的直线

$$l: \frac{\tau_1 - t_1}{1} = \frac{\tau_2 - t_2}{1} = \cdots = \frac{\tau_n - t_n}{1} = \varepsilon,$$

在直线l上，有

$$F(x_1, x_2, \cdots, x_n; \tau_1, \tau_2, \cdots, \tau_n) = F(x_1, x_2, \cdots, x_n; t_1, t_2, \cdots, t_n).$$

2. 严平稳过程的一维分布函数、二维分布函数的性质

设随机过程$\{X(t), t \in T\}$是严平稳过程. 特殊地，取$\varepsilon = t_1, t_2 - t_1 = \tau$，则一维分布函数为

$$F_1(x_1; t_1) = F_1(x_1; 0 + \varepsilon) = F_1(x_1; 0) = F_1(x_1),$$

二维分布函数为

$$F_2(x_1, x_2; t_1, t_2) = F_2(x_1, x_2; 0 + \varepsilon, \tau + \varepsilon)$$
$$= F_2(x_1, x_2; 0, \tau) = F_2(x_1, x_2; \tau).$$

上式表明，严平稳过程的一维分布函数$F_1(x_1)$不依赖于参数t，二维分布函数$F_2(x_1, x_2; \tau)$仅依赖于参数间距$\tau = t_2 - t_1$，而与t_1, t_2本身无关.

3. 离散状态随机过程 $X(t)$ 严平稳性条件

离散状态随机过程 $\{X(t),\ t\in T\}$ 的严平稳性的条件：对任意 t_1, t_2, $\cdots$, $t_n\in T$, 任意实数 ε, 有 $t_1+\varepsilon$, $t_2+\varepsilon$, $\cdots$, $t_n+\varepsilon\in T$, 且存在

$$P\{X(t_1)=x_1, X(t_2)=x_2,\cdots,X(t_n)=x_n\}$$
$$=P\{X(t_1+\varepsilon)=x_1, X(t_2+\varepsilon)=x_2,\cdots,X(t_n+\varepsilon)=x_n\}.$$

4. 连续状态随机过程 $X(t)$ 严平稳性条件

连续状态随机过程 $\{X(t),\ t\in T\}$ 的严平稳性的条件：对任意 t_1, t_2, $\cdots$, $t_n\in T$, 任意实数 ε, 有 $t_1+\varepsilon$, $t_2+\varepsilon$, $\cdots$, $t_n+\varepsilon\in T$, 且存在

$$f(x_1,x_2,\cdots,x_n;t_1,t_2,\cdots,t_n)=f(x_1,x_2,\cdots,x_n;t_1+\varepsilon,t_2+\varepsilon,\cdots,t_n+\varepsilon).$$

设随机过程 $\{X(t),\ t\in T\}$ 是连续状态的严平稳过程，取 $\varepsilon=-t_1$, $t_2-t_1=\tau$, 则有一维概率密度函数

$$f_1(x_1;t_1)=f_1(x_1;t_1+\varepsilon)=f_1(x_1;0)=f_1(x_1),$$

二维概率密度函数

$$f_2(x_1,x_2;t_1,t_2)=f_2(x_1,x_2;t_1+\varepsilon,t_2+\varepsilon)$$
$$=f_2(x_1,x_2;0,\tau)=f_2(x_1,x_2;\tau).$$

5. 严平稳过程的数字特征的性质

以 $\{X(t),\ t\in T\}$ 为连续状态严平稳过程为例.

$$E[X(t)]=\int_{-\infty}^{+\infty}xf_1(x,t)\mathrm{d}x=\int_{-\infty}^{+\infty}xf_1(x)\mathrm{d}x$$
$$=\mu_X\ (\text{常数}).$$

$$E[X^2(t)]=\int_{-\infty}^{+\infty}x^2f_1(x,t)\mathrm{d}x=\int_{-\infty}^{+\infty}x^2f_1(x)\mathrm{d}x$$
$$=\Psi_X^2\ (\text{常数}).$$

$$D[X(t)]=E[X^2(t)]-\{E[X(t)]\}^2=\Psi_X^2-\mu_X^2$$
$$=\sigma_X^2\ (\text{常数}).$$

$$E[X(t)X(t+\tau)]=\int_{-\infty}^{+\infty}\int_{-\infty}^{+\infty}x_1x_2f_2(x_1,x_2;t,t+\tau)\mathrm{d}x_1\mathrm{d}x_2$$
$$=\int_{-\infty}^{+\infty}\int_{-\infty}^{+\infty}x_1x_2f_2(x_1,x_2;\tau)\mathrm{d}x_1\mathrm{d}x_2=R_X(\tau)$$

（仅依赖于 τ, 而不依赖于 t）.

$$E\{[X(t)-EX(t)][X(t+\tau)-EX(t+\tau)]\}$$
$$=E[X(t)X(t+\tau)]-E[X(t)]E[X(t+\tau)]$$
$$=R_X(\tau)-\mu_X^2=C_X(\tau).$$

于是得到以下定理.

定理 设$\{X(t), t \in T\}$是严平稳过程,如果该过程的二阶矩存在,那么

1) $E[X(t)] = \mu_X$,$E[X^2(t)] = \Psi_X^2$,$D[X(t)] = \sigma_X^2$,三个均为常数,并且与参数t无关;

2) $E[X(t)X(t+\tau)] = R_X(\tau)$和$E\{[X(t)-EX(t)][X(t+\tau)-EX(t+\tau)]\} = C_X(\tau)$仅依赖于参数间距$\tau$,而不依赖于$t$.

数字特征的这一性质也称为平稳性.

定理1的逆定理是不成立的.满足定理1中1)和2)的$X(t)$不一定满足严平稳条件,从而$X(t)$不一定是严平稳过程.

下面来看两个例题.

例1(伯努利(Bernoulli)序列) 独立重复地进行某项试验,每次试验成功的概率为$p(0 < p < 1)$,失败的概率为$1-p$.以X_n表示第n次试验成功的次数,试证:$\{X_n, n = 1, 2, 3, \cdots\}$是严平稳过程.

证明 设$\{X_n = 0\}$ = "第n次试验失败",$\{X_n = 1\}$ = "第n次试验成功",则

$$P\{X_n = k\} = p^k(1-p)^{1-k}, \quad k = 0, 1,$$

且$\{X_n, n = 1, 2, \cdots\}$是独立随机序列.

任取m个正整数:$i_1, i_2, \cdots, i_m$,m维分布律

$$P\{X_{i_1} = k_1, X_{i_2} = k_2, \cdots, X_{i_m} = k_m\}$$

$$= \prod_{r=1}^{m} P\{X_{i_r} = k_r\}$$

$$= \prod_{r=1}^{m} p^{k_r}(1-p)^{1-k_r}, \quad k_r = 0, 1.$$

m维分布律不依赖于$i_1, i_2, \cdots, i_m$,对任意正整数l,必有

$$P\{X_{i_1+l} = k_1, X_{i_2+l} = k_2, \cdots, X_{i_m+l} = k_m\}$$

$$= \prod_{r=1}^{m} P\{X_{i_r+l} = k_r\} = \prod_{r=1}^{m} p^{k_r}(1-p)^{1-k_r}$$

$$= P\{X_{i_1} = k_1, X_{i_2} = k_2, \cdots, X_{i_m} = k_m\},$$

故伯努利序列$\{X_n, n = 1, 2, 3, \cdots\}$是严平稳过程.

例2 设X,Y是相互独立的标准正态随机变量,$Z(t) = (X^2 + Y^2)t$,$t > 0$.试证:随机过程$Z(t)$不是严平稳过程,$Z(t)$的数字特征也不具有平稳性.

证明 首先求$Z(t)$的一维分布函数,由题设可知$X \sim N(0, 1)$,$Y \sim N(0, 1)$,X与Y独立,X与Y的联合概率密度为

$$f(x, y) = \frac{1}{2\pi} e^{-\frac{x^2+y^2}{2}}, \quad -\infty < x, y < +\infty,$$

$$F(z; t) = P\{Z(t) \leqslant z\}$$

$$= P\{(X^2 + Y^2)t \leqslant z\}$$

$$= P\left\{X^2 + Y^2 \leqslant \frac{z}{t}\right\}.$$

(1) 若 $z \leqslant 0$，则 $F(z; t) = 0$；

(2) 若 $z > 0$，则

$$F(z; t) = \iint\limits_{x^2 + y^2 \leqslant \frac{z}{t}} f(x, y) \mathrm{d}x \mathrm{d}y$$

$$= \iint\limits_{x^2 + y^2 \leqslant \frac{z}{t}} \frac{1}{2\pi} \mathrm{e}^{-\frac{x^2 + y^2}{2}} \mathrm{d}x \mathrm{d}y$$

$$= \int_0^{2\pi} \int_0^{\sqrt{\frac{z}{t}}} \frac{1}{2\pi} \mathrm{e}^{-\frac{r^2}{2}} r \mathrm{d}r \mathrm{d}\theta$$

$$= 2\pi \cdot \frac{1}{2\pi} \left(-\mathrm{e}^{-\frac{r^2}{2}}\right)\Big|_0^{\sqrt{\frac{z}{t}}} = 1 - \mathrm{e}^{-\frac{z}{2t}},$$

于是 $F(z; t) = \begin{cases} 1 - \mathrm{e}^{-\frac{z}{2t}}, & z > 0 \\ 0, & z \leqslant 0 \end{cases}$，显然它依赖于参数 t，故对任意实数 ε，$F(z; t) \neq$

$F(z; t+\varepsilon)$，即 $Z(t)$ 不是严平稳过程.

$Z(t)$ 的一维概率密度 $f(z; t) = \begin{cases} \dfrac{1}{2t} \mathrm{e}^{-\frac{z}{2t}}, & z > 0 \\ 0, & z \leqslant 0 \end{cases}$ 服从参数为 $\lambda = \dfrac{1}{2t}$ 的指数分

布，$E[Z(t)] = \dfrac{1}{\lambda} = 2t$ 依赖于 t，即 $Z(t)$ 的均值函数不满足平稳性.

习题 11.1

1. 设 $\{X_n, n \geqslant 0\}$ 是独立同分布的随机变量序列，且 $X_n \sim U(0, 1)$，$n = 0, 1, 2, \cdots$，讨论 $\{X_n, n \geqslant 0\}$ 是否为严平稳过程，并求其一维和二维分布.

2. 设 η 是概率空间 (Ω, F, P) 上的一个随机变量，其密度为

$f(x) = \begin{cases} 0, & |x| \leqslant 2 \\ c/x^2 \ln |x|, & |x| > 2 \end{cases}$，其中 c 为常数，由 $\int_{-\infty}^{+\infty} f(x)\mathrm{d}x = 1$ 决定，取

$X(t) = \eta$，试说明 $\{X(t), t \in T\}$ 是严平稳过程，但其均值函数不存在.

11.2 广义平稳过程

1. 广义平稳过程的定义

定义 1 设随机过程 $\{X(t), t \in T\}$，如果对于任意 $t \in T$，满足

1) $E[X^2(t)]$ 存在且有限；

2) $E[X(t)]=\mu_X$ 是常数；

3) 对任意 $t+\tau\in T$，$E[X(t)X(t+\tau)]=R_X(\tau)$ 仅依赖于 τ，而与 t 无关，

则称 $X(t)$ 为广义平稳过程或称宽平稳过程，简称平稳过程.

参数集 T 为整数集或可列集的平稳过程又称为平稳序列，或称平稳时间序列.

2. 广义平稳过程的数字特征的性质

设 $\{X(t),t\in T\}$ 是平稳过程，则有

1) $E[X(t)X(t+\tau)]=R_X(\tau)$ 仅依赖于 τ，而与 t 无关；

2) $E[X(t)]=\mu_X$ 是常数；

3) $\Psi_X^2=E[X^2(t)]=E[X(t)X(t+0)]=R_X(0)$ 是常数；

4) $D[X(t)]=E[X^2(t)]-\{E[X(t)]\}^2=\Psi_X^2-\mu_X^2=\sigma_X^2$ 是常数；

5) $C_X(t,t+\tau)=\mathrm{Cov}[X(t),X(t+\tau)]$
$$=E[X(t)X(t+\tau)]-E[X(t)]E[X(t+\tau)]$$
$$=R_X(\tau)-\mu_X^2=C_X(\tau)$$

仅依赖于 τ，而与 t 无关.

3. 平稳过程的例子

例 1 随机相位正弦波 $X(t)=a\cos(\omega t+\Theta)$，其中 a 和 ω 是常数，Θ 是区间 $(0,2\pi)$ 上服从均匀分布的随机变量. 验证：$X(t)$ 是平稳过程.

验证 $E[X(t)]=E[a\cos(\omega t+\Theta)]=\displaystyle\int_0^{2\pi}a\cos(\omega t+\theta)\frac{1}{2\pi}\mathrm{d}\theta=0$ 是常数，

$E[X(t)X(t+\tau)]=E[a\cos(\omega t+\Theta)\cdot a\cos(\omega(t+\tau)+\Theta)]=\dfrac{a^2}{2}\cos\omega\tau$ 仅依赖于 τ，

$E[X^2(t)]=\dfrac{a^2}{2}\cos\omega\tau\big|_{\tau=0}=\dfrac{a^2}{2}$ 是常数，所以，$X(t)=a\cos(\omega t+\Theta)$ 是平稳过程.

例 2 随机振幅正弦波 $Z(t)=X\cos 2\pi t+Y\sin 2\pi t$，其中 X 和 Y 都是随机变量，且 $EX=EY=0$，$DX=DY=1$，$E(XY)=0$. 验证：$Z(t)$ 是平稳过程.

验证 由已给条件知 $EX^2=EY^2=1$，

$\quad\quad E[Z(t)]=E(X\cos 2\pi t+Y\sin 2\pi t)$
$\quad\quad\quad\quad\quad=\cos 2\pi t\cdot EX+\sin 2\pi t\cdot EY=0,$

$E[Z(t)Z(t+\tau)]=E\{(X\cos 2\pi t+Y\sin 2\pi t)\cdot[X\cos 2\pi(t+\tau)+Y\sin 2\pi(t+\tau)]\}$
$\quad\quad\quad\quad\quad=\cos 2\pi t\cos 2\pi(t+\tau)+\sin 2\pi t\sin 2\pi(t+\tau)$
$\quad\quad\quad\quad\quad=\cos 2\pi\tau,$

$\quad\quad E[Z^2(t)]=1.$

所以，$Z(t)$ 是平稳过程.

例 3（白噪声序列） 互不相关的随机变量序列 $\{X_n,n=0,\pm 1,\pm 2,\cdots\}$，

$EX_n = 0$，$DX_n = \sigma^2 \neq 0$，验证其是一个平稳序列.

验证 取 τ 为任意非零整数，由 X_n 与 $X_{n+\tau}$ 互不相关，有

$$E(X_n X_{n+\tau}) = E(X_n) \cdot E(X_{n+\tau}) = 0,$$
$$EX_n^2 = DX_n + (EX_n)^2 = \sigma^2,$$

所以，$\{X_n, n = 0, \pm 1, \pm 2, \cdots\}$ 是一个平稳序列.

例 4（通信系统中的加密序列） 设 $\{\xi_0, \eta_0, \xi_1, \eta_1, \cdots, \xi_n, \eta_n, \cdots\}$ 是相互独立的随机变量序列. $\xi_n (n = 0, 1, 2, \cdots)$ 同分布，$\eta_n (n = 0, 1, 2, \cdots)$ 同分布，$E\xi_n = E\eta_n = 0$，$D\xi_n = D\eta_n = \sigma^2 \neq 0$. 设 $X_n = \xi_n + \eta_n + (-1)^n (\xi_n - \eta_n)$，验证：加密序列 $\{X_n, n = 0, 1, 2, \cdots\}$ 是平稳序列.

验证 $X_n = [1 + (-1)^n]\xi_n + [1 + (-1)^{n+1}]\eta_n$，则

1）$EX_n = 0$；

2）$EX_n^2 = DX_n + (EX_n)^2 = DX_n$

$$= [1 + (-1)^n]^2 D\xi_n + [1 + (-1)^{n+1}]^2 D\eta_n = 4\sigma^2;$$

3）τ 为任意正整数，X_n 与 $X_{n+\tau}$ 相互独立，且

$$E(X_n X_{n+\tau}) = EX_n \cdot EX_{n+\tau} = 0,$$
$$E(X_n X_n) = 4\sigma^2,$$

所以，$\{X_n, n = 0, 1, 2, \cdots\}$ 是平稳序列.

例 5（随机电报信号） 电报信号用电流 I 或 $-I$ 给出，任意时刻 t 的电报信号 $X(t)$ 是 I 或 $-I$ 的概率各为 $\frac{1}{2}$. 又以 $N(t)$ 表示时段 $[0, t)$ 内信号变化的次数，已知 $\{N(t), t \geq 0\}$ 是一泊松过程，验证：$\{X(t), t \geq 0\}$ 是一个平稳过程.

验证 1）$E[X(t)] = IP\{X(t) = I\} + (-I)P\{X(t) = -I\} = \frac{I}{2} - \frac{I}{2} = 0$；

2）$E[X(t)X(t+\tau)]$

$$= I^2 P\{X(t)X(t+\tau) = I^2\} + (-I^2)P\{X(t)X(t+\tau) = -I^2\}$$

$$= I^2 \sum_{n=0}^{+\infty} P\{N(t+\tau) - N(t) = 2n\} - I^2 \sum_{n=0}^{+\infty} P\{N(t+\tau) - N(t) = 2n+1\},$$

由泊松过程的定义可知

$$P\{N(t+\tau) - N(t) = k\} = \frac{(\lambda|\tau|)^k}{k!} e^{-\lambda|\tau|}, \quad \lambda > 0, \ k = 0, 1, 2, \cdots,$$

于是得到

$$E[X(t)X(t+\tau)]$$

$$= I^2 \sum_{n=0}^{+\infty} \frac{(\lambda|\tau|)^{2n}}{(2n)!} e^{-\lambda|\tau|} - I^2 \sum_{n=0}^{+\infty} \frac{(\lambda|\tau|)^{2n+1}}{(2n+1)!} e^{-\lambda|\tau|}$$

$$= I^2 e^{-\lambda|\tau|} \left[\sum_{n=0}^{+\infty} \frac{(-\lambda|\tau|)^{2n}}{(2n)!} + \sum_{n=0}^{+\infty} \frac{(-\lambda|\tau|)^{2n+1}}{(2n+1)!} \right]$$

$$= I^2 e^{-\lambda|\tau|} \sum_{n=0}^{+\infty} \frac{(-\lambda|\tau|)^n}{n!} = I^2 e^{-\lambda|\tau|} \cdot e^{-\lambda|\tau|} = I^2 e^{-2\lambda|\tau|};$$

3)$E[X^2(t)] = I^2$,所以,$\{X(t), t \geqslant 0\}$是一个平稳过程.

4. 严平稳过程与广义平稳过程的关系

由第 11.1 节定理 1 和第 11.2 节定义 1 可得下面的推论.

推论 存在二阶矩的严平稳过程必定是广义平稳过程. 广义平稳过程不一定是严平稳过程. 严平稳过程(如果二阶矩不存在)不一定是广义平稳过程.

5. 两个平稳过程的关系

广义平稳过程简称平稳过程.

定义 2 设 $X(t)$ 和 $Y(t)$ 是两个平稳过程,如果互相关函数

$$E[X(t)Y(t+\tau)] = R_{XY}(\tau)$$

仅是参数间距 τ 的函数,则称 $X(t)$ 与 $Y(t)$ 平稳相关,或称 $X(t)$ 与 $Y(t)$ 是联合平稳的. 此时

$$\begin{aligned}
C_{XY}(\tau) &= \mathrm{Cov}[X(t), Y(t+\tau)] \\
&= E[X(t)Y(t+\tau)] - E[X(t)]E[Y(t+\tau)] \\
&= R_{XY}(\tau) - \mu_X\mu_Y.
\end{aligned}$$

定义 3 将

$$\rho_{XY}(\tau) = \frac{C_{XY}(\tau)}{\sqrt{C_X(0) \cdot C_Y(0)}} \tag{11.1}$$

称为标准互协方差函数.

特别地,当 $\rho_{XY}(\tau) = 0$ 时,称两个平稳过程 $X(t)$ 与 $Y(t)$ 不相关.

$$C_X(0) = \mathrm{Cov}[X(t), X(t)] = E[X(t) - EX(t)]^2 = DX(t) = \sigma_X^2 (\text{常数}),$$
$$C_Y(0) = \mathrm{Cov}[Y(t), Y(t)] = E[Y(t) - EY(t)]^2 = DY(t) = \sigma_Y^2 (\text{常数}).$$

习题 11. 2

1. 设 $Y(t) = \sin Xt$,X 是在区间 $[0, 2\pi]$ 上服从均匀分布的随机变量. 试证:(1)$\{Y(n), n = 1, 2, \cdots\}$ 是平稳序列;(2)$\{Y(t), t \in (-\infty, +\infty)\}$ 不是平稳过程.

2. 设随机过程 $X(t)$ 的均值函数 $\mu_X(t) = at + b (a \neq 0)$,自协方差函数 $C_X(t_1, t_2) = e^{-\lambda|t_1 - t_2|}$,$\lambda > 0$,给定 $l > 0$,令 $Y(t) = X(t+l) - X(t)$,(1)求:$Y(t)$ 的均值函数、自相关函数、均方值函数;(2)判定 $Y(t)$ 是否是广义平稳过程?

3. 设 $Y(t) = X\sin(\omega t + \Theta)$，$-\infty < t < +\infty$，其中 ω 是常数，X 与 Θ 是相互独立的随机变量，且 $X \sim N(0, 1)$，$\Theta \sim U[0, 2\pi]$. (1) 求：$Y(t)$ 的均值函数和自相关函数. (2) $Y(t)$ 是不是平稳过程？

4. 设 $Z(t) = X\sin\omega t + Y\cos\omega t$，其中 ω 是常数，X 与 Y 是相互独立的随机变量，且 $X \sim N(0, 1)$，$Y \sim U[-\sqrt{3}, \sqrt{3}]$，试证：$Z(t)$ 是广义平稳过程.

11.3 正态平稳过程

1. 正态过程的定义

定义 1 设随机过程 $\{X(t), t \in T\}$，如果对任意正整数 n，任意 t_1，t_2，$\cdots$，$t_n \in T$，$(X(t_1), X(t_2), \cdots, X(t_n))$ 都服从正态分布，则称 $\{X(t), t \in T\}$ 为正态过程，又称高斯过程.

$(X(t_1), X(t_2), \cdots, X(t_n))$ 服从正态分布，即 n 维随机变量 $(X(t_1), X(t_2), \cdots, X(t_n))$ 的概率密度为

$$f_n(x_1, x_2, \cdots, x_n; t_1, t_2, \cdots, t_n) = \frac{1}{(2\pi)^{n/2}(\det \boldsymbol{C})^{1/2}} \exp\left[-\frac{1}{2}(\boldsymbol{x} - \boldsymbol{\mu})^{\mathrm{T}} \boldsymbol{C}^{-1}(\boldsymbol{x} - \boldsymbol{\mu})\right],$$

其中 $\boldsymbol{x} = \begin{pmatrix} x_1 \\ x_2 \\ \vdots \\ x_n \end{pmatrix}$，$\boldsymbol{\mu} = \begin{pmatrix} \mu_X(t_1) \\ \mu_X(t_2) \\ \vdots \\ \mu_X(t_n) \end{pmatrix}$，协方差矩阵

$$\boldsymbol{C} = (C_{ij})_{n \times n}, \quad C_{ij} = \mathrm{Cov}[X(t_i), X(t_j)].$$

设 $\{X(t), t \in T\}$ 为正态过程，则对 $t_1 \in T$，有 $X(t_1) \sim N(\mu_X(t_1), \sigma_X^2(t_1))$. 对任意 t_1，$t_2 \in T$，有 $(X(t_1), X(t_2)) \sim N(\mu_X(t_1), \sigma_X^2(t_1); \mu_X(t_2), \sigma_X^2(t_2); \rho)$，其中，

$$\rho = \frac{C_X(t_1, t_2)}{\sqrt{\sigma_X^2(t_1)} \cdot \sqrt{\sigma_X^2(t_2)}}.$$

2. 独立正态过程的定义

如果 $\{X(t), t \in T\}$ 是正态过程，同时又是独立过程，则称 $\{X(t), t \in T\}$ 为独立正态过程.

对正态过程 $\{X(t), t \in T\}$，如果 T 是可列集，$T = \{t_1, t_2, \cdots, t_n, \cdots\}$，即 $X(t) = X_t$，则称 $\{X_t, t = t_1, t_2, \cdots, t_n, \cdots\}$ 为正态序列.

3. 正态平稳过程

设 $\{X(t), t \in T\}$ 是正态过程，于是 $X(t)$ 服从正态分布，由此知 $\Psi_X^2(t) =$

$E[X^2(t)]$ 必存在，即二阶矩存在.

定义 2 如果正态过程 $X(t)$ 是（广义）平稳过程，则称 $X(t)$ 为正态平稳过程.

4. 正态平稳过程的性质

设 $\{X(t),\ t\in T\}$ 是正态平稳过程，则有

$$\mu_X(t)=\mu_X=\mu_X(t+\varepsilon),$$

$$C_X(t_i,\ t_j)=C_X(t_j-t_i)=C_X(t_i+\varepsilon,\ t_j+\varepsilon),$$

从而得出

$$f_n(x_1,\ x_2,\ \cdots,\ x_n;\ t_1,\ t_2,\ \cdots,\ t_n)=\frac{1}{(2\pi)^{n/2}(\det\boldsymbol{C})^{1/2}}\exp\Big[-\frac{1}{2}(\boldsymbol{x}-\boldsymbol{\mu})^{\mathrm{T}}\boldsymbol{C}^{-1}(\boldsymbol{x}-\boldsymbol{\mu})\Big]$$

$$=f_n(x_1,\ x_2,\ \cdots,\ x_n;\ t_1+\varepsilon,\ t_2+\varepsilon,\ \cdots,\ t_n+\varepsilon),$$

即 $X(t)$ 又是严平稳过程. 于是有以下定理.

定理 1 设 $X(t)$ 是正态过程. 则 $X(t)$ 为严平稳过程 $\Leftrightarrow X(t)$ 为广义平稳过程.

例 1 设正态过程 $\{X(t),\ -\infty<t<+\infty\}$ 的均值函数 $\mu_X(t)=0$，自相关函数 $R_X(t_1,\ t_2)=R_X(t_2-t_1)$，试写出该过程的一维、二维服从的分布.

解 根据题设条件知 $X(t)$ 服从正态分布，$(X(t_1),\ X(t_2))$ 服从二维正态分布，$E[X(t)]=\mu_X(t)=0$，$D[X(t)]=E[X^2(t)]-\{E[X(t)]\}^2=R_X(t,\ t)=R_X(0)$，即得 $X(t)\sim N(0,\ R_X(0))$，$E[X(t_i)]=\mu_X(t_i)=0$，$D[X(t_i)]=R_X(0)$，$i=1,\ 2$，

$$\mathrm{Cov}(X(t_1),\ X(t_2))=E[X(t_1)X(t_2)]-E[X(t_1)]\cdot E[X(t_2)]$$

$$=R_X(t_1,\ t_2)=R_X(t_2-t_1),$$

$$\rho=\frac{\mathrm{Cov}(X(t_1),\ X(t_2))}{\sqrt{DX(t_1)}\cdot\sqrt{DX(t_2)}}=\frac{R_X(t_2-t_1)}{R_X(0)},$$

于是 $\quad (X(t_1),\ X(t_2))\sim N\Big(0,\ R_X(0);\ 0,\ R_X(0);\ \dfrac{R_X(t_2-t_1)}{R_X(0)}\Big).$

例 2 设 $X(t)$ 是正态平稳过程，且 $E[X(t)]=\mu_X(t)=0$，令

$$Y(t)=\begin{cases}1,\quad \text{当 } X(t)<0\\0,\quad \text{当 } X(t)\geqslant0\end{cases},$$

证明：$Y(t)$ 是平稳过程.

证明 因为 $X(t)$ 是平稳过程，所以 $R_X(t_1,\ t_2)=R_X(t_2-t_1)$，又 $X(t)$ 是正态过程，且 $E[X(t)]=\mu_X(t)=0$，由上例知道，$X(t)\sim N(0,\ R_X(0))$，

$$(X(t_1),\ X(t_2))\sim N\Big(0,\ R_X(0);\ 0,\ R_X(0);\ \frac{R_X(t_2-t_1)}{R_X(0)}\Big),$$

其概率密度为

$$f(x_1, x_2; t_1, t_2) = f(x_1, x_2; t_2 - t_1),$$

$$P\{Y(t) = 1\} = P\{X(t) < 0\} = \frac{1}{2}, \ P\{Y(t) = 0\} = P\{X(t) \geqslant 0\} = \frac{1}{2},$$

$$E[Y^2(t)] = 1 \cdot P\{Y(t) = 1\} + 0 \cdot P\{Y(t) = 0\} = \frac{1}{2} \text{（是常数）},$$

$E[Y^2(t)] = \dfrac{1}{2}$ 存在且有限，所以

$$\begin{aligned}
E[Y(t)Y(t+\tau)] &= 1 \times 1 \times P\{Y(t) = 1, Y(t+\tau) = 1\} + \\
&\quad\ 1 \times 0 \times P\{Y(t) = 1, Y(t+\tau) = 0\} + \\
&\quad\ 0 \times 1 \times P\{Y(t) = 0, Y(t+\tau) = 1\} + \\
&\quad\ 0 \times 0 \times P\{Y(t) = 0, Y(t+\tau) = 0\} \\
&= P\{Y(t) = 1, Y(t+\tau) = 1\} \\
&= P\{X(t) < 0, X(t+\tau) < 0\} \\
&= \iint\limits_{\substack{x_1 < 0 \\ x_2 < 0}} f(x_1, x_2; \tau) \mathrm{d}x_1 \mathrm{d}x_2 = F_X(0, 0; \tau)
\end{aligned}$$

仅依赖于 τ，故 $Y(t)$ 是平稳过程.

习题 11.3

1. 设随机过程 $X(t) = U\cos\omega t + V\sin\omega t$，$t \geqslant 0$，其中 ω 为常数，$E(U) = E(V) = 0$，$E(U^2) = E(V^2) = \sigma^2$，且 U 和 V 是相互独立的正态变量，试证：$\{X(t), t \geqslant 0\}$ 为正态过程，并求其一维概率密度和二维概率密度.

2. 已知 A 和 B 相互独立同服从 $N(0, \sigma^2)$ 分布，α 为一实常数，求：$X(t) = A\cos\alpha t + B\sin\alpha t$，$t \geqslant 0$ 的均值函数、协方差函数和有限维分布.

3. 已知随机变量 R 和 Θ 相互独立，R 服从瑞利（Rayleigh）分布，即其概率密度函数为 $p_R(r) = \begin{cases} \dfrac{r}{\sigma^2}\exp\left(-\dfrac{r^2}{2\sigma^2}\right), & r \geqslant 0 \\ 0, & r < 0 \end{cases}$，$\Theta$ 服从区间 $(0, 2\pi)$ 上的均匀分布，对 $-\infty < t < +\infty$，令 $X(t) = R\cos(\omega t + \Theta)$，其中 ω 是常数. 求证：$\{X(t), -\infty < t < +\infty\}$ 是一正态过程. ［提示：$X(t) = R\cos\Theta\cos\omega t - R\sin\Theta\sin\omega t$.］

11.4　遍历过程

1. 时间均值和时间相关函数

设随机过程 $\{X(t), t \in T = (-\infty, +\infty)\}$，任意固定 $e \in S$，样本函数

$X(e, t) = x(t)$，样本函数 $x(t)$ 在区间 $[-l, l]$ $(l > 0)$ 上的函数平均值定义为

$$\overline{x(t)} = \frac{1}{2l} \int_{-l}^{l} x(t) \mathrm{d}t,$$

$x(t)$ 在 $(-\infty, +\infty)$ 上的函数平均值定义为

$$\overline{x(t)} = \lim_{l \to +\infty} \frac{1}{2l} \int_{-l}^{l} x(t) \mathrm{d}t.$$

当 e 变化时，

$$\overline{X(t)} = \overline{X(e, t)} = \lim_{l \to +\infty} \frac{1}{2l} \int_{-l}^{l} X(e, t) \mathrm{d}t.$$

定义 1 将 $\overline{X(t)} = \overline{X(e, t)} = \lim\limits_{l \to +\infty} \frac{1}{2l} \int_{-l}^{l} X(e, t) \mathrm{d}t$ 称为随机过程 $X(t)$ 对于参数 t 的平均值，通常称为随机过程 $X(t)$ 的时间均值.

显然 $\overline{X(t)} = \overline{X(e, t)} = \lim\limits_{l \to +\infty} \frac{1}{2l} \int_{-l}^{l} X(e, t) \mathrm{d}t$ 是一个随机变量. 在任意 t 处，给定任意实数 τ，过程在 t 和 $t + \tau$ 的两个状态的乘积 $X(e, t) X(e, t+\tau)$ 在区间 $(-\infty, +\infty)$ 上的平均值记为

$$\overline{X(t) X(t+\tau)} = \overline{X(e, t) X(e, t+\tau)} = \lim_{l \to +\infty} \frac{1}{2l} \int_{-l}^{l} X(e, t) X(e, t+\tau) \mathrm{d}t.$$

定义 2 称 $\overline{X(t) X(t+\tau)} = \overline{X(e, t) X(e, t+\tau)} = \lim\limits_{l \to +\infty} \frac{1}{2l} \int_{-l}^{l} X(e, t) X(e, t+\tau) \mathrm{d}t$ 为随机过程 $X(t)$ 的时间相关函数.

显然 $\overline{X(t) X(t+\tau)} = \overline{X(e, t) X(e, t+\tau)} = \lim\limits_{l \to +\infty} \frac{1}{2l} \int_{-l}^{l} X(e, t) X(e, t+\tau) \mathrm{d}t$ 是一个随机过程.

对于随机过程 $\{X(t), t \in T = [0, +\infty)\}$，此时，时间均值 $\overline{X(t)} = \lim\limits_{l \to +\infty} \frac{1}{l} \int_{0}^{l} X(e, t) \mathrm{d}t$，时间相关函数为

$$\overline{X(t) X(t+\tau)} = \overline{X(e, t) X(e, t+\tau)} = \lim_{l \to +\infty} \frac{1}{l} \int_{0}^{l} X(e, t) X(e, t+\tau) \mathrm{d}t.$$

例 1 求：随机相位正弦波 $X(t) = a\cos(\omega t + \Theta)$ 的时间均值和时间相关函数.

解 时间均值为

$$\overline{X(t)} = \overline{X(e, t)} = \lim_{l \to +\infty} \frac{1}{2l} \int_{-l}^{l} X(e, t) \mathrm{d}t$$

$$= \lim_{l \to +\infty} \frac{1}{2l} \int_{-l}^{l} a\cos(\omega t + \Theta) \mathrm{d}t$$

$$= \lim_{l \to +\infty} \frac{a}{2l} \cdot \frac{1}{\omega} \sin(\omega t + \Theta) \Big|_{-l}^{l}$$

$$= \lim_{l \to +\infty} \frac{a}{2\omega} \frac{\sin(\omega l + \Theta) - \sin(-\omega l + \Theta)}{l} = 0,$$

时间相关函数为

$$\overline{X(t)X(t+\tau)} = \overline{X(e,t)X(e,t+\tau)} = \lim_{l \to +\infty} \frac{1}{2l} \int_{-l}^{l} X(e,t)X(e,t+\tau) \mathrm{d}t$$

$$= \lim_{l \to +\infty} \frac{1}{2l} \int_{-l}^{l} a\cos(\omega t + \Theta) \cdot a\cos(\omega(t+\tau) + \Theta) \mathrm{d}t$$

$$= \lim_{l \to +\infty} \frac{a^2}{2l} \int_{-l}^{l} \frac{\cos\omega\tau + \cos(\omega(2t+\tau) + 2\Theta)}{2} \mathrm{d}t$$

$$= \frac{a^2}{2} \cos\omega\tau.$$

2. 各态遍历性

定义 3 设 $X(t)$ 是一个平稳过程$[T = (-\infty, +\infty)$ 或 $T = [0, +\infty)]$，即 $E[X(t)] = \mu_X$，$E[X^2(t)] = \Psi_X^2$ 为常数，$E[X(t)X(t+\tau)] = R_X(\tau)$.

1) 如果 $P\{\overline{X(t)} = E[X(t)] = \mu_X\} = 1$，则称过程 $X(t)$ 的均值具有各态遍历性；

2) 如果 $P\{\overline{X(t)X(t+\tau)} = E[X(t)X(t+\tau)] = R_X(\tau)\} = 1$，则称过程 $X(t)$ 的自相关函数具有各态遍历性.

3) 均值和自相关函数都具有各态遍历性的平稳过程称为遍历过程，或者说，该平稳过程具有遍历性.

3. 遍历过程的数字特征

对于遍历过程，通过一次试验获得的一个样本函数便可确定过程的数字特征.

设 $X(t)$ 是遍历过程，$x(t)$ 是它的一个样本函数，则在 $T = [0, +\infty)$ 的情况下，有

$$\mu_X = \lim_{l \to +\infty} \frac{1}{l} \int_0^l x(t) \mathrm{d}t,$$

$$R_X(\tau) = \lim_{l \to +\infty} \frac{1}{l} \int_0^l x(t)x(t+\tau) \mathrm{d}t.$$

当 l 适当增大时，将上式极限符号后面的积分作为 μ_X 和 $R_X(\tau)$ 的估计式，即有

$$\hat{\mu}_X = \frac{1}{l} \int_0^l x(t) \mathrm{d}t,$$

$$\hat{R}_X(\tau) = \frac{1}{l-\tau} \int_0^{l-\tau} x(t)x(t+\tau) \mathrm{d}t, \quad 0 \leqslant \tau < l.$$

如果试验只在时间区间 $[0，l]$ 内获得一条样本曲线，如图 11.1 所示，而难以确定它的函数表达式，那么可对上式进行近似数值计算，其方法是：把区间 $[0，l]$ 分成 N 等分，取 $\Delta t = \dfrac{l}{N}$，$t_k = k\Delta t$，$k = 0，1，2，\cdots，N$，则

$$\hat{\mu}_X = \frac{1}{l} \sum_{k=1}^{N} x(t_k) \Delta t = \frac{1}{N} \sum_{k=1}^{N} x(t_k),$$

取 $\tau_r = r\Delta t$，r 是非负整数，且 $r < N$，则

$$\hat{R}_X(\tau_r) = \frac{1}{l - \tau_r} \sum_{k=1}^{N-r} x(t_k) x(t_{k+r}) \Delta t$$

$$= \frac{1}{N - r} \sum_{k=1}^{N-r} x(t_k) x(t_{k+r}).$$

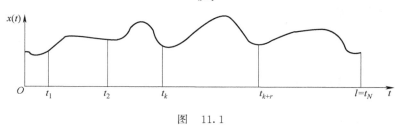

图　11.1

4. 遍历过程的例子

例 2　设 $X(t) = a\cos(\omega t + \Theta)$，$t \in (-\infty，+\infty)$，其中 a，$\omega(\neq 0)$ 是实常数，Θ 服从区间 $(0，2\pi)$ 上的均匀分布，讨论 $X(t)$ 的各态遍历性.

解　由前面例 1 的结果知 $X(t)$ 是平稳过程，且

$$\mu_X = E[X(t)] = 0,$$

$$R_X(\tau) = E[X(t)X(t+\tau)] = \frac{a^2}{2}\cos\omega\tau.$$

由上面的例 1 知

$$\overline{X(t)} = 0,$$

$$\overline{X(t)X(t+\tau)} = \frac{a^2}{2}\cos\omega\tau = R_X(\tau).$$

于是有

$$P\{\overline{X(t)} = E[X(t)] = \mu_X\} = P\{S\} = 1,$$

$$P\{\overline{X(t)X(t+\tau)} = E[X(t)X(t+\tau)] = R_X(\tau)\} = P\{S\} = 1,$$

故 $X(t)$ 是均值和自相关函数都具有各态遍历性的平稳过程，即 $X(t)$ 是遍历过程.

例 3　设 $X(t) = S(t + \Theta)$ 是以 T 为周期的随机相位周期过程，即满足（S 是周

期函数）$X(t+T)=S(t+T+\Theta)=S(t+\Theta)=X(t)$，其中 Θ 是在区间 $(0，T)$ 上服从均匀分布的随机变量. 试证：(1) $X(t)=S(t+\Theta)$ 是平稳过程；(2) $X(t)=S(t+\Theta)$ 是遍历过程.

证明　(1) Θ 的概率密度为

$$f(\theta)=\begin{cases}\dfrac{1}{T}, & 0<\theta<T, \\ 0, & \text{其他}\end{cases}$$

$$\mu_X(t)=E[X(t)]=E[S(t+\Theta)]=\int_{-\infty}^{+\infty}S(t+\theta)f(\theta)\,\mathrm{d}\theta$$

$$=\int_0^T S(t+\theta)\frac{1}{T}\mathrm{d}\theta=\frac{1}{T}\int_t^{t+T}S(u)\,\mathrm{d}u$$

$$=\frac{1}{T}\left[\int_t^0 S(u)\,\mathrm{d}u+\int_0^T S(u)\,\mathrm{d}u+\int_T^{t+T}S(u)\,\mathrm{d}u\right]$$

$$=\frac{1}{T}\int_0^T S(u)\,\mathrm{d}u\ (\text{常数}),$$

$$R_X(t,\ t+\tau)=E[X(t)X(t+\tau)]=E[S(t+\Theta)S(t+\tau+\Theta)]$$

$$=\int_0^T S(t+\theta)S(t+\tau+\theta)\frac{1}{T}\mathrm{d}\theta$$

$$=\frac{1}{T}\int_t^{t+T}S(u)S(u+\tau)\,\mathrm{d}u$$

$$=\frac{1}{T}\int_0^T S(u)S(u+\tau)\,\mathrm{d}u=R_X(\tau),$$

$\Psi_X^2(t)=E[X^2(t)]=R_X(0)$ 存在，所以 $X(t)=S(t+\Theta)$ 是平稳过程；

$$(2)\qquad \overline{X(t)}=\lim_{l\to+\infty}\frac{1}{2l}\int_{-l}^{l}S(t+\Theta)\,\mathrm{d}t$$

$$=\lim_{n\to+\infty}\frac{1}{2nT}\int_{-nT}^{nT}S(t+\Theta)\,\mathrm{d}t,$$

这是因为对任意 $l>1$，存在正整数 n，使得

$$l=nT+r,\ 0\leqslant r<T,\ l\to+\infty\Leftrightarrow n\to+\infty,\ \lim_{n\to+\infty}\frac{2nT}{2l}=1,$$

$$\frac{1}{2l}\int_{-l}^{l}S(t+\Theta)\,\mathrm{d}t=\frac{1}{2l}\left[\int_{-nT-r}^{-nT}S(t+\Theta)\,\mathrm{d}t+\int_{-nT}^{nT}S(t+\Theta)\,\mathrm{d}t+\int_{nT}^{nT+r}S(t+\Theta)\,\mathrm{d}t\right],$$

$$\left|\frac{1}{2l}\left[\int_{-nT-r}^{-nT}S(t+\Theta)\,\mathrm{d}t+\int_{nT}^{nT+r}S(t+\Theta)\,\mathrm{d}t\right]\right|$$

$$=\left|\frac{1}{2l}\left[\int_{-r}^{0}S(t+\Theta)\,\mathrm{d}t+\int_{0}^{r}S(t+\Theta)\,\mathrm{d}t\right]\right|$$

$$\leqslant \frac{1}{2l}\left[\int_{-r}^{0}\mid S(t+\Theta)\mid \mathrm{d}t + \int_{0}^{r}\mid S(t+\Theta)\mid \mathrm{d}t\right]$$

$$\leqslant \frac{1}{2l}\left[\int_{-T}^{0}\mid S(t+\Theta)\mid \mathrm{d}t + \int_{0}^{T}\mid S(t+\Theta)\mid \mathrm{d}t\right]$$

$$= \frac{1}{2l}\left[\int_{-T}^{0}\mid S(u)\mid \mathrm{d}t + \int_{0}^{T}\mid S(u)\mid \mathrm{d}t\right] \rightarrow 0 \quad (l\rightarrow +\infty)\ ,$$

$$\frac{1}{2nT}\int_{-nT}^{nT}S(t+\Theta)\mathrm{d}t = \frac{1}{2nT}\left[\int_{-nT}^{0}S(t+\Theta)\mathrm{d}t + \int_{0}^{nT}S(t+\Theta)\mathrm{d}t\right]$$

$$= \frac{1}{2nT}\left[\sum_{i=0}^{n-1}\int_{-(i+1)T}^{-(i+1)T+T}S(t+\Theta)\mathrm{d}t + \sum_{i=0}^{n-1}\int_{iT}^{iT+T}S(t+\Theta)\mathrm{d}t\right]$$

$$= \frac{1}{2nT}2n\int_{0}^{T}S(t+\Theta)\mathrm{d}t$$

$$= \frac{1}{T}\int_{\Theta}^{T+\Theta}S(u)\mathrm{d}u = \frac{1}{T}\int_{0}^{T}S(u)\mathrm{d}u = \mu_X(t)\ ,$$

于是
$$\overline{X(t)} = \lim_{l\rightarrow +\infty}\frac{1}{2l}\int_{-l}^{l}S(t+\Theta)\mathrm{d}t$$

$$= \lim_{n\rightarrow +\infty}\frac{1}{2nT}\int_{-nT}^{nT}S(t+\Theta)\mathrm{d}t$$

$$= \frac{1}{T}\int_{0}^{T}S(u)\mathrm{d}u = \mu_X(t)\ ,$$

$$\overline{X(t)X(t+\tau)} = \lim_{l\rightarrow +\infty}\frac{1}{2l}\int_{-l}^{l}S(t+\Theta)S(t+\tau+\Theta)\mathrm{d}t$$

$$= \lim_{n\rightarrow +\infty}\frac{1}{2nT}\int_{-nT}^{nT}S(t+\Theta)S(t+\tau+\Theta)\mathrm{d}t\ ,$$

$$\frac{1}{2nT}\int_{-nT}^{nT}S(t+\Theta)S(t+\tau+\Theta)\mathrm{d}t$$

$$= \frac{1}{2nT}\left[\int_{-nT}^{0}S(t+\Theta)S(t+\tau+\Theta)\mathrm{d}t + \int_{0}^{nT}S(t+\Theta)S(t+\tau+\Theta)\mathrm{d}t\right]$$

$$= \frac{1}{2nT}\left[\sum_{i=0}^{n-1}\int_{-(i+1)T}^{-(i+1)T+T}S(t+\Theta)S(t+\tau+\Theta)\mathrm{d}t + \sum_{i=0}^{n-1}\int_{iT}^{iT+T}S(t+\Theta)S(t+\tau+\Theta)\mathrm{d}t\right]$$

$$= \frac{1}{2nT}2n\int_{0}^{T}S(t+\Theta)S(t+\tau+\Theta)\mathrm{d}t$$

$$= \frac{1}{T}\int_{\Theta}^{T+\Theta}S(u)S(u+\tau)\mathrm{d}u$$

$$= \frac{1}{T}\int_{0}^{T}S(u)S(u+\tau)\mathrm{d}u = R_X(\tau)\ ,$$

从而

$$\overline{X(t)X(t+\tau)} = \lim_{l\to+\infty} \frac{1}{2l}\int_{-l}^{l} S(t+\Theta)S(t+\tau+\Theta)\,\mathrm{d}t$$

$$= \lim_{n\to+\infty} \frac{1}{2nT}\int_{-nT}^{nT} S(t+\Theta)S(t+\tau+\Theta)\,\mathrm{d}t$$

$$= \frac{1}{T}\int_{0}^{T} S(u)S(u+\tau)\,\mathrm{d}u = R_X(\tau),$$

所以有

$$P\{\overline{X(t)} = E[X(t)] = \mu_X\} = P\{S\} = 1,$$

$$P\{\overline{X(t)X(t+\tau)} = E[X(t)X(t+\tau)] = R_X(\tau)\} = P\{S\} = 1,$$

故 $X(t) = S(t+\Theta)$ 是遍历过程.

例 4 设平稳过程 $X(t)$ 的自相关函数 $R_X(\tau)$ 是以 T 为周期的周期函数, 证明: 对于任意 t, 等式 $X(t+T) = X(t)$ 以概率 1 成立.

证明 因为 $X(t)$ 是平稳过程, 所以 $E[X(t)] = \mu_X$ 是常数, $E[X^2(t)]$ 存在, $E[X(t)X(t+\tau)] = R_X(\tau)$, 令 $Y = X(t+T) - X(t)$, 则

$$EY = E[X(t+T) - X(t)] = 0.$$

因为 $P\{X(t+T) = X(t)\} = P\{X(t+T) - X(t) = 0\} = P\{Y = EY\}$, 所以,

$$P\{X(t+T) = X(t)\} = 1 \Leftrightarrow P\{Y = EY\} = 1,$$

又 $P\{Y = EY\} = 1 \Leftrightarrow DY = 0$, 从而问题归结为证明 $DY = 0$.

事实上,

$$DY = EY^2 - (EY)^2$$

$$= E[X(t+T) - X(t)]^2$$

$$= E[X(t+T)]^2 - 2E[X(t+T)X(t)] + E[X(t)]^2$$

$$= R_X(0) - 2R_X(T) + R_X(0)$$

$$= 2[R_X(0) - R_X(T)].$$

由于 $R_X(\tau)$ 是以 T 为周期的周期函数, $R_X(0) = R_X(T)$, 于是 $DY = 0$, 从而 $P\{Y = EY\} = 1$, 故 $P\{X(t+T) = X(t)\} = 1$.

5. 不具有各态遍历性的例子

例 5 设 $X(t) = Y$, Y 是一个随机变量, 且 $DY \neq 0$. 则证明:

(1) $X(t)$ 是平稳过程;

(2) $X(t)$ 的均值不具有各态遍历性.

证明 (1) $E[X(t)] = EY$ 是常数, $E[X^2(t)] = EY^2$ 是常数,

$E[X(t)X(t+\tau)] = EY^2$ (与 t 无关), 由定义可知 $X(t)$ 是平稳过程;

(2) $\overline{X(t)} = \overline{X(e,t)} = \lim_{l\to+\infty} \frac{1}{2l}\int_{-l}^{l} X(e,t)\,\mathrm{d}t$

$$= \lim_{l \to +\infty} \frac{1}{2l} \int_{-l}^{l} Y \mathrm{d}t = Y.$$

因为 $DX = 0 \Leftrightarrow P\{X = EX\} = 1$，所以由条件 $DY \neq 0$ 得出

$$P\{\overline{X(t)} = Y = EY = E[X(t)] = \mu_X\} \neq 1,$$

所以 $X(t)$ 的均值不具有各态遍历性.

6. 平稳过程具有各态遍历性的判别定理

设随机过程 $\{X(t), t \in T\}$，如果对于任意 $t \in T$，$E[X^2(t)]$ 存在且有限，则称 $\{X(t), t \in T\}$ 为二阶矩过程.

设 $\{X(t), t \in T\}$ 为二阶矩过程，则

1) 对 $t_0 \in T$，如果 $\lim_{t \to t_0} E|X(t) - X(t_0)|^2 = 0$，则称 $X(t)$ 在 $t_0 \in T$ 处均方连续；

2) 若 $X(t)$ 在每一个 $t_0 \in T$ 处都均方连续，则称 $\{X(t), t \in T\}$ 是均方连续的.

引理   设 $\{X(t), -\infty < t < +\infty\}$ 是一均方连续的平稳过程，则它的时间均值 $\overline{X(t)}$ 的数学期望和方差分别为

$$E[\overline{X(t)}] = \mu_X = E[X(t)],$$

$$D[\overline{X(t)}] = \lim_{l \to +\infty} \frac{1}{l} \int_{0}^{2l} \left(1 - \frac{\tau}{2l}\right) [R_X(\tau) - \mu_X^2] \mathrm{d}\tau.$$

证明   由于 $\{X(t), -\infty < t < +\infty\}$ 是一均方连续的平稳过程，所以有 $\frac{1}{2l} \int_{-l}^{l} X(t) \mathrm{d}t$ 存在，$E[X(t)] = \mu_X$，

$$E\left[\frac{1}{2l} \int_{-l}^{l} X(t) \mathrm{d}t\right] = \frac{1}{2l} \int_{-l}^{l} E[X(t)] \mathrm{d}t$$

$$= \frac{1}{2l} \int_{-l}^{l} \mu_X \mathrm{d}t = \mu_X.$$

$C_X(\tau) = R_X(\tau) - \mu_X^2$，且是偶函数.

由 $\overline{X(t)} = \lim_{l \to +\infty} \frac{1}{2l} \int_{-l}^{l} X(t) \mathrm{d}t$，得

$$E[\overline{X(t)}] = E\left[\lim_{l \to +\infty} \frac{1}{2l} \int_{-l}^{l} X(t) \mathrm{d}t\right]$$

$$= \lim_{l \to +\infty} E\left[\frac{1}{2l} \int_{-l}^{l} X(t) \mathrm{d}t\right]$$

$$= \lim_{l \to +\infty} \mu_X = \mu_X.$$

$$D[\overline{X(t)}] = D\left[\lim_{l \to +\infty} \frac{1}{2l} \int_{-l}^{l} X(t) \mathrm{d}t\right]$$

$$= \lim_{l \to +\infty} D\left[\frac{1}{2l} \int_{-l}^{l} X(t)\,dt \right],$$

直接计算，可知

$$D\left[\frac{1}{2l} \int_{-l}^{l} X(t)\,dt \right] = E\left[\frac{1}{2l} \int_{-l}^{l} X(t)\,dt - \mu_X \right]^2$$

$$= \frac{1}{4l^2} E\left[\int_{-l}^{l} (X(t) - \mu_X)\,dt \right]^2$$

$$= \frac{1}{4l^2} E\left[\int_{-l}^{l} (X(t) - \mu_X)\,dt \cdot \int_{-l}^{l} (X(s) - \mu_X)\,ds \right]$$

$$= \frac{1}{4l^2} E\left[\int_{-l}^{l} \int_{-l}^{l} (X(s) - \mu_X)(X(t) - \mu_X)\,ds\,dt \right]$$

$$= \frac{1}{4l^2} \int_{-l}^{l} \int_{-l}^{l} E\left[(X(s) - \mu_X)(X(t) - \mu_X) \right]\,ds\,dt$$

$$= \frac{1}{4l^2} \int_{-l}^{l} \int_{-l}^{l} C_X(t - s)\,ds\,dt$$

$$\overset{\substack{u = t - s, \\ v = t + s}}{=\!=\!=} \frac{1}{4l^2} \iint_{\substack{-2l \leqslant v - u \leqslant 2l \\ -2l \leqslant v + u \leqslant 2l}} C_X(u)\,\frac{1}{2}\,du\,dv$$

$$= \frac{1}{4l^2}\,\frac{1}{2}\left[\int_{-2l}^{0} du \int_{-2l-u}^{2l+u} C_X(u)\,dv + \int_{0}^{2l} du \int_{-2l+u}^{2l-u} C_X(u)\,dv \right]$$

$$= \frac{1}{4l^2}\,\frac{1}{2}\left[\int_{-2l}^{0} (4l + 2u) C_X(u)\,du + \int_{0}^{2l} (4l - 2u) C_X(u)\,du \right]$$

$$= \frac{1}{2l}\left[\int_{-2l}^{0} \left(1 + \frac{u}{2l}\right) C_X(u)\,du + \int_{0}^{2l} \left(1 - \frac{u}{2l}\right) C_X(u)\,du \right]$$

$$= \frac{1}{2l} \int_{-2l}^{2l} \left(1 - \frac{|u|}{2l}\right) C_X(u)\,du$$

$$= \frac{1}{2l} \int_{-2l}^{2l} \left(1 - \frac{|u|}{2l}\right) \left[R_X(u) - \mu_X^2 \right]\,du$$

$$= \frac{1}{l} \int_{0}^{2l} \left(1 - \frac{u}{2l}\right) \left[R_X(u) - \mu_X^2 \right]\,du\,,$$

于是得到

$$D[\overline{X(t)}] = \lim_{l \to +\infty} \frac{1}{l} \int_{0}^{2l} \left(1 - \frac{\tau}{2l}\right) \left[R_X(\tau) - \mu_X^2 \right]\,d\tau\,.$$

定理 1 (均值各态遍历定理) 设 $\{X(t), -\infty < t < +\infty\}$ 是一均方连续的平稳过程，则时间均值具有各态遍历性的充要条件是

$$\lim_{l \to +\infty} \frac{1}{l} \int_0^{2l} \left(1 - \frac{\tau}{2l}\right) [R_X(\tau) - \mu_X^2] d\tau = 0 .$$

证明 根据方差的性质以及引理可知 $\overline{X(t)} = E[\overline{X(t)}] = E[X(t)] = \mu_X$ 以概率 1 成立的充要条件是 $D[\overline{X(t)}] = 0$，再由引理即可得证.

类似地，对均方连续的平稳过程 $\{X(t), t \in T = [0, +\infty)\}$，此时，时间均值为 $\overline{X(t)} = \lim_{l \to +\infty} \frac{1}{l} \int_0^l X(e, t) dt$，并且存在

$$E[\overline{X(t)}] = \mu_X = E[X(t)], \quad D[\overline{X(t)}] = \lim_{l \to +\infty} \frac{1}{l} \int_0^l \left(1 - \frac{\tau}{l}\right) [R_X(\tau) - \mu_X^2] d\tau .$$

定理 2 设 $\{X(t), t \in T = [0, +\infty)\}$ 是一均方连续的平稳过程，则时间均值具有各态遍历性的充要条件是

$$\lim_{l \to +\infty} \frac{1}{l} \int_0^l \left(1 - \frac{\tau}{l}\right) [R_X(\tau) - \mu_X^2] d\tau = 0 .$$

习题 11.4

1. 随机振幅正弦波 $Z(t) = X\cos 2\pi t + Y\sin 2\pi t$，其中 X 和 Y 都是随机变量，且 $EX = EY = 0$，$DX = DY = 1$，$E(XY) = 0$. (1) 求：平稳过程 $Z(t)$ 的时间均值；(2) $Z(t)$ 的时间均值是否具有遍历性.

2. 设有随机过程 $X(t) = A\sin\lambda t + B\cos\lambda t$，其中 A 和 B 是均值为 0，方差为 σ^2 的相互独立的正态随机变量，试问：(1) $X(t)$ 的均值是否具有遍历性？(2) $X(t)$ 的均方值 $E[X(t)]^2$ 是否具有遍历性？(3) 若 $A = -\sqrt{2}\sigma\sin\Phi$，$B = -\sqrt{2}\sigma\cos\Phi$，$\Phi$ 是区间 $(0, 2\pi)$ 上服从均匀分布的随机变量，此时 $E[X(t)]^2$ 是否具有遍历性？

3. 随机过程 $X(t)$ 的均值和相关函数为 $E[X(t)] = 0$，$R_X(\tau) = e^{-|\tau|}$，讨论 $X(t)$ 的均值的遍历性.

11.5 平稳过程的相关函数与谱密度

1. 相关函数的性质

平稳过程 $\{X(t), t \in T = (-\infty, +\infty)\}$ 的自相关函数 $R_X(\tau)$ 是仅依赖于参数间距 τ 的函数. 它有如下性质.

性质 1 $R_X(\tau)$ 是偶函数，即 $R_X(-\tau) = R_X(\tau)$.

事实上，$R_X(\tau) = E[X(t)X(t+\tau)]$，

$$R_X(-\tau) = E[X(t)X(t-\tau)] = E[X(t-\tau)X(t-\tau+\tau)] = R_X(\tau).$$

性质 2 $|R_X(\tau)| \leqslant R_X(0) = \Psi_X^2$，$|C_X(\tau)| \leqslant C_X(0) = \sigma_X^2$，即自相关函数 $R_X(\tau)$ 和自协方差函数 $C_X(\tau)$ 都在 $\tau = 0$ 处达到最大值.

事实上，利用不等式 $|E(XY)| \leqslant (EX^2)^{\frac{1}{2}} \cdot (EY^2)^{\frac{1}{2}}$，得到

$$|R_X(\tau)| = |E[X(t)X(t+\tau)]| \leqslant [EX^2(t)]^{\frac{1}{2}} \cdot [EX^2(t+\tau)]^{\frac{1}{2}} = R_X(0),$$

$$|C_X(\tau)| = |E\{[X(t)-EX(t)] \cdot [X(t+\tau)-EX(t+\tau)]\}|$$

$$\leqslant \{E[X(t)-EX(t)]^2\}^{\frac{1}{2}} \cdot \{E[(X(t+\tau)-EX(t+\tau))^2]\}^{\frac{1}{2}} = C_X(0) = \sigma_X^2.$$

性质 3 $R_X(\tau)$ 非负定. 即对任意实数 τ_1，τ_2，$\cdots$，τ_n 和任意函数 $g(\tau)$ 有

$$\sum_{i,j=1}^n R_X(\tau_i - \tau_j) g(\tau_i) g(\tau_j) \geqslant 0.$$

事实上，

$$\sum_{i,j=1}^n R_X(\tau_i - \tau_j) g(\tau_i) g(\tau_j)$$

$$= \sum_{i,j=1}^n E[X(\tau_i)X(\tau_j)] g(\tau_i) g(\tau_j)$$

$$= E\left[\sum_{i=1}^n X(\tau_i) g(\tau_i)\right]^2 \geqslant 0.$$

性质 4 如果 $X(t)$ 是以 T 为周期的平稳过程，即满足 $X(t+T) = X(t)$，那么，$R_X(\tau)$ 也是以 T 为周期的函数.

事实上，$R_X(\tau+T) = E[X(t)X(t+\tau+T)] = E[X(t)X(t+\tau)] = R_X(\tau)$.

例 1 随机相位正弦波 $X(t) = a\cos(\omega t + \Theta)$ 是以 $\dfrac{2\pi}{\omega}$ 为周期的平稳过程. 它的相关函数 $R_X(\tau) = \dfrac{a^2}{2}\cos\omega\tau$ 显然也是以 $\dfrac{2\pi}{\omega}$ 为周期的函数.

性质 5 设均值为零的平稳过程 $X(t)$，当 $|\tau| \to +\infty$ 时，过程的任何两个状态 $X(t)$ 与 $X(t+\tau)$ 相互独立，则有 $\lim\limits_{|\tau| \to +\infty} R_X(\tau) = 0$.

这是因为当 $|\tau| \to +\infty$ 时，$R_X(\tau) = E[X(t)X(t+\tau)] = E[X(t)]E[X(t+\tau)] = 0$，所以有 $\lim\limits_{|\tau| \to +\infty} R_X(\tau) = 0$.

一般来说，噪声过程的均值通常为零，并且当 $|\tau|$ 充分大时，过程的状态 $X(t)$ 和 $X(t+\tau)$ 通常呈现独立性，因而自相关函数趋于零. 例如，某线性系统输入的是白噪声电压，输出电压 $Y(t)$ 的自相关函数为 $R_Y(\tau) = \dfrac{as_0}{2}\mathrm{e}^{-a|\tau|}$，$-\infty < \tau < +\infty$；

当 $|\tau| \to +\infty$ 时，$R_Y(\tau) = \dfrac{as_0}{2}\mathrm{e}^{-a|\tau|}$ 趋于零.

2. 谱密度

定义 1 设 $R_X(\tau)$ 是平稳过程 $\{X(t), t \in T = (-\infty, +\infty)\}$ 的自相关函数. 如果 $R_X(\tau)$ 的傅里叶变换

$$F[R_X(\tau)] = \int_{-\infty}^{+\infty} R_X(\tau) e^{-j\omega\tau} d\tau = S_X(\omega) \tag{11.2}$$

存在, 则称 $S_X(\omega)$ 为平稳过程 $X(t)$ 的谱密度. 工程上常称它为功率谱密度.

在式 (11.2) 中, $F[R_X(\tau)]$ 表示 $R_X(\tau)$ 的傅里叶变换.

可以证明, 当 $\int_{-\infty}^{+\infty} |R_X(\tau)| d\tau < +\infty$ 时, $F[R_X(\tau)]$ 是存在的, 因而谱密度 $S_X(\omega)$ 存在.

当 $\int_{-\infty}^{+\infty} |S_X(\omega)| d\omega < +\infty$ 时, $S_X(\omega)$ 的傅里叶逆变换 $F^{-1}[S_X(\omega)]$ 存在, 即有

$$F^{-1}[S_X(\omega)] = \frac{1}{2\pi} \int_{-\infty}^{+\infty} S_X(\omega) e^{j\omega\tau} d\omega. \tag{11.3}$$

式 (11.2) 和式 (11.3) 统称维纳-辛钦 (Wiener-X) 公式.

在一定条件下, 可以证明

$$F^{-1}[S_X(\omega)] = \frac{1}{2\pi} \int_{-\infty}^{+\infty} S_X(\omega) e^{j\omega\tau} d\omega = R_X(\tau).$$

例 2 已知随机电报信号过程的自相关函数为 $R_X(\tau) = I^2 e^{-2\lambda|\tau|}$, $\lambda > 0$, 求: 它的谱密度.

解 由式 (11.2) 可得谱密度为

$$\begin{aligned}
S_X(\omega) = F[R_X(\tau)] &= \int_{-\infty}^{+\infty} R_X(\tau) e^{-j\omega\tau} d\tau \\
&= \int_{-\infty}^{+\infty} I^2 e^{-2\lambda|\tau|} e^{-j\omega\tau} d\tau \\
&= \int_{0}^{+\infty} I^2 e^{-2\lambda\tau} e^{-j\omega\tau} d\tau + \int_{-\infty}^{0} I^2 e^{2\lambda\tau} e^{-j\omega\tau} d\tau \\
&= \int_{0}^{+\infty} I^2 e^{-(2\lambda+j\omega)\tau} d\tau + \int_{-\infty}^{0} I^2 e^{(2\lambda-j\omega)\tau} d\tau \\
&= I^2 \left[-\frac{1}{2\lambda+j\omega} e^{-(2\lambda+j\omega)\tau} \right]\Big|_{0}^{+\infty} + I^2 \left[\frac{1}{2\lambda-j\omega} e^{(2\lambda-j\omega)\tau} \right]\Big|_{-\infty}^{0} \\
&= I^2 \frac{1}{2\lambda+j\omega} + I^2 \frac{1}{2\lambda-j\omega} \\
&= I^2 \frac{4\lambda}{4\lambda^2 + \omega^2}.
\end{aligned}$$

例 3 设平稳过程 $X(t)$ 的自相关函数为 $R_X(\tau) = \alpha e^{-\beta|\tau|}$, 其中 α, β 是正数,

试求：它的谱密度.

解

$$S_X(\omega) = F[R_X(\tau)] = \int_{-\infty}^{+\infty} R_X(\tau) \mathrm{e}^{-\mathrm{j}\omega\tau} \mathrm{d}\tau$$

$$= \int_{-\infty}^{+\infty} \alpha \mathrm{e}^{-\beta|\tau|} \mathrm{e}^{-\mathrm{j}\omega\tau} \mathrm{d}\tau$$

$$= \int_{0}^{+\infty} \alpha \mathrm{e}^{-\beta\tau} \mathrm{e}^{-\mathrm{j}\omega\tau} \mathrm{d}\tau + \int_{-\infty}^{0} \alpha \mathrm{e}^{\beta\tau} \mathrm{e}^{-\mathrm{j}\omega\tau} \mathrm{d}\tau$$

$$= \int_{0}^{+\infty} \alpha \mathrm{e}^{-(\beta+\mathrm{j}\omega)\tau} \mathrm{d}\tau + \int_{-\infty}^{0} \alpha \mathrm{e}^{(\beta-\mathrm{j}\omega)\tau} \mathrm{d}\tau$$

$$= \alpha \frac{1}{\beta+\mathrm{j}\omega} + \alpha \frac{1}{\beta-\mathrm{j}\omega}$$

$$= \alpha \frac{2\beta}{\beta^2+\omega^2},$$

由 $\dfrac{1}{2\pi}\displaystyle\int_{-\infty}^{+\infty} S_X(\omega) \mathrm{e}^{\mathrm{j}\omega\tau} \mathrm{d}\omega = R_X(\tau)$ 得

$$\frac{1}{2\pi}\int_{-\infty}^{+\infty} \alpha \frac{2\beta}{\beta^2+\omega^2} \mathrm{e}^{\mathrm{j}\omega\tau} \mathrm{d}\omega = \alpha \mathrm{e}^{-\beta|\tau|}.$$

例 4　已知谱密度 $S_X(\omega) = \dfrac{1}{\omega^4+5\omega^2+4}$，求：平稳过程 $X(t)$ 的自相关函数.

解　方法一

$$S_X(\omega) = \frac{1}{\omega^4+5\omega^2+4}$$

$$= \frac{1}{(\omega^2+1)(\omega^2+4)}$$

$$= \frac{1}{3}\left(\frac{1}{\omega^2+1} - \frac{1}{\omega^2+4}\right),$$

$$R_X(\tau) = \frac{1}{2\pi}\int_{-\infty}^{+\infty} S_X(\omega) \mathrm{e}^{\mathrm{j}\omega\tau} \mathrm{d}\omega$$

$$= \frac{1}{3}\frac{1}{2\pi}\int_{-\infty}^{+\infty} \left(\frac{1}{1+\omega^2} - \frac{1}{4+\omega^2}\right) \mathrm{e}^{\mathrm{j}\omega\tau} \mathrm{d}\omega$$

$$= \frac{1}{3}\left(\frac{1}{2}\mathrm{e}^{-|\tau|} - \frac{1}{4}\mathrm{e}^{-2|\tau|}\right)$$

$$= \frac{1}{6}\mathrm{e}^{-|\tau|} - \frac{1}{12}\mathrm{e}^{-2|\tau|}.$$

方法二

由式 (11.1) 以及 $R_X(\tau)$ 的偶函数性质，可得出 $X(t)$ 的自相关函数

$$R_X(\tau) = R_X(|\tau|) = \frac{1}{2\pi}\int_{-\infty}^{+\infty} S_X(\omega) \mathrm{e}^{\mathrm{j}\omega|\tau|} \mathrm{d}\omega = \frac{1}{2\pi}\int_{-\infty}^{+\infty} \frac{1}{\omega^4+5\omega^2+4} \mathrm{e}^{\mathrm{j}\omega|\tau|} \mathrm{d}\omega.$$

现用留数来计算式中的广义积分. 即

$$S_X(z) = \frac{1}{z^4+5z^2+4} = \frac{1}{(z^2+1)(z^2+4)} = \frac{1}{(z-\mathrm{j})(z-2\mathrm{j})(z+\mathrm{j})(z+2\mathrm{j})},$$

在上半平面内有两个一级极点 $z = \mathrm{j}$ 和 $z = 2\mathrm{j}$，积分

$$\int_{-\infty}^{+\infty} \frac{1}{\omega^4 + 5\omega^2 + 4} e^{\mathrm{j}\omega|\tau|} d\omega = 2\pi \mathrm{j} \{ \mathrm{Res}[S_X(z)e^{\mathrm{j}z|\tau|}, \mathrm{j}] + \mathrm{Res}[S_X(z)e^{\mathrm{j}z|\tau|}, 2\mathrm{j}] \}$$

$$= 2\pi \mathrm{j} \left\{ \left[\frac{1}{(z-2\mathrm{j})(z+\mathrm{j})(z+2\mathrm{j})} e^{\mathrm{j}z|\tau|} \right] \Big|_{z=\mathrm{j}} + \right.$$

$$\left. \left[\frac{1}{(z-\mathrm{j})(z+\mathrm{j})(z+2\mathrm{j})} e^{\mathrm{j}z|\tau|} \right] \Big|_{z=2\mathrm{j}} \right\}$$

$$= 2\pi \mathrm{j} \left(\frac{1}{6\mathrm{j}} e^{-|\tau|} - \frac{1}{12\mathrm{j}} e^{-2|\tau|} \right)$$

$$= 2\pi \left(\frac{1}{6} e^{-|\tau|} - \frac{1}{12} e^{-2|\tau|} \right),$$

于是得到 $R_X(\tau) = \frac{1}{6} e^{-|\tau|} - \frac{1}{12} e^{-2|\tau|}$.

由 $R_X(\tau)$ 求 $S_X(\omega)$ 或者反过来由 $S_X(\omega)$ 求 $R_X(\tau)$，也可以直接利用傅里叶变换的性质，查傅里叶变换表得到.

表 11.1 中给出了部分 $R_X(\tau)$ 和 $S_X(\omega)$ 的对应关系.

表中 $\delta(t)$ 是一个广义函数，称为狄拉克（Dirac）函数，又称单位脉冲函数. 它的表达式为

$$\delta(t) = \lim_{\varepsilon \to 0} \delta_\varepsilon(t) （以弱收敛方式），$$

其中 $\delta_\varepsilon(t) = \begin{cases} 0, & t < 0 \\ \dfrac{1}{\varepsilon}, & 0 \leqslant t < \varepsilon. \\ 0, & t > \varepsilon \end{cases}$

对于任意连续函数 $f(t)$，$\delta(t)$ 都有如下性质：

$$\int_{-\infty}^{+\infty} f(t)\delta(t-t_0) dt = f(t_0);$$

$$\int_{-\infty}^{+\infty} f(t)\delta(t+t_0) dt = f(-t_0);$$

$$F[\delta(t-t_0)] = \int_{-\infty}^{+\infty} \delta(t-t_0) e^{-\mathrm{j}\omega t} dt = e^{-\mathrm{j}\omega t_0};$$

$$F[\delta(t+t_0)] = \int_{-\infty}^{+\infty} \delta(t+t_0) e^{-\mathrm{j}\omega t} dt = e^{\mathrm{j}\omega t_0};$$

$$F^{-1}[e^{-\mathrm{j}\omega t_0}] = \delta(t-t_0);$$

$$F^{-1}[e^{\mathrm{j}\omega t_0}] = \delta(t+t_0);$$

因为 $\quad F^{-1}[\delta(\omega-\omega_0)] = \frac{1}{2\pi} \int_{-\infty}^{+\infty} \delta(\omega-\omega_0) e^{\mathrm{j}\omega\tau} d\omega = \frac{1}{2\pi} e^{\mathrm{j}\omega_0\tau},$

$$F^{-1}[\delta(\omega+\omega_0)] = \frac{1}{2\pi} \int_{-\infty}^{+\infty} \delta(\omega+\omega_0) e^{\mathrm{j}\omega\tau} d\omega = \frac{1}{2\pi} e^{-\mathrm{j}\omega_0\tau},$$

所以
$$F[\mathrm{e}^{\mathrm{j}\omega_0\tau}]=2\pi\delta(\omega-\omega_0);$$
$$F[\mathrm{e}^{-\mathrm{j}\omega_0\tau}]=2\pi\delta(\omega+\omega_0);$$

又 $\cos\omega_0\tau=\dfrac{1}{2}(\mathrm{e}^{\mathrm{j}\omega_0\tau}+\mathrm{e}^{-\mathrm{j}\omega_0\tau})$，所以，

$$F[\cos\omega_0\tau]=\pi[\delta(\omega+\omega_0)+\delta(\omega-\omega_0)].$$

由此性质得出表 11.1 中第 6 个和第 7 个对应关系．

表 11.1 相关函数与谱密度对应表

序号	$R_X(\tau)$	$S_X(\omega)$
1	$\mathrm{e}^{-a\lvert\tau\rvert}$，$a>0$	$\dfrac{2\alpha}{\alpha^2+\omega^2}$
2	$\mathrm{e}^{-a\tau^2}$，$a>0$	$\sqrt{\dfrac{\pi}{\alpha}}\,\mathrm{e}^{-\frac{\omega^2}{4\alpha}}$
3	$R_X(\tau)=\begin{cases} A, & \lvert\tau\rvert\leqslant\dfrac{l}{2} \\ 0, & \text{其他} \end{cases}$	$\dfrac{2A}{\omega}\sin\dfrac{\omega l}{2}$
4	$R_X(\tau)=\begin{cases} \dfrac{2A}{l}\left(\dfrac{l}{2}+\tau\right), & -\dfrac{l}{2}\leqslant\tau<0 \\ \dfrac{2A}{l}\left(\dfrac{l}{2}-\tau\right), & 0\leqslant\tau<\dfrac{l}{2} \end{cases}$	$\dfrac{4A}{\omega^2}\left(1-\cos\dfrac{\omega l}{2}\right)$
5	$\dfrac{1}{\pi\tau}\sin\omega_0\tau$	$S_X(\omega)=\begin{cases} 1, & \lvert\omega\rvert\leqslant\omega_0 \\ 0, & \text{其他} \end{cases}$
6	1	$2\pi\delta(\omega)$
7	$\delta(\tau)$	1
8	$\cos\omega_0\tau$	$\pi[\delta(\omega+\omega_0)+\delta(\omega-\omega_0)]$

例 5 求：随机相位正弦波 $X(t)=a\cos(\omega_0 t+\Theta)$ 的谱密度．

解 它的自相关函数为 $R_X(\tau)=\dfrac{a^2}{2}\cos\omega_0\tau$，谱密度为

$$S_X(\omega)=F[R_X(\tau)]=F\left[\dfrac{a^2}{2}\cos\omega_0\tau\right]=\dfrac{a^2}{2}\pi[\delta(\omega+\omega_0)+\delta(\omega-\omega_0)].$$

例 6 设平稳过程 $X(t)$ 的自相关函数 $R_X(\tau)=\mathrm{e}^{-a\lvert\tau\rvert}\cos\omega_0\tau$，其中常数 $a>0$，求其谱密度．

解 $\cos\omega_0\tau=\dfrac{1}{2}(\mathrm{e}^{\mathrm{j}\omega_0\tau}+\mathrm{e}^{-\mathrm{j}\omega_0\tau})$，

$$S_X(\omega)=F[R_X(\tau)]=\int_{-\infty}^{+\infty}R_X(\tau)\mathrm{e}^{-\mathrm{j}\omega\tau}\mathrm{d}\tau$$

$$=\int_{-\infty}^{+\infty}\mathrm{e}^{-a\lvert\tau\rvert}\cos\omega_0\tau\cdot\mathrm{e}^{-\mathrm{j}\omega\tau}\mathrm{d}\tau$$

$$=\dfrac{1}{2}\int_{-\infty}^{+\infty}\mathrm{e}^{-a\lvert\tau\rvert}(\mathrm{e}^{\mathrm{j}\omega_0\tau}+\mathrm{e}^{-\mathrm{j}\omega_0\tau})\cdot\mathrm{e}^{-\mathrm{j}\omega\tau}\mathrm{d}\tau$$

$$= \frac{1}{2} \int_{-\infty}^{+\infty} \mathrm{e}^{-a|\tau|} \mathrm{e}^{-\mathrm{j}(\omega-\omega_0)\tau} \mathrm{d}\tau + \frac{1}{2} \int_{-\infty}^{+\infty} \mathrm{e}^{-a|\tau|} \mathrm{e}^{-\mathrm{j}(\omega+\omega_0)\tau} \mathrm{d}\tau$$

$$= \frac{1}{2} \left[\int_{-\infty}^{0} \mathrm{e}^{a\tau} \mathrm{e}^{-\mathrm{j}(\omega-\omega_0)\tau} \mathrm{d}\tau + \int_{0}^{+\infty} \mathrm{e}^{-a\tau} \mathrm{e}^{-\mathrm{j}(\omega-\omega_0)\tau} \mathrm{d}\tau \right] + \frac{1}{2} \left[\int_{-\infty}^{0} \mathrm{e}^{a\tau} \mathrm{e}^{-\mathrm{j}(\omega+\omega_0)\tau} \mathrm{d}\tau + \right.$$

$$\left. \int_{0}^{+\infty} \mathrm{e}^{-a\tau} \mathrm{e}^{-\mathrm{j}(\omega+\omega_0)\tau} \mathrm{d}\tau \right]$$

$$= \frac{1}{2} \left[\frac{1}{a-\mathrm{j}(\omega-\omega_0)} + \frac{1}{a+\mathrm{j}(\omega-\omega_0)} \right] + \frac{1}{2} \left[\frac{1}{a-\mathrm{j}(\omega+\omega_0)} + \frac{1}{a+\mathrm{j}(\omega+\omega_0)} \right]$$

$$= \frac{a}{a^2+(\omega-\omega_0)^2} + \frac{a}{a^2+(\omega+\omega_0)^2}.$$

3. 谱密度的性质

平稳过程的谱密度 $S_X(\omega)$ 有下列性质:

性质 6 $S_X(\omega)$ 是 ω 的实的、非负的偶函数.

事实上,由 $R_X(\tau)$ 是偶函数和 $R_X(\tau)$ 的非负定性,得

$$S_X(\omega) = F[R_X(\tau)] = \int_{-\infty}^{+\infty} R_X(\tau) \mathrm{e}^{-\mathrm{j}\omega\tau} \mathrm{d}\tau$$

$$= \int_{-\infty}^{0} R_X(\tau) \mathrm{e}^{-\mathrm{j}\omega\tau} \mathrm{d}\tau + \int_{0}^{+\infty} R_X(\tau) \mathrm{e}^{-\mathrm{j}\omega\tau} \mathrm{d}\tau$$

$$= \int_{+\infty}^{0} R_X(-s) \mathrm{e}^{\mathrm{j}\omega s}(-\mathrm{d}s) + \int_{0}^{+\infty} R_X(\tau) \mathrm{e}^{-\mathrm{j}\omega\tau} \mathrm{d}\tau$$

$$= \int_{0}^{+\infty} R_X(\tau) \mathrm{e}^{\mathrm{j}\omega\tau} \mathrm{d}\tau + \int_{0}^{+\infty} R_X(\tau) \mathrm{e}^{-\mathrm{j}\omega\tau} \mathrm{d}\tau$$

$$= \int_{0}^{+\infty} R_X(\tau)(\mathrm{e}^{\mathrm{j}\omega\tau} + \mathrm{e}^{-\mathrm{j}\omega\tau}) \mathrm{d}\tau$$

$$= 2 \int_{0}^{+\infty} R_X(\tau) \cos\omega\tau \, \mathrm{d}\tau ,$$

显然, $S_X(\omega)$ 是 ω 的实的偶函数,且 $S_X(\omega)$ 是非负的.

利用 $S_X(\omega)$ 的偶函数性质,令

$$G_X(\omega) = \begin{cases} 2S_X(\omega), & \omega \geq 0, \\ 0, & \omega < 0, \end{cases}$$

称 $G_X(\omega)$ 为单边谱密度,而谱密度 $S_X(\omega)$ 又称为双边谱密度.

在 $F^{-1}[S_X(\omega)] = \dfrac{1}{2\pi} \displaystyle\int_{-\infty}^{+\infty} S_X(\omega) \mathrm{e}^{\mathrm{j}\omega\tau} \mathrm{d}\omega = R_X(\tau)$ 中,令 $\tau = 0$,得到谱密度 $S_X(\omega)$ 与均方值的关系如下.

性质 7

$$\Psi_X^2 = EX^2(t) = R_X(0) = \frac{1}{2\pi} \int_{-\infty}^{+\infty} S_X(\omega) \mathrm{d}\omega. \tag{11.4}$$

对于一个平稳过程 $X(t)$，称 $\lim\limits_{T \to +\infty} E\left[\dfrac{1}{2T}\displaystyle\int_{-T}^{T} X^2(t)\,\mathrm{d}t\right]$ 为平稳过程 $X(t)$ 的平均功率.

因为 $\lim\limits_{T \to +\infty} E\left[\dfrac{1}{2T}\displaystyle\int_{-T}^{T} X^2(t)\,\mathrm{d}t\right] = \lim\limits_{T \to +\infty}\left\{\dfrac{1}{2T}\displaystyle\int_{-T}^{T} E[X^2(t)]\,\mathrm{d}t\right\}$

$$= \lim_{T \to +\infty} \frac{1}{2T}\int_{-T}^{T} \Psi_X^2\,\mathrm{d}t$$

$$= \lim_{T \to +\infty} \Psi_X^2 = \Psi_X^2\,,$$

所以，均方值 Ψ_X^2 就是平稳过程 $X(t)$ 的平均功率. 式（11.4）称为平均功率的谱表示式.

4. 互相关函数与互谱密度

设随机过程 $X(t)$ 和 $Y(t)$ 平稳相关，其中 $X(t)$ 和 $Y(t)$ 都是平稳过程，且 $E[X(t)Y(t+\tau)] = R_{XY}(\tau)$，则互相关函数 $R_{XY}(\tau)$ 与互协方差函数 $C_{XY}(\tau)$ 仅是 τ 的函数.

互相关函数与两个过程的自相关函数之间存在不等式

$$|R_{XY}(\tau)| = |E[X(t)Y(t+\tau)]| \leqslant [EX^2(t)]^{\frac{1}{2}}[EY^2(t+\tau)]^{\frac{1}{2}} = [R_X(0)R_Y(0)]^{\frac{1}{2}}\,,$$
$$|R_{XY}(\tau)|^2 \leqslant R_X(0)R_Y(0)\,.$$

相应地，互协方差函数与自协方差函数之间存在不等式

$$|C_{XY}(\tau)| = |E[(X(t)-EX(t)) \cdot (Y(t+\tau)-EY(t+\tau))]|$$
$$\leqslant [E(X(t)-EX(t))^2]^{\frac{1}{2}} \cdot [E(Y(t+\tau)-EY(t+\tau))^2]^{\frac{1}{2}} = [C_X(0)C_Y(0)]^{\frac{1}{2}}\,,$$
$$|C_{XY}(\tau)|^2 \leqslant C_X(0)C_Y(0).$$

在 $R_{XY}(\tau)$ 绝对可积的条件下，存在

$$S_{XY}(\omega) = F[R_{XY}(\tau)] = \int_{-\infty}^{+\infty} R_{XY}(\tau)\mathrm{e}^{-\mathrm{j}\omega\tau}\,\mathrm{d}\tau\,, \tag{11.5}$$

其被称为平稳过程 $X(t)$ 和 $Y(t)$ 的互谱密度. 这里，

$$R_{XY}(\tau) = \frac{1}{2\pi}\int_{-\infty}^{+\infty} S_{XY}(\omega)\mathrm{e}^{\mathrm{j}\omega\tau}\,\mathrm{d}\omega\,, \tag{11.6}$$

式（11.5）和式（11.6）表明，互相关函数 $R_{XY}(\tau)$ 与互谱密度 $S_{XY}(\omega)$ 也构成傅里叶变换对.

互谱密度 $S_{XY}(\omega)$ 与两个过程的自谱密度之间存在不等式（互谱不等式），即

$$|S_{XY}(\omega)|^2 \leqslant S_X(\omega)S_Y(\omega).$$

习题 11.5

1. 下列函数中哪些是谱密度的正确表达式，为什么？

(1) $S_X(\omega) = \dfrac{\omega^2 + 9}{(\omega^2 + 4)(\omega^2 + 1)}$；(2) $S_X(\omega) = \dfrac{\omega^2 + 1}{\omega^4 + 5\omega^2 + 6}$；

(3) $S_X(\omega) = \dfrac{\omega^2 + 4}{\omega^4 - 4\omega^2 + 3}$；(4) $S_X(\omega) = \dfrac{\omega^2}{\omega^4 + 3\omega^2 + 2}$；

(5) $S_X(\omega) = \dfrac{\omega^{-\mathrm{i}\omega^2}}{\omega^2 + 2}$.

2. 已知平稳过程 $X(t)$ 的相关函数为 $R_X(\tau) = 4\mathrm{e}^{-|\tau|}\cos(\pi\tau) + \cos(3\pi\tau)$，求：谱密度 $S_X(\omega)$.

3. 设平稳过程 $X(t)$ 的谱密度 $S_X(\omega) = \dfrac{1}{(1+\omega^2)^2}$，求：自相关函数 $R_X(\tau)$.

4. 设平稳过程 $X(t)$ 的谱密度 $S_X(\omega) = \begin{cases} 0, & 0 \leqslant |\omega| < \omega_0 \\ c^2, & \omega_0 \leqslant |\omega| < 2\omega_0 , \\ 0, & |\omega| > 2\omega_0 \end{cases}$

求：自相关函数 $R_X(\tau)$.

第 12 章　马尔可夫链引论

马尔可夫过程是一类特殊的随机过程，马尔可夫链是离散状态的马尔可夫过程，最初是由俄国数学家马尔可夫（Markov）于 1896 年提出和研究的.

马尔可夫过程的应用十分广泛，其应用领域涉及计算机、通信、自动控制、随机服务、可靠性、生物学、经济学、管理学、教育学、气象、物理、化学等.

12.1　马尔可夫链的概念

设随机过程 $\{X(t), t \in T\}$ 的状态空间 S 是有限集或可列集，对任意正整数 n，对于 T 内任意 $n+1$ 个参数 $t_1 < t_2 < \cdots < t_n < t_{n+1}$ 和 S 内任意 $n+1$ 个状态 j_1，j_2，$\cdots$，j_n，j_{n+1}，我们需要知道 $P\{X(t_1)=j_1, X(t_2)=j_2, \cdots, X(t_n)=j_n, X(t_{n+1})=j_{n+1}\}$.

利用概率的乘法公式，得到

$P\{X(t_1)=j_1, X(t_2)=j_2, \cdots, X(t_n)=j_n, X(t_{n+1})=j_{n+1}\}$

$= P\{X(t_1)=j_1\} P\{X(t_2)=j_2 | X(t_1)=j_1\} \cdots P\{X(t_{n+1})=j_{n+1} | X(t_n)=j_n, \cdots, X(t_1)=j_1\}$,

这就归结为求形如 $P\{X(t_{n+1})=j_{n+1} | X(t_1)=j_1, X(t_2)=j_2, \cdots, X(t_n)=j_n\}$ 的条件概率. 在何种条件下这类条件概率容易算出来？

1. 马尔可夫链的定义

定义 1　设随机过程 $\{X(t), t \in T\}$ 的状态空间 S 是有限集或可列集，如果对任意正整数 n，对于 T 内任意 $n+1$ 个参数 $t_1 < t_2 < \cdots < t_n < t_{n+1}$ 和 S 内任意 $n+1$ 个状态 j_1，j_2，$\cdots$，j_n，j_{n+1}，条件概率

$$P\{X(t_{n+1})=j_{n+1} | X(t_1)=j_1, X(t_2)=j_2, \cdots, X(t_n)=j_n\}$$

$$= P\{X(t_{n+1})=j_{n+1} | X(t_n)=j_n\} \tag{12.1}$$

恒成立，则称此过程为马尔可夫链. 式（12.1）所反映出的性质称为马尔可夫性，或称无后效性.

显然，若随机过程 $\{X(t), t \in T\}$ 的状态空间 S 是有限集或可列集，且 $\{X(t), t \in T\}$ 是独立过程，则 $\{X(t), t \in T\}$ 是马尔可夫链.

马尔可夫性的直观含义可以解释为：将 t_n 看作现在时刻，那么，t_1，t_2，…，t_{n-1} 就是过去时刻，而 t_{n+1} 则是将来时刻．于是，式（12.1）可表示为在已知系统当前情况的条件下，系统将来的发展变化与系统的过去无关．我们称之为无后效性．

许多实际问题都具有这种无后效性．例如，生物基因遗传从这一代到下一代的转移中仅依赖于这一代而与以往各代无关．

再比如，每当评估一个复杂的计算机系统的性能时，就要充分利用系统在各个时刻的状态演变所具有的通常概率特性，即系统下一个将到达的状态，其仅依赖于目前所处的状态，而与以往出现过的状态无关．

此外，诸如某公司的经营状况等也常常具有或近似具有无后效性．

2. 马尔可夫链的状态分类

状态空间 S 是离散的（有限集或可列集），参数集 T 既可以是离散的也可以是连续的．

3. 离散参数马尔可夫链的转移概率

（1）转移概率

定义 2 在离散参数马尔可夫链 $\{X(t), t=t_0, t_1, t_2, \cdots, t_n, \cdots\}$ 中，条件概率

$$P\{X(t_{m+1})=j \mid X(t_m)=i\}=p_{ij}(t_m) \tag{12.2}$$

称为 $X(t)$ 在时刻（参数）t_m 时由状态 i 一步转移到状态 j 的一步转移概率，简称转移概率．

条件概率

$$P\{X(t_{m+n})=j \mid X(t_m)=i\}=p_{ij}^{(n)}(t_m) \tag{12.3}$$

称为 $X(t)$ 在时刻（参数）t_m 时由状态 i 经 n 步转移到状态 j 的 n 步转移概率．

（2）转移概率的性质

对于状态空间 S 内的任意两个状态 i 和 j，恒有

1）$p_{ij}^{(n)}(t_m) \geqslant 0$；

2）$\sum\limits_{j \in S} p_{ij}^{(n)}(t_m)=1$，$n=1, 2, \cdots$．

$$\sum_{j \in S} p_{ij}^{(n)}(t_m)=\sum_{j \in S} P\{X(t_{m+n})=j \mid X(t_m)=i\}$$

$$=\frac{\sum\limits_{j \in S} P\{X(t_{m+n})=j, X(t_m)=i\}}{P\{X(t_m)=i\}}$$

$$=\frac{P\left\{\left[\sum\limits_{j \in S} X(t_{m+n})=j\right][X(t_m)=i]\right\}}{P\{X(t_m)=i\}}$$

$$= \frac{P\{X(t_m) = i\}}{P\{X(t_m) = i\}} = 1.$$

4. 离散参数齐次马尔可夫链

定义 3　在离散参数马尔可夫链$\{X(t), t = t_0, t_1, t_2, \cdots, t_n, \cdots\}$中，如果一步转移概率 $p_{ij}(t_m)$ 不依赖于参数 t_m，即对任意两个不等的参数 t_m 和 t_k，$m \neq k$，有

$$P\{X(t_{m+1}) = j \mid X(t_m) = i\} = p_{ij}(t_m) = P\{X(t_{k+1}) = j \mid X(t_k) = i\} = p_{ij}(t_k) = p_{ij},$$

则称此马尔可夫链具有齐次性或时齐性，称 $X(t)$ 为离散参数齐次马尔可夫链.

例 1　伯努利序列是离散参数齐次马尔可夫链.

验证　在伯努利序列$\{X_n, n = 1, 2, 3, \cdots\}$中，对任意正整数 n，$t_1 < t_2 < \cdots < t_n < t_{n+1}$，$X_{t_1}, X_{t_2}, \cdots, X_{t_n}, X_{t_{n+1}}$ 相互独立，故对

$$j_k = 0, 1(k = 1, 2, \cdots, n+1),$$

有
$$\begin{aligned} P\{X_{t_{n+1}} = j_{n+1} \mid X_{t_1} = j_1, X_{t_2} = j_2, \cdots, X_{t_n} = j_n\} \\ = P\{X_{t_{n+1}} = j_{n+1}\} \\ = P\{X_{t_{n+1}} = j_{n+1} \mid X_{t_n} = j_n\}, \end{aligned}$$

即满足马尔可夫性，且

$$P\{X_{t_{n+1}} = j_{n+1} \mid X_{t_n} = j_n\} = P\{X_{t_{n+1}} = j_{n+1}\} = \begin{cases} p, & \text{当 } j_{n+1} = 1 \\ 1-p, & \text{当 } j_{n+1} = 0 \end{cases},$$

其不依赖于参数 t_n，并且满足齐次性. 故伯努利序列是离散参数齐次马尔可夫链.

例 2（爱伦菲斯特（Ehrenfest）模型）　一容器中有 $2a$ 个粒子在做随机运动. 设想有一实际不存在的界面把容器分为左、右容积相等的两部分. 当右边粒子多于左边时，粒子向左边运动的概率要大一些，概率大出部分与两边粒子的差数成正比；反之，当右边粒子少于左边时，粒子向右边运动的概率要大一些. 以 X_n 表示 n 次变化后右边粒子数与均分数 a 之差，则状态空间

$$S = \{-a, -a+1, \cdots, -1, 0, 1, 2, \cdots, a-1, a\}$$

的转移概率为
$$\begin{cases} p_{j, j-1} = \dfrac{1}{2}\left(1 + \dfrac{j}{a}\right) \\ p_{j, j+1} = \dfrac{1}{2}\left(1 - \dfrac{j}{a}\right) (j \in S, j \neq \pm a), \\ p_{a, a-1} = p_{-a, -a+1} = 1 \end{cases}$$

则 $\{X_n, n = 1, 2, 3, \cdots\}$ 是齐次马尔可夫链.

习题 12.1

1. 生灭链. 观察某种生物群体，以 X_n 表示时刻为 n 时群体的数目，设为 i

个数量单位，如在时刻 $n+1$ 时增生到 $i+1$ 个数量单位的概率为 b_i，减灭到 $i-1$ 个数量单位的概率为 a_i，保持不变的概率为 $r_i=1-(a_i+b_i)$. 试证：$\{X_n，n=0，1，2，\cdots\}$ 为马尔可夫链，并求其一步转移概率.

2. 独立地重复抛掷一枚硬币，每次抛掷出现正面的概率为 p，对于 $n\geq 2$，令 $X_n=0，1，2，3$，这些值分别对应于第 $n-1$ 次和第 n 次抛掷的结果为（正，正），（正，反），（反，正），（反，反），试证：$\{X_n，n=2，3，\cdots\}$ 为马尔可夫链，并求转移概率 $p_{00}，p_{01}，p_{11}，p_{12}，p_{13}$.

3. 设 $\{X(t)，t=t_1，t_2，\cdots，t_n，\cdots\}$ 为随机过程，且 $X_1=X(t_1)$，$X_2=X(t_2)$，$\cdots$，$X_n=X(t_n)$，$\cdots$ 为独立同分布随机变量序列，令 $Y_0=0$，$Y_1=X_1$，$Y_n+cY_{n-1}=X_n$，$n\geq 2$，c 为常数，试证：$\{Y_n，n\geq 0\}$ 为马尔可夫链.

12.2　参数离散的齐次马尔可夫链

对于参数离散的齐次马尔可夫链，本节讨论以下四个问题.

1. 转移概率矩阵

设 $\{X(t)，t=t_0，t_1，t_2，\cdots，t_n，\cdots\}$ 是齐次马尔可夫链，由于状态空间 S 是离散的（有限集或可列集），不妨设其状态空间 $S=\{0，1，2，\cdots，n，\cdots\}$. 则对 S 内的任意两个状态 i 和 j，由转移概率 $p_{ij}=P\{X(t_{m+1})=j\mid X(t_m)=i\}$ 排序得一个矩阵

$$\boldsymbol{P}=\begin{pmatrix} p_{00} & p_{01} & \cdots & p_{0j} & \cdots \\ p_{10} & p_{11} & \cdots & p_{1j} & \cdots \\ \vdots & \vdots & & \vdots & \\ p_{i0} & p_{i1} & \cdots & p_{ij} & \cdots \\ \vdots & \vdots & & \vdots & \end{pmatrix}, \tag{12.4}$$

称该矩阵为（一步）转移概率矩阵.

转移概率矩阵的性质：

1）$p_{ij}\geq 0$，即元素均非负；

2）$\sum\limits_{j\in S} p_{ij}=1$，即每行和为 1.

一般来说，具有以上两个特点的方阵称为随机矩阵. 转移概率矩阵就是一个随机矩阵.

例 1 伯努利序列的状态空间为 $S=\{0，1\}$，转移概率矩阵为

$$\boldsymbol{P}=\begin{pmatrix} p_{00} & p_{01} \\ p_{10} & p_{11} \end{pmatrix}=\begin{pmatrix} q & p \\ q & p \end{pmatrix},$$

其中，$p_{ij}=P\{X(t_{m+1})=j\,|\,X(t_m)=i\}=P\{X(t_{m+1})=j\}=\begin{cases}q, & j=0\\ p, & j=1\end{cases}$.

例 2 （一维随机游动）　一个质点在直线的五个位置：0，1，2，3，4 之上随机游动．当它处在位置 1（或 2 或 3）时，以 $\dfrac{1}{3}$ 的概率向左移动一步，而以 $\dfrac{2}{3}$ 的概率向右移动一步；当它到达位置 0 时，以概率 1 返回位置 1；当它到达位置 4 时以概率 1 停留在该位置上（称位置 0 为反射壁，称位置 4 为吸收壁）．以 $X(t_n)=j$ 表示时刻 t_n 质点处于位置 $j(j=0,1,2,3,4)$，则 $\{X(t),t=t_0,t_1,t_2,\cdots\}$ 是齐次马尔可夫链．其状态空间为 $S=\{0,1,2,3,4\}$，其中状态 0 是反射状态，状态 4 是吸收状态．其转移概率矩阵为

$$\boldsymbol{P}=(p_{ij})=\begin{pmatrix} 0 & 1 & 0 & 0 & 0 \\ \dfrac{1}{3} & 0 & \dfrac{2}{3} & 0 & 0 \\ 0 & \dfrac{1}{3} & 0 & \dfrac{2}{3} & 0 \\ 0 & 0 & \dfrac{1}{3} & 0 & \dfrac{2}{3} \\ 0 & 0 & 0 & 0 & 1 \end{pmatrix},$$

画出状态转移示意图如图 12.1 所示．

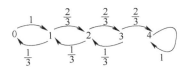

图　12.1

例 3 （成功流）　在一串伯努利试验中，设每次试验成功的概率为 p，令

$$X_n=\begin{cases}0, & \text{第 }n\text{ 次试验失败}\\ k, & \text{第 }n\text{ 次试验接连第 }k\text{ 次成功，}1\leqslant k\leqslant n\end{cases},$$

则 $\{X_n,n=1,2,3,\cdots\}$ 是齐次马尔可夫链．其状态空间为 $S=\{0,1,2,\cdots,k,\cdots\}$，其转移概率为

$P\{X_{n+1}=0\,|\,X_n=i\}=P\{X_{n+1}=0\}=q=1-p$，

$P\{X_{n+1}=i+1\,|\,X_n=i\}=P\{\text{第 }n+1\text{ 次试验时成功}\}=p$，

$p_{00}=q,\ p_{01}=p,\ p_{02}=0,\cdots,$

$$p_{ij}=P\{X_{n+1}=j\,|\,X_n=i\}=\begin{cases}0, & j\geqslant i+2\\ p, & j=i+1\\ 0, & 0<j\leqslant i\\ q, & j=0\end{cases},\ i=1,2,3,\cdots.$$

于是转移概率矩阵为

$$\boldsymbol{P} = \begin{pmatrix} p_{00} & p_{01} & \cdots & p_{0j} & \cdots \\ p_{10} & p_{11} & \cdots & p_{1j} & \cdots \\ \vdots & \vdots & & \vdots & \\ p_{i0} & p_{i1} & \cdots & p_{ij} & \cdots \\ \vdots & \vdots & & \vdots & \end{pmatrix} = \begin{pmatrix} q & p & 0 & \cdots & 0 & \cdots \\ q & 0 & p & \cdots & 0 & \cdots \\ \vdots & \vdots & \vdots & & \vdots & \\ q & 0 & 0 & \cdots & p & \cdots \\ \vdots & \vdots & \vdots & & \vdots & \end{pmatrix}.$$

2. 科尔莫戈罗夫-查普曼方程

定理1 设 $\{X(t), t = t_0, t_1, t_2, \cdots, t_n, \cdots\}$ 是马尔可夫链，则

$$p_{ij}^{(n+l)}(t_m) = \sum_k p_{ik}^{(n)}(t_m) p_{kj}^{(l)}(t_{m+n}) \tag{12.5}$$

称为科尔莫戈罗夫-查普曼（Kolmogorov-Chapman）方程.

证明 由条件概率定义计算公式，利用全概率公式和马尔可夫条件，得

$$
\begin{aligned}
p_{ij}^{(n+l)}(t_m) &= P\{X(t_{m+n+l}) = j \mid X(t_m) = i\} \\
&= \frac{P\{X(t_m) = i, X(t_{m+n+l}) = j\}}{P\{X(t_m) = i\}} \\
&= \frac{P\left\{\left[\sum_{k \in S} X(t_{m+n}) = k\right] [X(t_m) = i, X(t_{m+n+l}) = j]\right\}}{P\{X(t_m) = i\}} \\
&= \frac{\sum_{k \in S} P\{X(t_m) = i, X(t_{m+n}) = k, X(t_{m+n+l}) = j\}}{P\{X(t_m) = i\}} \\
&= \sum_k \frac{P\{X(t_m) = i, X(t_{m+n}) = k, X(t_{m+n+l}) = j\}}{P\{X(t_m) = i, X(t_{m+n}) = k\}} \cdot \frac{P\{X(t_m) = i, X(t_{m+n}) = k\}}{P\{X(t_m) = i\}} \\
&= \sum_k P\{X(t_{m+n+l}) = j \mid X(t_m) = i, X(t_{m+n}) = k\} \cdot P\{X(t_{m+n}) = k \mid X(t_m) = i\} \\
&= \sum_k P\{X(t_{m+n+l}) = j \mid X(t_{m+n}) = k\} \cdot P\{X(t_{m+n}) = k \mid X(t_m) = i\} \\
&= \sum_k p_{ik}^{(n)}(t_m) p_{kj}^{(l)}(t_{m+n}),
\end{aligned}
$$

证毕.

如果马尔可夫链具有齐次性，那么，科尔莫戈罗夫-查普曼方程可化为

$$p_{ij}^{(n+l)} = \sum_k p_{ik}^{(n)} p_{kj}^{(l)}. \tag{12.6}$$

当 $n=1$，$l=1$ 时，得到

$$p_{ij}^{(2)} = \sum_k p_{ik} p_{kj},$$

进一步改写为矩阵形式

$$\boldsymbol{P}^{(2)} = \boldsymbol{P}^2,$$

其中，$\boldsymbol{P}^{(2)} = (p_{ij}^{(2)})$ 是两步转移概率矩阵；$\boldsymbol{P}$ 是一步转移概率矩阵.

用数学归纳法可得

$$\boldsymbol{P}^{(n)}=\boldsymbol{P}^n, \quad n=2, 3, 4, \cdots, \tag{12.7}$$

式 (12.7) 表明：n 步转移概率矩阵 $\boldsymbol{P}^{(n)}=(p_{ij}^{(n)})$ 等于一步转移概率矩阵 $\boldsymbol{P}$ 的 n 次幂. 因此, 也常把 $\boldsymbol{P}^n$ 作为 n 步转移概率矩阵的符号.

例 4 在本节例 2 中, 求: $p_{00}^{(2)}$ 和 $p_{31}^{(2)}$.

解 由 $p_{ij}^{(2)}=\sum_k p_{ik}p_{kj}$, 得

$$p_{00}^{(2)}=\sum_{k=0}^{4} p_{0k}p_{k0}=1\times\frac{1}{3}=\frac{1}{3} ,$$

$$p_{31}^{(2)}=\sum_{k=0}^{4} p_{3k}p_{k1}=\frac{1}{3}\times\frac{1}{3}=\frac{1}{9} .$$

或用 $\boldsymbol{P}^{(2)}=(p_{ij}^{(2)})=\boldsymbol{P}^2$.

例 5 在传输数字 0 和 1 的通信系统中, 每个数字的传输需经过若干步骤, 设每步传输正确的概率为 $\frac{9}{10}$, 传输错误的概率为 $\frac{1}{10}$, 问: (1) 数字 1 经三步传输出 1 的概率是多少? (2) 若某步传输出数字 1, 那么, 又接连两步都传输出 1 的概率是多少?

解 以 X_n 表示第 n 步传输出的数字, 则 $\{X_n, n=0, 1, 2, \cdots\}$ 是一个齐次马尔可夫链, X_0 是初始状态, 状态空间 $S=\{0, 1\}$, 一步转移概率矩阵为

$$\boldsymbol{P}=\begin{pmatrix} \dfrac{9}{10} & \dfrac{1}{10} \\[2mm] \dfrac{1}{10} & \dfrac{9}{10} \end{pmatrix}.$$

(1)
$$\boldsymbol{P}^{(2)}=\boldsymbol{P}^2$$

$$=\begin{pmatrix} \dfrac{9}{10} & \dfrac{1}{10} \\[2mm] \dfrac{1}{10} & \dfrac{9}{10} \end{pmatrix}\begin{pmatrix} \dfrac{9}{10} & \dfrac{1}{10} \\[2mm] \dfrac{1}{10} & \dfrac{9}{10} \end{pmatrix}=\begin{pmatrix} \dfrac{82}{100} & \dfrac{18}{100} \\[2mm] \dfrac{18}{100} & \dfrac{82}{100} \end{pmatrix},$$

$$\boldsymbol{P}^{(3)}=\boldsymbol{P}^3=\begin{pmatrix} \dfrac{9}{10} & \dfrac{1}{10} \\[2mm] \dfrac{1}{10} & \dfrac{9}{10} \end{pmatrix}\begin{pmatrix} \dfrac{9}{10} & \dfrac{1}{10} \\[2mm] \dfrac{1}{10} & \dfrac{9}{10} \end{pmatrix}\begin{pmatrix} \dfrac{9}{10} & \dfrac{1}{10} \\[2mm] \dfrac{1}{10} & \dfrac{9}{10} \end{pmatrix}$$

$$=\begin{pmatrix} \dfrac{82}{100} & \dfrac{18}{100} \\[2mm] \dfrac{18}{100} & \dfrac{82}{100} \end{pmatrix}\begin{pmatrix} \dfrac{9}{10} & \dfrac{1}{10} \\[2mm] \dfrac{1}{10} & \dfrac{9}{10} \end{pmatrix}$$

$$= \begin{pmatrix} \dfrac{756}{1000} & \dfrac{244}{1000} \\[3mm] \dfrac{244}{1000} & \dfrac{756}{1000} \end{pmatrix},$$

$$p_{11}^{(3)} = \frac{756}{1000} = 0.756;$$

(2)
$$P\{X_{n+1}=1, X_{n+2}=1 \mid X_n=1\}$$
$$= P\{X_{n+1}=1 \mid X_n=1\} \cdot P\{X_{n+2}=1 \mid X_{n+1}=1, X_n=1\}$$
$$= P\{X_{n+1}=1 \mid X_n=1\} \cdot P\{X_{n+2}=1 \mid X_{n+1}=1\}$$
$$= p_{11} \cdot p_{11} = \left(\frac{9}{10}\right)^2 = 0.81.$$

3. 有限维概率分布

马尔可夫链 $\{X(t), t=t_0, t_1, t_2, \cdots\}$ 在初始时刻 t_0 的概率分布
$$p_j(t_0) = P\{X(t_0)=j\}, \quad j=0, 1, 2, \cdots$$
称为初始分布.

初始分布与转移概率完全地确定了马尔可夫链的任何有限维分布. 下面的定理 2 正是论述这一点.

不妨设齐次马尔可夫链的参数集和状态空间都是非负整数集, 那么, 有

定理 2 设齐次马尔可夫链 $\{X(n), n=0, 1, 2, \cdots\}$ 的状态空间 $S=\{0, 1, 2, \cdots, i, \cdots\}$, 则对任意 n 个非负整数 $k_1 < k_2 < \cdots < k_n$ 和 S 内的任意 n 个状态 $j_1, j_2, \cdots, j_n$, 有

$$P\{X(k_1)=j_1, X(k_2)=j_2, \cdots, X(k_n)=j_n\}$$
$$= \sum_{i=0}^{+\infty} p_i(0) p_{ij_1}^{(k_1)} p_{j_1 j_2}^{(k_2-k_1)} \cdots p_{j_{n-1} j_n}^{(k_n-k_{n-1})}. \tag{12.8}$$

证明 由概率的乘法公式和马尔可夫性可得
$$P\{X(k_1)=j_1, X(k_2)=j_2, \cdots, X(k_n)=j_n\}$$
$$= P\{X(k_1)=j_1\} \cdot P\{X(k_2)=j_2 \mid X(k_1)=j_1\} \cdot$$
$$P\{X(k_3)=j_3 \mid X(k_1)=j_1, X(k_2)=j_2\} \cdot$$
$$\cdots \cdot P\{X(k_n)=j_n \mid X(k_1)=j_1, X(k_2)=j_2, \cdots, X(k_{n-1})=j_{n-1}\}$$
$$= P\{X(k_1)=j_1\} \cdot P\{X(k_2)=j_2 \mid X(k_1)=j_1\} \cdot$$
$$P\{X(k_3)=j_3 \mid X(k_2)=j_2\} \cdot$$
$$\cdots \cdot P\{X(k_n)=j_n \mid X(k_{n-1})=j_{n-1}\}$$
$$= P\{X(k_1)=j_1\} \cdot p_{j_1 j_2}^{(k_2-k_1)} \cdot p_{j_2 j_3}^{(k_3-k_2)} \cdot \cdots \cdot p_{j_{n-1} j_n}^{(k_n-k_{n-1})}.$$

由全概率公式, 上式等号右端第一个因式可化为

$$P\{X(k_1)=j_1\}=\sum_{i=0}^{+\infty}P\{X(0)=i\}\cdot P\{X(k_1)=j_1\mid X(0)=i\}$$
$$=\sum_{i=0}^{+\infty}p_i(0)p_{ij_1}^{(k_1)}.$$

于是得到

$$P\{X(k_1)=j_1,X(k_2)=j_2,\cdots,X(k_n)=j_n\}=\sum_{i=0}^{+\infty}p_i(0)p_{ij_1}^{(k_1)}p_{j_1j_2}^{(k_2-k_1)}p_{j_2j_3}^{(k_3-k_2)}\cdots p_{j_{n-1}j_n}^{(k_n-k_{n-1})},$$

证毕.

例 6　在本节例 5 中，设初始时输入 0 和 1 的概率分别为 $\dfrac{1}{3}$ 和 $\dfrac{2}{3}$，求：第 2、第 3、第 6 步都传输出 1 的概率.

解　由题设知 $p_0(0)=\dfrac{1}{3}$，$p_1(0)=\dfrac{2}{3}$，由式（12.8）可知

$$P\{X_2=1,X_3=1,X_6=1\}=\sum_{i=0}^{1}p_i(0)p_{i1}^{(2)}p_{11}p_{11}^{(3)}$$
$$=p_{11}p_{11}^{(3)}\big[p_0(0)p_{01}^{(2)}+p_1(0)p_{11}^{(2)}\big]$$
$$=\frac{9}{10}\times\frac{756}{1000}\Big(\frac{1}{3}\times\frac{18}{100}+\frac{2}{3}\times\frac{82}{100}\Big)=0.4128.$$

马尔可夫链在任何时刻 t_n 的一维概率分布

$$p_j(t_n)=P\{X(t_n)=j\},\ j=0,1,2,\cdots$$

又称为绝对概率，或称为瞬时概率.

由全概率公式，得

$$p_j(t_n)=\sum_{i=0}^{+\infty}p_i(t_{n-1})p_{ij}(t_{n-1}),\ j=0,1,2,\cdots.$$

如果马尔可夫链具有齐次性，那么，上式可化为

$$p_j(t_n)=\sum_{i=0}^{+\infty}p_i(t_{n-1})p_{ij},\ j=0,1,2,\cdots. \tag{12.9}$$

由式（12.9）递推得到

$$p_j(t_n)=\sum_{i=0}^{+\infty}p_i(t_0)p_{ij}^{(n)},\ j=0,1,2,\cdots, \tag{12.10}$$

式中，t_0 是初始时刻. 式（12.10）表明：齐次马尔可夫链在时刻 t_n 的瞬时概率完全地由初始分布和 n 步转移概率所确定.

将式（12.9）和式（12.10）写成向量形式得下面的定理 3.

定理 3　设齐次马尔可夫链 $\{X(t),t=t_0,t_1,t_2,\cdots\}$ 的状态空间为 $S=\{0,1,2,\cdots,i,\cdots\}$，转移概率矩阵为 $\boldsymbol{P}=(p_{ij})$，初始分布为

$$p_j(t_0)=P\{X(t_0)=j\},\ j=0,1,2,\cdots,$$

则有

$(p_0(t_n), p_1(t_n), \cdots, p_j(t_n), \cdots) = (p_0(t_{n-1}), p_1(t_{n-1}), \cdots, p_j(t_{n-1}), \cdots)\boldsymbol{P},$

$(p_0(t_n), p_1(t_n), \cdots, p_j(t_n), \cdots) = (p_0(t_0), p_1(t_0), \cdots, p_j(t_0), \cdots)\boldsymbol{P}^{(n)},$

其中 n 步转移概率矩阵 $\boldsymbol{P}^{(n)} = (p_{ij}^{(n)}) = \boldsymbol{P}^n.$

设 $\boldsymbol{\pi}_n = (p_0(t_n), p_1(t_n), \cdots, p_j(t_n), \cdots)$，则有 $\boldsymbol{\pi}_n = \boldsymbol{\pi}_{n-1}P$，如果 $\lim\limits_{n \to +\infty} \boldsymbol{\pi}_n = \boldsymbol{\pi}$ 存在，则 $\boldsymbol{\pi}$ 应满足 $\boldsymbol{\pi} = \boldsymbol{\pi}P.$

例 7 本节例 2 中，设质点在初始时刻 t_0 恰处在状态 2，试求：在时刻 t_2，质点处在各个状态的概率．

解 由本节例 2 中的转移概率矩阵 $\boldsymbol{P}$ 求得二步转移概率矩阵为

$$\boldsymbol{P}^{(2)} = \boldsymbol{P}^2 = \begin{pmatrix} \frac{1}{3} & 0 & \frac{2}{3} & 0 & 0 \\ 0 & \frac{5}{9} & 0 & \frac{4}{9} & 0 \\ \frac{1}{9} & 0 & \frac{4}{9} & 0 & \frac{4}{9} \\ 0 & \frac{1}{9} & 0 & \frac{2}{9} & \frac{2}{3} \\ 0 & 0 & 0 & 0 & 1 \end{pmatrix}.$$

方法一 按题意有 $p_2(t_0) = 1$，$p_0(t_0) = p_1(t_0) = p_3(t_0) = p_4(t_0) = 0$，由式（12.10）得

$$p_0(t_2) = \sum_{i=0}^{4} p_i(t_0) p_{i0}^{(2)} = 1 \times \frac{1}{9} = \frac{1}{9},$$

$$p_1(t_2) = \sum_{i=0}^{4} p_i(t_0) p_{i1}^{(2)} = 1 \times 0 = 0,$$

$$p_2(t_2) = \sum_{i=0}^{4} p_i(t_0) p_{i2}^{(2)} = 1 \times \frac{4}{9} = \frac{4}{9},$$

$$p_3(t_2) = \sum_{i=0}^{4} p_i(t_0) p_{i3}^{(2)} = 1 \times 0 = 0,$$

$$p_4(t_2) = \sum_{i=0}^{4} p_i(t_0) p_{i4}^{(2)} = 1 \times \frac{4}{9} = \frac{4}{9}.$$

方法二 按题意有

$(p_0(t_0), p_1(t_0), p_2(t_0), p_3(t_0), p_4(t_0)) = (0, 0, 1, 0, 0),$

二步转移概率矩阵为

$$\boldsymbol{P}^{(2)} = \boldsymbol{P}^2 = \begin{pmatrix} \frac{1}{3} & 0 & \frac{2}{3} & 0 & 0 \\ 0 & \frac{5}{9} & 0 & \frac{4}{9} & 0 \\ \frac{1}{9} & 0 & \frac{4}{9} & 0 & \frac{4}{9} \\ 0 & \frac{1}{9} & 0 & \frac{2}{9} & \frac{2}{3} \\ 0 & 0 & 0 & 0 & 1 \end{pmatrix},$$

$$(p_0(t_2),\ p_1(t_2),\ p_2(t_2),\ p_3(t_2),\ p_4(t_2))$$

$$=(p_0(t_0),\ p_1(t_0),\ p_2(t_0),\ p_3(t_0),\ p_4(t_0))\boldsymbol{P}^{(2)}$$

$$=(0,\ 0,\ 1,\ 0,\ 0)\begin{pmatrix} \dfrac{1}{3} & 0 & \dfrac{2}{3} & 0 & 0 \\[2mm] 0 & \dfrac{5}{9} & 0 & \dfrac{4}{9} & 0 \\[2mm] \dfrac{1}{9} & 0 & \dfrac{4}{9} & 0 & \dfrac{4}{9} \\[2mm] 0 & \dfrac{1}{9} & 0 & \dfrac{2}{9} & \dfrac{2}{3} \\[2mm] 0 & 0 & 0 & 0 & 1 \end{pmatrix}$$

$$=\left(\dfrac{1}{9},\ 0,\ \dfrac{4}{9},\ 0,\ \dfrac{4}{9}\right).$$

4. 平稳分布

定义 1 对于齐次马尔可夫链 $\{X(t), t=t_0, t_1, t_2, \cdots\}$，一步转移概率矩阵 $\boldsymbol{P}=(p_{ij})$，$p_{ij}=P\{X(t_{m+1})=j\,|\,X(t_m)=i\}$，如果存在概率分布

$$\boldsymbol{\pi}=(\pi_0,\ \pi_1,\ \pi_2,\ \cdots,\ \pi_j,\ \cdots)\quad(\text{即 } \pi_j\geqslant 0,\ \sum_{j=0}^{+\infty}\pi_j=1),$$

满足

$$\pi_j=\sum_{i=0}^{+\infty}\pi_i p_{ij},\ j=0,\ 1,\ 2,\ \cdots, \tag{12.11}$$

则称 $\boldsymbol{\pi}=(\pi_0,\ \pi_1,\ \pi_2,\ \cdots,\ \pi_j,\ \cdots)$ 为平稳分布，称 $X(t)$ 具有平稳性，是平稳齐次马尔可夫链.

改写成向量时平稳分布律要满足

$$(\pi_0,\ \pi_1,\ \pi_2,\ \cdots,\ \pi_j,\ \cdots)=(\pi_0,\ \pi_1,\ \pi_2,\ \cdots,\ \pi_j,\ \cdots)\boldsymbol{P},$$

即 $\quad\boldsymbol{\pi}=\boldsymbol{\pi P},\ \boldsymbol{\pi}=(\pi_0,\ \pi_1,\ \pi_2,\ \cdots,\ \pi_j,\ \cdots),\ \pi_j\geqslant 0,\ \sum\limits_{j=0}^{+\infty}\pi_j=1.$

显然有 $\quad\boldsymbol{\pi}=\boldsymbol{\pi P}=(\boldsymbol{\pi P})\,\boldsymbol{P}=\boldsymbol{\pi P}^2=(\boldsymbol{\pi P})\,\boldsymbol{P}^2=\boldsymbol{\pi P}^3=\cdots=\boldsymbol{\pi P}^n=\boldsymbol{\pi P}^{(n)}.$

定理 4 如果齐次马尔可夫链 $\{X(t), t=t_0, t_1, t_2, \cdots\}$ 的初始分布

$$p_j(t_0)=P\{X(t_0)=j\},\ j=0,\ 1,\ 2,\ \cdots,$$

是一个平稳分布，则

$$p_j(t_n)=P\{X(t_n)=j\}=p_j(t_0),\ j=0,\ 1,\ 2,\ \cdots(n=1,\ 2,\ \cdots).$$

证明 由式（12.10）和平稳分布的性质，得

$$(p_0(t_n),\ p_1(t_n),\ \cdots,\ p_j(t_n),\ \cdots)$$

$$=(p_0(t_0),\ p_1(t_0),\ \cdots,\ p_j(t_0),\ \cdots)\boldsymbol{P}^{(n)}$$

$$=(p_0(t_0),\ p_1(t_0),\ \cdots,\ p_j(t_0),\ \cdots),$$

证毕.

例 8 设齐次马尔可夫链 $\{X_n,\ n=0,1,2,\cdots\}$ 的转移概率矩阵为

$$P=\begin{pmatrix} \dfrac{1}{3} & \dfrac{2}{3} & 0 \\[2mm] \dfrac{1}{3} & \dfrac{1}{3} & \dfrac{1}{3} \\[2mm] 0 & \dfrac{2}{3} & \dfrac{1}{3} \end{pmatrix},$$

且初始概率分布为 $p_j(0)=P\{X_0=j\}=\dfrac{1}{3}$，$j=1,2,3$.

求：(1) $P\{X_1=1,X_2=2,X_3=3\}$；(2) $P\{X_2=3\}$；(3) 平稳分布.

解 (1)　$P\{X_1=1,X_2=2,X_3=3\}$

$=P\{X_1=1\}P\{X_2=2\mid X_1=1\}P\{X_3=3\mid X_2=2,X_1=1\}$

$=P\{X_1=1\}P\{X_2=2\mid X_1=1\}P\{X_3=3\mid X_2=2\}$

$=P\{X_1=1\}\cdot p_{12}\cdot p_{23}$

$=\displaystyle\sum_{j=1}^{3}P\{X_0=j\}P\{X_1=1\mid X_0=j\}\cdot p_{12}\cdot p_{23}$

$=\displaystyle\sum_{j=1}^{3}P\{X_0=j\}p_{j1}\cdot p_{12}\cdot p_{23}$

$=\dfrac{2}{3}\times\dfrac{1}{3}\times\dfrac{1}{3}\left(\dfrac{1}{3}+\dfrac{1}{3}+0\right)=\dfrac{4}{81}$；

(2)　$P\{X_2=3\}=\displaystyle\sum_{j=1}^{3}P\{X_0=j\}P\{X_2=3\mid X_0=j\}$

$=\displaystyle\sum_{j=1}^{3}P\{X_0=j\}p_{j3}^{(2)}$

$=\dfrac{1}{3}\times\left(\dfrac{2}{9}+\dfrac{2}{9}+\dfrac{3}{9}\right)=\dfrac{7}{27}$；

(3) 平稳分布 (p_1,p_2,p_3) 满足方程组 $\begin{cases}(p_1,p_2,p_3)=(p_1,p_2,p_3)\begin{pmatrix}\dfrac{1}{3}&\dfrac{2}{3}&0\\[2mm]\dfrac{1}{3}&\dfrac{1}{3}&\dfrac{1}{3}\\[2mm]0&\dfrac{2}{3}&\dfrac{1}{3}\end{pmatrix}\\[8mm]p_1+p_2+p_3=1\end{cases}$，即

$$\begin{cases}p_1=p_1\dfrac{1}{3}+p_2\dfrac{1}{3}+p_30\\[2mm]p_2=p_1\dfrac{2}{3}+p_2\dfrac{1}{3}+p_3\dfrac{2}{3},\\[2mm]p_3=p_10+p_2\dfrac{1}{3}+p_3\dfrac{1}{3}\end{cases}$$

解之得 $p_1=\dfrac{1}{4}$，$p_2=\dfrac{1}{2}$，$p_3=\dfrac{1}{4}$，故平稳分布为 $(p_1，p_2，p_3)=\left(\dfrac{1}{4}，\dfrac{1}{2}，\dfrac{1}{4}\right)$.

例 9　带一个反射壁的一维随机游动，以 $X(t_n)=j$ 表示在时刻 t_n 粒子处于状态 j，状态空间 $S=\{0,1,2,\cdots,j,\cdots\}$，转移概率为 $p_{00}=q$，$p_{j,j+1}=p$，$j=0,1,2,\cdots$；$p_{j,j-1}=q$，$j=1,2,3,\cdots$，$p+q=1$，求：平稳分布 π_j，$j=0,1,2,\cdots$.

解　根据题设条件，知转移概率矩阵为

$$\boldsymbol{P}=(p_{ij})=\begin{pmatrix} q & p & 0 & 0 & 0 & \cdots \\ q & 0 & p & 0 & 0 & \cdots \\ 0 & q & 0 & p & 0 & \cdots \\ 0 & 0 & q & 0 & p & \cdots \\ \vdots & \vdots & \vdots & \vdots & \vdots & \end{pmatrix}.$$

平稳分布 $\boldsymbol{\pi}=(\pi_0,\pi_1,\cdots,\pi_j,\cdots)$ 应满足

$$\begin{cases} \boldsymbol{\pi}=\boldsymbol{\pi P} \\ \sum\limits_{j=0}^{+\infty}\pi_j=1 \end{cases},$$

即应满足

$$\begin{cases} \pi_0=\pi_0 p_{00}+\pi_1 p_{10}=q\pi_0+q\pi_1 & ① \\ \pi_j=\pi_{j-1}p_{j-1,j}+\pi_{j+1}p_{j+1,j}=p\pi_{j-1}+q\pi_{j+1}. & ② \\ \sum\limits_{j=0}^{+\infty}\pi_j=1 & ③ \end{cases}$$

由式①得

$$\pi_1=\frac{p}{q}\pi_0,$$

由式②得

$$\pi_{j+1}-\pi_j=\frac{p}{q}(\pi_j-\pi_{j-1})$$

$$=\cdots=\left(\frac{p}{q}\right)^j(\pi_1-\pi_0)$$

$$=\left[\left(\frac{p}{q}\right)^{j+1}-\left(\frac{p}{q}\right)^j\right]\pi_0,$$

$$\pi_j-\pi_1=(\pi_j-\pi_{j-1})+(\pi_{j-1}-\pi_{j-2})+\cdots+(\pi_2-\pi_1)$$

$$=\left[\left(\frac{p}{q}\right)^j-\left(\frac{p}{q}\right)\right]\pi_0,$$

得到

$$\pi_j=\left(\frac{p}{q}\right)^j\pi_0，j=0,1,2,\cdots \qquad ④$$

联立式③和式④，得

$$\sum_{j=0}^{+\infty} \pi_j = \sum_{j=0}^{+\infty} \left(\frac{p}{q}\right)^j \pi_0 = \pi_0 \cdot \frac{1}{1-\frac{p}{q}} = 1,$$

当 $\frac{p}{q}<1$，即当 $p<q$ 时，解得 $\pi_0=1-\frac{p}{q}$，代入式④得

$$\pi_j = \left(\frac{p}{q}\right)^j\left(1-\frac{p}{q}\right), j=0,1,2,\cdots,$$

而当 $p\geqslant q$ 时，不存在平稳分布.

习题 12.2

1. 已知齐次马尔可夫链的转移概率矩阵 $\boldsymbol{P}=\begin{pmatrix} \frac{1}{3} & \frac{2}{3} & 0 \\ \frac{1}{3} & \frac{1}{3} & \frac{1}{3} \\ 0 & \frac{2}{3} & \frac{1}{3} \end{pmatrix}$，问：此马尔可夫链有几个状态？求：两步转移概率矩阵.

2. 从次品率为 $p(0<p<1)$ 的一批产品中，每次随机抽查一个产品，以 X_n 表示前 n 次抽查出的次品数.（1）$\{X_n, n=1,2,\cdots\}$ 是否是齐次马尔可夫链？（2）写出状态空间和转移概率矩阵；（3）如果这批产品共有 100 个，其中混杂了 3 个次品，做有放回抽样，求：在抽查出 2 个次品的条件下，再抽查 2 次，共查出 3 个次品的概率.

3. 独立重复地掷一颗匀称的骰子，以 X_n 表示前 n 次掷出的最小点数.
（1）$\{X_n, n=1,2,\cdots\}$ 是否是齐次马尔可夫链？（2）写出状态空间和转移概率矩阵；（3）求：$P\{X_{n+1}=3, X_{n+2}=3|X_n=3\}$；（4）求：$P\{X_2=1\}$.

4. 具有三个状态：0，1，2 的一维随机游动，以 $X(t)=j$ 表示时刻 t 粒子处在状态 $j(j=0,1,2)$，过程 $\{X(t), t=t_0, t_1, t_2,\cdots\}$ 的一步转移概率矩阵 $\boldsymbol{P}=\begin{pmatrix} q & p & 0 \\ q & 0 & p \\ 0 & q & p \end{pmatrix}$. 求：（1）粒子从状态 1 经两步和经三步转移回到状态 1 的转移概率；（2）过程的平稳分布.

5. 设同型产品装在两个盒内，盒 1 内有 8 个一等品和 2 个二等品，盒 2 内有 6 个一等品和 4 个二等品. 做有放回随机抽查，每次抽查一个，第一次在盒 1 内取. 取到一等品，继续在盒 1 内取；取到二等品，继续在盒 2 内取. 以 X_n 表示第 n 次取到产品的等级数，则 $\{X_n, n=1,2,\cdots\}$ 是齐次马尔可夫链.（1）写出状态空间和转移概率矩阵；（2）恰第 3、第 5、第 8 次取到一等品的概率为多

少？（3）求：过程的平稳分布．

6. 四个位置：1，2，3，4 在圆周上逆时针排列．粒子在这四个位置上随机游动．粒子从任何一个位置以概率 $\frac{2}{3}$ 逆时针游动到相邻位置；以概率 $\frac{1}{3}$ 顺时针游动到相邻位置．以 $X(n)=j$ 表示时刻 n 粒子处在位置 $j(j=1，2，3，4)$．求：（1）齐次马尔可夫链 $\{X(n)，n=1，2，\cdots\}$ 的状态空间和一步转移概率矩阵；（2）条件概率 $P\{X(n+3)=3，X(n+1)=1|X(n)=2\}$；（3）平稳分布．

7. 独立重复地掷一颗匀称的骰子，以 $\{X_n=j\}$ 表示前 n 次投掷中出现的最大点数为 j，则 $\{X_n，n=1，2，\cdots\}$ 为齐次马尔可夫链．（1）写出状态空间和一步转移概率矩阵；（2）求：$P\{X_{n+3}=4|X_n=3\}$；（3）求：$P\{X_2=3，X_3=3，X_5=3\}$．

12.3　参数连续的齐次马尔可夫链

在实际应用中，马尔可夫链的参数 t 通常表示时间，参数集 T 通常取非负实数集．本节就来讨论这类参数连续的马尔可夫链．

1. 转移概率函数

定义 1　设 $\{X(t)，t\geqslant 0\}$ 是参数连续的马尔可夫链，对于任意非负实数 t 和任意正实数 τ，以及链的任意两个状态 $i，j$，条件概率

$$P\{X(t+\tau)=j|X(t)=i\}=p_{ij}^{(\tau)}(t) \tag{12.12}$$

称为马尔可夫链在时刻 t 由状态 i 出发，经过时间间隔 τ，在时刻 $t+\tau$ 到达状态 j 的转移概率．τ 称为转移时间．

一般来说，$p_{ij}^{(\tau)}(t)$ 既依赖于出发时刻 t，又依赖于转移时间 τ．

特殊地，如果 $p_{ij}^{(\tau)}(t)$ 不依赖于出发时刻 t，仅依赖于转移时间 τ，则称马尔可夫链 $\{X(t)，t\geqslant 0\}$ 具有齐次性或时齐性．此时可记为

$$p_{ij}^{(\tau)}(t)=P\{X(t+\tau)=j|X(t)=i\}=p_{ij}(\tau). \tag{12.13}$$

就是说，对于参数连续的齐次马尔可夫链，从状态 i 转移到状态 j 的转移概率仅依赖于完成状态转移的转移时间 τ，而与出发时刻 t 无关．$p_{ij}(\tau)$ 是转移时间 τ 的函数．

一般地，参数连续的齐次马尔可夫链的转移概率函数具有如下性质．

性质 1　当 $\tau>0$ 时，$p_{ij}(\tau)\geqslant 0$．当 $\tau=0$ 时，规定

$$p_{ij}(0)=\delta_{ij}=\begin{cases} 1，& i=j \\ 0，& i\neq j， \end{cases} \tag{12.14}$$

δ_{ij} 称为克罗内克（Kronecker）符号．

$p_{ij}(0)=\delta_{ij}=\begin{cases} 1，& i=j \\ 0，& i\neq j \end{cases}$ 表示为在任何瞬时，一个状态留在原位的概率为 1，

而跳离原位的概率为 0.

性质 2 $\sum_{j \in S} p_{ij}(\tau) = 1$，$S$ 是状态空间.

性质 3 满足科尔莫戈罗夫-查普曼方程，即

$$p_{ij}(\tau_1 + \tau_2) = \sum_{k \in S} p_{ik}(\tau_1) \cdot p_{kj}(\tau_2), \quad \tau_1 > 0, \tau_2 > 0.$$

证明 由转移概率的定义、条件概率、概率的可加性、马尔可夫性和齐次性，得

$$p_{ij}(\tau_1 + \tau_2)$$
$$= P\{X(t + \tau_1 + \tau_2) = j \mid X(t) = i\}$$
$$= \frac{P\{X(t + \tau_1 + \tau_2) = j, X(t) = i\}}{P\{X(t) = i\}}$$
$$= \frac{\sum_{k \in S} P\{X(t + \tau_1 + \tau_2) = j, X(t + \tau_1) = k, X(t) = i\}}{P\{X(t) = i\}}$$
$$= \sum_{k \in S} \frac{P\{X(t) = i, X(t + \tau_1) = k, X(t + \tau_1 + \tau_2) = j\}}{P\{X(t) = i, X(t + \tau_1) = k\}} \cdot$$
$$\frac{P\{X(t) = i, X(t + \tau_1) = k\}}{P\{X(t) = i\}}$$
$$= \sum_{k \in S} P\{X(t + \tau_1 + \tau_2) = j \mid X(t) = i, X(t + \tau_1) = k\} \cdot P\{X(t + \tau_1) = k \mid X(t) = i\}$$
$$= \sum_{k \in S} p_{kj}(\tau_2) p_{ik}(\tau_1)$$
$$= \sum_{k \in S} p_{ik}(\tau_1) p_{kj}(\tau_2).$$

性质 4（实际上是规定）

$$\lim_{\tau \to 0^+} p_{ij}(\tau) = p_{ij}(0) = \begin{cases} 1, & i = j \\ 0, & i \neq j \end{cases}. \tag{12.15}$$

式（12.15）表明：转移概率函数 $p_{ij}(\tau)$ 在 $\tau = 0$ 处右连续（假设条件）. 当 τ 充分小时，齐次马尔可夫链的状态几乎滞留原位，不发生转移.

2. 转移速率矩阵

定义 2 如果齐次马尔可夫链的转移概率函数 $p_{ij}(\tau)$ 在 $\tau = 0$ 的右导数存在，即存在

$$p'_{ij}(0) = \lim_{\tau \to 0^+} \frac{p_{ij}(\tau) - p_{ij}(0)}{\tau} = q_{ij}, \tag{12.16}$$

则称导数值 q_{ij} 为由状态 i 转移到状态 j 的转移速率，或称转移密度.

不妨设状态空间 S 为非负整数集，以 q_{ij} 为元素的矩阵

$$Q = \begin{pmatrix} q_{00} & q_{01} & \cdots & q_{0j} & \cdots \\ q_{10} & q_{11} & \cdots & q_{1j} & \cdots \\ \vdots & \vdots & & \vdots & \\ q_{i0} & q_{i1} & \cdots & q_{ij} & \cdots \\ \vdots & \vdots & & \vdots & \end{pmatrix} \tag{12.17}$$

称为转移速率矩阵，或称转移密度矩阵. 简称 Q 阵.

转移速率具有两个性质：

1）$q_{ij} \geqslant 0$，$i \neq j$，$q_{ii} \leqslant 0$；

2）当状态空间为有限集时，q_{ij} 满足

$$\sum_{j \in S} q_{ij} = 0. \tag{12.18}$$

性质 1 可由式（12.16）直接得到. 性质 2 的证明如下.

由转移概率函数的性质 2 得

$$\sum_{j \neq i} p_{ij}(\tau) + p_{ii}(\tau) - 1 = 0,$$

在上式两边除以 τ，再令 $\tau \to 0^+$ 后求极限，其中

$$\begin{cases} \lim\limits_{\tau \to 0^+} \dfrac{p_{ij}(\tau)}{\tau} = \lim\limits_{\tau \to 0^+} \dfrac{p_{ij}(\tau) - p_{ij}(0)}{\tau} = q_{ij}, & i \neq j, \\ \lim\limits_{\tau \to 0^+} \dfrac{p_{ii}(\tau) - 1}{\tau} = \lim\limits_{\tau \to 0^+} \dfrac{p_{ii}(\tau) - p_{ii}(0)}{\tau} = q_{ii}, & \end{cases}$$

于是得到 $\sum\limits_{j \in S} q_{ij} = 0$.

式（12.18）表明：在 Q 阵中，每行元素之和均为零.

必须指出，当状态空间 S 为无限集时，式（12.18）不一定成立. 一般有 $\sum\limits_{j \in S} q_{ij} \leqslant 0$.

事实上，对任意有限和有

$$\sum_{j \neq i} p_{ij}(\tau) + p_{ii}(\tau) - 1 \leqslant 0,$$

在此不等式两边除以 τ，再令 $\tau \to 0^+$ 后求极限，得任意有限和 $\sum\limits_{j \neq i} q_{ij} + q_{ii} \leqslant 0$，从而 $\sum\limits_{j \in S} q_{ij} \leqslant 0$.

例 1　一台机器配备一名修理工，机器发生故障，立刻进行修理. 机器从起动至首次故障的工作时间记为 T_1，设 T_1 服从数学期望为 $\dfrac{1}{\lambda}$ 的指数分布，以后逐次工作时间与 T_1 独立同分布. 机器首次故障至修复的首次修理时间记为 T_2，设 T_2 服从数学期望为 $\dfrac{1}{\mu}$ 的指数分布，以后逐次修理时间与 T_2 独立同分布，且

T_1 与 T_2 也互相独立. 机器工作状态记为 0, 故障状态记为 1, 机器在时刻 t 所处的状态记为 $X(t)$, 则可以验证 $\{X(t), t \geqslant 0\}$ 是齐次马尔可夫链 (验证略), 试求转移速率矩阵.

解 链的状态空间为 $S = \{0, 1\}$, 取充分小的正数 Δt, 在时间区间 $[t, t + \Delta t]$ 内求转移概率. 由链的齐次性, 有

$$p_{01}(\Delta t) = P\{X(t+\Delta t) = 1 \mid X(t) = 0\} = P\{X(\Delta t) = 1 \mid X(0) = 0\}$$

$$P_1\{T_1 \leqslant \Delta t\} = \int_0^{\Delta t} \lambda \mathrm{e}^{-\lambda t} \mathrm{d}t = 1 - \mathrm{e}^{-\lambda \Delta t} = \lambda \Delta t + o(\Delta t),$$

其中, $o(\Delta t)$ 是 Δt 的高阶无穷小.

$$p_{00}(\Delta t) = P\{X(t+\Delta t) = 0 \mid X(t) = 0\} = P\{X(\Delta t) = 0 \mid X(0) = 0\},$$

$$P_1\{T_1 > \Delta t\} = 1 - P_1\{T_1 \leqslant \Delta t\} = \mathrm{e}^{-\lambda \Delta t} = 1 - \lambda \Delta t + o(\Delta t).$$

同理可求得

$$p_{10}(\Delta t) = P\{X(t+\Delta t) = 0 \mid X(t) = 1\}$$
$$= P\{T_2 \leqslant \Delta t\} = 1 - \mathrm{e}^{-\mu \Delta t} = \mu \Delta t + o(\Delta t),$$

$$p_{11}(\Delta t) = 1 - p_{10}(\Delta t) = \mathrm{e}^{-\mu \Delta t} = 1 - \mu \Delta t + o(\Delta t).$$

由式 (12.16) 得

$$q_{01} = \lim_{\Delta t \to 0^+} \frac{p_{01}(\Delta t) - p_{01}(0)}{\Delta t} = \lim_{\Delta t \to 0^+} \frac{\lambda \Delta t - o(\Delta t)}{\Delta t} = \lambda,$$

$$q_{00} = \lim_{\Delta t \to 0^+} \frac{p_{00}(\Delta t) - p_{00}(0)}{\Delta t} = \lim_{\Delta t \to 0^+} \frac{1 - \lambda \Delta t + o(\Delta t) - 1}{\Delta t} = -\lambda.$$

同理, 得 $q_{10} = \mu$, $q_{11} = -\mu$.

所以转移速率矩阵为

$$\boldsymbol{Q} = \begin{pmatrix} -\lambda & \lambda \\ \mu & -\mu \end{pmatrix}.$$

3. 科尔莫戈罗夫方程

由于篇幅所限, 我们不加证明地引入科尔莫戈罗夫前进方程和后退方程.

定理 1 设 $\{X(t), t \geqslant 0\}$ 是参数连续的齐次马尔可夫链, 转移概率函数 $p_{ij}(\tau)$, 转移速率矩阵 $\boldsymbol{Q} = (q_{ij})$.

1) 若对状态 j, $\sum_{i \neq j} q_{ij} < +\infty$, 则转移概率函数 $p_{ij}(\tau)$ 满足微分方程

$$p'_{ij}(\tau) = \sum_{k \in S} p_{ik}(\tau) q_{kj}, \tag{12.19}$$

该方程称为科尔莫戈罗夫前进方程, S 为状态空间;

2) 若对状态 i, $\sum_{j \neq i} q_{ij} < +\infty$, 则转移概率函数 $p_{ij}(\tau)$ 满足微分方程

$$p'_{ij}(\tau) = \sum_{k \in S} q_{ik} p_{kj}(\tau) , \tag{12.20}$$

该方程称为科尔莫戈罗夫后退方程.

分别以 $p_{ij}(\tau)$ 为元素和以 $p'_{ij}(\tau)$ 为元素构造矩阵

$$\boldsymbol{P}(\tau) = [p_{ij}(\tau)] , \quad \boldsymbol{P}'(\tau) = [p'_{ij}(\tau)] ,$$

则科尔莫戈罗夫前进方程、后退方程写成矩阵微分方程形式分别为

$$\boldsymbol{P}'(\tau) = \boldsymbol{P}(\tau)\boldsymbol{Q} , \tag{12.21}$$

$$\boldsymbol{P}'(\tau) = \boldsymbol{Q}\boldsymbol{P}(\tau) . \tag{12.22}$$

例 2 在例 1 中，求转移概率函数.

解 由科尔莫戈罗夫前进方程，得

$$\begin{pmatrix} p'_{00}(\tau) & p'_{01}(\tau) \\ p'_{10}(\tau) & p'_{11}(\tau) \end{pmatrix} = \begin{pmatrix} p_{00}(\tau) & p_{01}(\tau) \\ p_{10}(\tau) & p_{11}(\tau) \end{pmatrix} \begin{pmatrix} -\lambda & \lambda \\ \mu & -\mu \end{pmatrix} ,$$

解得

$$p'_{00}(\tau) = -\lambda p_{00}(\tau) + \mu p_{01}(\tau) ,$$

将 $p_{01}(\tau) = 1 - p_{00}(\tau)$ 代入上式，得

$$p'_{00}(\tau) + (\lambda + \mu) p_{00}(\tau) = \mu ,$$

且由初始条件 $p_{00}(0) = 1$，解得

$$p_{00}(\tau) = \frac{1}{\lambda + \mu} [\mu + \lambda e^{-(\lambda+\mu)\tau}] ,$$

$$p_{01}(\tau) = 1 - p_{00}(\tau) = \frac{\lambda}{\lambda + \mu} [1 - e^{-(\lambda+\mu)\tau}] .$$

同理可得

$$p'_{10}(\tau) + (\lambda + \mu) p_{10}(\tau) = \mu ,$$

由初始条件 $p_{10}(\tau) = 0$，解得

$$p_{10}(\tau) = \frac{\mu}{\lambda + \mu} [1 - e^{-(\lambda+\mu)\tau}] ,$$

$$p_{11}(\tau) = 1 - p_{10}(\tau) = \frac{1}{\lambda + \mu} [\lambda + \mu e^{-(\lambda+\mu)\tau}] .$$

4. 瞬时概率

参数连续的齐次马尔可夫链的一维概率分布

$$p_j(t) = P\{X(t) = j\}, \quad j = 0, 1, 2, \cdots$$

称为瞬时概率，又称为绝对概率. $p_j(0)$，$j = 0, 1, 2, \cdots$ 称为初始概率.

定理 2 参数连续的齐次马尔可夫链的 $p_j(t)$，$j = 0, 1, 2, \cdots$ 满足微分方程

$$p'_j(t) = \sum_{i \in S} p_i(t) q_{ij} , \quad j = 0, 1, 2, \cdots , \tag{12.23}$$

即 $(p'_0(t), p'_1(t), \cdots, p'_j(t), \cdots) = (p_0(t), p_1(t), \cdots, p_i(t), \cdots)\boldsymbol{Q}$ 称为福克-普朗克 (Fokker-Planck) 方程.

证明 由全概率公式得

$$p_i(0)p_j(t) = \sum_{i \in S} p_i(0)q_{ij}(t),$$

其中 $p_i(0)$ 是初始分布，S 是状态空间．在上式等号两边对 t 求导得

$$p_j'(t) = \sum_{i \in S} p_i(0)q_{ij}'(t).$$

将科尔莫戈罗夫前进方程（12.19）代入上式，得

$$\begin{aligned}
p_j'(t) &= \sum_{i \in S} p_i(0) \sum_{k \in S} p_{ik}(t)q_{kj} \\
&= \sum_{k \in S} \sum_{i \in S} p_i(0)p_{ik}(t)q_{kj} \\
&= \sum_{k \in S} p_k(t)q_{kj} \\
&= \sum_{i \in S} p_i(t)q_{ij}.
\end{aligned}$$

证毕．

例 3　在本节例 1 中，设初始时刻机器完好，一起动立即进入工作状态，求在任意时刻 t 机器处于工作状态的概率和处于故障状态的概率．

解　由福克-普朗克方程

$$(p_0'(t), p_1'(t)) = (p_0(t), p_1(t)) \begin{pmatrix} -\lambda & \lambda \\ \mu & -\mu \end{pmatrix},$$

及初始条件

$$(p_0(t), p_1(t)) = (1,0),$$

解得

$$p_0(t) = \frac{\mu}{\lambda + \mu} + \frac{\lambda}{\lambda + \mu} e^{-(\lambda + \mu)t},$$

$$p_1(t) = \frac{\lambda}{\lambda + \mu}[1 - e^{-(\lambda + \mu)t}].$$

5. 平稳分布与极限分布

与离散时间的情形类似，对于连续时间的马尔可夫链，也可以讨论平稳分布和极限分布．

定义 3　如果齐次马尔可夫链的一维概率分布 $\{p_j(t), j=0,1,2,\cdots\}$ 不依赖于 t，即对 $j = 0, 1, 2, \cdots$，

$$p_j(t) = p_j$$

均为常数，则称 $\{p_j, j=0,1,2,\cdots\}$ 为平稳分布．

把 $p_j(t) = p_j$ 代入福克-普朗克方程即得如下定理：

定理 3　齐次马尔可夫链 $\{X(t), t \geq 0\}$ 的平稳分布 $\{p_j, j=0,1,2,\cdots\}$ 如果存在，必须满足线性方程组

$$\begin{cases} \sum\limits_{i=0}^{+\infty} p_i q_{ij} = 0,\ j = 0,1,2,\cdots \\ (p_0,p_1,\cdots,p_i,\cdots)\boldsymbol{Q} = 0 \end{cases} \tag{12.24}$$

例 4　在本节例 1 中求 $X(t)$ 的平稳分布.

解　由式（12.24）及分布律的性质，有

$$\begin{cases} (p_0,p_1)\begin{pmatrix} -\lambda & \lambda \\ \mu & -\mu \end{pmatrix} = 0, \\ p_0 + p_1 = 1 \end{cases}$$

解得 $X(t)$ 的平稳分布为

$$p_0 = \frac{\mu}{\lambda+\mu},\ p_1 = \frac{\lambda}{\lambda+\mu}.$$

对于齐次马尔可夫链 $\{X(t),t\geqslant 0\}$ 的平稳分布 $\{p_j,j=0,1,2,\cdots\}$，由全概率公式，有

$$p_j(t+\tau) = \sum_{i=0}^{+\infty} p_i(t) p_{ij}(\tau).$$

当 $p_j(t)$ 不依赖于 t 时，上式化为

$$p_j = \sum_{i=0}^{+\infty} p_i p_{ij}(\tau).$$

于是得到平稳分布的另一定义：

定义 4　设 $p_{ij}(\tau)$ 是齐次马尔可夫链 $\{X(t),t\geqslant 0\}$ 的转移概率函数，如果存在有限或无穷数列 $\{p_j,j=0,1,2,\cdots\}$ 满足：

(1) $p_j \geqslant 0$；

(2) $\sum\limits_j p_j = 1$；

(3) $p_j = \sum\limits_i p_i p_{ij}(\tau),\ \tau > 0$，

则称 $\{p_j,j=0,1,2,\cdots\}$ 为 $X(t)$ 的平稳分布.

定义 5　如果瞬时概率的极限

$$\lim_{t\to+\infty} p_j(t) = p_j$$

存在，且满足

$$\sum_{j\in S} p_j = 1,$$

则称 $\{p_j,j\in S\}$ 为齐次马尔可夫链 $\{X(t),t\geqslant 0\}$ 的极限分布.

定理 4　设齐次马尔可夫链 $\{X(t),t\geqslant 0\}$ 的状态空间 S 为有限集，如果转移概率的极限

$$\lim_{t\to+\infty} p_{ij}(t) = p_j,\ j = 0,1,2,\cdots,N$$

存在，且与出发状态 i 无关，那么极限值

$$\{p_j, j=0,1,2,\cdots,N\}$$

必为齐次马尔可夫链的极限分布．

证明 先证 p_j 即是瞬时概率 $p_j(t)$ 的极限．由全概率公式，得

$$p_j(t) = \sum_{i=0}^{n} p_i(0) p_{ij}(t),$$

$$\lim_{t \to +\infty} p_j(t) = \sum_{i=0}^{n} p_i(0) \cdot \lim_{t \to +\infty} p_{ij}(t) = p_j \sum_{i=0}^{n} p_i(0) = p_j.$$

再证 p_j 满足 $\sum_{i=0}^{n} p_j = 1$. 事实上，

$$\sum_{i=0}^{n} p_j = \sum_{i=0}^{n} \lim_{t \to +\infty} p_{ij}(t) = \lim_{t \to +\infty} \sum_{i=0}^{n} p_j(t) = 1,$$

故由定义 5，$\{p_j, j=0,1,2,\cdots,N\}$ 是极限分布，证毕．

定理 4 表明，瞬时概率 $p_j(t)$ 与转移概率函数 $p_{ij}(t)$ 具有相同的极限．对于状态空间 S 为可列无限集的情形，在定理 4 的证明中，

$$p_j(t) = \sum_{i=0}^{+\infty} p_i(0) p_{ij}(t).$$

当两种运算的次序可交换时，同样证得

$$\lim_{t \to +\infty} p_j(t) = p_j.$$

也就是说，瞬时概率与转移概率仍然具有相同的极限，但是，一般地，

$$\sum_{i=0}^{n} p_j \leqslant 1.$$

只有当上式中的等号成立时，$\{p_j, j=0,1,2,\cdots,N\}$ 才成为极限分布．

如果齐次马尔可夫链存在极限分布，则表明系统运行相当长时间之后趋于平稳，并且此时的极限分布就是平稳分布．

例 5 在本节例 1 中，求 $X(t)$ 的极限分布．

解 由本节例 2 知，转移概率函数为

$$p_{00}(\tau) = \frac{1}{\lambda + \mu} \left[\mu + \lambda \mathrm{e}^{-(\lambda+\mu)\tau} \right],$$

$$p_{01}(\tau) = \frac{\lambda}{\lambda + \mu} \left[1 - \mathrm{e}^{-(\lambda+\mu)\tau} \right],$$

令 $\tau \to +\infty$ 求极限，得极限分布为

$$p_0 = \lim_{\tau \to +\infty} p_{00}(\tau) = \frac{\mu}{\lambda + \mu},$$

$$p_1(\tau) = \lim_{\tau \to +\infty} p_{01}(\tau) = \frac{\lambda}{\lambda + \mu}.$$

习题 12.3

1. 设随机过程 $\{X(t), t \geqslant 0\}$ 满足如下条件：(1) $\{X(t), t \geqslant 0\}$ 是取非负整数值的独立增量过程，且 $X(0)=0$；(2) 对任意 $0 \leqslant s < t$，过程的增量 $X(t)-X(s)$ 服从参数为 $\lambda(t-s)$ 的泊松分布，即

$$P\{X(t)-X(s)=k\} = \frac{[\lambda(t-s)]^k}{k!} \cdot \mathrm{e}^{-\lambda(t-s)}, \; k=0, 1, 2, \cdots,$$

其中 $\lambda > 0$ 为常数．即 $\{X(t), t \geqslant 0\}$ 是参数 $\lambda > 0$ 的泊松过程．证明：该随机过程是一个时间连续状态离散的齐次马尔可夫过程．

2. 一质点在 1，2，3 点上做随机游走，若在时刻 t 质点位于这三个点之一，则在时段 $[t, t+h)$ 内，它以 $\frac{1}{2}h+o(h)$ 的概率分别转移到其他两点之一，试求：质点随机游走的科尔莫戈罗夫方程，转移概率 $p_{ij}(t)$ 及平稳分布．

3. 设两个同型部件组成冷储备系统，配备一台修理设备．当一个部件工作时，另一个部件储备；当工作部件发生故障时，开关自动切换使储备部件立即进入工作状态，并且立即对故障部件进行修理．设两个部件的工作时间 ξ_1 与 ξ_2 独立同服从数学期望为 $\frac{1}{\lambda}$ 的指数分布；修理时间 η_1 与 η_2 独立同服从数学期望为 $\frac{1}{\mu}$ 的指数分布．工作时间与修理时间也相互独立．以 $X(t)=j$ 表示系统在时刻 t 发生故障和正在修理的部件数，$j=0, 1, 2$．求：

(1) 齐次马尔可夫链 $\{X(t), t \geqslant 0\}$ 的状态空间和转移速率矩阵；

(2) 平稳分布．

习题答案及提示

习题 1.1

1. (1) $S=\{111,110,101,011,100,010,001,000\}$（其中 1 表示击中，0 表示不中）；

(2) $S=\{2,3,\cdots,12\}$；

(3) $S=\{1,2,3,\cdots,\}$；

(4) $S=\{4,5,6,\cdots,10\}$；

(5) $S=\{d\,|\,d\geqslant 0\}$；

(6) $S=\{(x,y,z)\,|\,x>0,y>0,z>0,x+y+z=1\}$.

2. (1) $\Omega=\{1,2,3,4,5,6,7,8,9,10\}$；　(2) $A=\{1,3,5,7,9\}$，$B=\{2,4,6,8,10\}$.

3. (1) A_1A_2；(2) $\overline{A_1A_2}$；(3) $A_1\overline{A_2}+\overline{A_1}A_2$；(4) A_1+A_2.

4. (1) $A\overline{B}\,\overline{C}$；　(2) $A\overline{B}\overline{C}+\overline{A}B\overline{C}+\overline{A}\,\overline{B}C$；　(3) $AB\overline{C}+A\overline{B}C+\overline{A}BC$；(4) $A+B+C$；(5) $AB\overline{C}+A\overline{B}C+\overline{A}BC+ABC=AB+AC+BC$；(6) $\overline{A}\,\overline{B}\,\overline{C}+A\overline{B}\overline{C}+\overline{A}B\overline{C}+\overline{A}\,\overline{B}C=\overline{A}\,\overline{B}+\overline{B}\,\overline{C}+\overline{A}\,\overline{C}$ 或 $\overline{AB+AC+BC}$；(7) $\overline{A}\,\overline{B}\,\overline{C}+A\overline{B}\,\overline{C}+\overline{A}B\overline{C}+\overline{A}\,\overline{B}C+AB\overline{C}+A\overline{B}C+\overline{A}BC$ 或 $\overline{ABC}=\overline{A}+\overline{B}+\overline{C}$；(8) ABC；(9) $\overline{ABC}$.

5. $A_i\subset B(i=0,1,2,3)$；A_0,A_1,A_2,A_3,C 两两互不相容；B 与 C 互不相容，B 与 C 互逆.

6. (1) A；(2) AB.

习题 1.2

1. (1) $\dfrac{14}{33}$；(2) $\dfrac{16}{33}$.

2. $\dfrac{1}{10}$.

3. (1) $P(A)=\dfrac{n!}{N^n}$；(2) $P(B)=\dfrac{C_N^n n!}{N^n}=\dfrac{N!}{N^n(N-n)!}$.

4. $P(A_i) = \dfrac{A_4^1 A_9^2}{A_{10}^3} = \dfrac{2}{5}$, $i = 1$, 2, 3.

5. (1) $\dfrac{3}{8}$; (2) $\dfrac{3}{4}$.

6. $\dfrac{365!}{(365-r)!\ 365^r}$.

7. $\dfrac{m^k - (m-1)^k}{n^k}$.

8. (1) $\dfrac{2}{n}$; (2) $\dfrac{2}{n-1}$.

9. $\dfrac{3}{5}$.

10. 0.597.

11. 0.803.

12. $\dfrac{17}{25}$.

习题 1.3

1. (1) $\dfrac{11}{28}$; (2) $\dfrac{13}{14}$.

2. (1) $\dfrac{5}{18}$; (2) $\dfrac{7}{8}$.

3. (1) $\dfrac{C_{50}^{10} C_{450}^{10}}{C_{500}^{20}}$; (2) $1 - \dfrac{C_{450}^{20} + C_{450}^{19} C_{50}^1}{C_{500}^{20}}$.

4. (1) $1 - \dfrac{364^{1000}}{365^{1000}}$; (2) $\dfrac{A_{12}^5}{12^5}$.

习题 1.4

1. $\dfrac{741}{51 \times 100} = 0.1453$.

2. $\dfrac{8}{11}$.

3. $\dfrac{1}{6}$; $\dfrac{1}{3}$; $\dfrac{1}{6}$.

4. $\dfrac{13}{30}$; $\dfrac{13}{15}$.

5. 0.625.

习题 1.5

1. $\dfrac{12}{25}$.

2. $\dfrac{3}{7}$

3. $\dfrac{53}{120}$；$\dfrac{20}{53}$.

4. 0.9979；0.6643.

5. $\dfrac{1}{n}$；$\dfrac{1}{n}$.

6. $\dfrac{1}{2}$.

习题 1.6

1. $\dfrac{5}{6}$；$\dfrac{1}{3}$.

2. 0.832.

3. （1）0.585；（2）0.131.

4. （1）$\dfrac{1}{4}$；（2）$\dfrac{5}{24}$；（3）$\dfrac{13}{24}$.

5. （1）0.003；（2）0.388；（3）0.059.

6. 0.7.

7. $\dfrac{1}{5}$.

习题 2.1

1. （1）$\displaystyle\sum_{k=20}^{+\infty}\{X=k\}$；（2）$\displaystyle\sum_{k=1}^{10}\{X=k\}$；（3）$\displaystyle\sum_{k=1}^{+\infty}\{X=2k-1\}$.

2. （1）$\{X=6\}$；（2）$\{X\leqslant 6\}$；（3）$\{X>6\}$.

3. $\{2，3，4，5，6，7，8，9，10，11，12\}$.

习题 2.2

1. $F(x) = P\{X \leqslant x\} = \begin{cases} 0, & x < 0 \\ \dfrac{1}{8}, & 0 \leqslant x < 1 \\ \dfrac{4}{8}, & 1 \leqslant x < 2 \\ \dfrac{7}{8}, & 2 \leqslant x < 3 \\ 1, & x \geqslant 3 \end{cases}$.

2. （1）$a = \dfrac{1}{2}$，$b = \dfrac{1}{\pi}$；（2）$\dfrac{7}{12}$；（3）$c = 1$.

3. 证明略.

习题 2.3

1.

X	1	2	3	4	5	6
P	$\dfrac{1}{36}$	$\dfrac{3}{36}$	$\dfrac{5}{36}$	$\dfrac{7}{36}$	$\dfrac{9}{36}$	$\dfrac{11}{36}$

2.

X	0	1	2
P	0.4	0.4	0.2

3. 分布律为 $P\{X=1\}=0.2$；$P\{X=3\}=0.5$；$P\{X=4\}=0.3$.

$P\{X<4 \mid X \neq 3\} = \dfrac{2}{5}$.

4. 甲的投篮次数 X 的分布律为 $P\{X=k\} = 0.76 \times (0.24)^{k-1}$，$k=1, 2, \cdots$.
乙的投篮次数 Y 的分布律为
$P\{Y=0\} = 0.4$，$P\{Y=k\} = 0.456 \times (0.24)^{k-1}$，$k=1, 2, \cdots$.

5.

X	1	2	3	4
P	$\dfrac{5}{8}$	$\dfrac{15}{56}$	$\dfrac{5}{56}$	$\dfrac{1}{56}$

$$P\{1<X\leqslant 3\}=\frac{5}{14}.$$

6.

X	2	3	4	5	6	7	8
P	$\frac{1}{28}$	$\frac{2}{28}$	$\frac{3}{28}$	$\frac{4}{28}$	$\frac{5}{28}$	$\frac{6}{28}$	$\frac{7}{28}$

习题 2.4

1. 4 名.

2. 在第一种方案下为 0.1067，在第二种方案下为 0.0135. 因为 0.0135＜0.1067，故知第二种"共同负责"方案比第一种"分块负责"方案要好.

3. 0.99716，$P\{X=4\}=C_{800}^{4}(0.005)^{4}(0.995)^{800-4}\approx 0.1954$ 为最大.

4. $\displaystyle\sum_{k=9}^{+\infty}\frac{e^{-5}5^{k}}{k!}\approx 0.068$.

5. （1）0.0729；（2）0.00856；（3）0.99954；（4）0.40951.

6. $\dfrac{(\lambda p)^{k}}{k!}e^{-\lambda p}$.

习题 2.5

1. （1）$a=1$，$b=-\dfrac{1}{2}$；

（2）$F(x)=\begin{cases}0, & x<0 \\ x-\dfrac{1}{4}x^{2}, & 0\leqslant x<2. \\ 1, & x\geqslant 2\end{cases}$

2. （1）$a=\dfrac{1}{2}$；

（2）$F(x)=\begin{cases}0, & x<0 \\ \dfrac{1}{2}(1-\cos x), & 0\leqslant x<\pi. \\ 1, & x\geqslant\pi\end{cases}$

3. （1）$a=\dfrac{2}{\pi}$；（2）$F(x)=\dfrac{2}{\pi}\arctan e^{x}$，$-\infty<x<+\infty$；（3）$\dfrac{1}{6}$.

4. $F(x)=\begin{cases}\dfrac{1}{2}\mathrm{e}^{-x}, & x<0 \\ 1-\dfrac{1}{2}\mathrm{e}^{-x}, & x\geqslant 0\end{cases}$.

5. (1) $A=1$, $B=-1$; (2) $f(x)=\begin{cases}0, & x<0 \\ x\mathrm{e}^{-\frac{x^2}{2}}, & x\geqslant 0\end{cases}$; (3) $\dfrac{1}{6}$.

6. $\dfrac{9}{64}$.

习题 2.6

1. (1) $f(x)=\begin{cases}10000, & \dfrac{-10^{-4}}{2}\leqslant x\leqslant\dfrac{10^{-4}}{2} \\ 0, & 其他\end{cases}$; (2) 0.2.

2. $\dfrac{20}{27}$.

3. $1-\mathrm{e}^{-1}$.

4. 0.875.

5. $1-(1-\mathrm{e}^{-2})^5=0.5167$.

习题 2.7

1. $\exp\left(\dfrac{1}{6}\right)\cdot\dfrac{1}{\sqrt{2}}\cdot\sqrt{\pi}$.

2. (1) 0.6279；(2) $a=5$.

3. $\mu=1$，$\sigma=2$.

4. 10.2.

5. (1) 0.0642；(2) 0.33，0.01，0.66.

6. 91.6分；56.8分.

习题 3.1

1. (1) $a=1$，$b=1$；(2) $1-\mathrm{e}^{-2}$.

2. $P\{X=i, Y=j\}=\begin{cases}\dfrac{1}{5}\cdot\dfrac{1}{i}, & j\leqslant i \\ 0, & j>i\end{cases}$，$i, j=1, 2, \cdots, 5$.

3. $a=2$.

4. (1) $F(x, y)=\begin{cases}(1-e^{-3x})(1-e^{-2y}), & x>0, y>0 \\ 0, & \text{其他}\end{cases}$; (2) $\dfrac{1}{4}$.

5. (1) $a=\dfrac{1}{3}$; (2) $P\left\{X\leqslant\dfrac{1}{2}, Y\geqslant1\right\}=\dfrac{7}{24}$, $P\{X\geqslant Y\}=\dfrac{1}{6}$.

习题 3.2

1. (1) $F_X(x)=\begin{cases}0, & x<-1 \\ 0.5(x+1), & -1\leqslant x<1. \\ 1, & x\geqslant1\end{cases}$

$F_Y(y)=\begin{cases}0, & y<0 \\ 0.5y, & 0\leqslant y<2; \\ 1, & y\geqslant2\end{cases}$

(2) 0.75; (3) 0.5625.

2. $F_X(x)=\begin{cases}1-e^{-\lambda_1 x}, & x>0 \\ 0, & \text{其他}\end{cases}$, $F_Y(y)=\begin{cases}1-e^{-\lambda_2 y}, & y>0 \\ 0, & \text{其他}\end{cases}$.

习题 3.3

1. $P\{X=i\}=\dfrac{2+i}{7}$, $i=1, 2$, $P\{Y=j\}=\dfrac{3+2j}{21}$, $j=1, 2, 3$.

2. (1)

X \ Y	0	1	2	$P\{X=x_i\}$
0	0.24	0.24	0.12	0.6
1	0.12	0.12	0.16	0.4
$P\{Y=y_j\}$	0.36	0.36	0.28	

(2) $P\{X=0|Y=1\}=\dfrac{2}{3}$, $P\{X=1|Y=1\}=\dfrac{1}{3}$.

习题 3.4

1. (X, Y) 的概率密度为 $f(x, y)=\begin{cases}3, & 0\leqslant x\leqslant1, x^2\leqslant y\leqslant\sqrt{x} \\ 0, & \text{其他}\end{cases}$;

$$f_X(x) = \begin{cases} \int_{x^2}^{\sqrt{x}} 3\,\mathrm{d}y = 3(\sqrt{x}-x^2), & 0 \leqslant x \leqslant 1 \\ 0, & \text{其他} \end{cases};$$

$$f_Y(y) = \begin{cases} \int_{y^2}^{\sqrt{y}} 3\,\mathrm{d}x = 3(\sqrt{y}-y^2), & 0 \leqslant y \leqslant 1 \\ 0, & \text{其他} \end{cases}.$$

2. (1) $f_X(x) = \begin{cases} \int_0^2 \left(x^2 + \dfrac{1}{3}xy\right)\mathrm{d}y = 2x^2 + \dfrac{2}{3}x, & 0 \leqslant x \leqslant 1 \\ 0, & \text{其他} \end{cases},$

$$f_Y(y) = \begin{cases} \int_0^1 \left(x^2 + \dfrac{1}{3}xy\right)\mathrm{d}x = \dfrac{1}{3} + \dfrac{1}{6}y, & 0 \leqslant y \leqslant 2 \\ 0, & \text{其他} \end{cases};$$

(2) $\dfrac{7}{72}$.

3. (1) $a = 3$;

(2) $f_X(x) = \begin{cases} \int_{2x}^{+\infty} 3\mathrm{e}^{-(x+y)}\mathrm{d}y = 3\mathrm{e}^{-3x}, & x > 0 \\ 0, & x \leqslant 0 \end{cases},$

$$f_Y(y) = \begin{cases} \int_0^{\frac{y}{2}} 3\mathrm{e}^{-(x+y)}\mathrm{d}x = 3\mathrm{e}^{-y}\left(1 - \mathrm{e}^{-\frac{y}{2}}\right), & y > 0 \\ 0, & y \leqslant 0 \end{cases};$$

(3) e^{-3}.

4. (1)

当 $0 \leqslant y < 2$ 时，$f_{X|Y}(x|y) = \dfrac{f(x,y)}{f_Y(y)} = \begin{cases} \dfrac{2}{2-y}, & \dfrac{y}{2} \leqslant x \leqslant 1 \\ 0, & \text{其他 } x \end{cases},$

当 $0 < x \leqslant 1$ 时，$f_{Y|X}(y|x) = \dfrac{f(x,y)}{f_X(x)} = \begin{cases} \dfrac{1}{2x}, & 0 \leqslant y \leqslant 2x \\ 0, & \text{其他 } y \end{cases};$

(2) $\dfrac{1}{3}$.

5. 当 $-1 < y < 1$ 时，$f_{X|Y}(x|y) = \dfrac{f(x,y)}{f_Y(y)} = \begin{cases} \dfrac{1}{1-|y|}, & |y| < x < 1 \\ 0, & \text{其他 } x \end{cases};$

当 $0 < x < 1$ 时，$f_{Y|X}(y|x) = \dfrac{f(x,y)}{f_X(x)} = \begin{cases} \dfrac{1}{2x}, & -x < y < x \\ 0, & \text{其他 } y \end{cases}.$

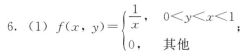
6. (1) $f(x, y)=\begin{cases}\dfrac{1}{x}, & 0<y<x<1 \\ 0, & \text{其他}\end{cases}$;

(2) $f_Y(y)=\begin{cases}-\ln y, & 0<y<1 \\ 0, & \text{其他}\end{cases}$;

(3) $P\{X+Y>1\}=1-\ln 2$.

7. (1) $f(x, y)=\begin{cases}\dfrac{3}{4}, & 0\leqslant y\leqslant 1-x^2 \\ 0, & \text{其他}\end{cases}$;

(2) $f_X(x)=\begin{cases}\dfrac{3}{4}(1-x^2), & -1\leqslant x\leqslant 1 \\ 0, & \text{其他}\end{cases}$,

$f_Y(y)=\begin{cases}\dfrac{3}{2}\sqrt{1-y}, & 0\leqslant y\leqslant 1 \\ 0, & \text{其他}\end{cases}$;

(3) $f_{Y|X}\left(y\Big|X=-\dfrac{1}{2}\right)=\begin{cases}\dfrac{4}{3}, & 0\leqslant y\leqslant\dfrac{3}{4} \\ 0, & \text{其他}\end{cases}$,

$f_{X|Y}\left(x\Big|Y=\dfrac{1}{2}\right)=\begin{cases}\dfrac{\sqrt{2}}{2}, & -\dfrac{\sqrt{2}}{2}\leqslant x\leqslant\dfrac{\sqrt{2}}{2} \\ 0, & \text{其他}\end{cases}$;

(4) $\dfrac{\sqrt{2}}{2}$.

习题 3.5

1. 证明略.

2. (1) $f_X(x)=\begin{cases}1+x, & -1<x<0 \\ 1-x, & 0<x<1 \\ 0, & \text{其他}\end{cases}$, $f_Y(y)=\begin{cases}2y, & 0<y<1 \\ 0, & \text{其他}\end{cases}$;

(2) 不相互独立.

3. (1) $F_X(x)=\begin{cases}1-(x+1)\mathrm{e}^{-x}, & x>0 \\ 0, & x\leqslant 0\end{cases}$; $F_Y(y)=\begin{cases}\dfrac{y}{1+y}, & y>0 \\ 0, & y\leqslant 0\end{cases}$;

(2) $f(x, y)=\dfrac{\partial^2 F(x, y)}{\partial x\partial y}=\begin{cases}x\mathrm{e}^{-x}\cdot\dfrac{1}{(1+y)^2}, & x>0, \quad y>0 \\ 0, & \text{其他}\end{cases}$,

$$f_X(x)=\begin{cases}x\mathrm{e}^{-x},&x>0\\0,&x\leqslant0\end{cases}, \qquad f_Y(y)=\begin{cases}\dfrac{1}{(1+y)^2},&y>0\\0,&y\leqslant0\end{cases};$$

（3）X 与 Y 相互独立．

4.

X \ Y	y_1	y_2	y_3	$P\{X=x_i\}$
x_1	$\frac{1}{24}$	$\frac{1}{8}$	$\frac{1}{12}$	$\frac{1}{4}$
x_2	$\frac{1}{8}$	$\frac{3}{8}$	$\frac{1}{4}$	$\frac{3}{4}$
$P\{Y=y_j\}$	$\frac{1}{6}$	$\frac{1}{2}$	$\frac{1}{3}$	1

5. （1）$a=\dfrac{3}{5}$；（2）不相互独立；（3）$\dfrac{4}{35}$．

6. 证明略．

习题 4.1

1.

（1）

X	-2	-1	0	1	2
P	0.3	0.1	0.3	0.1	0.2

（2）

Y	-1	0	1	2
P	0.1	0.2	0.4	0.3

2.

Z	0	1
P	$\frac{1}{4}$	$\frac{3}{4}$

3. 证明略．

4.

Z	0	1
P	1/4	3/4

习题 4.2

1. $f_Y(y) = \begin{cases} e^y(e^y - 1), & 0 < y < \ln 2 \\ e^y(3 - e^y), & \ln 2 \leqslant y < \ln 3. \\ 0 & \text{其他} \end{cases}$

2. $f_V(v) = \begin{cases} \dfrac{1}{2\delta} \cdot \dfrac{1}{3} \left(\dfrac{6}{\pi}\right) \left(\dfrac{6v}{\pi}\right)^{-\frac{2}{3}}, & v \in \left[\dfrac{\pi}{6}(x_0 - \delta)^3, \dfrac{\pi}{6}(x_0 + \delta)^3\right]. \\ 0, & \text{其他} \end{cases}$

3. $f_Y(y) = \begin{cases} \dfrac{1}{\pi} \dfrac{1}{\sqrt{1 - y^2}}, & -1 < y < 1 \\ 0, & \text{其他} \end{cases}$.

4. $f_Y(y) = \dfrac{2e^y}{\pi(1 + e^{2y})}, \quad -\infty < y < +\infty$.

5. $f_Y(y) = \begin{cases} \dfrac{1}{4\sqrt{y}}, & 0 \leqslant y < 4 \\ 0, & \text{其他} \end{cases}$.

6. $f_Y(y) = \begin{cases} \dfrac{1}{y^2}, & y \geqslant 1 \\ 0, & y < 1 \end{cases}$.

7. 证明略.

8. (1) $f_Y(y) = \begin{cases} \dfrac{1}{y\sqrt{2\pi}} e^{-\frac{(\ln y)^2}{2}}, & y > 0 \\ 0, & y \leqslant 0 \end{cases}$;

(2) $f_Z(z) = \begin{cases} \dfrac{1}{2\sqrt{\pi(z-1)}} e^{-\frac{z-1}{4}}, & z > 1 \\ 0, & z \leqslant 1 \end{cases}$.

习题 4.3

1. $f_Z(z) = \begin{cases} 2(1 - e^{-\lambda z}), & 0 \leqslant z \leqslant \dfrac{1}{2} \\ 2e^{-\lambda z}(e^{\frac{\lambda}{2}} - 1), & z > \dfrac{1}{2} \\ 0, & z < 0 \end{cases}$.

2. $f_Z(z) = \begin{cases} \dfrac{1}{2}z^2, & 0 \leqslant z \leqslant 1 \\ -z^2 + 3z - \dfrac{3}{2}, & 1 < z \leqslant 2 \\ \dfrac{1}{2}(3-z)^2, & 2 < z \leqslant 3 \\ 0, & \text{其他} \end{cases}$.

3. $f_Z(z) = \dfrac{1}{\sqrt{2\pi} \cdot \sqrt{2(1-\rho)}} \exp\left[-\dfrac{z^2}{4(1-\rho)}\right], \quad -\infty < z < +\infty$.

4. $f_Z(z) = \dfrac{1}{10\sqrt{2\pi}} e^{-\frac{(z+1)^2}{200}}, \quad -\infty < z < +\infty$.

5. $f_X(x) = \begin{cases} 4\lambda e^{-2\lambda x} - 3\lambda e^{-3\lambda x}, & x > 0 \\ 0, & x \leqslant 0 \end{cases}$.

6. $f_Z(z) = [F_Z(z)]' = \begin{cases} \dfrac{2}{3}(z+1), & -1 \leqslant z < 0 \\ \dfrac{2}{3}, & 0 \leqslant z < 1 \\ 0, & \text{其他} \end{cases}$.

7. $F_Z(z) = pF(z-a) + (1-p)F(z-b)$.

8. $F_Z(z) = \begin{cases} 0, & z \leqslant 0 \\ 1 - (z-1)^2, & 0 < z < 1 \\ 1, & z \geqslant 1 \end{cases}$,

$f_Z(z) = \begin{cases} 2(z-1), & 0 < z < 1 \\ 0, & \text{其他} \end{cases}$.

9. $f_Z(z) = \begin{cases} \dfrac{3}{2}(1-z^2), & 0 < z < 1 \\ 0, & \text{其他} \end{cases}$.

10. (1) $f_{\max}(z) = \begin{cases} 3z^2, & 0 < z < 1 \\ 0, & \text{其他} \end{cases}$;

(2) $f_{\min}(z) = \begin{cases} -3z^2 + 2z + 1, & 0 < z < 1 \\ 0, & \text{其他} \end{cases}$.

习题 5.1

1. $10\min25\text{s}$.

2. $\dfrac{1}{p}$.

3. $\sum_{i=1}^{n} p_i$.

4.

X	1	2	3	4
P	$\dfrac{37}{64}$	$\dfrac{19}{64}$	$\dfrac{7}{64}$	$\dfrac{1}{64}$

$EX = \dfrac{25}{16}$.

5. $\dfrac{n}{p}$.

6. 1 , $\dfrac{1}{4}$.

7. （1） $\dfrac{8}{3}$ ；（2） 3.

8. 证明略.

习题 5.2

1. $E(X) = \dfrac{12}{7}$, $D(X) = \dfrac{24}{49}$.

2. $a = 12$, $b = -12$, $c = 3$.

3. $\dfrac{5}{9}$, $\dfrac{13}{162}$.

4. $\left(1 - \dfrac{2}{\pi}\right)(\sigma_1^2 + \sigma_2^2)$.

5. 0 , $\dfrac{1}{2}R^2$.

6. $\dfrac{l}{3}$, $\dfrac{l}{3\sqrt{2}}$.

7. $EZ_1 = \dfrac{n}{n+1}$, $EZ_2 = \dfrac{1}{n+1}$, $DZ_1 = \dfrac{n}{(n+1)^2(n+2)}$,

$DZ_2 = \dfrac{n}{(n+1)^2(n+2)}$, $E(Z_1 - Z_2) = \dfrac{n-1}{n+1}$.

8. 证明略.

习题 5.3

1. $9(a^2 + b^2)$, $13(a - b)$.

2. 0.5，5.

3. $\dfrac{1}{2}\ln3$.

4. 18.4.

5. $f_Z(z)=\dfrac{1}{3\sqrt{2\pi}}e^{-\frac{(z-5)^2}{18}}$.

6. 5.

7. 0，$\dfrac{1}{2}$.

8. $\dfrac{1}{24}\pi(a+b)(a^2+b^2)$.

9. $\dfrac{7}{6}$.

10. $\dfrac{1}{2}$，$\dfrac{19}{44}$.

习题 5.4

1. 0.

2. 85，37.

3. (1) $a=\dfrac{1}{2}$；(2) $EX=\dfrac{\pi}{4}$，$DX=\dfrac{\pi^2}{16}+\dfrac{\pi}{2}-2$，$EY=\dfrac{\pi}{4}$，$DY=\dfrac{\pi^2}{16}+\dfrac{\pi}{2}-2$；

(3) $E(XY)=\dfrac{\pi}{2}-1$，$\mathrm{Cov}(X,Y)=\dfrac{\pi}{2}-1-\dfrac{\pi^2}{16}$，$\rho_{XY}=\dfrac{8\pi-16-\pi^2}{\pi^2+8\pi-32}$.

4. (1) $EX=0$，$EY=0$；

(2) $EX^2=\dfrac{1}{2}$，$DX=\dfrac{1}{2}$，$EY^2=\dfrac{1}{2}$，$DY=\dfrac{1}{2}$；

(3) $\mathrm{Cov}(X,Y)=0$；(4) $\rho=0$，X 与 Y 不相关.

5. (1)

Y \ X	0	1
0	$\dfrac{2}{3}$	$\dfrac{1}{12}$
1	$\dfrac{1}{6}$	$\dfrac{1}{12}$

(2) $\dfrac{\sqrt{15}}{15}$.

6. $1-\dfrac{m}{n}$.

7. $E(X)=E(Y)=\dfrac{7}{6}$，$D(X)=D(Y)=\dfrac{11}{36}$，$\mathrm{Cov}(X,Y)=-\dfrac{1}{36}$，$\rho_{XY}=-\dfrac{1}{11}$.

8. 证明略.

习题 5.5

1. $\dfrac{\sqrt{2}\sigma}{\sqrt{\pi}}$，$\left(1-\dfrac{2}{\pi}\right)\sigma^2$.

2. （1）$f_{Z_1}(z_1)=\dfrac{\mathrm{d}F_{Z_1}(z_1)}{\mathrm{d}z_1}=\begin{cases}\dfrac{2}{\sqrt{2}\sigma\sqrt{2\pi}}\mathrm{e}^{-\frac{z_1^2}{4\sigma^2}},&z_1>0\\[2mm]0,&z_1\leqslant0\end{cases}$；

（2）$\dfrac{2\sigma}{\sqrt{\pi}}$.

3. $\dfrac{85}{4}$；$\dfrac{37}{4}$.

习题 6.1

1. （1）0.9925；
   （2）18750.

2. $\leqslant\dfrac{1}{9}$.

3. $\geqslant\dfrac{2}{3}$.

4. $\geqslant0.872$.

5. $\geqslant\dfrac{2}{3}$.

6. 提示：$1\geqslant P\{|Y_n|<\varepsilon\}=P\{|Y_n-EY_n|<\varepsilon\}\geqslant1-\dfrac{DY_n}{\varepsilon^2}=1-\dfrac{1}{n\varepsilon^2}$.

习题 6.2

1. $E\left(\dfrac{1}{n}\sum\limits_{i=1}^{n}X_i\right)=0$，$D\left(\dfrac{1}{n}\sum\limits_{i=1}^{n}X_i\right)=\dfrac{a^2}{n}$，代入切比雪夫不等式即得.

2. 提示：$E\xi_k=0$，$D\xi_k=E\xi_k^2=\ln k$，

$D\left(\dfrac{1}{n}\sum\limits_{i=1}^{n}\xi_k\right)=\dfrac{1}{n^2}\sum\limits_{i=1}^{n}D\xi_k\leqslant\dfrac{\ln n}{n}\to0$.

3. 服从切比雪夫大数定律，$E\left(\dfrac{1}{n}\sum\limits_{i=1}^{n}X_i\right)=0$，$D\left(\dfrac{1}{n}\sum\limits_{i=1}^{n}X_i\right)=\dfrac{1}{n}$．

4. 服从切比雪夫大数定律，提示：$E\left(\dfrac{1}{n}\sum\limits_{i=1}^{n}X_i\right)=\lambda$，$D\left(\dfrac{1}{n}\sum\limits_{i=1}^{n}X_i\right)=\dfrac{\lambda}{n}$．

习题 6.3

1. $n\geqslant 250$．$n\geqslant 68$．

2. 992．提示：利用中心极限定理．

3. $\Phi(\sqrt{3})$．

4. 0.0228．

5. (1) 0.02275；(2) 0.995．

6. 269 件．

7. 177．

8. 3600．

9. (1) 5250；(2) 1424．

习题 7.1

1. (1) 总体是该市所有成年男子（的吸烟情况）；

(2) 样本是被调查的成年男子（的吸烟情况）；

(3) 总体分布为两点分布 $B(1,p)$，其中 p 为该市成年男子的吸烟率．

2. 总体是该厂生产的每盒产品中的不合格品数，样本是任意抽取的 n 盒中每盒产品的不合格品数．样本 $(x_1,x_2,\cdots,x_n)$ 的分布为 $\prod\limits_{i=1}^{n}C_{m}^{x_i}p^{x_i}(1-p)^{m-x_i}$．

3. 总体是该厂生产的电容器的寿命全体，样本是抽出的 n 个电容器的寿命，样本 $(x_1,x_2,\cdots,x_n)$ 的分布为 $\prod\limits_{i=1}^{n}\lambda e^{-\lambda x_i}$．

4. $\dfrac{e^{-n\lambda}\lambda^{\sum\limits_{i=1}^{n}k_i}}{k_1!k_2!\cdots k_n!}$，$(k_i=0,1,2,3,\cdots;\ i=1,2,\cdots,n)$．

5. 提示：$\mathrm{Cov}(X_1+X_2,X_1-X_2)=0$．

习题 7.2

1. 3，3.78，1.94．

2. 提示：根据定义，$S^2 = \dfrac{1}{2-1}\left[\left(x_1 - \dfrac{x_1+x_2}{2}\right)^2 + \left(x_2 - \dfrac{x_1+x_2}{2}\right)^2\right]$.

3. 提示：根据定义，$(n+m)\bar{x} = n\bar{x}_1 + m\bar{x}_2$，

$$S^2 = \dfrac{1}{n+m-1}\left\{\sum_{i=1}^{n}\left[(x_i-\bar{x}_1)+(\bar{x}_1-\bar{x})\right]^2 + \sum_{i=1}^{m}\left[(x_i-\bar{x}_2)+(\bar{x}_2-\bar{x})\right]^2\right\}.$$

4. p，$\dfrac{p(1-p)}{n}$，$p(1-p)$.

5. (1) $E(\overline{X}) = EX = \dfrac{2}{3}$，$D(\overline{X}) = \dfrac{1}{n}DX = \dfrac{2}{9n}$；(2) $E(S^2) = DX = \dfrac{2}{9}$；

(3) $P\{Y=k\} = C_n^k\left(\dfrac{2}{3}\right)^k\left(\dfrac{1}{3}\right)^{n-k}$，$k=0,1,2,\cdots,n$.

6. 0.9974.

7. $F_n(x) = \begin{cases} 0, & x<138 \\ 0.1, & 138\leqslant x<149 \\ 0.3, & 149\leqslant x<153 \\ 0.5, & 153\leqslant x<156 \\ 0.8, & 156\leqslant x<160 \\ 0.9, & 160\leqslant x<169 \\ 1, & x\geqslant169 \end{cases}$，图略.

习题 7.3

1. 42.

2. 0.8293.

3. (1) 0.97；(2) 0.98.

4. 0.025；0.01.

5. $C=\dfrac{1}{75}$，自由度为 2.

6. (1) $N(0, m)$；(2) $N(0, 1)$；(3) $\chi^2(2)$.

7. (1) 0.8662；(2) 60；(3) 480；(4) 0.90.

8. $t(n-1)$.

9. $t(m+n-2)$.

10. $t(9)$，$F(1, 9)$.

11. $F(1, 1)$.

12. 0.697.

13. $F(1, n-1)$.

习题 8.1

1. (1) $\hat{\theta} = 3\overline{X}$；(2) $\hat{\theta} = S$，$\hat{\mu} = \overline{X} - S$.

2. $\hat{a} = \overline{X} - \sqrt{3}S$，$\hat{b} = \overline{X} + \sqrt{3}S$.

3. $\hat{p} = \dfrac{1}{\overline{X}}$.

4. $\hat{\alpha} = \dfrac{2\overline{X} - 1}{1 - \overline{X}}$.

5. $\overline{X} - 1$.

6. $\hat{\theta} = \dfrac{4}{3\sqrt{2\pi}}\overline{X}$；$\hat{\theta} = \sqrt{\dfrac{1}{4n}\sum_{i=1}^{n} x_i^2}$.

7. $\hat{\theta}^2 = \dfrac{1}{n}\sum_{i=1}^{n} x_i^2$.

8. (1) $\hat{\theta} = \dfrac{1}{n}\sum_{i=1}^{n} |x_i|$；(2) $\hat{\theta}_1 = x_{\min}$，$\hat{\theta}_2 = x_{\max}$.

9. $\dfrac{n-k}{k}$.

10. $\hat{\mu} = \dfrac{1}{n}\sum_{i=1}^{n} \ln X_i$，$\hat{\sigma}^2 = \dfrac{1}{n}\sum_{i=1}^{n} (\ln X_i - \hat{\mu})^2$.

11. $\hat{p} = \dfrac{\sum_{i=1}^{100} x_i}{1000} = 0.499$.

12. 0.008. 提示：μ 和 σ^2 的极大似然估计分别为

$$\hat{\mu} = \frac{1}{n}\sum_{i=1}^{n} x_i = \overline{x}, \quad \hat{\sigma}^2 = \frac{1}{n}\sum_{i=1}^{n} (x_i - \overline{x})^2，$$ 将样本值代入计算，即得.

习题 8.2

1. $c = 4$.

2. (1) 证明略；(2) $DT_1 = \dfrac{1}{30}\theta^2 > DT_2 = \dfrac{1}{48}\theta^2$.

3. 提示：$ES^2 = E\left[\dfrac{1}{n-1}\left(\sum_{i=1}^{n} X_i^2 - n\overline{X}^2\right)\right] = \lambda$.

4. 提示：$E(\hat{\theta})^2 = [E(\hat{\theta})]^2 + D(\hat{\theta}) > [E(\hat{\theta})]^2$.

5. $an + bm = 1$，$a = \dfrac{4}{4n+m}$，$b = \dfrac{1}{4n+m}$.

6. (1) 略；(2) $\hat{\sigma}_1^2$，$\hat{\sigma}_4^2$ 是 σ^2 的无偏估计量，$\hat{\sigma}_2^2$，$\hat{\sigma}_3^2$ 是 σ^2 的有偏估计量，$\hat{\sigma}_4^2$ 比 $\hat{\sigma}_1^2$ 较佳.

习题 8.4

1. (14.8，15.2).

2. (4.75，4.96).

3. (1) $\left[\overline{X}-\dfrac{\sigma_0}{\sqrt{n}}z_{1-\frac{\alpha}{2}},\ \overline{X}+\dfrac{\sigma_0}{\sqrt{n}}z_{1-\frac{\alpha}{2}}\right]=[-1.17,\ 6.57]$；

(2) $\left[\overline{X}-\dfrac{S}{\sqrt{n}}t_{1-\frac{\alpha}{2}}(n-1),\ \overline{X}+\dfrac{S}{\sqrt{n}}t_{1-\frac{\alpha}{2}}(n-1)\right]=[-0.923,\ 6.323]$.

4. (1) $\hat{\mu}=\overline{X}=1000.25$；(2) $\hat{\sigma}^2=S^2=6.932$；

(3) $\left(\overline{X}-t_{1-\frac{\alpha}{2}}(n-1)\dfrac{S}{\sqrt{n}},\ \overline{X}+t_{1-\frac{\alpha}{2}}(n-1)\dfrac{S}{\sqrt{n}}\right)=(998.577,\ 1001.14)$；

(4) $\left(\dfrac{(n-1)S^2}{\chi_{1-\frac{\alpha}{2}}^2(n-1)},\ \dfrac{(n-1)S^2}{\chi_{\frac{\alpha}{2}}^2(n-1)}\right)=(3.479,\ 19.982)$；

(5) $\left(\overline{X}-z_{1-\frac{\alpha}{2}}\dfrac{\sigma}{\sqrt{n}},\ \overline{X}+z_{1-\frac{\alpha}{2}}\dfrac{\sigma}{\sqrt{n}}\right)=(998.553,\ 1001.14)$.

5. (35.87，252.44).

6. $a=-\Phi^{-1}\left(1-\dfrac{\alpha}{2}\right)=-z_{1-\frac{\alpha}{2}}$，$b=\Phi^{-1}\left(1-\dfrac{\alpha}{2}\right)=z_{1-\frac{\alpha}{2}}$.

习题 8.5

1. $(-0.00214,\ 0.00625)$.

2. $(-0.401,\ 2.601)$.

3. $S_w=\sqrt{\dfrac{(n_1-1)S_1^{*2}+(n_2-1)S_2^{*2}}{n_1+n_2-2}}\approx0.0353$,

$d=t_{0.025}(43)S_w\sqrt{\dfrac{1}{n_1}+\dfrac{1}{n_2}}\approx0.0225$,

$(\overline{x}-\overline{y}-d,\ \overline{x}-\overline{y}+d)=(0.0475,\ 0.0925)$.

4. $(0.222,\ 3.601)$.

习题 9.1

1. $p=0.008$，不准确.

2. $p=0.0000003$，可以断定星期二或星期四会客；$p=0.0167$，可以断定星期日不会客．

3.（1）第一类错误的概率 0.0037，第二类错误的概率 0.0367；（2）34；（3）证明略．

4. $c=0.98$，$\beta=0.83$．

习题 9.2

1. 接受．检验过程略．

2. 有显著性差异．

3.（1）$X\sim N(\mu,\ 300^2)$；（2）$n=36$；

（3）$C=\left\{(x_1,\ x_2,\cdots,\ x_{36}):\dfrac{1}{36}\sum_{i=1}^{36}x_i\geqslant 5100\right\}$；

（4）$\alpha=P\{$拒绝 $H_0\,|\,H_0$ 为真$\}=0.02275$．

4.（1）$c=0.62$；（2）不能；（3）$P\{|\overline{x}|\geqslant 1.15\,|\,\mu=0\}=0.0003$．

5. 提示：H_0：$\mu=15$，H_1：$\mu<15$．接受原假设．

6.（1）拒绝 H_0；（2）接受 H_0．

7. 接受原假设．

8.（1）没有显著变化；（2）方差显著变大．

习题 9.3

1. 杜鹃蛋的长度与来自不同的鸟巢有关．

2. 内径的稳定程度相同．

3. 满足设计要求．

习题 9.4

接受 H_0：尺寸偏差服从正态分布．

习题 10.1

1.（1）$t\in\{1,2,\cdots\}$，$\omega\in\{0,1,2,\cdots\}$；

（2）$t\in[0,+\infty)$，$\omega\in\{0,1,2,\cdots\}$；

（3）$t\in\{0,1,2,\cdots\}$，$\omega\in[0,+\infty)$．

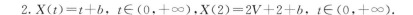

2. $X(t) = t + b$, $t \in (0, +\infty)$, $X(2) = 2V + 2 + b$, $t \in (0, +\infty)$.

习题 10.2

1. (1) $x_1(t) = a\cos\left(t + \dfrac{\pi}{4}\right)$, $-\infty < t < +\infty$,

$x_2(t) = a\cos\left(t + \dfrac{\pi}{2}\right) = -a\sin t$, $-\infty < t < +\infty$,

$x_3(t) = a\cos(t + \pi) = -a\cos t$, $-\infty < t < +\infty$;

(2) $f_1\left(x; \dfrac{\pi}{4}\right) = \begin{cases} \dfrac{1}{\pi} \dfrac{1}{\sqrt{a^2 - x^2}}, & |x| < a \\ 0, & |x| \geqslant a \end{cases}$.

2. $F(x; 1) = P\{X(1) \leqslant x\} = \begin{cases} 0, & x < -1 \\ \dfrac{1}{2}, & -1 \leqslant x < 1 \\ 1, & x \geqslant 1 \end{cases}$,

$F(x; 2) = P\{X(2) \leqslant x\} = \begin{cases} 0, & x < -2 \\ \dfrac{1}{2}, & -2 \leqslant x < 2 \\ 1, & x \geqslant 2 \end{cases}$,

$F(x_1, x_2; 1, 2) = F(x_1; 1) \cdot F(x_2; 2) = \begin{cases} 0, & x_1 < -1 \text{ 或 } x_2 < -2 \\ \dfrac{1}{4}, & -1 \leqslant x_1 < 1, \ -2 \leqslant x_2 < 2 \\ \dfrac{1}{2}, & \begin{cases} -1 \leqslant x_1 < 1 \\ x_2 \geqslant 2 \end{cases} \text{ 或 } \begin{cases} x_1 \geqslant 1 \\ -2 \leqslant x_2 < 2 \end{cases} \\ 1, & x_1 \geqslant 1, \ x_2 \geqslant 2 \end{cases}$.

3. $f(y; t) = \dfrac{1}{\sqrt{2\pi}\sigma |\sin\omega t|} \exp\left[-\dfrac{(y - \mu\sin\omega t)^2}{2\sigma^2 \sin^2\omega t}\right]$, $-\infty < y < +\infty$,

当 $\sin\omega t = 0$ 时, $Y(t) \equiv 0$.

4. $F(z; t) = \begin{cases} 0, & z < 0 \\ \dfrac{z^2}{2t}, & 0 \leqslant z < 1 \\ \dfrac{z}{t} - \dfrac{1}{2t}, & 1 \leqslant z < t \\ z - \dfrac{t}{2} - \dfrac{(z-1)^2}{2t}, & t \leqslant z < t+1 \\ 1, & z \geqslant t+1 \end{cases}$.

5. （1）记 $\omega_0=\{$抛掷硬币出现正面$\}$，$\omega_1=\{$抛掷硬币出现反面$\}$，则 $X(t)$ 的所有样本函数为 $x(\omega_0,t)=\cos\pi t$，$x(\omega_1,t)=2t$；

（2）$F_1\left(x;\dfrac{1}{2}\right)=\begin{cases}0, & x<0\\0.5, & 0\leqslant x<1,\\1, & x\geqslant1\end{cases}$ $F_1(x;1)=\begin{cases}0, & x<-1\\0.5, & -1\leqslant x<2;\\1, & x\geqslant2\end{cases}$

（3）$F_2\left(x_1,x_2;\dfrac{1}{2},1\right)=\begin{cases}0, & x_1<0 \text{ 或 } x_2<-1\\0.5, & (0\leqslant x_1<1 \text{ 且 } x_2\geqslant-1)\\ & \text{ 或 }(x_1\geqslant0 \text{ 且 } -1\leqslant x_2<2),\\1, & x_1\geqslant1 \text{ 且 } x_2\geqslant2\end{cases}$

注意：$X(t_1)$ 和 $X(t_2)$ 并不独立；

6. （1）$x_1(t)=\dfrac{1}{2}\cos\omega t$，$x_2(t)=\dfrac{1}{3}\cos\omega t$；

（2）$t=0$ 时，$f_{X(0)}(v)=\begin{cases}1, & v\in(0,1)\\0, & \text{其他}\end{cases}$，

$t=\dfrac{\pi}{4\omega}$ 时，$f_X\left(\dfrac{\pi}{4\omega}\right)(v)=\begin{cases}\sqrt{2}, & v\in\left(0,\dfrac{\sqrt{2}}{2}\right),\\0, & \text{其他}\end{cases}$

$t=\dfrac{3\pi}{4\omega}$ 时，$f_X\left(\dfrac{3\pi}{4\omega}\right)(v)=\begin{cases}\sqrt{2}, & v\in\left(-\dfrac{\sqrt{2}}{2},0\right),\\0, & \text{其他}\end{cases}$

$t=\dfrac{\pi}{\omega}$ 时，$f_X\left(\dfrac{\pi}{\omega}\right)(v)=\begin{cases}1, & v\in(-1,0)\\0, & \text{其他}\end{cases}$；

（3）$t=\dfrac{\pi}{2\omega}$ 时，$P\{X(t)=0\}=1$.

习题 10.3

1. $\mu_Z(t)=0$，$R_Z(t_1,t_2)=\cos\omega(t_2-t_1)$.

2. $\mu_Y(t)=\dfrac{1-e^{-t}}{t}$；$R_Y(t_1,t_2)=\dfrac{1-e^{-(t_1+t_2)}}{t_1+t_2}$.

3. $C_Z(t_1,t_2)=\sigma_1^2+(t_1+t_2)r+t_1t_2\sigma_2^2$.

4. $R_Y(t_1,t_2)=R_X(t_1+a,t_2+a)-R_X(t_1+a,t_2)-R_X(t_1,t_2+a)+R_X(t_1,t_2)$.

5. 提示：利用均值函数和自相关函数的定义.

6. （1）$R_Y(t_1,t_2)=\mu^2+\varphi(t_2)\mu+\varphi(t_1)\mu+\varphi(t_1)\cdot\varphi(t_2)$；

335

(2) $R_{XY}(t_1, t_2) = \mu^2 + \varphi(t_2)\mu$, $X(t)$ 和 $Y(t)$ 的互协方差函数 $C_{XY}(t_1, t_2) = 0$ $(t_1 \neq t_2)$.

习题 11.1

1. 是严平稳过程，$F(x_1; n_1) = \begin{cases} 0, & x_1 < 0 \\ x_1, & 0 \leqslant x_1 < 1, \\ 1, & x_1 \geqslant 1 \end{cases}$

$F(x_1, x_2; n_1, n_2) = F(x_1; n_1)F(x_2; n_2)$.

2. 提示：$E[X(t)]$ 不收敛.

习题 11.2

1. 提示：根据平稳过程的定义验证，其中 n 为整数，t 不是整数.

2. (1) $\mu_Y(t) = al$, $R_Y(t, t+\tau) = 2e^{-\lambda|\tau|} - e^{-\lambda|\tau-l|} - e^{-|\tau+l|} + a^2 l^2$,
$\Psi_Y^2(t) = 2 - 2e^{-\lambda l} + a^2 l^2$; (2) 是广义平稳过程.

3. (1) $\mu_Y(t) = E[Y(t)] = 0$, $R_Y(t_1, t_2) = \dfrac{1}{2}\cos\omega(t_1 - t_2)$;

(2) $E[Y^2(t)] = \dfrac{1}{2}$, $Y(t)$ 是平稳过程.

4. 证明略.

习题 11.3

1. $f(x; t) = \dfrac{1}{\sqrt{2\pi}\sigma}e^{-\frac{x^2}{2\sigma^2}}$;

$f(x_1, x_2; t_1, t_2) = \dfrac{1}{2\pi|C|^{1/2}}e^{-\frac{1}{2}x^T C^{-1} x}$，其中 $x = (x_1, x_2)^T$,

$C = \begin{pmatrix} \sigma^2 & \sigma^2 \cos\omega(t_2 - t_1) \\ \sigma^2 \cos\omega(t_2 - t_1) & \sigma^2 \end{pmatrix}$.

2. $m_X(t) = 0$, $C_X(s, t) = \sigma^2 \cos(t-s)\alpha$, s, $t \geqslant 0$,
$\{X(t_1), X(t_2), \cdots, X(t_n)\} \sim N(0, D)$,

其中 $D = \sigma^2 \begin{pmatrix} 1 & \cos(t_1 - t_2) & \cdots & \cos(t_1 - t_n) \\ \cos(t_2 - t_1) & 1 & \cdots & \cos(t_2 - t_n) \\ \vdots & \vdots & & \vdots \\ \cos(t_n - t_1) & \cos(t_n - t_2) & \cdots & 1 \end{pmatrix}$.

3. 提示：利用 $X(t)=R\cos(\omega t+\theta)$ 求出 $X(t)$ 的分布.

习题 11.4

1. （1）$\overline{Z(t)}=0$；（2）具有遍历性.
2. （1）具有遍历性；（2）不具有遍历性；（3）具有遍历性.
3. 具有遍历性.

习题 11.5

1. （1）、（2）、（4）是，（3）分母有实根，（5）不是实函数.
2. $S_X(\omega)=4\left[\dfrac{1}{(\omega-\pi)^2+1}+\dfrac{1}{(\omega+\pi)^2+1}\right]+\pi[\delta(\omega-3\pi)+\delta(\omega+3\pi)]$.
3. 根据留数公式得 $R_X(\tau)=\dfrac{|\tau|+1}{4}\mathrm{e}^{-|\tau|}$.
4. $R_X(\tau)=\dfrac{C^2}{\pi\tau}[\sin(2\omega_0\tau)-\sin(\omega_0\tau)]$.

习题 12.1

1. $p_{ij}=\begin{cases}a_i & j=i+1\\ r_i & j=i\\ b_i & j=i-1\end{cases}$.

2. $p_{00}=p$，$p_{01}=1-p$，$p_{11}=0$，$p_{12}=p$，$p_{13}=1-p$.

3. 提示：Y_n 是 $(X_1,X_2,\cdots,X_n)$ 的函数，X_{n+1} 与 $(Y_0,Y_1,\cdots,Y_n)$ 独立，故
$$P\{Y_{n+1}=i_{n+1}\mid Y_0=i_0,\ Y_1=i_1,\ \cdots,\ Y_n=i_n\}$$
$$=P\{X_{n+1}=i_{n+1}+ci_n\mid Y_0=i_0,\ Y_1=i_1,\ \cdots,\ Y_n=i_n\}$$
$$=P\{X_{n+1}=i_{n+1}+ci_n\}$$
$$=P\{X_{n+1}=i_{n+1}+ci_n\mid Y_n=i_n\}.$$

习题 12.2

1. $\boldsymbol{P}^{(2)}=\begin{pmatrix}\dfrac{3}{9} & \dfrac{4}{9} & \dfrac{2}{9}\\[2mm] \dfrac{2}{9} & \dfrac{5}{9} & \dfrac{2}{9}\\[2mm] \dfrac{2}{9} & \dfrac{4}{9} & \dfrac{3}{9}\end{pmatrix}$.

2.（1）是齐次马尔可夫链；

（2）状态空间 $S=\{0,1,2,\cdots,n,\cdots\}$，

$$p_{ij}=P\{X_{n+1}=j\mid X_n=i\}=\begin{cases}0,&j<i\\q,&j=i\\p,&j=i+1\\0,&j>i+1\end{cases},\quad i,j=0,1,2,\cdots,n,\cdots;$$

（3）0.0582.

3.（1）是齐次马尔可夫链；

（2）状态空间 $S=\{1,2,3,4,5,6\}$，$\boldsymbol{P}=\begin{pmatrix}1&0&0&0&0&0\\[4pt]\dfrac{1}{6}&\dfrac{5}{6}&0&0&0&0\\[4pt]\dfrac{1}{6}&\dfrac{1}{6}&\dfrac{4}{6}&0&0&0\\[4pt]\dfrac{1}{6}&\dfrac{1}{6}&\dfrac{1}{6}&\dfrac{3}{6}&0&0\\[4pt]\dfrac{1}{6}&\dfrac{1}{6}&\dfrac{1}{6}&\dfrac{1}{6}&\dfrac{2}{6}&0\\[4pt]\dfrac{1}{6}&\dfrac{1}{6}&\dfrac{1}{6}&\dfrac{1}{6}&\dfrac{1}{6}&\dfrac{1}{6}\end{pmatrix}$；

（3）$\dfrac{4}{9}$；（4）$\dfrac{11}{36}$.

4.（1）$p_{11}^{(2)}=2pq$，$p_{11}^{(3)}=pq$；（2）$p_0=\dfrac{q^2}{1-pq}$，$p_1=\dfrac{pq}{1-pq}$，$p_2=\dfrac{p^2}{1-pq}$.

5.（1）$S=\{1,2\}$，$\boldsymbol{P}=\begin{pmatrix}\dfrac{4}{5}&\dfrac{1}{5}\\[6pt]\dfrac{3}{5}&\dfrac{2}{5}\end{pmatrix}$；（2）0.429783；（3）$\left(\dfrac{3}{4},\dfrac{1}{4}\right)$.

6.（1）$S=\{1,2,3,4\}$，转移概率矩阵 $\boldsymbol{P}=(p_{ij})_{4\times4}=\begin{pmatrix}0&\dfrac{2}{3}&0&\dfrac{1}{3}\\[6pt]\dfrac{1}{3}&0&\dfrac{2}{3}&0\\[6pt]0&\dfrac{1}{3}&0&\dfrac{2}{3}\\[6pt]\dfrac{2}{3}&0&\dfrac{1}{3}&0\end{pmatrix}$；

（2）$\dfrac{5}{27}$；（3）$\left(\dfrac{1}{4},\dfrac{1}{4},\dfrac{1}{4},\dfrac{1}{4}\right)$.

7. （1） $S = \{1, 2, 3, 4, 5, 6\}$, $\boldsymbol{P} = \begin{pmatrix} \frac{1}{6} & \frac{1}{6} & \frac{1}{6} & \frac{1}{6} & \frac{1}{6} & \frac{1}{6} \\ 0 & \frac{2}{6} & \frac{1}{6} & \frac{1}{6} & \frac{1}{6} & \frac{1}{6} \\ 0 & 0 & \frac{3}{6} & \frac{1}{6} & \frac{1}{6} & \frac{1}{6} \\ 0 & 0 & 0 & \frac{4}{6} & \frac{1}{6} & \frac{1}{6} \\ 0 & 0 & 0 & 0 & \frac{5}{6} & \frac{1}{6} \\ 0 & 0 & 0 & 0 & 0 & 1 \end{pmatrix}$;

（2）$\frac{37}{216}$；（3）$\frac{5}{288}$.

习题 12.3

1. 提示：马尔可夫性：

$P\{X(t_{n+1})=i_{n+1} \mid X(t_1)=i_1, \cdots, X(t_n)=i_n\}$

$=P\{X(t_{n+1})-X(t_n)=i_{n+1}-i_n\}=P\{X(t_{n+1})-X(t_n)=i_{n+1}-i_n \mid X(t_n)-X(t_0)=i_n\}$,

$p_{ij}(\tau) = \begin{cases} e^{-\lambda t}\dfrac{(\lambda\tau)^{j-i}}{(j-i)!} & j \geq i \\ 0 & j < i \end{cases}$.

2. $p'_{ij}(\tau) = -p_{ij}(\tau) + \dfrac{1}{2}p_{i,j-1}(\tau) + \dfrac{1}{2}p_{i,j+1}(\tau)$;

$p_{ij}(\tau) = \begin{cases} \dfrac{1}{3} - \dfrac{1}{3}e^{-\frac{3}{2}\tau} & i \neq j \\ \dfrac{1}{3} + \dfrac{2}{3}e^{-\frac{3}{2}\tau} & i = j \end{cases}$; $\left(\dfrac{1}{3}, \dfrac{1}{3}, \dfrac{1}{3}\right)$.

3. （1）$S = \{0, 1, 2\}$,

$\boldsymbol{Q} = \begin{pmatrix} -\lambda & \lambda & 0 \\ \mu & -(\lambda+\mu) & \lambda \\ 0 & \mu & -\mu \end{pmatrix}$;

（2）$p_0 = \left[1 + \dfrac{\lambda}{\mu} + \left(\dfrac{\lambda}{\mu}\right)^2\right]^{-1}$, $p_1 = \dfrac{\lambda}{\mu}p_0$, $p_2 = \left(\dfrac{\lambda}{\mu}\right)^2 p_0$.

附录　MATLAB 在概率统计中的应用

1. 二项分布

（1）分布律
1）命令：pdf('bino', k, n, p)或 binopdf(k, n, p).
2）例子　设 $X \sim B(10, 0.4)$，求：$P\{X=3\}$.

解　pdf('bino', 3, 10, 0.4)或 binopdf(3, 10, 0.4).

（2）分布函数
1）命令　cdf('bino', k, n, p) 或 binocdf(k, n, p).
2）例子　设 $X \sim B(10, 0.4)$，求：$P\{X \leqslant 3\}$.

解　cdf('bino', 3, 10, 0.4)或 binocdf(3, 10, 0.4).

2. 泊松分布

（1）分布律
1）命令：pdf('poiss', k, λ) 或 poisspdf(k, λ).
2）例子　设 $X \sim \Pi(0.4)$，求：$P\{X=3\}$.

解　pdf('poiss', 3, 0.4)或 poisspdf(3, 0.4).

（2）分布函数
1）命令：cdf('poiss', k, λ)或 poisscdf(k, λ).
2）例子　设 $X \sim \Pi(\lambda)$，求：$P\{X \leqslant 3\}$.

解　cdf('poiss', 3, 0.4)或 poisscdf(3, 0.4).

3. 正态分布

（1）分布密度
1）命令：pdf('norm', x, μ, σ)或 normpdf(x, μ, σ).
2）例子　设 $X \sim N(1, 2^2)$，$f(x)$为 X 的密度函数，求：$f(3)$.

解　pdf('norm', 3, 1, 2)或 normpdf(3, 1, 2).

（2）密度图像
例子　给出 $Y_1 \sim N(1, 1.5^2)$，$Y_2 \sim N(1, 2^2)$，$Y_3 \sim N(1, 2.5^2)$的密度函

数图像.

解　在 MATLAB 编辑器中编辑 M 文件 norm. m.

x＝－10：0.1：14；

y1＝normpdf(x，1，1.5)；

plot(x，y1,' －r')；

hold on

y2＝normpdf(x，1，2)；

plot(x，y2,' －.')

y3＝normpdf(x，1，2.5)；

plot(x，y3,'：k')

axis([－10，14，0，0.2])；

在命令窗口输入"norm"，按〈Enter〉键.

（3）分布函数

1）命令：cdf('norm'，x，μ，σ)或 normcdf(x，μ，σ).

2）例子　设 $X \sim N(1, 2^2)$，$F(x)$ 为 x 的密度函数，求：$F(3)$.

解　cdf('norm'，3，1，2)或 normcdf(3，1，2).

（4）分位点

1）命令：icdf('norm'，α，μ，σ)或 norminv(α，μ，σ).

2）例子　设 $X \sim N(1, 2^2)$，$F(x)$ 为 x 的密度函数，$F(x_0)=0.2$，求：x_0.

解　icdf('norm'，0.2，1，2)或 norminv(0.2，1，2).

4. t 分布

（1）分布密度

1）命令：pdf('t'，x，n)或 tpdf(x，n).

2）例子　设 $X \sim t(4)$，$f(x)$ 为 x 的密度函数，求：$f(3)$.

解　pdf('t'，3，4)或 tpdf(3，4).

（2）密度图像

例子　给出 $Y_1 \sim t(1)$，$Y_2 \sim t(4)$，$Y_3 \sim t(36)$ 的密度函数图像.

解　在 MATLAB 编辑器中编辑 M 文件 t. m.

x＝－10：0.1：14；

y1＝tpdf(x，1)；

plot(x，y1,' －r')；

hold on

y2＝tpdf(x，4)；

plot(x，y2,' －.')

y3＝tpdf(x，36)；

plot(x，y3，'：k'）

axis([−4，4，0，0.5])；

在命令窗口输入"t"，按〈Enter〉键.

（3）分布函数

1）命令：cdf('t'，x，n)或tcdf(x，n).

2）例子　设 $X \sim t(4)$，$F(x)$ 为 x 的密度函数，求：$F(3)$.

解　cdf('t'，3，4)或tcdf(3，4).

（4）分位点

1）命令：icdf('t'，α，n)或tinv(α，n).

2）例子　设 $X \sim t(4)$，$F(x)$ 为 x 的密度函数，$F(x_0)=0.2$，求：x_0.

解　icdf('t'，0.2，4)或tinv(0.2，4).

5. χ^2 分布

（1）分布密度

1）命令：pdf('chi2'，x，n)或chi2pdf(x，n).

2）例子　设 $X \sim \chi^2(4)$，$f(x)$ 为 x 的密度函数，求：$f(3)$.

解　pdf('chi2'，3，4)或chi2pdf(3，4).

（2）密度图像

例子　给出 $Y_1 \sim \chi^2(1)$，$Y_2 \sim \chi^2(5)$，$Y_3 \sim \chi^2(15)$ 的密度函数图像.

解　在 MATLAB 编辑器中编辑 M 文件 chi2. m.

x＝0：0.1：30；

y1＝chi2pdf(x，1)；

plot(x，y1，'−')；

hold on

y2＝chi2pdf(x，5)；

plot(x，y2，'＋')

y3＝chi2pdf(x，15)；

plot(x，y3，'＋')

axis([0，30，0，0.2])；

在命令窗口输入"chi2"，按〈Enter〉键.

（3）分布函数

1）命令：cdf('chi2'，x，n)或chi2cdf(x，n).

2）例子　设 $X \sim \chi^2(4)$，$F(x)$ 为 x 的密度函数，求：$F(3)$.

解　cdf('chi2'，3，4)或chi2cdf(3，4).

（4）分位点

1）命令：icdf('chi2'，α，n)或 chi2inv(α，n)．

2）例子 设 $X \sim \chi^2(4)$，$F(x)$ 为 x 的密度函数，$F(x_0)=0.2$，求：x_0．

解 icdf('chi2'，0.2，4)或 chi2inv(0.2，4)．

6. F 分布

（1）分布密度

1）命令：pdf('f'，x，n1，n2)或 fpdf(x，n1，n2)．

2）例子 设 $X \sim F(4，9)$，$f(x)$ 为 x 的密度函数，求：$f(3)$．

解 pdf('f'，3，4，9)或 fpdf(3，4，9)．

（2）密度图像

例子 给出 $Y_1 \sim F(1，6)$，$Y_2 \sim F(4，6)$，$Y_3 \sim F(15，20)$ 的密度函数图像．

解 在 MATLAB 编辑器中编辑 M 文件 f.m.

```
x=-10：0.1：14；
y1=fpdf(x，1，6)；
plot(x，y1，'-r')；
hold on
y2=fpdf(x，4，6)；
plot(x，y2，'-.')
y3=fpdf(x，15，20)；
plot(x，y3，'：k')
axis([-4，4，0，2])；
```

在命令窗口输入"f"，按〈Enter〉键．

（3）分布函数

1）命令：cdf('f'，x，n1，n2)或 fcdf(x，n1，n2)．

2）例子 设 $X \sim F(4，9)$，$F(x)$ 为 x 的密度函数，求：$F(3)$．

解 cdf('f'，3，4，9)或 fcdf(3，4，9)．

（4）分位点

1）命令：icdf('f'，α，n1，n2)或 finv(α，n1，n2)．

2）例子 设 $X \sim F(4，9)$，$F(x)$ 为 x 的密度函数，$F(x_0)=0.2$，求：x_0．

解 icdf('f'，0.2，4，9)或 finv(0.2，4，9)．

参 考 文 献

[1] 张福渊，郭绍建，萧亮壮，等. 概率统计及随机过程 [M]. 北京：北京航空航天大学出版社，2000.

[2] 梁之舜，邓集贤，杨维权，等. 概率论及数理统计 [M]. 北京：高等教育出版社，2002.

[3] 魏宗舒. 概率论与数理统计教程 [M]. 北京：高等教育出版社，1983.

[4] 史宁中. 统计检验的理论与方法 [M]. 北京：科学出版社，2008.

[5] 王启华，史宁中，耿直. 现代统计研究基础 [M]. 北京：科学出版社，2010.

[6] 王启华. 生存数据统计分析 [M]. 北京：科学出版社，2005.

[7] 茆诗松，程依明，濮晓龙. 概率论与数理统计教程 [M]. 北京：高等教育出版社，2004.

[8] 宗序平，李朝晖，李淑锦，等. 概率论与数理统计 [M]. 北京：机械工业出版社，2007.

[9] 范玉妹，汪飞星，王萍，等. 概率论与数理统计 [M]. 北京：机械工业出版社，2012.

[10] 杨荣，郑文瑞，王本玉. 概率论与数理统计 [M]. 北京：清华大学出版社，2005.

[11] 李贤平. 概率论基础 [M]. 北京：高等教育出版社，1987.

[12] 孙荣恒. 应用概率论 [M]. 北京：科学出版社，1998.

[13] 王寿仁. 概率论基础和随机过程 [M]. 北京：科学出版社，1986.

[14] 邢家省. 概率统计与随机过程习题解集 [M]. 北京：机械工业出版社，2010.